KB169843

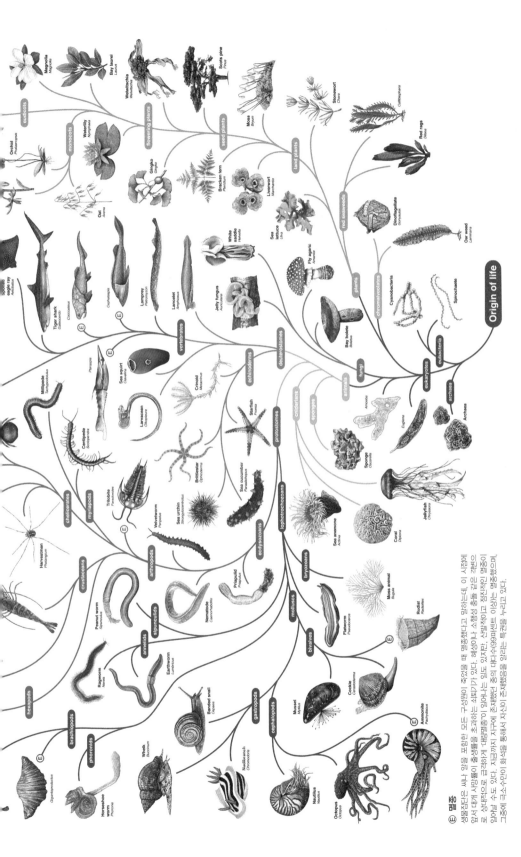

Ⓔ 멸종

생물 집단은 새나 잎을 포함한 모든 구성원이 죽었을 때 멸종했다고 말하는데, 이 시점에 앞서 대개 사망률이 출생률을 초과하는 쇠퇴기가 있다. 해성이나 소행성 충돌 같은 격변으로 상대적으로 급격하게 대멸종이 일어나는 일도 있지만, 산발적이고 점진적인 멸종이 일어날 수도 있다. 지금까지 지구에 존재했던 종의 대다수(99퍼센트 이상)는 멸종했으며, 그중에 극소수만이 화석을 통해서 자신의 존재했음을 알리는 특권을 누리고 있다.

위대한 생존자들

위대한 생존자들

리처드 포티

이한음 옮김

까치

SURVIVORS :
The Animals and Plants that Time has Left Behind

by Richard Fortey

Originally published in the English language by HarperCollins Publishers Ltd.
under the title SURVIVORS : The Animals and Plants that Time has Left
Behind © Richard Fortey 2011

역자 이한음
서울대학교 생물학과를 졸업했다. 저서로 과학 소설집『신이 되고 싶은 컴퓨
터』가 있으며, 역서로『살아 있는 지구의 역사』,『DNA : 생명의 비밀』,『생
명 : 40억 년의 비밀』,『조상 이야기 : 생명의 기원을 찾아서』,『암 : 만병의 황
제의 역사』,『현혹과 기만 : 의태와 위장』등이 있다.

편집 교정 _ 이인순(李仁順)

위대한 생존자들

저자 / 리처드 포티
역자 / 이한음
발행처 / 까치글방
발행인 / 박종만
주소 / 서울시 종로구 행촌동 27-5
전화 / 02 · 735 · 8998, 736 · 7768
팩시밀리 / 02 · 723 · 4591
홈페이지 / www.kachibooks.co.kr
전자우편 / kachisa@unitel.co.kr
등록번호 / 1-528
등록일 / 1977. 8. 5
초판 1쇄 발행일 / 2012. 11. 5
    2쇄 발행일 / 2013. 1. 15

값 / 뒤표지에 쓰여 있음

ISBN 978-89-7291-532-4 03470

사랑하는 여동생에게

차례

감사의 말

옛 세계의 생존자들을 방문하는 나의 탐구여정에 많은 분들이 도움을 주었다. 이 책은 그들의 이루 헤아릴 수 없는 지식과 열정의 산물이기도 하다. 최선을 다했지만 그래도 남아 있는 오류가 있다면 모두 내 책임이며, 나머지는 그분들의 공로라고 기꺼이 인정하련다.

 이 책에 도움을 준 분들을 본문에 등장하는 순서대로 적기로 한다. 그분들의 기여도가 다르다는 의미는 결코 아니며, 모든 분들이 똑같이 중요한 도움을 주었다. 글렌 고브리는 우리가 델라웨어 만(灣)에서 머무는 동안 투구게에 대한 열정으로 우리를 감동시켰다. 그 덕분에 투구게 연구의 고참자인 칼 슈스터를 소개받아서, 그 거장으로부터 투구게에 관한 많은 새로운 사실들을 직접 들을 수 있었다. 포르투갈에서 아낌없이 환대를 해주고, 삼엽충 화석지대인 아로카를 안내해준 아서 사 박사에게도 감사드린다. 뉴질랜드에서는 우리의 옛 친구인 로저와 로빈 쿠퍼 부부의 환대를 받았다. 로저는 조지 깁스를 소개했고, 깁스는 유조동물을 어디에서 찾아야 하는지 보여주었다. 그의 도움이 없었다면, 유조벌레를 찾아내지 못했을 것이다. 뉴펀들랜드에서는 앤디 커 박사의 친절한 배려 덕분에 미스테이큰 포인트에 있는 유명한 화석지를 들를 수 있었다. 날씨까지 고려한 그 덕분에 (극히 드문) 유례없이 좋은 날씨에 현장을 방문할 수 있었다. 그곳 절벽까지 다가갈 수 있도록 허가해준 생태보전 구역의 직원분께도 감사한다. 하버드 대학교의 앤드루 놀 교수는 초기 미시화석과 고대 해양화학 분야에서 누구도 따라오지 못할 지혜로 도움을 주었다. 나는 해조류를 잘 모르며, 그나마 내가 아는 지식은 런던 자연사 박물관에 있는 줄리엣 브로디의 친절한 도움

덕분이다. 나는 그녀의 안내를 받아서 김이 자라는 시드마우스를 둘러보았다. 이 조사가 이루어지는 동안 자택에 머물도록 초대해준 폴과 케이 그루 부부에게도 감사한다. 온천과 고대 세균에 관한 사항을 들려준 매머드 스프링스의 옐로스톤 국립공원 탐방 안내소 직원에게도 고마움을 전한다. 홍콩에서는 학창시절을 함께한 나의 가장 오랜 친구 밥 벙커와 그의 유쾌한 부인 샐리의 집에 머물렀다. 홍콩 대학교의 폴 신 박사와 동료들은 아낌없이 시간을 할애하여 우리가 신계(新界)에서 개맛을 찾는 일을 도와주었다(장화까지 제공했다). 홍콩 탐사비용을 지원해준 왕립 홍콩 지질학회의 루퍼트 매코원에게도 감사한다. 런던 자연사 박물관의 존 테일러와 에밀리 글로버 박사는 친절하게도 오스트레일리아의 연체동물 세계를 접하게 해주었고, 솔레미아에 관해서 많은 정보를 알려주었다. 퀸즐랜드 박물관의 존 후퍼 박사는 모레턴 만의 스트래드브로크 섬을 안내해주었다. 그는 많은 시간을 들여서 해면동물이 대단히 중요하다는 점을 내게 납득시키는 데에 성공했다. 살아 있는 앵무조개류를 유례없는 방식으로 이해하도록 도와준 앤디 던스탠을 소개한 분도 존 후퍼였다.

데이비드 브루턴 교수와 앤 부부는 수십 년 전 함께 야외조사를 한 이래로 알던 사이였지만, 그들이 사는 산장은 이번에 원시식물인 후페르지아를 탐색하면서 처음 가보았다. 우리는 버섯을 요리하고 숲 속을 거닐면서 멋진 시간을 보냈다. 자연사 박물관의 동료인 폴 켄릭 박사와 큐 식물원의 전직 원장인 길리언 프랜스 경은 식물의 진화에 관해서 많은 유용한 조언을 주었다. 프랜스 경이 찍은 웰위치아 사진들은 정말 멋졌다. 중국의 은행나무를 탐사할 때에는 난징 지질학 및 고생물학 연구소의 동료들로부터 너무나도 친절한 도움을 받았다. 중국의 여행일정을 짜준 옛 친구 저우지이와 저우지안 형제에게 특히 고맙다는 말을 하고 싶다. 베이징에서는 폴과 미리엄 클리퍼드의 집에서 머물렀고, 그들의 안내로 벼룩시장도 구경했다. 미리엄은 2년 전에는 뉴욕의 브루클린 식물원을 안내했었다. 우리는 피터 카인드의 안내로 오스트레일리아 폐어가 사는 퀸즐랜드 시골을 답사했으며, 그는 이 놀라운 생존자에 관해서 많은 흥미로운 이야기를 들려주었다. 진 조스 교수는 맥쿼리 대학교의 옥상 수조에서 키우는 커다란 폐어를 만지게도 해주었다. 하루를 꼬박 할애하여 자신들이 하는 폐어 연구를 설명해준 진 부부에게 감사한다. 시드니에서는 처제인 캐롤라인 로런스가 우리를 반갑게 맞아주었고, 어디든 차로 데려다주었다. 나와 이름이 비슷한 동료인 피터 포리는 실러캔스에 관한 필적할 이가 없는 지식을 아낌없이 나누어주었다. 영국 환경청의 애덤 힐러드 연구진은 2010년 말에 램본 강의 칠성장어를 잡으러 갈 때 나를 끼워주었다. 리투아니아 빌니우스로 초청하여 강연회를 열어준 영국 문화원에도 감사한다. 비록 관련된 종을 찾는 데에는 실패했지만, 즐거운 시간을 보냈다. 뉴질랜드에서는 롭 스톤이 웰링턴 근처의 마티우 섬을 안내해주었다. 그곳에서 우리는 투아타라를 찾아냈다. 투아타라는 자기 일에 바쁜지 우리에게 무심했다.

이제 포유동물 차례이다. 다시 오스트레일리아로 돌아가자. 우리는 가시두더지를 찾아서 캥거루 섬을 뒤질 때 그 동물에 관한 세계 최고의 지식을 가진 페기 리스밀러에게 큰 도움을 받았다. 옛 친구인 짐 제이고와 그보다 좀더 뒤에 사귄 짐 겔링은 같은 섬의 다른 지역에서 캄브리아기 에뮤가 있는 베이 셰일을 보여주었다. 이 답사에는 더 젊은 동료인 앨런과 새러 쿠퍼 부부도 동행했다. 그들은 애넌데일에서도 함께했다. 그리고 맛 좋은 포도주도 곁들여졌다. 노르웨이 오슬로 고생물학 박물관 깊숙이 숨겨져 있는, 대중언론에 이다(Ida)라고 알려진 유명한 초기 영장류 화석을 보여준 외른 후룸에게도 감사한다. 몇 년 전 갈라파고스 군도에서 개최된 세계진화 정상회담에서 강연해달라고 초청해준 린 마굴리스 교수께도 감사드린다. 그 기회에 나는 에콰도르의 운무림(雲霧林)을 방문할 수 있었다. 경이로운 경험이었다(그곳은 티나무의 고향이다). 새뮤얼 피냐는 마요르카 산파두꺼비를 연구하는데, 우리 부부를 데리고 산속 깊숙한 곳에 숨어 사는 이 흥미로운 동물을 찾는 탐험에 나섰다. 그의 도움이 없었다면 성공하지 못했을 것이다. 내가 사향소를 처음 본 것은 과학자 생활을 시작할 무렵이었다. 당시의 주역들은 이제 사라졌고, 이 말은 스피츠베르겐 탐사 때 함께 가자고 함으로써 나를 직업 고생물학자의 길로 들어서게 한 브라이언 할랜드에게는 추서(追敍)가 될 것이다. 이 책에 묘사된 몇몇 동물들처럼, 내 삶에서도 행운이 중요한 역할을 했다.

하퍼콜린스 출판사의 애러벨라 파이크는 지금까지 내 책 5권을 맡아서 출간한 뛰어난 편집자로, 내가 그녀에게 많은 빚을 졌음은 두말할 나위가 없다. 헤더 고드윈은 나의 지난 저서들과 마찬가지로 이 책의 초고도 읽고 평을 해주었다. 내가 보기에 그녀의 비평능력은 최고이며, 때로 우리의 견해가 갈릴 때 결국은 언제나 그녀가 옳았던 것으로 드러난다. 그녀는 이 책에 특히 심혈을 기울였다. 정말 고맙게 생각한다. 캐서린 리브는 원고를 아주 꼼꼼히 읽고 여전히 남아 있던 모호하거나 미진한 부분을 찾아내는 데에 도움을 주었다. 세세한 부분까지 주의를 기울여준 그녀에게 진심으로 고맙다는 말을 전하며, 디자인과 편집과정을 효율적으로 진행한 소피 굴던에게도 감사한다. 독수리처럼 예리한 눈으로 원고를 살펴보면서 과학적 오류를 찾아낸 옥스퍼드 대학교의 데릭 사이비터 교수에게도 진심으로 감사를 드린다. 마지막으로 이 책이 나올 수 있었던 것은 아내 재키 덕분이다. 현장답사 계획은 거의 다 아내가 짠 것이며, 그중에는 아주 복잡한 사례도 몇 차례 있었다. 내가 일지에 기록하느라고 바쁠 때면 아내가 "공식 사진사"였다. 결국은 사진을 고르는 일까지 아내가 맡았고, 아내는 나름의 편집능력까지 보여주었다. 아내의 도움이 없었다면 과연 이 책이 나올 수 있었을지 의구심이 든다.

머리말

이 이례적인 형태들은 거의 살아 있는 화석이라고 할 만하다. 그들은 한정
된 영역에 살면서 심한 경쟁에 덜 노출된 탓에 오늘날까지 견뎌왔다.

찰스 다윈, 『종의 기원』

더 진화한 동식물들이 지질시대를 거치며 출현해왔으나, 진화는 자신의
흔적을 지우지 않는다. 지구 전체에는 이전 시대로부터 살아남은 생물
들과 생태계들이 흩어져 있다. 이들은 생명의 역사에 일어났던 선구적
인 사건들을 우리에게 말해준다. 이들은 볼품없는 조류 더미에서 빙하
기의 마지막 잔재로서 툰드라를 어슬렁거리는 강인한 사향소에 이르기
까지 다양하다. 생명의 역사는 화석 기록을 통해서 접근할 수 있다. 그
것은 지구에서 사라진 생물들의 이야기가 된다. 그러나 그 역사는 생존
자들, 즉 시간이 남긴 동식물들을 통해서 이해할 수도 있다. 나는 독자
들과 함께 그들이 사는 이국적이거나 흔한 장소로 여행을 떠나, 실제
현장으로 가서 이 생물들을 만나보고자 한다. 그곳에는 뭔가를 떠올리
게 하는 풍경, 뒤집어볼 바위, 노를 저어 나아갈 바다가 있을 것이다.
나는 자연 서식지에서 살아가는 동식물들의 모습을 그대로 그리면서,
진화사의 핵심적인 순간들을 이해하는 데에 그들이 중요한 이유를 설
명할 것이다. 따라서 이것은 시간여행인 동시에 세계일주 여행이 될 것
이다.

나는 늘 내 자신이 무엇보다도 자연사학자이며, 고생물학자는 두 번
째 직업이라고 생각해왔다. 비록 생애의 대부분을 죽은 동물들을 꼼꼼

히 살펴보면서 지내왔다는 점을 부인할 수는 없지만 말이다. 이 책은 내게 새로운 출발과 같다. 죽은 생물에서 살아 있는 생물로 초점을 바꾸어 생명의 나무를 파악하고자 했으니까 말이다(이 책의 면지를 참조하시라). 나는 내가 고른 생물들이 어떤 식으로 고대에 뿌리를 두고 있는지를 보여주기 위해서 자주 화석을 살펴볼 것이다. 또 통상적인 서사 규칙도 깨뜨릴 것이다. 논리적으로 무엇인가를 시작하는 지점은 출발점인데, 그럴 경우에 그것은 가장 오래되고 가장 원시적인 생물을 뜻한다. 혹은 리처드 도킨스가 『조상 이야기(*The Ancestor's Tale*)』에서 했듯이, 현재로부터 출발하여 거슬러올라갈 수도 있다. 그러나 나는 중간의 어딘가에서 출발하는 쪽을 택했다. 이것이 별난 행동은 아니다. 생물학적으로 말해서, 내게 친숙한 곳에서 탐사를 시작하는 것이 적절한 듯했기 때문이다. 델라웨어 만의 고대 투구게는 삼엽충과 특히 깊이 연관되어 있기 때문에 적절해 보였다. 기후변화와 멸종에 관심이 쏟아지는 시대이니, 여전히 수백만 마리나 남아 있는 생물로부터 시작한다면 조금 격려가 되지 않을까? 생명의 나무에서 넓게 펼쳐진 안쪽 어딘가에 있는 이 출발점에서 시작하여 원한다면 더 높은 가지로 올라갈 수도 있고, 혹은 아래로 내려가서 줄기를 깊이 살펴볼 수도 있다. 그러면 탐사를 시작하기로 하자.

지질시대 연표

단위 100만 년	시대	주요 구분	
(0.01) 1.64	제4기	홀로세 - - - - - - - - - - - - - 플라이스토세	빙하기 : 북반구가 심하게 영향을 받았으며, 잘 적응했던 포유동물 이 심한 피해를 입음
5.2	제3기	플라이오세	
23		마이오세	
34		올리고세	고산생물 진화
56		에오세	
65		팔레오세	포유류와 조류의 다양성 　└ 대량멸종
145	중생대	백악기	"공룡의 종말" 백악이 널리 퇴적됨
199		쥐라기	현대의 대양이 넓어짐
251		트라이아스기	대량멸종
299	상부 고생대	페름기	판게아 초대륙
359		석탄기	"빙하기" 석탄 늪
416		데본기	어류와 양서류
443	하부 고생대	실루리아기	칼레도니아 산맥이 정점에 이르고, 육지로 생물이 진출함
488		오르도비스기	고대 대양 이아페투스가 가장 넓어짐
542		캄브리아기	삼엽충을 비롯한 해양동물이 출현함
2,500	선캄브 리아대	원생대	"눈덩이 지구" 다세포 생물 산화한 지구가 발달함
3,500		시생대	생명의 출현 – 암석에 흔적이 남음
4,550		(하데스대)	

1

오래된 투구게

델라웨어에서 1번 도로를 벗어나 해안으로 향하면 한 세기가 멀어진다. 작은 길은 곧 상점가와 패스트푸드점을 뒤로 하고 평탄한 벌판과 습지 대로 들어간다. 하얀 울타리를 두른 예쁜 마을집들이 군데군데 흩어져 있다. 미국의 동부해안은 대개 이런 모양새이다. 전체적으로 장엄함을 풍기는 리틀크릭 여관이 나온다. 주랑이 있는 현관에 창문마다 덧창이 달린 3층 건물로서 빅토리아 시대풍의 커다란 정사각형 목조주택이다. 안으로 들어가니, 반질거리는 목재와 굽은 난간이 한눈에 들어온다. 여 관의 널찍한 응접실은 복작거리는 듯하다. 주인인 밥 토머스와 캐럴 토 머스 부부는 한 세기보다 훨씬 더 이전의 시대를 여행하는 일에 푹 빠져 있는 열광자 무리에게 아이스티를 내놓는다. 이곳에서는 수백만 년 전 에 살았던 생명체를 직접 대할 기회를 접할 수 있다. 이 지역 전문가인 글렌 고브리가 고대 동물의 모형들을 만지작거리고 있다. 한 작은 방송 국 직원이 나와서 찍기 전에 이런저런 사항들을 점검한다. 두 젊은 여성 학자는 5월 말에 조건이 딱 들어맞을 때에만 일어나는 사건을 보러 캐 나다에서 왔다. 나는 들뜬 마음으로 필기장을 들고 있다. 우리 모두는 조바심을 내면서 어둠이 깔리기를 기다린다.

깊은 밤이 되자, 델라웨이 만(灣)의 해안에 투구게들이 부산스럽게 움직인다. 때는 만조시간이고 달은 없다. 어둠이 짙게 깔려 있지만, 흐릿한 별빛 속에서 광활하게 펼쳐진 평탄한 경관을 알아볼 수 있다. 만 가장자리에는 오래된 모래언덕이 솟아 둑을 이루고 있으며, 군데군데 목조주택이 밤하늘을 배경으로 어렴풋이 드러나 있다. 집들 사이로 모래해안을 향해서 길이 하나 나 있다. 길은 멀리 완만히 굽으면서 어둠 속으로 뻗어 있다. 해안선은 부드러운 움직임으로 들썩이는 듯하다.

나는 매우 기이한 소리가 들린다는 것을 알아차린다. 코코넛 껍데기끼리 부딪힐 때 나는 소리(예전에 라디오에서 말발굽 소리를 낼 때 쓰였다)와 비슷하지만 리듬은 거의 없이 아래쪽에서 밀리는 듯한 소리, 속이 빈 뭔가가 달가닥거리는 소리, 두드리고 갈리는 소리가 난다. 그런 뒤 눈이 어둠에 익자, 물 빼는 요리기구를 뒤엎은 크기의 낮은 둔덕 같은 껍데기들이 해안 전체에서 느릿느릿 서로 부딪히고 밀어대는 광경이 들어온다. 그들은 모래 위로 약 6미터까지 올라와 있다. 두드리는 충격음은 그들이 부딪히고 기면서 내는 소리이다. 적외선 전등을 비추자, 그들의 모습이 좀더 자세히 드러난다. 투구게의 머리방패는 위쪽으로 둥글게 솟아 있고, 약한 가시가 몇 개 달려 있다. 뒤쪽 끝은 다른 커다란 판과 경계를 이룬다. 이 판은 가장자리가 삐죽삐죽하며, 위아래로 들었다 내렸다 할 수 있다. 그 뒤쪽으로는 머리만큼 긴 억센 삼각형 꼬리가 뻗어 있다. 꼬리는 상하좌우로 움직일 수 있다. 이곳 키츠 허머크의 모래밭에 올라와 있는 것보다 더 많은 투구게들이 저 아래 개펄에서 자기 차례를 기다리고 있다. 그들은 녹색이 감도는 검은색을 띤 채 느릿느릿 움직이는 기이한 덩어리처럼 보인다. 더 멀리 얕은 바닷물 속에서는 라디오의 안테나가 솟았다가 들어가는 것처럼, 잔잔한 파도 위로 꼬리가 잠깐 드러났다가 잠겼다가 하면서 더 많은 투구게들이 모래 위로 올라오기 위해서 다투고 있음을 보여준다. 이 커다란 동물 수십만 마리가 일종의 강박적인 충동에 휩싸여 한데 모여서 바글바글하고 있는 것이 분명하다.

투구게 한 마리가 모래밭에 뒤집혀 있다. 꼬리가 몸을 다시 뒤집는 일을 하지 못한 채 힘없이 꿈틀거린다. 5쌍의 다리도 꿈틀거리면서 몸을 뒤집기 위해서 마찬가지로 헛되이 애쓰고 있다. 나는 그 가여운 동물을 바로 놓으려는 유혹에 저항하지 못한다. 머리방패 가장자리를 잡으면 쉽게 뒤집을 수 있다. 몸이 바로 놓이자, 다시 투구게는 가느다란 다리들을 천천히 움직이면서 끌고 사라진다. 투구게의 행동은 기이하게 정해진 것 같으면서도, 정신이 약간 혼란스러운 노인이 보행 보조기를 붙들고 천천히 움직이는 양 무작위로 이루어지는 것처럼 보이기도 한다.

이제 가장 큰 투구게 중 많은 수가 등딱지 아래에서 다리로 모래를 파내고 있는 모습이 보인다. 몸이 거의 다 모래에 묻힌 것들도 있다. 파묻힌 상태에서도 계속 모래를 파헤치고 있는데, 그들은 매장을 자초하면서도 걱정하지 않는 듯하다. 좀더 작은 녀석들이 묻힌 투구게의 위쪽으로 몰려든다. 모래를 파헤치는 녀석은 모래 속에 알을 묻는 암컷이며, 위쪽에 몰려든 더 작은 녀석들은 정자로 알을 수정시키기 위해서 경쟁하는 수컷들이다. 나는 해안에서 벌어지는 이 무차별 폭력처럼 보이는 행위에 일종의 질서가 있음을 깨닫는다. 투구게들은 암수의 비율이 1 대 1로 짝을 이루며, 더 가벼운 수컷이 특수한 집게로 암컷의 꼬리 끝을 필사적으로 단단히 움켜쥔다. 그러나 다른 수컷들은 이 점유권에 개의치 않고, 몸을 묻고 있는 암컷에게 올라탄다. 머리방패 뒤쪽에는 틈이 있어서 무단침입한 정자들 중 일부는 기회를 얻는다. 딸깍거리는 소음 중 상당 부분은 이렇게 암컷을 차지하기 위해서 티격태격하면서 나는 것이다. 그러니 투구게들의 이 모임은 사실상 해안선을 따라서 수십 킬로미터에 걸쳐 벌어지는 주신제(酒神祭), 일종의 난교 파티이다. 그 기나긴 해안선을 따라서 음탕한 투구게들이 복작거리며 모여들어 두꺼운 띠를 이룬다. 알을 밴 채 수컷들에게 지나치게 많은 정자를 받고 지쳐버린 가여운 암컷은 축축한 모래 덕분에 아가미가 마르지 않은 상태에서 알을 모두 낳으면, 모래를 빠져나와서 힘겹게 바다로 돌아간다. 그러나 그렇지 못한 암컷들도 많아서, 해안을 따라 그들의 잔해들이 여기저기 널려 있다.

　나는 낮에 그들을 자세히 살펴볼 더 좋은 기회를 잡는다. 비록 대부분의 투구게들은 해가 뜰 무렵에 바다로 돌아갔지만, 델라웨어 해안은 갈대류가 가득하고 늘 섭금류의 우짖는 소리가 바람에 섞여 있는 평온한 습지대로 가득한 곳이다. 영국의 이스트앵글리아 해안을 떠올리게 한다. 내륙에서 바다로 샛강들이 구불구불 뻗어 있으며, 강어귀에는 레이프직처럼 그림 같은 항구들이 자리한다. 레이프직의 튼튼한 부두에는 낚싯배가 몇 척 매여 있고, 그 위쪽으로는 널판을 덧댄 흰색으로 칠한 집들이 서 있다. 샘보스는 샛강이 한눈에 보이는 곳에 자리한 식당으로, 게를 맛볼 수 있는 곳으로 잘 알려져 있다. 신문지를 깐 간단한 식탁에서 먹는다. 샘보스에서는 음향효과까지 곁들인 식사를 하게 된다. 모든 이가 껍데기를 바수어서 점심을 꺼내 먹어야 하니까. 우두둑 빠지직 부수는 데에 열중하고 대화는 거의 없는 곳이다. 엄청난 양의 껍데기가 수북이 쌓이기도 한다. 차림표에 투구게 요리는 전혀 없다. 길을 한두 차례 건너면 나오는 인근 마을에는 1880년대로 거슬러올라가는 작고 멋진 집들이 있다. 미국의 기준으로 보면, 오래된 집이다. 델라웨어의 자동차 번호판에는 "첫 번째 주(The first state)"라는 글귀가 박혀 있다. 독립선언문에 맨 처음 선언된 주라는 사실을 강조하고 있다. 미국의 초기 몇몇 주들과 같이 그리고 대다수의 주들과는 달리, 델라웨어 주는 작다. 현재 주요 도로는 바삐 움직이는 차들로 가득하다. 그러나 고속도로에서 2-3킬로미터만 떨어져도, 미국 독립 때부터 거의 변하지 않은 곳들이 나온다. 나는 보자마자 마음이 푸근해진다.

갑각류 요리로 점심을 먹은 뒤 매혼 항에 들르자, 한낮까지도 해안에서 꿈틀대고 있는 길 잃은 투구게가 몇 마리 보인다. 자세히 관찰할 기회가 생긴 셈이다. 한 커다란 암컷은 등딱지 폭이 약 45센티미터이다. 햇빛 아래에서 보니, 머리방패 중간의 양쪽에 거의 반원형의 눈이 붙어 있고, 그 위에는 내가 특정한 시대의 성직자들과 연관짓는 (자신감이 배인 눈썹과 흡사한) 날카로운 가시들이 나 있음을 쉽게 알아볼 수 있다. 크게 확대하면, 눈은 많은 작은 수정체로 이루어졌음이 드러난다. 집파리나 벌의 눈과 비슷한 겹눈이다. 이 암컷은 몸 전체가 탁한 분홍색 기운이 감도는 녹회색을 띠고 있다. 어릴 때 가루물감들을 다 뒤섞었을 때 나왔던 것과 같은 색깔이다. 머리방패 앞쪽은 한가운데쯤에서 위쪽으로 미묘하게 굽어 있다. 꼬리(혹은 꼬리마디)는 단면이 삼각형이며, 투구게의 뒤쪽을 튼튼하면서 우아하게 마무리한다. 몸의 중간 부분은 몸길이의 약 절반을 덮은 일종의 볼록한 가운데판이 있는 위쪽 표면에 해당한다. 다리에 힘을 제공하는 근육들이 있는 곳이다. 머리방패의 앞쪽 가장자리는 두꺼워지면서 테두리처럼 튀어나와 있고, 짧은 가시들이 뒤쪽 방향으로 달려 있다. 델라웨어 만(灣)의 바닥에 쌓인 모래와 갯벌에 부딪히면서 다니려면 이 부분이 강할 필요가 있다. 해안으로 가니, 몇 마리가 뒤집힌 채 하늘을 향해서 다리를 휘젓고 있다. 중간 이음매 부분을 거의 두 배로 굽힌 상태이지만, 갖은 노력을 해도 몸을 뒤집지 못하고 있다(물속에서는 다를 것이다). 계속 뒤집힌 채로 있으면, 곧 검은등갈매기가 들이닥쳐서 쪼아댈 것이다. 그들을 바로 놓기 전에 나는 머리방패 밑에 쌍쌍이 들어 있는 절지 하나하나의 끝에 아주 섬세하게 집게가 달려 있음을 관찰한다. 영화 「가위손」의 주인공이 가진 손도구들을 떠올리게 한다. 투구게의 집게는 정말로 섬세하기 그지없는 작은 도구이다.

머리방패의 거의 앞쪽 끝 근처, 등딱지가 안쪽으로 휘어지면서 뭉툭하게 끝나는 지점, 아주 섬세한 집게 집합들의 한가운데이자 입에 가까운 곳은 그저 먹이조각들을 삼켜서 안으로 보내는 곳처럼 보인다. 그 다리들의 기부(肌膚)는 사실 매우 튼튼하며, 투구게의 중심선을 따라서 서로 마주보는 뭉툭한 가시들이 나 있다. 그 가시들은 필요할 때면 패류의 껍데기를 깨는 호두까개처럼 쓸 수 있다. 이들이 델라웨어 만의 물속에서 어떻게 생물을 움켜쥘 수 있는지 이제 이해가 되기 시작한다. 다리 뒤쪽에는 섬세하게 접힌 책허파(얇은 주름이 책장처럼 겹친 모양의 호흡기관/역주)를 덮은 납작한 덮개가 몇 쌍 있다. 모든 해양동물처럼 투구게도 용존산소를 호흡해야 하며, 이 호흡기구가 보호덮개 아래에서 계속 축축한 상태로 있는 한 투구게는 육지에서도 살아남을 수 있다. 그렇기 때문에 암컷은 모래밭에 알을 낳으러 가는 위험한 여행을 해낼 수 있다. 해변은 좋은 육아실이 아닐 수도 있지만, 바닷물 1세제곱미터에 공짜 먹이를 감지하기 위해서 씰룩거리는 더듬이 1,000개가 있는 바다보다는 더 나은 곳일 것이다. 이제 투구게를 뒤집어서 걸어가도록 할 때이다. 투구게는 난타당한 탱크처럼 나아간다. 마치 "나는 끊임없는 전투에서 살아남았고, 살아남기만 하면 된다"라고 알리는 양, 느릿느릿 볼품없이 나아간다. 마치 비틀거리며 바다로 탈출하는 연기를 하는 양, 진흙 섞인 모래 표면에 길게 흔적을 남긴다. 다리들이 쌍쌍이 남긴 자국들이 눈에 확 띈다. 집게 끝도 이중 표시를 남긴다. 그리고 꼬리도 뒤로 끌리면서 마치 아이가 막대기로 그 흔적들 사이에 엉성하게 줄을 긋는 양, 그 자국들 사이에 길게 흔적을 남긴다.

투구게는 사실 게가 아니다. 두 종류 모두 가느다란 절지로 바다 밑을 걸어다니는 종류라는 점에서 게의 아주 먼 친척일 뿐이다. 이런 몸마디가 있는 유용한 부속지(附屬肢)를 가진 동물을 절지동물(節肢動物, arthropod : 몸마디로 이어진 다리라는 그리스어에서 유래)이라고 한다. 절지동물은 절지동물문(Arthropoda)으로 분류된다. 절지동물문은 살아 있는 모든 곤충뿐 아니라 거미류, 노래기류, 온갖 종류의 해양 "벌레들"을 포함하는 대단히 큰 동물집단이다. 게는 바닷가재, 새우, 쥐며느리와 함께 갑각류에 속한다. 투구게는 나비와 마찬가지로, 결코 갑각류가 아니다. 투구게에게는 갑각류와 곤충의 공통 특징인 환경을 감지하는 데에 적응된 유연한 더듬이가 없다. 더듬이는 예민한 촉각기관인 동시에 후각기관이다. 투구게는 더듬이 대신에 머리 부속지의 끝이 한 쌍의 유용한 협각(chelicera)으로 변형되어 있으며, 뒤집힌 채 누워 있던 길 잃은 투구게에게서도 협각을 볼 수 있었다. 이렇듯 사소해 보이는 작은 특징이 얼마나 중요한지는 뒤에서 드러날 것이다. 투구게의 학명은 리물루스 폴리페무스(*Limulus polyphemus*)이다(이 책에서는 학명을 써야 할 때가 종종 있다). 낮의 해변에는 먹이를 찾는 섭금류(涉禽類)가 우글거린다. 수천 마리가 인간 침입자들과 늘 거리를 둔 채 활기차게 소리를 내지르고 날개를 퍼덕거리면서 파도 위를 난다. 섭금류가 대개 그렇듯이 대부분은 갈색과 회색을 띠고 있지만, 몇몇 종은 초보 조류 관찰자라도 쉽게 알아볼 수 있을 만큼 키 차이가 뚜렷하다. 작은 짧은부리도요는 짧은 다리로 옹기종기 모여다닌다. 그보다 약간 더 큰 세가락도요는 물가를 따라서 바쁘게 돌아다닌다. 좀더 큰 긴부리도요는 그들 사이를 우아하게 성큼성큼 걷는다. 이 지역을 상징하는 종은 붉은가슴도요이다. 번식기에는 배의 깃털이 선명한 황갈색을 띠는 종이다. 마당에서 질 좋은 모이를 쪼아 먹는 데에 정신이 팔려 있는 닭처럼, 섭금류— 그리고 다른 새들도 많다— 는 모두 해안선을 따라다니며 바닥을 쉴 새 없이 헤집고 쪼아대느라고 바쁘다. 그들은 전날 밤 수많은 투구게들이 해변으로 올라와서 했던 일을 되돌린다. 투구게 암컷이 모래 밑에 묻어둔 정액이 묻은 좁쌀만 한 초록색 알을 게걸스럽게 먹어치우는 것이다. 붉은가슴도요에게 그 알은 연료를 재충전하는 역할을 한다. 이 새 집단은 남아메리카 거의 끝자락에서 이주를 시작한다. 북극지방으로 향하는 도

중에 델라웨어 만에 도착할 때면, 이들은 몸무게가 절반으로 줄고 심하게 굶주린 상태이다. 투구게의 알은 이들에게 최상급 캐비아와 같을 것이 틀림없다. 무수한 투구게가 장엄한 집단 짝짓기 의식을 치르지 않는다면, 이 새들은 살아남지 못할 것이다. 이 볼품없는 무척추동물은 진화적으로 한참 후배인 동물에게 자신들이 선물을 주고 있음을 전혀 알지 못한다.

새는 늘 애호가를 끌어들인다. 투구게 집단이 현재 우려할 만한 상태에 있지 않을까 하는 우려가 제기된 것은 아마도 붉은가슴도요의 미래를 걱정하는 자연사학자들의 관심이 그 새의 먹이에까지 미쳤기 때문인 듯하다. 투구게가 사라진다면, 장거리 이주를 하는 이 매력적인 섭금류도 사라질 것이다. 최근에 조사된 바에 따르면, 델라웨어 만의 투구게는 1,700만 마리쯤으로 추정되며, 쇠퇴 우려는 과장된 것일지 모른다. 내가 본 키츠 허머크와 피커링 해변이 아마 가장 개체밀도가 높은 곳이겠지만, 투구게는 북쪽으로는 메인 주까지, 남쪽으로는 멕시코의 유카탄 반도까지 퍼져 있으므로 개체수는 훨씬 더 많을 것이 분명하다. 델라웨어 만은 다 자란 투구게의 크기가 가장 큰 곳이기도 하다. 사실 붉은가슴도요의 개체수는 줄어들어왔지만, 그 원인은 복잡한 이주과정의 다른 곳에 있을 것이 분명하다. 생태사슬에서는 가장 약한 고리가 늘 가장 핵심 고리가 된다.

생활사의 정점에 이른 투구게들이 복작대면서 우글거리고 있는 광경을 보는 것은 나의 꿈이었다. 나는 런던의 자연사 박물관에서 30년 넘게 삼엽충 화석을 연구했다. 과거에 중요한 집단이었던 이 해양동물은 2억 6,000만 년 전, 세계가 전혀 다른 모습이었을 때 멸종했다. 삼엽충은 예전에 모든 고대 바다에 우글거렸지만, 지금은 그들의 껍데기 잔해를 담은 암석을 쪼개는 인내심을 요하는 과정을 통해서만 볼 수 있다. 투구게처럼, 삼엽충도 절지동물이다. 즉 마디로 연결된 다리가 있고, 근육과

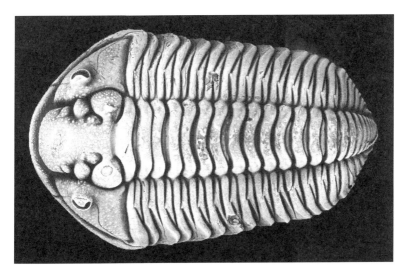

실루리아기 삼엽충인 칼리메네 블루멘바키(*Calymene blumenbachii*). 영국 웨스트 미들랜즈 주 더들리의 석회석 채석장에서 출토.

힘줄이 모두 겉뼈대 속에 들어 있는 동물이다. 그러나 투구게와 달리, 삼엽충은 우리 행성의 생물학적 면모를 일신한 대량멸종 때 살아남지 못했다. 놀랍게도 화석 증거는 리물루스속의 친척들이 삼엽충과 같은 시대에 살았다고 말한다. 델라웨어 해안에서 밤에 벌어지는 난장(亂場)은 수백만 년 전에도 일어났을 것이다. 내 귀에는 고생대 때에도 그들이 같은 의식을 벌이는 소리가 들려오는 듯하다. 곤충과 거미 등 다른 절지동물들이 육지로 올라가는 모험을 감행하기 오래 전에, 혹은 새우와 게와 바닷가재 같은 갑각류가 지금처럼 해양 생태계에서 중추적인 역할을 맡기 전에, 바다에는 투구게의 친척들이 살았다. 그러니 델라웨어 만에 우글거리는 이 동물들을 원시적이라고 해도 틀린 말은 아닐 것이다. 사실 많은 과학자들은 리물루스속이 삼엽충의 현존하는 가장 가까운 친척이라고 믿는다. 5억1,000만 년 된 화석인 캄브리아기의 거대 삼엽충 파라독시데스(*Paradoxides*)의 머리방패를 만진다면, 21세기 초에 미국 동부의 해변에서 내가 뒤집어준 리물루스속의 개체와 촉감이 같을까? 투구게처럼, 삼엽충도 머리방패에 박힌 겹눈을 통해서 나를 뚫어지게 보았을 것이 분명하다. 삼엽충의 눈은 화석으로 잘 보존되어 있다. 삼엽충의 다리는 리물루스속의 뾰족한 가시처럼 포유동물인 나의 살을 할퀴었을 것이다. 삼엽충도 델라웨어 만에 모인 무리들과 흡사하게 겉뼈대 아래에서 슬금슬금 다리를 움직이면서 기어다녔을 것이다.

그러니 나에게 델라웨어 답사는 가톨릭 신자가 신성한 도시인 로마에 가는 것과 다소 흡사하다. 당연히 나는 "교황"을 만나야 했다. 투구게의 교황은 칼 슈스터이다. 그는 백 살이 넘었지만, 여전히 거인이다. 그는 위엄 있는 표정에 지팡이 없이 걷고 불룩한 눈썹 아래에서 빛나는 생기 넘치는 눈, 전혀 쇠퇴하지 않은 기억력과 호기심을 간직하고 있다. 그가 나이를 먹었음을 알려주는 것은 난청뿐이다. 모든 야외 생물학자들처럼, 그도 두꺼운 거친 체크무늬 셔츠와 튼튼한 허리띠로 졸라맨 청바지를 입고 있다. 그는 대공황 때 농장 일을 하면서 어린 시절을 헤쳐나왔다. 따라서 평생을 연구한 투구게와 마찬가지로 그 자신도 생존자이다. 수학자였던 그의 부친은 그 혹독한 시기에 무일푼인 지식인들을 돕는 일을 했고, 어린 칼은 아스파라거스, 닭, 딸기를 키웠다. 그는 『아메리카의 투구게(The American Horseshoe Crab)』에 자신이 애호하는 그 동물에 관한 모든 지식을 종합하여 썼다. 그는 그의 제자였으며 마찬가지로 한없는 열정을 간직한 글렌 고브리(환갑의 나이임에도 믿어지지 않을 정도로 젊은 모습이었다)와 함께 델라웨어에 나타났다. 고브리는 델라웨어 만에서 이루어지는 리물루스속 연구의 상당 부분을 총괄한다. 밤의 난교 파티 때 개체수를 세는 일을 돕는 자원 봉사자들은 보전계획에 참여했음을 증명하는 주석합금으로 된 자그마한 멋진 옷깃 핀을 받는다. 당연히 그 핀은 투구게 모양이다. 그것은 세계에서 가장 특별한 단체 중 하나의 회원이 되었음을 뜻한다.

칼 슈스터와 동료들은 투구게에 관한 생물학적 사실들을 밝혀내는 일을 했고, 그 지식 덕분에 자연사학자들은 그들이 대서양 해안의 생태에 어떻게 적응해서 살아가는지 이해하고 있다. 리물루스속은 성장하려면 탈피를 해야 한다는 점에서 전형적인 절지동물이다. 예전 자신의 창백한 유령 같은 낡은 껍데기는 떨어져나가고 더 큰 새로운 겉뼈대가 자란다. 조금만 관심을 기울이면 해변에서 벗겨진 "껍데기"를 찾을 수 있다. 거의 휴지처럼 가볍다. 투구게가 이용할 수 있는 물질을 다 재활용하고 남은 것이기 때문이다. 껍데기를 벗은 투구게는 즉시 움직일 수 있다. 이 점에서 투구게는 그 지역의 다른 해양 절지동물들보다 유리하다. 예를 들면, 막 허물을 벗은 대서양꽃게(blue crab)는 새로운 "껍데기"가 굳을 때까지 거의 움직이지 않는다. 때로는 숨은 채 꼼짝하지 않기도 한다. 어린 투구게는 좀더 가시가 많다는 점만 빼고 성숙한 투구게와 비슷하게 생겼다. 놀라울 정도로 튼튼하면서 한편으로는 유연한 겉뼈대는 딱정벌레의 날개를 만드는 물질과 비슷한 키틴질로 이루어진다. 전형적인 투구게는 성적으로 성숙하는 데에 10년이 걸리며, 그때부터 번식을 위해서 해변으로 올라온다. 그 뒤로 탈피는 하지 않는다. 해변의 난교 파티에 참여하는 것은 이 성숙한 개체들뿐이다. 그것이 바로 성체 사이에서 어린 개체를 한 마리도 볼 수 없는 이유이다. 이들은 그다지 탐식하는 동물이 아니다. 완전히 성숙한 개체는 아무것도 먹지 않은 채 몇 달을 버틸 수 있다. 때가 되면 암컷은 8-10만 개의 알을 낳는다. 섭금류의 약탈에도 다음 세대를 충분히 이어갈 수 있는 양이다. 암컷은 모래 속에 한 번에 4,000-6,000개의 녹색 알을 골프공만 하게 공 모양으로 뭉쳐서 낳는다. 알을 전부 낳을 때까지 반복하여 해변으로 올라온다.

　암컷은 올라탄 수컷들이 남긴 흉터를 통해서 알아볼 수 있다. 수컷은 최대 15마리까지 암컷의 알을 수정시킬 기회가 있다. 그렇기는 해도 성체가 될 때까지 살아남는 것은 알 100만 개 중 약 33개에 불과하다. 이것은 리물루스속이 생활사의 다양한 단계에서 다른 동물들에게 많은 먹이를 제공한다는 의미이다. 붉은바다거북은 투구게의 중요한 포식자이다. 성체 투구게에게도 그렇다. 거북도 기나긴 지질학적 역사를 살아온 동물이므로, 영겁 같은 세월 동안 투구게로부터 영양분을 섭취했을지 모른다. 지금 투구게는 힘줄과 뿔만 있고 고기는 거의 없어 보이는데 말이다. 투구게는 연체동물과 썩은 고기뿐만 아니라 거의 모든 찌꺼기를 먹고 살 수 있지만, 필요할 때면 다리 안쪽의 튼튼한 부위로 두꺼운 껍데기도 으깰 수 있다. 비록 육지에서는 꼴사납게 어기적거리며 걷는 듯하지만, 물속에서는 유선형 몸의 장점을 이용하여 아주 빨리 움직일 수 있다. 등을 대고도 노를 젓듯이 움직일 수 있고, 필요할 때면 쉽게 몸을 뒤집을 수도 있다. 요컨대 그들은 오래 살아남도록 만들어진 강인한 팔방미인이다. 그들은 전에 내가 타고 다녔던 폴크스바겐 비틀을 떠올리게 한다(물론 딱정벌레도 절지동물이다). 그 차는 차체에 녹이 슬어 구멍이 송송 뚫리고 서스펜션이 거의 도로에 닿을 정도로 내려앉고 기화기 실린더가 단 3개만 작동하는 상태에서도 잘 달렸다.

이 비유는 내가 심하게 다친 투구게가 머리에 큰 구멍이 뚫린 상태로도 용감하게 앞으로 기어가는 모습을 보았을 때 특히 와닿았다. 해변을 더 꼼꼼하게 살펴보면, 이런 역전의 용사들이 많이 있다. 흉부에 삐져나온 덩어리가 있거나 꼬리가 부러진 개체가 그렇다. 그러니 투구게를 끝장내려면 많은 노력이 필요할 것이 분명하다. 글렌 고브리는 이 회복력이 번식 성공률에 대단히 큰 이점을 제공한다고 지적했다. 그런 생존력은 리물루스 폴리페무스의 피가 특별한 응고능력을 가지고 있기 때문에 가능하다. 투구게는 피가 잘 엉겨서 다친 부위를 "차단하기" 때문에 출혈로 죽지 않는다. 그리고 피가 파란색이다. 이상한 나라의 앨리스가 말한 것처럼, 투구게가 "신기하고도 신기해(curiouser and curiouser)" 보이기 시작하지 않는가? 리물루스속의 피가 파란 것은 당신과 나, 캥거루처럼 붉은 피가 흐르는 생물들과 근본적으로 다르기 때문이다. 우리 피의 산소운반 색소는 철 원소를 필수 성분으로 하는 헤모글로빈인 반면, 투구게의 산소운반 색소는 헤모시아닌이라는 구리를 토대로 한 분자이다. 자연에서 구리는 대개 그런 파란색을 띤다. 이 두 중요한 분자의 구조와 그것이 조직에 산소를 운반하는 방식은 현재 상세히 알려져 있으나, 우리 이야기와는 직접적인 관계가 없다. 그러나 그 피의 특수한 응고특성을 좀더 살펴보지 않고서는 리물루스속 이야기를 끝낼 수 없다. 그것이 종의 생존에 영향을 미치기 때문이다.

이것은 1956년 우즈홀의 해양생물학 연구소에 있는 프레드 뱅이 발견했다. 그는 리물루스속의 피가 특정한 세균에 감염되면 극적으로 응고된다는 점에 주목했다. 후속연구 결과, 투구게의 피가 자연의 거의 모든 곳에 존재하는 대단히 다양한 미생물인 그람 음성균에 놀라울 만큼 민감하다는 것이 드러났다. 바닷물 1세제곱센티미터에는 이 미생물이 수십만 마리가 들어 있기도 하다. 이 세균 중에는 사람에게 질병을 일으키는 것도 있으므로, 이 특성은 우리에게 직접적인 이해관계가 있다. 미생물 적에게 과민한 특성은 자연 서식지에서 투구게를 보호하는 데에 도움이 된다. 세균이 상처에 침입하자마자 방어체계가 작동하기 때문이다. 리물루스속은 우리에 비해서 대단히 확산된 혈액순환계를 가지고 있다. 인간을 비롯한 척추동물들이 사용하는 정맥, 동맥, 모세혈관으로 이루어진 순환계가 없는 투구게의 몸속은 피에 잠겨 있는 것과 같다. 투구게의 몸의 방어는 변형세포(變形細胞, amoebocyte)라는 한 종류의 보호세포가 맡는다. 이 세포에는 응고를 촉진할 수 있는 과립이 많이 들어 있다. 그람 음성균이 가까이에 있으면 변형세포가 터지면서 과립이 방출된다. 그러면 피가 응고되어 감염이 차단된다. 이제 우리는 투구게가 파이고 구멍이 났음에도 어떻게 비틀거리며 기어다닐 수 있는지를 안다. 투구게는 가장 위험하면서도 눈에 보이지 않는 적에게 효과적으로 대응하는 방법을 수억 년 동안 간직해왔다.

12년 뒤인 1968년, 프레드 뱅과 그의 동료인 잭 레빈은 그람 음성균에 노출되면 사람의 혈장을 응고시키는 "리뮬루스 변형세포 용해질(LAL, Limulus amoebocyte lysate)"이라는 활성인자를 추출하여 정제하는 데에 성공했다. LAL은 의료진단에 대단히 유용한 물질로서, 특정한 세균의 독소(내독소[內毒素]라고 한다)를 검출하고 측정하는 데에 널리 쓰인다. 해로운 내독소는 세균의 세포벽이 파열될 때 숙주생물(당신, 나, 혹은 투구게)의 몸속으로 방출된다. LAL은 미량의 이물질까지 검출할 수 있는 대단히 민감한 화학물질이다. LAL 검사는 현재 널리 쓰이며, 제약회사에서 의약품으로 만들어 판매한다. 이 의약품은 리뮬루스 집단 근처에서 제조되어야 하고, 그런 뒤에 전 세계로 수출된다. 이것은 투구게의 파란 피를 원하는 수요가 엄청나다는 의미이다. 기나긴 세월 동안 그들의 목숨을 구했던 성분이 이제 탐나는 상품이 되어 있다.

이 새로운 산업이 어떤 영향을 미치는지는 다소 논란거리가 되어왔다. 칼 슈스터는 최근의 추정 값에 따르면 델라웨어 만에 투구게 성체가 1,700만 마리쯤이라고 말해주었다. 그런데 2003년까지 의약품 제조를 위해서 약 300만 마리를 잡았다. 지속 불가능한 수준이다. 그래서 조류 애호가들은 붉은가슴도요를 비롯한 섭금류의 운명을 걱정했다. 지금은 잡는 개체수를 줄였고, 투구게를 죽이지 않으면서 피를 채취하는 기술이 채택되었다. 즉 투구게는 이제 헌혈자가 되었다! 이른바 "채취 후 방사"라는 행위를 할 권리를 가진 회사는 네 곳이며, 이 방법이 연간 약 60만 마리의 투구게에게 적용되고 있다. 아마도 투구게에게 위해를 끼치지 않으면서 LAL을 얻는 것이 가능할지도 모른다. 그러나 일부 조류학자들은 회의적이며, 기업들이 그 지역의 종으로부터 혜택을 얻으므로 해당 지역의 해양 서식지에 사는 투구게를 포함한 모든 종들에게 혜택이 돌아가도록 서식지를 보호하는 데에 기여해야 한다고 본다. 투구게가 성적으로 성숙하는 데에 오랜 기간이 걸린다는 점을 고려할 때, 여름의 만조 때 개체수 급감의 효과를 관찰하기까지는 시간 지체가 있다. 그러나 그 부분에 아주 민감한 사람들이 분명히 있다.

투구게의 안녕(安寧)을 위협하는 요인이 또 있다. 투구게는 대서양 소라라고 알려진 부시콘속(*Busycon*)의 커다란 해양고둥을 잡는 미끼로 쓰이기 위해서 대량으로 잡는다. 분홍색이 감도는 이 커다란 소라 껍데기는 해변의 어느 기념품 가게에서든 흔히 볼 수 있으며, 귀에 대면 "바닷소리를 들을" 수 있게 해준다. 델라웨어 만 주변의 마을들에서는 저렴한 가격에 이런 소라를 파는 가판대를 찾을 수 있다. 또 이 소라 껍데기 안에 든 연체동물을 대단히 즐기는 해산물 미식가들이 있다. 나도 한번 먹어보려고 했지만 내게는 너무 질겼다. 절반으로 자른 투구게는 이 커다란 소라에게 자극적인 요리가 된다. 델라웨어에서 뉴저지에 이르는 해안의 어민들은 이 미끼의 힘을 잘 안다. 미국 어업위원회는 뉴저지에서 잡을 수 있는 투구게의 수를 10만 마리로 제한하고 그후에는 어획 일시금지 조치도 내렸지만, 일부 어민들은 북쪽의 매사추세츠 주나 심지어 메인 주(투구게의 북쪽 분포한계선)까지 가서 어업을 계속했다. 지속 가능한 어업방식은 계속 적용되어야 하며, 바람직한 징후들이 있다. 예를 들면, 델라웨어 만에서는 망태기를 이용하는 새로운 방식을 써서 미끼 이용량을 50퍼센트 줄였다. 투구게는 방해받지 않고 번성할 자격이 있다. 그들이 모래밭에 끝이 보이지 않을 만큼 우글거리는 것처럼 보일지 몰라도, 미국의 여행비둘기 사례를 떠올려보라. 19세기에 수백만 마리가 학살당한 끝에 1914년 공식적으로 이 새는 멸종되었다. 공룡 시대의 초창기부터 쉽게 알아볼 수 있는 형태를 유지한 채 살아남은 투구게가 해산물 요리에 곁들이는 별미를 잡느라고 멸종될 수도 있다니, 참으로 끔찍하다. 투구게의 파란 피가 대단히 가치가 있다는 점이 오히려 다행이다.

리물루스 폴리페무스만 있는 것이 아니다. 투구게는 아시아에 3종이

아시아 투구게인 타키플레우스 트리덴타투스의 성장단계. 홍콩 딥베이 해안에서 채집 (축척은 15분의 1).

더 있다. 그러나 그들은 북아메리카 종만큼 대규모 집단을 이루고 있지는 않다. 타키플레우스 트리덴타투스(*Tachypleus tridentatus*)는 일본에서 보호종으로 지정되어 있으며, 세토 내해에 산다. 그 얕은 서식지에서 그들은 위험에 처해 있으며, 세토 내해 주변은 점점 산업화가 진행되고 있어서 그들이 살아남을 가능성은 적어 보인다. 투구게를 보전하려는 다양한 시도들이 이루어져왔지만, 그 어느 것도 현대세계에서 이 고대동물을 편하게 지내도록 하는 문제를 해결하지 못했다. 그렇기는 해도, 이 동물은 일본 역사에서 중요한 한 자리를 차지한다. 일본인들은 그들의 형태가 고전적인 사무라이 마스크에 영감을 주었다고 믿으며, 용감한 전사는 투구게의 모습으로 다시 태어난다고 말한다. 현대 화가 야마다 타케시는 그 고대의 상징을 현대적으로 해석한 마스크를 만들어왔다. 친척종인 타키플레우스 기가스(*Tachypleus gigas*)는 동아시아에 꽤 널리 분포한다. 네 번째 종은 카르키노스코르피우스 로툰디카우다투스(*Carcinoscorpius rotundicaudatus*)인데, 나는 10여 년 전에 타이에서 야외조사를 할 때 이 종을 보았다. 라틴어 지식이 약간 있는 사람이라면, 이 종의 학명 중에서 뒷부분의 종명을 읽고 이 종이 다른 투구게들에 비해서 꼬리가 둥글다고 짐작할 것이다. 내가 처음 본 타키플레우스는 요리될 별미재료를 보여주는 한 식당의 수조에서 슬픈 눈을 한 물고기 몇 마리, 죽어가는 바닷가재 한 마리와 함께 있던 가여운 녀석이었다. 나는 그 투구게에게 과연 먹을 만한 부위가 있는지 어리둥절했다. 그

종의 아메리카 친척을 해부해보았기 때문에 살이라고 할 만한 부위가 없음을 알고 있었기 때문이다. 그러나 수조의 종이 정말로 삼엽충의 친척이라면, 나의 연구대상을 닮은 동물을 맛볼 처음이자 마지막 기회일 수 있었다. 마침내 요리가 나왔을 때 나는 양심의 가책을 느꼈다. 별미 요리는 바로 머리방패 속에 숨어 있던 커다란 알 무더기였기 때문이다. 그리고 그것은 알을 밴 암컷이 해변으로 올라왔을 때에만 구할 수 있었다. 나는 그저 호기심을 충족시키기 위해서 다음 세대를 먹어치우는구나 느꼈다. 알은 산처럼 쌓인 국수 위에 얇게 덮여 나왔고, 비린내가 나는 몹시 고약한 맛이었다. 굳이 그 경험을 또 하고 싶지는 않다.

진화의 나무에서 투구게가 어디에 놓이는지는 내가 타이 남부에서 본 투구게의 학명이 단서를 제공할 수도 있다. 카르키노스코르피우스는 "게 전갈"이라는 뜻이며, 그것은 이 신기한 생물이 무엇인지를 말해준다. 게를 닮은 모습을 한 전갈의 친척. 이들은 절지동물 중에서 가장 원시적인 현생 집단에 속한다. 살아 있는 모든 전갈뿐 아니라 거미와 진드기, 그리고 덜 친숙한 몇몇 동물들을 포함하는 큰 집단이다. 이 집단은 머리방패에 있는 협각(鋏脚)이라는 특수한 부속지의 이름을 따서 협각동물(鋏脚動物, chelicerate)이라고 한다. 이들은 형태는 각기 다를지라도 모두 협각이 있다. 위에서 말한 투구게의 친척들은 모두 육지에 산다. 그러나 생명의 요람은 바다였으며, 리물루스속과 그 친척들은 육지 표면에 몸집 큰 동물이 없었던 아주 먼 과거시대로 우리를 데려간다.

어둠에 잠긴 델라웨어 만에서 투구게들이 긁어대는 소리는 음악적이지는 않지만 시간을 거슬러올라가는 상상의 여행을 제공한다. 포유동물과 꽃식물이 등장하기 한참 전, 티라노사우루스보다 오래된 대형 파충류가 전성기를 누릴 때보다 한참 전, 지구 생물의 90퍼센트를 전멸시킨 2억5,000만 년 전의 멸종사건을 넘어 더 멀리 거슬러올라가자. 거기에서 더, 무성한 석탄 숲의 시대를 지나서 육지가 텅 비어 있고 바다가 생명의 요람이었던 시대로, 투구게의 선조들이 수많은 삼엽충과 함께 개펄을 바쁘게 기어다니던 시대로 가자. 델라웨어 만의 해변으로 기어 올라서 우글거리는, 우아하지 못하고 게를 닮지 않은 투구게들은 머나 먼 지질시대의 전령들이다.

고생물학자라면 당연히 투구게의 역사를 먼 과거까지 추적하고 싶을 것이다. 몇 년 전 나는 독일 남부 바이에른의 유명한 채석장을 찾았다. 1억5,000만 년 전 쥐라기 시대의 졸른호펜(Solnhofen) 석회암을 캐던 곳 이다. 시골의 완만한 언덕지대에 있는 대규모 노천광산에 크림색의 얇 은 석판 같은 석회암 층들이 보인다. 각 층은 예전의 퇴적층 표면을 나타 낸다. 이곳 석회암은 입자가 매우 고와서 인쇄용 석판의 제조에 딱 알맞 다. 이 석판은 지금도 화가들에게 인기가 있지만, 과거에는 삽화용으로 더 널리 쓰였다. 독일인은 이런 종류의 암석을 "플라텐칼크(plattenkalk, 석판석회암)"라고 했다. 꼭 맞는 명칭이다. 화석이 나타나면, 그것은 아 주 납작한 판에 올려진 물고기처럼 석판의 표면에 드러날 것이기 때문 이다. 그리고 화석 중에는 정말로 물고기도 있다. 졸른호펜 석회암에서 나온 화석들 가운데 가장 유명한 것은 깃털이 달려 있는 초기 새인 시조 새(*Archaeopteryx lithographica*)의 뼈대였지만, 시조새 화석은 극히 드 물다. 평균 10년에 하나 꼴로 나타난다. 반면에 바다나리(*Saccocoma*)의 화석처럼 매우 풍부하게 나타나는 것도 있다. 졸른호펜 석회암은 생물 학적으로 다양한 육상 서식지에서 그리 멀지 않으면서, 주기적으로 밀 려든 바닷물에 잠기는 하나의 따뜻한 석호나 여러 석호에서 쌓인 것으 로 여겨진다. 이따금 석호는 증발이 심하게 일어나서 살고 있는 생물에 게 유독할 만큼 염도가 높아지고, 더 깊은 곳은 산소가 고갈됨으로써 청소동물이 접근하지 못하게 되었다. 그 결과, 부드러운 동물도 놀라울 만큼 잘 보존이 되었다. 질척이는 개펄이 드러날 때면 날아다니는 파충 류나 잠자리 같은 허약한 동물은 거기에 갇힐 수 있었다. 이 모든 것들이 함께 작용하자 쥐라기 생명의 한 단면을 대규모로 보존하는 특수한 조건이 형성되었다. 메졸리물루스 왈키(*Mesolimulus walchi*)라는 투구게도 그렇게 보존된 생물 중 하나이다. 이 종은 현재 살아 있는 리물루스 폴리페무스와 놀라울 만큼 비슷하다. 언뜻 보면 마치 델라웨어에서 돌아다니던 것을 막 가져다놓은 듯하다. 아주 자세히 들여다보아야만, 살아 있는 투구게보다 가장자리의 가시가 더 길다는 것을 알아차릴 수 있으며, 몇 가지 사소한 차이점이 더 있다. 이 종도 얕은 바다를 기어다녔을 것이고, 머리방패 안쪽에 알을 담고 있었으리라는 것은 의심의 여지가 없다. 시선을 한눈에 받는 화려한 신참―깃털 달린 새―에게도 그 투구게는 이미 오래된 것으로 여겨지지 않았을까?

지금까지 나는 투구게가 "살아 있는 화석"이라는 표현을 피해왔다. 내가 역설과 모순어법을 하나로 합친 어구를 쓰는 데에 인색하다는 점도 있지만, 그 표현이 오해를 불러일으키기 때문이다. 찰스 다윈도 이 책의 첫머리에 인용한 그 어구를 도입할 때 조심스러워했다. 방금 메졸리물루스가 리물루스와 비슷하다고 말하기는 했지만, 정확히 똑같지는 않다. 살아 있는 투구게에 관해서 우리가 배운 모든 것을 생각해보자. 그것은 쥐라기와 전혀 다른 생태계에 속해 있다. 많은 종의 새들 수백만 마리가 매년 투구게의 알에 의지하는 반면, 아마도 그 투구게의 고대 친척은 "최초의 새"라고 불리는 것의 생활사와 무관했을 것이다. 리물루스는 많은 환경변화에 적응해왔다. 새로운 포식자, 새로운 기후, 현재의 인류에게도. 리물루스는 생명의 제비뽑기에서 우승한 자이며, 그것은 단지 기나긴 계보를 가진 덕분만은 아니다. "살아 있는 화석"은 다소 부정적인 견해를 함축하는 듯하다. 마치 가여운 늙은 생물이 변화하는 세계에 맞추어 변하지 못한 채, 불가피한 종말을 앞두고 비틀거리며 마지막 걸음을 내딛는 듯한 인상을 풍긴다. 비슷하게 잘못된 견해를 함축한 어조가 공룡에게도 적용된다. "우리는 공룡이 되어서는 안 된다! 우리는 시대에 맞추어 변해야 한다!"는 표현이 상업계에서 주문처럼 쓰인다. 공룡은 사실 대단히 효율적인 동물이었으며, 그들의 멸종은 그들의 미덕 여부와는 아무런 관계가 없는 외부요인들(많은 이들이 극적인 운석 충돌을 선호한다)의 조합이었을 가능성이 가장 높다. 공룡은 부적절한 시대에 부적절한 장소에서 산 부적절한 몸집의 동물이었다. 운이 나빴던 것이다! 한편 살아 있는 화석들은 그 위기를 헤치고 나아왔다. 이유는……음, 나중에 등장할 것이다.

유전체 수준에서는 늘 변형이 일어나고 있다. "변화 없음" 같은 것은 사실상 없다. 자연선택이 기나긴 세월 동안 계속 활발하게 작용해온 것은 바로 DNA 분자의 유연성 때문이다. DNA의 변화가 반드시 동물의 외모변화와 직접 연관되는 것은 아니다. 유전체에서 많은 돌연변이는 단백질을 만들거나 발생과정에 변화를 촉발하거나 다른 핵심적인 활동부위에 별 영향을 끼치지 않는 넓은 부위에 축적된다. 이런 돌연변이는 신종임을 시사하는 형태나 색깔의 변화와 무관할 가능성이 높다. 살아 있는 화석은 겉모습에는 나타나지 않았을지언정 — 세계와 대면해야 하는 것은 표현형이다 — 분자 수준에서는 사실상 많은 변화들이 축적되어왔을지 모른다. 유전자 빈도의 변동은 생명의 원료이지만, 그것은 화석의 통상적인 재료인 뼈대 및 팔다리와 일대일로 대응하지 않는다. 따라서 용어를 신중하게 쓰는 것이 현명하다.

살아 있는 화석을 마치 살아남은 진정한 조상인 양 생각하고픈 유혹에 빠질 수도 있다. 실러캔스(coelacanth)가 발견되었을 때, 대중언론은 마치 그 어류가 완전한 사지류처럼 뭉툭한 지느러미를 디디면서 땅으로 막 올라오려고 한다는 듯이, "오래된 네 다리(old fourlegs)"라는 표현을 썼다. 이 시나리오는 잘못되었을 뿐만 아니라, 그런 조상이 현재까지 수억 년 동안 변하지 않은 채 살아남았을 가능성은 극히 적다. 시간, 우연, 경쟁은 변화를 불가피하게 만든다. 확실하게 말할 수 있는 것은 이 고대로부터의 생존자와 현생 — 진화적으로 더 나중에 출현한 — 친척들이 공통 조상을 가지며, 살아 있는 화석이 그 조상과 더 가까운 특징을 가지리라는 것이다. 그 생존자와 다소 비슷한 고대 화석들은 그들이 속한 동물집단 전체가 언제 출현했는지 말해주고, 진화의 나무에서 그 뒤에 뻗은 가지들을 따라서 지질학적 시간에 걸쳐 틀림없이 변화가 일어났다고 알려줄 것이다. 고대로부터의 생존자들은 그들이 없었다면 결코 몰랐을 역사를 밝혀낼 수 있는 원시적인 형태, 발생, 생화학에 관한 정보를 담고 있다. 화석은 결코 파란 피를 보존하지 않는다. "살아 있는 화석"은 조상이 아닐 수도 있지만, 먼 과거와 사라진 세계로부터 온 정보라는 고귀한 유산을 가진 생존자들이다.

따라서 리물루스는 진화의 긴 가지들을 이해하는 데에 도움을 줄 수 있다. 그들만이 그런 것은 아니다. 모든 후손 종이 단순히 선조를 대체한다면, 생명의 역사는 (올리버 색스가 말한) 어제의 기억을 계속 지움으로써 늘 현재를 사는 한 환자와 비슷할 것이다. 다행히 생명은 그렇지 않다. 생명의 기나긴 역사는 늘 우리 곁에 있다. 지구의 생명에서는 최신 모델이 나왔다고 해서 이미 온갖 시험과 검사를 거친 기존 모델이 반드시 폐기되지는 않는다. 전혀 다른 세계에서 오래 전에 기원한 생물집단도 진화하고 적응하여, 더 최근에 출현한 사촌들 및 재종사촌들과 함께 살 수 있다. 생명의 이야기는 대체보다는 화해를 다룬다고 할 수 있다. 살아 있는 투구게를 보는 것은, 시간이 흘러 다시 칠했지만 많은 특징들을 여전히 변함없이 간직한 먼 조상의 초상화를 보는 것과 같다. 이 책은 먼 지질시대부터 살아온 생존자들이 어떤 존재들이며, 그들이 진화경로에 관해서 우리에게 무엇을 말해줄 수 있을까 하는 나의 관심의 산물이다. 나는 지난 몇 년 동안 생명의 역사를 이해하는 데에 도움을 줄 만한 동식물을 찾아다녔다. 가능한 한, 자연 서식지에서 살아가는 그들을 보고자 했다. 모두 흥미롭기 그지없는 존재들이었다.

오늘날 그들이 어떻게 살아가는지 관찰함으로써 나는 그들의 생물학을 어렴풋이 엿보고 그들이 장수하는 이유를 말해줄 단서를 얻을 수 있었다. 나는 어떤 고참 생물을 방문할지 신중하게 골랐다. 그들의 생물학을 깊이 이해하고 싶었기 때문이다. 스치듯 지나친 생물들은 그보다 더 많았다. 매우 희귀하거나 접근할 수 없어서 내가 개인적으로 만나볼 수 없었던 생물도 극소수 있었으며— 실러캔스가 떠오른다— 그럴 때에는 다른 이들의 설명에 의존했다. 이 사례들 중 상당수는 화석 친척들과 관련지어서 역사를 살펴보았다. 고생물학자라면 당연히 그렇게 할 테니까. 그럼으로써 핵심적인 네 번째 차원, 즉 시간을 조명할 수 있었다. 나는 곧 포함시킬 만한 후보가 너무 많다는 것을 알았고, 그중에는 짧게나마 언급하지 않을 수 없는 것들도 있었다. 나는 폭넓게 두루뭉술하게 훑기보다는 소수의 생물들을 더 상세히 다루는 편이 낫다고 믿는다. 나의 전문가 친구들은 아마 자기가 애호하는 동물이나 식물을 뺐다고 불평하겠지만, 나는 그 생존자들이 그토록 오랜 세월을 견뎌냈으므로 앞으로도 계속 남아서 미래에 분명히 다른 누군가의 주목을 받을 것이라고 답하련다.

전갈을 예로 들어보자. 몇 가지 면에서 그들은 투구게만큼이나 인상적인 생존자이다. 나는 화석을 채집하면서 몇 차례 전갈과 마주쳤다. 그들은 대개 쓰러진 나무나 바위 밑에 숨어 있었다. 전갈은 낮에는 보이지 않는 곳에 있다가 밤에 먹이를 찾아 돌아다니는 종류가 많다. 오만 사막에서는 거대한 검은색의 혹투성이 전갈이 꼬리침을 바짝 세운 채 나를 향해 달려오는 바람에 기겁하여 바보처럼 소리를 질러대면서 반대방향으로 물러난 적이 있다. 동료들은 마구 웃어대면서 그 전갈의 침(물론 꼬리에 붙어 있다)은 독하지 않다고 말했다. 몇 시간 뒤, 납작한 돌을 들어올리는데 그 밑에 작은 노란 전갈이 보였다. 전갈은 꼬리침을 내린 채 좌우로 흔들고 있었다. 내가 지질 망치로 찍으려고 하는 순간, 동료들이 내 팔을 잡았다. "건드리지 마. 진짜 살인자야!" 때로는 작고 별볼일 없어 보이는 동물이 가장 치명적일 수 있다. 리물루스의 꼬리에 있는 침과 전갈의 꼬리에 있는 침은 유연관계가 깊은 구조이며, 사실 두 동물은 거미류라는 같은 큰 집단에 속한다. 전갈은 몸의 맨 끝을 구부려서 독을 적이나 먹이에게 겨냥하는 비법을 터득했다. 증발을 막는 효과가 뛰어난 겉뼈대(큐티클)로 둘러싸인 전갈은 물에서 멀리 떨어진 곳에서도 살 수 있다. 일부 종은 지구에서 가장 메마른 곳에서 살아남는 데에 전문가이다. 전갈은 처음에는 리물루스처럼 물속에서 살다가, 나중에야 육지에서 살아가는 능력을 습득했다. 4억 년 전 데본기에 그들의 친척인 바다전갈, 즉 광익류(廣翼類, eurypterid)는 역사상 가장 큰 무척추동물 포식자로서 크기가 사람만 한 것도 있었다. 적어도 비전문가의 눈에 현생 전갈과 **실제로** 비슷하게 보이는 동물의 화석은 석탄기에 나타난다. 그들도 더 크고 더 매혹적인 동물들을 없앤 멸종사건들과 맞닥뜨렸다.

전갈은 황도십이궁의 하나로서 신화에 등장한다. 로마 시대의 모자이크에도 있고, 성경에도 나온다(열왕기 상 12:11). "내 아버지께서는 그대들을 채찍으로 징벌하셨지만, 나는 전갈로 징벌할 것이오." 따라서 투구게보다는 전갈이 인류문화와 더 널리 관련을 맺고 있다고 주장할 수 있다. 그러나 나는 타고난 카리스마나 민속과 문화에서 가지는 의미보다는 생명의 나무에서 차지하는 위치를 토대로 생물들을 선택했다. 투구게의 친척들이 동물의 분화가 시작되는 뿌리에 있기 때문에, 투구게는 이 자연사에서 한 자리를 차지하게 되었다. 페름기 초의 팔레오리물루스(*Palaeolimulus*)는 분명히 투구게이다. 2억5,000만 년 전 고생대 말에 대부분의 종을 없앤 대량멸종 사건 이전부터 존재했다. 리물리테라(*Limulitella*)는 그 대량멸종 이후인 2억4,200만 년 전(트라이아스기) 지층에서 나타난다. 투구게가 그 격변에 살아남았다는 증거이다. 내가 델

구스타브 비겔란의 전갈 조각품. 노르웨이 오슬로의 프로그네르 공원.

라웨어에서 관찰한 투구게의 다리 끝이 남긴 독특한 자국과 꼬리가 끌린 자국이 화석으로 남아 있다. 몸 자체는 없지만 말이다. 석탄기(펜실베이니아기)의 석탄 늪에서도 투구게는 기어다녔다. 델라웨어 만의 것보다 몸마디가 좀더 뚜렷하지만, 조상의 특징을 간직하고 있었다. 2009년 나의 캐나다 동료인 데이비드 러드킨은 오르도비스기(약 4억5,000만년 전)의 암석에서 가장 오래된 전형적인 형태의 투구게를 발견했다고 발표함으로써, 이 단순한 절지동물의 연대를 현생 누대 생물권의 암석에 흔적을 남긴 모든 주요 멸종사건보다 더 이전으로 끌어올렸다. 생존의 마법 성분이 무엇이든 간에 투구게가 그것을 가지고 있음은 분명하다. "온유한 자가 땅을 물려받는다"라는 말은 그들의 장수에 딱 맞는 좌우명일 것이다.

　이 옛 시대를 더 자세히 기술해보자. 최초의 육상식물이 혹독하고 헐벗은 해안으로 올라오기 전에 투구게가 독자적인 경로를 걷기 시작했다는 말은 이미 했다. 비록 몇몇 단순한 식물은 이미 개펄로 진출했음을 시사하는 발견이 최근에 이루어졌지만 말이다. 아무튼 당시 곤충과 거미는 아직 뒤따르지 않았을 것이다. 원시적인 형태이기는 하지만, 어류는 이미 있었다. 그러나 그들에게는 육지로 진출할 야심이 전혀 없었다. 완전한 바닷물이라고는 할 수 없는 물로 고개를 들이민 종이 극소수 있었을 법은 하지만, 바다에는 삼엽충이 우글거렸다. 그들은 얕은 해안에서 깊은 대양에 이르기까지 모든 생태구역을 차지했다. 왕성한 번식력을 자랑하는 이 절지동물은 투구게의 초기 친척보다 훨씬 더 수가 많았을 것이 분명하다. 당시에 그들은 어떤 이점을 가지고 있었던 것이 틀림없다. 등에 방해석으로 된 튼튼한 "껍데기"가 진화한 덕분일 수도 있다. 덕분에 그들은 가시와 장갑, 튼튼한 근육의 부착지점을 만들 수 있었고, 위협을 받으면 꿰뚫지 못할 단단한 공처럼 몸을 말 수 있는 능력도 갖추게 되었다. 삼엽충은 곧 다양한 섭식습관을 습득했다. 일부는 포식자가 되었고, 부드러운 개펄을 걸러 먹는 종류와 먼 바다를 헤엄치면서 먹이를 잡아먹는 종류도 생겨났다. 이들은 약 2억5,500만 년 전에 멸종했다. 대조적으로 리물루스의 친척들은 바다 밑에 그대로 남아 청소동물과 포식자로서 살아왔을 것이다. 델라웨어 만의 투구게는 키틴으로 된 겉뼈대를 가진다. 키틴은 매우 단단하면서 신축성이 있는 천연 중합체이지만, 돌 성분인 방해석의 대체물은 결코 되지 못한다. 그러나 투구게는 놀라운 면역계를 개발함으로써 약점일 수도 있었을 것을 장점으로 바꾸었다. 장기 생존은 장갑만이 아니라 더 미묘한 특징들에 의존할지 모른다.

투구게 이야기를 더 멀리까지, 주요 동물집단들의 상당수가 공통 조상으로 수렴되는 시대인 5억여 년 전의 캄브리아기까지 끌고 갈 수도 있다. 캄브리아기는 진화활동이 유례없이 활발하게 벌어지던 시기로서, 다음 장에서 그 시대의 특징들을 더 자세히 다룰 것이다. 리물루스의 초기 친척들은 캄브리아기 지층에서 발견되어왔지만, 거기에는 그 강인한 생존자들과 조금 다른 종들도 있다. 그중에는 올레넬루스(*Olenellus*)

처럼 초기 삼엽충과 더 흡사해 보이는 것도 있다. 올레넬루스는 커다란 머리방패에 좁은 테두리가 둘러 있는 형태이다. 그들이 정말로 공통의 기원과 더 가깝다면 가족 같은 유사성을 보일 것임을 예상할 수 있지만, 중요한 차이점들도 있다. 지금까지 발견된 삼엽충의 부속지들은 모두 몸통을 따라서 놓여 있는 양상이 비슷하다. 쌍을 이룬 부속지들은 각각 갈라져서 걷는 다리가 되고, 그 끝 근처에는 빗처럼 생긴 것이 달려 있는데 아가미 기능을 했을 가능성이 높다. 리물루스의 부속지와 달리, 그 부속지는 서로 다른 신체부위에 앞쪽의 보행용 부속지 및 섭식용 부속지를 뒤쪽의 아가미와 나누는 식으로 따로따로 "일괄 포장"되어 있지 않다. 게다가 모든 삼엽충은 머리 앞쪽에 전형적인 "더듬이"가 있으며, 기이한 협각은 가지고 있지 않다. 이 점은 그다지 중요하지 않을 수도 있다. 더듬이가 있다는 것은 원시적인 절지동물의 일반적인 특징인 듯하기 때문이다. 그것은 삼엽충이 리물루스 및 그 친척들보다 더 원시적인 이 한 가지 특징을 여전히 간직하고 있지만, 그럼에도 공통 조상의 후손일 수 있음을 말하는 것인지 모른다. 삼엽충은 보존이 잘 되는 단단한 방해석으로 둘러싸여 있기 때문에 화석으로 많이 남아 있다. 광물질을 함유하지 않은 동물의 화석은 훨씬 더 진귀하다. 최근 중국과 그린란드에서 캄브리아기 암석에 보존된 부드러운 몸을 가진 동물들의 놀라운 화석들이 발견되었다. 이 화석들은 캄브리아기 초에 거의 당혹스러울 만큼 다양한 절지동물들이 있었음을 보여주었다. 그중에는 리물루스 및 그 친척들과 삼엽충의 차이를 잇는 다리인 듯한 것도 있다. 그러나 거의 모든 특징이 한 방향을 가리킨다고 해도, 다른 것을 시사하는 또다른 특징도 있다. 지금 고생물학자들은 10년이 넘도록 이 화석을 어떻게 분류해야 할지 논쟁 중이며, 모두가 동의하는 유일한 한 가지는 아마도 그 뒤의 진화를 통해서 추려졌을 신기한 특징들을 조합한 많은 동물들이 캄브리아기에 출현했다는 것이다. 이 캄브리아기에 "뒤범벅된" 동물들이 살았다는 것은 그리 놀랄 일이 아닐지도 모른다. 당시에는 모든 절지동물이 유전적으로 거리가 멀지 않았기 때문이다. 그들은 그 뒤로 5억 년 동안 점점 더 따로따로 진화적 칸막이 안에 스스로를 가두게 된다. 이 초창기에는 이를테면, 어느 동물이 갑각류가 되고 어느 동물이 협각류가 될 운명인지를 예측하기가 쉽지 않았다.

과학자들은 이런 종류의 수수께끼에 직면하면 대개 컴퓨터를 켠다. 지금은 동물들 사이의 관계를 파악하는 문제를 다루는 정교한 컴퓨터 프로그램들이 있다. 그 프로그램들은 생물들이 진화하면서 갈라지는 양상을 분석할 때, 생물들이 공유하는 특징들이 가장 간결하게 설명되는 방식으로 갈라진다고 가정하고서, 진화의 나무에 생물들이 배열된 양상을 파악한다. 형태가 가장 확연히 닮은 생물들은 한 가지로 묶여야 한다. 많은 컴퓨터 기법들이 그렇듯이, 이 과정도 내부적으로는 대단히 복잡하기 때문에 캄브리아기 절지동물을 분석하라는 것과 같은 대규모 과제에는 조사하여 배제해야 할 배열이 수백만 가지나 된다. 컴퓨터 안에서 어떤 일이 벌어지는지를 나는 그저 겉핥기 수준으로 이해하고 있을 뿐이다. 솔리테어 같은 카드 게임의 초거대판이 저절로 상상된다. 답이 "나올" 때까지 수천 장의 카드를 섞고 또 섞는 것이다. 최종적으로 매혹적일 만큼 단순한 분기도라는 배치도가 나온다. 이 책의 면지에 실린 "생명의 나무" 요약본을 도출한 방법은 분기도와 다르지만, 많은 개별 분기분석의 결과물을 통합한 것임을 말해두기로 하자. 모든 컴퓨터 기법들이 그렇듯이, 쓰레기를 넣으면 쓰레기가 나올 뿐이라는 익히 아는 단서가 분기분석에도 따라붙지만, 그 기법이 그렇게 널리 사용되었다는 사실은 까다로운 문제를 푸는 데에 도움이 되었음을 시사한다. 지금까지 이루어진 분석들을 종합하면, 삼엽충은 정말로 투구게를 포함하는 집단에 속한다고 분류된다. 캄브리아기의 그 모든 혼란스러운 양상에도 불구하고, 단단한 껍데기를 가진 나의 친구들과 변함없이 고집스럽게 기어다니는 투구게는 절지동물의 겉뼈대를 가진 자매인 듯하다.

그들은 별난 특징을 공유한다. 투구게의 유생은 길이가 핀머리만 한데, "삼엽충 유생"이라고 불린다. 많은 삼엽충의 작은 유생을 닮았기 때문이다.* 둘 다 기존의 껍데기를 벗고 더 큰 껍데기를 만드는 비슷한 방식으로 탈피를 거치면서 성장한다. 또한 둘 다 겹눈이다. 유연한 눈자루 꼭대기에 붙어서 툭 튀어나온 대다수 갑각류의 눈과 달리, 삼엽충과 투구게의 눈은 머리방패의 일부이다. 많은 이들이 바닷가재를 냄비에 넣기 전에 한번쯤 눈을 보았을 것이다. 삼엽충의 수정체는 동물계에서 독특하다. 광물인 방해석으로 만들어졌기 때문이다. 단단한 방해석은 삼엽충의 단단한 부위도 만드는데, 등 겉뼈대라고 하는 이 동물의 등을 덮는 딱딱한 방패가 그렇게 만들어졌다. 또 방해석은 눈의 수정체를 만드는 재료로도 쓰였다. 따라서 원한다면 "수정 눈"이라고 부를 수도 있겠다. 많은 삼엽충의 눈(수정체 수천 개로 이루어질 수도 있다)에서 수정체 하나하나는 매우 작지만, 각각의 수정체는 외부 빛의 자극에 반응했을 것이고, 시신경이 그 정보를 뇌로 보냈을 것이다. 많은 작은 수정체로 이루어진 눈은 대개 움직임에 특히 민감하다고 여겨진다. 움직이는 상은 천천히 시야 내에서 이 수정체에서 저 수정체로 옮겨가면서 맺힌다. 삼엽충과 리물루스는 둘 다 자신이 사는 바다 밑을 돌아다니면서 주로 좌우를 보는 눈을 가지고 있다. 웬일인지 리물루스의 눈은 철저히 연구되어왔다. 펜실베이니아 대학교의 홀던 하틀라인은 투구게의 눈을 실험 재료로 삼아서 동물의 시각을 물리학적으로 살펴보았다. 1930년대에 그는 수정체 하나(낱눈)에 붙은 시신경 섬유 하나의 활동을 기록한 최초의 과학자가 되었다. 리물루스의 눈에는 그런 섬유가 약 1,000개 있으며, 우리는 삼엽충의 눈이 적어도 그에 맞먹을 만큼 민감하다고 상상해도

* 나는 나의 저서 『삼엽충(*Trilobite! Eyewitness to Evolution*)』에서 절지동물 전반, 특히 삼엽충의 성장을 상세히 다루었다.

좋을 것이다. 나중에 그는 시신경에서 각기 다른 섬유들이 저마다 선택적인 다른 방식으로 빛에 반응한다는 것을 보여주었다. 이 연구는 전혀 새로운 생리학 분야를 열었다. 그리고 1967년에 홀던 하틀라인에게 노벨상을 안겨주었다. 지금은 로버트 발로 연구진이 하틀라인의 연구를 이어받았다. 그들은 투구게가 정확히 어디를 보는지 자세히 살펴보기 위해서 살아 있는 투구게에게 작은 비디오카메라를 달았다. 투구게의 눈은 의외로 정교한 듯하다. 시각계의 감도(感度)는 자연적인 주기, 즉 하루 주기의 리듬을 보인다. 그것이 다른 암적응 메커니즘과 결합됨으로써, 밤에는 낮보다 눈의 감도가 100만 배 더 높아질 수 있다. 투구게는 특히 짝이 될 만한 상대를 잘 알아본다. 델라웨어 만에서 격렬한 유희를 벌이는 장면을 생각하면 놀랄 일도 아니다. 리물루스의 눈은 시각적 "잡음"을 제거하는 능력이 대단히 뛰어나며(우리가 밤하늘에서 아주 희미한 별을 보려고 할 때 얼마나 힘겨운지 생각해보라), 발로 박사는 현재 그 과정을 분자 수준에서 이해하고자 애쓰고 있다. 아마 우리는 다른 현생 동물들보다 이 고대 절지동물의 시각계를 훨씬 더 많이 알고 있을 것이다. 그러나 많이 알면 알수록 우리는 이 특별한 생존자가 원시적인지 아니면 절묘하게 적응한 존재인지 점점 더 궁금해진다. 삼엽충의 피도 파란색이었을까? 결정적인 증거는 전혀 없다. 게다가 피처럼 쉽게 없어지는 것이 남아 있을 가능성도 없다. 그러나 심하게 물어뜯기고도 살아남은 삼엽충의 화석은 많다. 그들은 대개 몸 한쪽에 밀봉된 구멍이 있다. 캄브리아기 초에도 바닷가재만 한 아노말로카리스(*Anomalocaris*)와 그 친척들처럼, 삼엽충을 바삭거리는 간식거리로 생각한 포식자들이 있었다. 아노말로카리스는 기이하게 생겼지만, 움켜쥘 수 있는 두 개의 긴 팔과 판으로 둘러싸인 입을 가진 육식 절지동물임에는 틀림없다. 진화적 변화가 가속된 그 시기에 자연선택은 상처 입은 삼엽충이 출혈로 죽는 것을 막아주는 돌연변이라면 무엇이든 금방 받아들였을 것이고,

그 친척들에게서도 마찬가지였을 것이다. 삼엽충도 분명히 그랬겠지만 리물루스의 순환계는 우리 순환계와 달리 개방되어 있다. 즉, 다른 신체 기관들 사이의 빈 공간을 채우는 형태이다. 따라서 범용 응고인자가 선호되었을 것이다. 구리를 토대로 한 피를 만드는 방식이 아주 긴 계보를 가질 수도 있으며, 상처를 막고 감염에 민감하게 반응하는 파란 피의 능력 덕분에 삼엽충과 투구게가 새로운 혹독한 세계에서 살아남을 수 있었을 가능성도 있다. 이것이 바로 고생물학자들이 시공간 연속체의 법칙을 우회하여 과거를 엿볼 수 있는 한 방법이다. 우리는 전적으로 논리적인 결론에 이르렀다고 동료 과학자들을 설득하고자 할 때 다소 설득력 있는 추측을 해야 한다. 물론 역사는 반드시 우리 인간의 논리를 따를 필요가 없고, 우리를 놀라게 할 뭔가를 간직하고 있을지도 모른다.

먼 지질시대에 삼엽충들도 우리가 이 장을 시작했을 때 목격했던 것과 같은 장관을 펼쳤을까? 가능한 일이다. 그 증거를 살펴보려면, 포르투갈 북부의 아로카라는 소도시로 가야 한다. 포르투라는 옛 항구도시로부터 이리저리 심하게 굽은 도로를 따라서 산악지대로 들어가면 맨 끝에 아로카가 있다. 비탈에 주로 들어서 있는 유칼립투스 나무를 보면, 우울해질 수도 있다. 이곳에 본래 없던 나무이기 때문이다. 그러나 지역 경제에 큰 기여를 하고 있기 때문에, 생태적 고려는 모두 한쪽으로 밀려났다. 유칼립투스는 대부분 제지 펄프를 만드는 데에 쓰이며, 토착종보다 훨씬 더 빨리 자란다. 따라서 어떤 의미에서 보면, 유칼립투스도 자연의 생존자이다. 이따금 산불이 일어나면, 이 "껌나무"(유액이 말라붙어 껌처럼 보이기 때문에 붙여진 별명/역주)의 휘발성 수지 때문에 걷잡을 수 없이 번진다. 비탈 곳곳에 산불이 남긴 검은 흔적들이 보인다. 더 위쪽의 아름다운 골짜기에는 이 지역의 가장 고지대의 헐벗은 땅을 이루는 회색 화강암을 대강 네모나게 큰 덩어리로 잘라서 지은 오래된 방앗간과 농가가 자리하고 있다. 지질학적 관점에서 보면, 아마 이 완고한 화강암이 가장 기나긴 세월을 견딘 생존자일 것이다. 지의류(地衣類)가 끼어서 군데군데 얼룩이 졌을 뿐, 이 실용적인 건물들의 겉모습은 중세 이래로 거의 변하지 않았다. 근처의 황량한 화강암 황무지에는 인류역사의 상당 부분을 지켜보았으면서도 여전히 버티고 있는 무덤들이 있다. 삼엽충 시대 이후로 가장 내구성이 강한 돌로 이루어진 이 산맥 전체는 침식이라는 무정한 힘의 작용으로 조금씩 깎여나갔고, 해수면이 된 곳도 있다. 생명은 산보다 더 오래간다. 가장 긴 세월을 견딘 생존자는 DNA이니까.

아로카는 세계에서 유일하게 삼엽충 기념물이 세워진 소도시일 것이다. 이 기념물은 교차로의 한가운데에 조금 어색하게 높이 솟아 있다. 이 소도시는 유럽 지질공원으로 등재되기 위해서 신청을 해놓은 상태이다. 기념물에 뚜렷이 새겨 있듯이, 거대한 삼엽충의 고향이라는 점이 바로 신청이유 중 하나이다. 나는 실물을 보기 위해서 이 소도시 위쪽의 카넬라스 마을 근처에 있는 채석장으로 향했다. 광업은 오랫동안 이 지역사회의 한 부분을 차지했다. 로마인들은 이곳에서 금을 찾았고, 지금도 고지대 정상에 서면 단단한 오르도비스기 사암을 뚫고 팠던 당시의 작업현장을 볼 수 있다. 정상에서 미끄러운 검은 계단을 따라 내려가면 양치식물이 우거진 바위틈이 나온다. 그 사암에는 삼엽충이 고대 바다 밑으로 파고들면서 남긴 굴들이 화석으로 보존되어 있다. 또 하나의 보물인 셈이다. 지금은 이곳에서 지붕을 덮는 석판을 캐낸다. 발롱고 층(Valongo Formation)이라는 오르도비스기의 이 점판암은 사암 위를 덮고 있으며 이 지역 전체에 퍼져 있다. 이 점판암은 거의 검은색이고, 납작한 판으로 쪼개지는데, 계속 쪼개면 지붕을 이는 데에 알맞은 석판이 된다. 이렇게 만든 석판은 아주 오래간다. 점판암은 대규모 채석장에서 거대한 암석 덩어리를 폭파시켜서 얻는다. 그런 뒤 공장으로 옮겨서 더 다듬는다. 점판암이 쪼개지는 방향인 편평한 면은 오르도비스기의 해저이기도 했다. 비록 땅이 요동친 결과 지금은 거의 수직방향으로 놓여 있지만 말이다. 이따금 삼엽충이 든 석판이 발견되기도 한다. 나의 스페인 동료들은 화석을 발견할 때마다 진심으로 "굉장해!"라고 환호성을 지른다. 화석은 검은 배경에 연한 회색을 띠고는 한다. 정상적인 환경에서는 작은 신발보다 훨씬 더 큰 삼엽충을 발견하는 사례가 극히 드물지만, 이 지역에서는 찜 그릇만 한 것도 종종 발견된다. 길이가 약 1미터에 달하는 세계에서 가장 큰 삼엽충도 아직 연구되지 않은 채집물 중에 숨어 있을지 모르지만, 70센티미터에 달하는 표본들은 이미 친숙하다. 이곳의 삼엽충은 클 뿐 아니라 수도 많다. (예전의 해저였던) 성층면 전체를 캐내고 있기 때문에, 당시의 비극적인 순간을 보여주는 드넓은 경관이 이따금 복원된다. 즉, 이곳은 수많은 삼엽충이 죽음을 맞이한 화석 묘지이자 시체들의 세계이다. 지질학자가 암석을 망치로 두드리는 통상적인 방법으로는 이런 시나리오를 복원할 수 없다. 산업 규모의 활동이 벌어져야 한다. 다행히 채석장 소유주는 약 4억7,000만 년 전의 해저를 드러내는 이 점판암이 얼마나 중요한지 인식하고 있다. 그 세월은 산맥과 화강암을 비롯한 모든 것을 세 번이나 침식시키기에 충분한 기간이었다.

소유주는 관대하게도 이 화석들의 잔해만을 보존하는 개인 박물관을 지었고, 그곳에는 많은 삼엽충 화석들이 보관되어 있다. 전시되고 있는 것은 12종이다. 나처럼 과거에 예속되어 있는 이에게는 돌에 박힌 이런 회색 화석을 보는 것이 경이로운 경험이다. 나는 마치 화랑을 거니는 듯한 느낌을 받으며, 이들이 현생 투구게처럼 한때 바다 밑을 쏘다니며 자기 일에 바빴던 생물들임을 저절로 떠올리게 된다.*

<hr>

* 나는 행운아이다. 이 거대한 삼엽충의 종들 가운데 하나에 내 이름이 붙여졌으니 말이다. 바로 오기기누스 포르테이(*Ogyginus forteyi*)이다. 이것을 빌미로 삼아, 여기에서 명명법과 분류법의 규칙을 설명하기로 하자. 속명(屬名)인 오기기누스는 대문자로 시작하며(모든 속명이 그렇다), 뒤쪽의 종명(種名)은 사람의 이름을 땄든 그렇지 않든

화석이 있는 커다란 석판들을 보면, 모두 크고 비슷한 크기인 한 종의 개체들이 모여 있는 것들이 많다. 때로 몸이 온전히 남아 있는 것도 있다. 그것은 그 화석들이 탈피를 한 뒤에 남긴 "허물"이 아니라 동물들 전체가 살해당한 흔적임을 시사한다. 허물이라면 조각나서 여기저기 흩어져 있었을 것이다. 몸이 일부 겹친 화석들도 있다. 이 모든 것들은 델라웨어 만의 투구게들이 모여서 벌인 짝짓기 의식과 매우 흡사한 일이 벌어졌음을 시사한다. 혼례식이 정점에 달했을 때 어떤 격변이 일어나서 투구게들이 모두 죽어 그대로 보존된 것이 아닐까? 화산분출이 원인일지도 모른다. 그랬다면 그들은 동시에 죽어서 묻혔을 것이다. 오랜 세월이 흐른 뒤, 퇴적물은 굳어서 암석이 되고 투구게들은 화석이 되었을 것이다. 또 퇴적물이 짓눌려 압착되면서 묻힌 동물도 납작해졌을 것이다. 짝짓기 중에 상대와 겹친 상태에서 굳어버린 화석들도 있다. 더 어린 개체들이 화석 사이에서 보이지 않는 이유는 다른 곳에 있었기 때문일 것이다. 이것은 설득력이 있으며, 유혹적이기까지 한 시나리오이다. 여기에 한 가지 사항을 추가해야 한다. 암석에 오래 머무는 동안 이 포르투갈 삼엽충에게 또다른 일이 벌어졌기 때문이다. 그들이 속한 점판암 덩어리 전체가 지각판이라는 죔쇠에 짓눌리면서 일부 표본이 비틀렸다. 그래서 한쪽으로 약간 기울어진 형태가 되었고, 조금 늘어난 것도 있다. 그러니 "지금까지 발견된 가장 긴 삼엽충"이라는 주장은 신중하게 대해야 한다.

증거를 더 꼼꼼히 살펴보면, 현재의 델라웨어 만과 오르도비스기의 포르투갈 사이에 몇 가지 중요한 차이가 있음이 드러난다. 그중 가장 확실한 점은 이 커다란 삼엽충들이 해변에 모인 것이 아니라는 사실이

간에 소문자로 시작하는 것이 규칙이다. 호머에 따르면, 오기기아는 님프인 칼립소가 오디세우스를 7년 동안 가둔 섬이다. 많은 화석들도 마찬가지로 고전어 어근에서 유래한 이름을 가진다. 리물루스는 "좌우를 보다"라는 라틴어에서 유래했는데, 나는 그것이 좌우에 달린 눈의 시야를 뜻하는 것이 아닐까 추측한다.

다. 그들은 바다 밑에서 묻혀 죽었다. 그 지역의 포르투갈 지질학자들은 이 오르도비스기 동물들이 순환이 잘 되지 않는, 따라서 더 깊은 곳은 정체될 수 있는 해양분지에서 살았다고 믿는다. 여기 모인 삼엽충들은 산소가 치명적인 수준으로 떨어진 시점에 몰살당했을 수도 있다. 아무튼 삼엽충도 숨을 쉬어야 하니까. 델라웨어 만에서는 그런 무산소증을 그다지 걱정할 필요가 없다. 물론 이 삼엽충들이 번식을 위해서 모였을 수도 있다. 깊은 분지가 포식자들로부터 더 안전했을지도 모른다. 그러나 그러다가 삼엽충이 그런 좋지 않은 곳에 알을 낳는다고 생각하면 거북해진다. 그들의 장기 생존에 영향이 거의 없으려면, 무산소증이 아주 드물어야 했을 테니까. 그리고 많은 석판은 여러 종이 섞여 있음을 보여주는 듯하다. 그들이 짝짓기가 아닌 어떤 다른 목적을 위해서 모였을 수도 있지 않을까? 리물루스와 달리, 막 탈피를 한 "부드러운 껍데기"의 삼엽충은 새로 단단한 등딱지가 자랄 때까지 취약했을 것이다. 그러니 이들은 포식자의 날카로운 눈을 피해 서로를 보호하기 위해서 함께 모였을지도 모른다. 현대 투구게의 행동과 이렇게 직접 비교해보면, 혼란스럽던 상황이 점점 더 나아지는 듯하다. 회의주의자라면 수억 년 동안 비슷한 습성이 지속되었을 것이라고 기대하는 것은 너무 단순한 생각이라고 말할 것이다. 그럴지도 모르겠지만, 자연에서는 같은 문제에 종종 비슷한 해결책이 나오며, 서로 유연관계에 있는 생물들이라면 더욱 그렇다. 몸이 일부 겹친 삼엽충들은 더 깊이 조사할 만하다. 그들은 투구게들이 짝짓기를 위해서 싸우는 광경을 떠올리게 하므로, 이 동물의 눈이 짝을 찾는 데에 유달리 예민하다는 것은 단순한 추측이 아니다. 나는 삼엽충의 수정 눈도 비슷하게 호색적인 눈이라고 생각하고 싶다.

2

발톱벌레 찾기

뉴질랜드는 현혹시키면서 속이는 나라이다. 그곳의 상당 지역이 거짓 색깔을 띠고 있기 때문이다. 비록 남섬에는 사람의 손길이 거의 닿지 않은 숲이 아직 있지만, 사람의 손은 뉴질랜드의 상당 부분을 임업과 목축의 용도로 변모시켰다.

이 제도(諸島)의 이야기는 격리의 이야기이다. 이 제도는 사라진 고대의 거대한 대륙 곤드와나에서 기원했다. 남인도, 남아메리카, 아프리카, 오스트레일리아가 합쳐져서 하나의 "초대륙"을 이루고 있던 시기였다. 약 1억만 년 전 곤드와나가 서서히 각각의 지각판으로 쪼개지기 시작할 때, 막 생성된 뉴질랜드는 부모로부터 떨어져나왔다. 떨어져나온 대륙들은 이윽고 오늘날 우리가 알아볼 수 있는 남반구의 땅덩어리들을 형성했다. 이 이야기를 밝혀낸 것은 현대 과학의 위대한 업적 중 하나이며, 그것은 이 책에서 다루는 생물학적 생존자들의 이야기와 일부 연결되어 있다. 뉴질랜드는 이야기에서 그저 작은 부분을 차지할지 모르지만, 그 자체는 지질학적으로 복잡하다. 중앙에 놓인 기존의 곤드와나 암석에 새로운 암석이 조금씩 덧붙었다. 비록 수백만 년 동안 고립되어 있었어도, 그 제도는 지각판이 활발하게 활동을 하는 곳에 자리했기 때문이다. 화산이 격렬하게 활동하면서 화산재와 용암을 쏟아부었고, 다른 화성암들이 자라는 높은 산맥으로 뚫고 들어갔으며, 그 뒤에 젊은 산맥이 침식되어 퇴적되면서 역동적인 암석 기록을 완성했다. 뉴질랜드의 지리책은 계속 개정판이 나왔다고 말할 수도 있겠다. 그러나 동식물들은 고대 곤드와나 시대부터 성장하는 뉴질랜드로 계속 유입되면서 옛 대륙의 유산을 미래의 땅에 계속 남겼다. 때로 한 생물의 진화적 흔적은 놀라운 방식으로 먼 과거를 드러낸다.

한때 북섬의 상당 지역을 뒤덮었던 고대의 나한송(羅漢松) 침엽수림은 거의 사라졌다. 유심히 보지 않으면 놓치고 말, 작은 잔재만이 겨우 남아 있을 뿐이다. 그 숲은 어둡고 신비하다. 고요하지만 임관(林冠) 위쪽에서 작은 열매를 먹고 사는 새들의 지저귀는 소리가 들려온다. 나한송과는 남반구의 침엽수로서 몇 종이 있으며, 성숙하는 데에 수세기가 걸린다. 방해받지 않고 완전히 자라면 당당하고 장엄한 모습이 된다. 많은 이익을 기대하기에는 너무 오랜 기간이다. 원래의 숲들은 좋은 목재를 얻기 위해서 벌목되었고, 그 자리에 북반구에서 온 캘리포니아 소나무 같은 속성 침엽수가 대신 심어진 곳이 많다. 북섬에는 현재 드넓은 지역에 침엽수가 식재되어 있다. 그 나무들은 주기적으로 대량벌목된다. 그러면 굽이치는 언덕에 그루터기들과 곳곳에 대충 쌓아놓은 쓸모없는 가지들 말고는 초록색이라고는 전혀 없고, 마치 금방 폭격이라도 맞은 듯 군데군데 작은 불길이 피어오르는 황량한 경관이 생긴다. 그런 지역을 차를 타고 지나가면서, 나는 제1차 세계대전 때의 전쟁터가 떠오르는 한편으로 J. R. R. 톨킨이『반지의 제왕(*The Lord of the Rings*)』에서 묘사한 모르도르의 소름끼치는 경관이 떠올랐다. 나는 후자가 더 적절하지 않을까 생각한다. 뉴질랜드의 장엄한 고지대 풍경은 톨킨의 소설을 토대로 만든 영화에서 배경으로 자주 쓰였기 때문이다. 양을 치는 이 고장은 가파른 비탈에서 양들이 풀을 뜯는 다른 지역들과 비슷한 풍경이며, 나는 웨일스와 스코틀랜드를 떠올렸다. 나에게는 군데군데 샛노란 꽃이 핀 가시금작화 덤불이 있는 것까지 똑같았다. 물론 이 성가신 꽃은 유럽에서 들어온 것이다. 이 제도에는 유럽에서 온 다른 이주자들도 아주 많다. 교외별장에서 지내는 영국인들뿐 아니라 참나무, 유럽산 단풍나무, 엘더베리, 거침없이 뻗는 담쟁이덩굴도 있다. 이런 식물들은 예쁘장한 작은 잎이 나는 멋진 풍채의 뉴질랜드 나무인 노토파구스 푸스카(*Nothofagus fusca*)를 비롯한 토착종들과 공간경쟁을 벌인다. 내 머릿속에, 거칠고 경솔한 손이 경관을 헤집으면서 숲을 뽑아버리고 대신 잡초를 심는 광경이 절로 떠오른다. 지구에서 가장 친절한 뉴질랜드인에게는 지극히 부당한 비난이겠지만 말이다.

　나한송류는 어떤 의미에서 곤드와나 시대의 "생존자"이다. 이 나무들은 오스트레일리아, 뉴칼레도니아, 남아메리카, 아프리카 사하라 이남에서 자라며, 한두 속은 뉴질랜드와 안데스 산맥에서 공통으로 자라기도 한다. 곤드와나는 몇 조각으로 나뉘었을지 모르지만, 그곳에 살던 주민들의 신원을 적은 꼬리표는 쉽사리 바뀌지 않았다. 비교적 커다란 잎과 선명한 색깔을 띤 열매가 달리는 이 곤드와나 침엽수는 아주 색다르게 보인다. 말라 보이는 구과(毬果)가 달리는 소나무와 전나무에 익숙한 유럽인에게는 특히 더 그렇다. 식물학자라면 내게 그 열매는 사실 "육질의 꽃자루"라고 해야 한다고 상기시킬 것이다. 그 자루 끝에 노출된 씨가 있으니 말이다. 나는 남섬의 카라메아 인근의 습한 서부해안에서 나한송 숲으로 들어가본다. 매우 축축한 곳이다. 덮일 수 있는 곳은 모두 이끼, 착생식물, 가느다란 양치식물로 뒤덮여 있다. 그들은 작은 녹색 잎들로 섬세하고 촘촘하게 짜 맞춘 망토처럼 나무의 줄기와 가지를 휘감아 덮고 있다. 열대의 화려한 난초와 정반대로 작고 노란 꽃이 피는 눈에 잘 띄지 않는 난초들이 나뭇가지에 붙어서 자라고 있다. 임관 사이로 빛줄기가 스며들어 닿는 곳에는 나무고사리가 마치 텁수룩한 줄기에서 솟아나는 작은 초록빛 샘인 양 삐죽 튀어나와서 원시적인 분위기를 한층 더한다. 뉴질랜드인들이 탐팃(tomtit : 뉴질랜드 고유의 딱새류/역주)이라고 부르는 반짝이는 작은 눈을 가진 작은 갈색의 새들이 이 무례한 방문객들이 곤충들을 들쑤셔서 저녁거리를 제공하기를 기대하면서 드러난 잔가지에 앉아 부드럽게 울어댄다. 나한송과인 토타라(totara)의 굵은 줄기는 하늘 높이 솟아 있는 반면, 삼나무처럼 늘어지는 가지를 가진 이 과에서 가장 우아한 리무(rimu)는 주름진 장막을 드리우듯이 임관의 모양을 들쭉날쭉하게 만든다. 이 나무는 매우 단단하기 때문에 땅에 쓰러져서 여러 해가 지나 바깥층이 다 썩은 것조차도 고갱이는 여전히 목재로 쓸 수 있다. 더 친숙한 남방 너도밤나무라고 하는 노토파구스(Nothofagus)는 안에서부터 썩기 때문에 주된 건축재료로는 부적합하지만, 나한송처럼 곤드와나의 특징을 간직하고 있다. 찰스 다윈이 티에라델푸에고의 원주민들이 남방 너도밤나무 가지에서 자라는 노란 골프공 더미처럼 보이는 신기한 버섯을 먹었다고 기록한 내용이 떠오른다. 아일랜드에 대기근을 일으킨 감자 역병의 원인이 곰팡이임을 밝혀낸 19세기의 위대한 균학자 마일스 조지프 버클리는 그 버섯에 키타리아 다르위니(Cyttaria darwinii)라는 이름을 붙였다. 그 뒤로 같은 버섯종들이 더 발견되었는데, 모두 남방 너도밤나무에서만 자란다. 균류도 숙주를 까다롭게 가릴 수 있음을 보여주는 사례이다. 이렇게 곤드와나의 유산은 화석으로 보존될 가능성이 없는 부드러운 식용 버섯에도 적용된다. 생물학자들은 과거의 복잡성을 이해하려면, 두루 관심을 기울여야 한다.

뉴질랜드는 곤드와나가 쪼개질 때 곤드와나 식물들이라는 화물을 싣고 떠났다. 나중에 새들이 들어왔고, 그들은 격리된 상태에서 진화하여 많은 고유종을 형성했다. 아주 멍청한(그리고 지금은 멸종위기에 처한) 땅에 사는 앵무인 카카포(kakapo), 등산객이 세워둔 자동차의 와이퍼를 뜯어 먹는 것을 좋아하는 경이로운 지능을 가진 산에 사는 앵무인 케아

(kea)처럼, 기막힌 종들도 나타났다. 케아는 관광객이 버리고 간 단어 맞추기 퍼즐도 풀 수 있다고 한다. 나한송의 열매를 먹고 씨를 퍼뜨림으로써 나한송 숲의 존속과 긴밀한 관계를 맺게 된 새들도 있다. 장엄하게 서 있는 숲의 꼭대기에서 감미로운 노래를 부르면서 여전히 살고 있는 새들도 있다. 많은 과학자들은 뉴질랜드 역사에서 포유동물 종들이 견디면서 번식을 할 수 없을 만큼 해수면이 상승했던 시기가 있었다고 믿는다. 오늘날 뉴질랜드에 토착 육상 포유동물은 전혀 없다. 어떤 일이 벌어졌든 간에, 남반구의 이 제도가 심각한 포유동물 경쟁자가 없는 상태에서 조류의 진화가 정점에 이른 곳이라는 점은 아무도 의심하지 않는다. 이곳에는 비행능력을 잃은 새들이 흔하다. 덤불 속에서 안전하게 걸어다닐 수 있는데, 굳이 하늘로 날아오를 필요가 어디 있을까? 온순한 키위(kiwi)는 이 나라의 국조(國鳥)이다. 다양한 키위 종들은 땅에 산다는 이 대안이 번식에 매우 유리했음을 보여준다. 그러나 미래에는 그들 중 어느 누구도 안전하지 않다. 역사상 가장 큰 날지 못하는 새였던 모아(moa)는 뉴질랜드에 대단히 많았다. 이 제도에 최초로 들어온 인간 침입자들은 거인국의 타조라고 할 모아를 잡아서 그 다릿살을 먹었다. 그들이 모아의 멸종을 가속시킨 것은 분명하다.* 카라메아 숲에서 나는 허니콤 힐(Honeycomb Hill) 동굴의 컴컴한 입구를 본다. 모아 뼈 수십 구가 발굴됨으로써, 여기가 거대한 새들이 우글거린 곳이라고 세상을 깜짝 놀라게 한 동굴이다. 시간을 되돌릴 수만 있다면. 멸종했거나 위기에 처한 새들이 너무 많다. 신세대 뉴질랜드인들은 인간의 간섭이 자연환경에 끼친 영향을 거의 신경과민이라고 할 만큼 의식하고 있다. 오스트레일리아에서 들여온 주머니쥐는 특히 재앙을 야기했다. 이

---

* 모아를 처음 과학적으로 기재한 사람은 런던 자연사 박물관의 초대 관장이자 다윈의 적수였던 리처드 오언이었다. 나는 자연사 박물관의 역사를 다룬 저서 『런던 자연사 박물관(*Dry Store Room No 1.*)』에 나이 든 오언이 자신보다 훨씬 더 큰 모아의 뼈대 옆에 서 있는 사진을 실었다.

공격적인 채식동물이 뉴질랜드의 나무꽃을 유달리 좋아하기 때문이다. 이들은 꽃의 꿀을 먹는 모든 새들을 위협하고 있다. 현재로서는 쥐와 주머니쥐, 고양이가 없는 외딴 섬에 토종 새들을 모아서 번식시킨다는 개념이 최선의 대안인 것처럼 여겨진다. 그러나 그것은 수백만 년 동안 이어진 놀라운 역사를 가진 생물들에게 앞으로 벌어질 재앙을 그들 중 일부나마 피하게 하려는 절망적인 시도에 불과할 뿐이다.

투구게보다 더 앞서 출현하여 지금까지 살아남은 한 동물을 찾아나서려면, 먼저 뉴질랜드의 기나긴 역사를 이해할 필요가 있다. 내가 사냥할 대상은 발톱벌레이다. 이 동물은 진화의 나무의 더 아래쪽에 달린 가지로 내려가는 데에 도움을 줄 것이다. 웰링턴 대학교의 조지 깁스가 발톱벌레의 안내자이다. 그는 이 보기 힘든 동물의 은밀한 삶을 잘 안다. 우리는 차를 타고 1번 도로로 북섬의 남쪽 가장자리에 있는 웰링턴의 서쪽으로 간 뒤, 작은 시골길을 걸어서 아카타라 능선에 올랐다. 이 지역은 1930-1940년대에 전체가 개간되는 바람에 성숙한 나한송 숲은 전부 사라졌지만, 나무고사리, 리무, 프로테아(Protea)가 무성하게 자라서 2차림을 이루고 있다. 흔한 토착 새 중에는 새로운 환경에 적응한 종류도 있다. 차를 세울 때 투이(tui)의 독특한 울음소리가 들린다. 뉴질랜드의 새들은 대개 독특하면서 매혹적인 노래를 부른다. 겉보기에 화려하지 않은 새들도 그렇다. 산길을 걷는데, 또 하나의 생존자가 눈에 들어온다. 둔덕에서 자라는 석송속(Lycopodium)의 키 작은 풀이다. 이 식물은 뒤에서 다시 만날 것이다. 숨이 가쁠 일은 거의 없지만, 오르막길이 꾸준히 이어진다. 꼭대기에 이르자 눈앞이 탁 트이면서 숲으로 둘러싸인 완만하게 굽이치는 경작지가 나타난다. 벌목되고 풀로 뒤덮인 산비탈에서 소와 흰 양이 흩어져 풀을 뜯고 있고, 캘리포니아 소나무가 점점이 서 있다. 나무 사이로 바람이 부드럽게 물결치는 소리를 내면서 흐른다. 나이 든 소나무들로 에워싸인 자그맣게 움푹 들어간 곳에 오래된 목조주택이 서 있다. 조지는 근처에 쓰러진 하얗게 바랜 썩은 소나무들 쪽으로 간다. 어쩐 일인지 이 소나무들은 베인 뒤에 다듬어지지 않았기 때문에, 그 상태로 서서히 썩어서 분해될 기회를 얻었다. 하나를 골라 살펴보니, 하얗게 바랜 안쪽에 녹이 슨 것처럼 붉은색을 띤 섬유질이 드러난다. 조지는 작은 곡괭이로 나무를 패기 시작한다. 나도 모르게 기대하면서 어깨 너머로 들여다보게 된다. 한 번 팰 때마다 천만 년씩 지질학적 시간이 깎여나간다. 이 신기한 목관 속에 발톱벌레가 숨어 있을까? 타임캡슐은 어디에 있을까?

안타깝게도 첫 통나무는 실패이다. 곧 두 번째 통나무가 패여나간다. 좀더 부드럽고 좀더 썩은 듯하다. 나무가 수월하게 갈라지면서 흰개미들이 모습을 드러낸다. 거의 투명할 만큼 창백한 개미처럼 보인다. 흰개미들은 갑작스럽게 밝은 빛에 노출되어 멍해진 양 느릿느릿 움직인다. 이들은 본래 어둠을 좋아한다. 작은 더듬이가 마구 움직이는 것이 보인다. 흰개미는 통나무 깊숙한 곳에 숨어서 그 "농장" 여기저기에 방을 만들면서 나무를 먹으며 살아간다. 우리는 그들의 은밀한 세계를 열어젖힌 것이다. 곧이어 다른 것이 눈에 띈다. 모충처럼 생긴 것이 흰개미 굴 속에 숨어 있다. 마치 보이고 싶지 않다는 듯이, 혹은 빛에 노출되어 당황스럽다는 듯이 몸을 움츠린다. 조지는 능숙하게 그것을 구슬려서 몸 전체를 드러낸다. 바로 발톱벌레이다!

이것이 바로 우리가 이곳까지 찾으러 온 생물이다. 학명은 페리파투스 노바이-제알란디아이(*Peripatus novae-zealandiae*)이다. 움직임이 그다지 빠르지 않아, 잡아서 밝은 곳에서 살펴보는 일도 비교적 수월하다. 몸집은 매우 커다란 모충만 하며, 연한 갈색을 띠고 등줄기를 따라서 띠가 하나 뻗어 있다. 조심스럽게 만져보니, 움찔하는데 보드랍다. 그러나 벨벳 감촉은 전혀 아니다. 조지는 그 통나무 안에서 한 마리를 더 찾아내고, 이어서 또 한 마리를 발견한다. 이들은 동족이 옆에 있어도 개의치 않는 것이 분명하다. 이들은 가장 특이한 방식으로 우리에게서 멀어지려고 꿈틀거린다. 이들은 몸길이를 대폭 변화시킬 수 있는 듯하다. 악기인 콘서티나처럼 쭉 늘이거나 줄일 수 있는 듯하다. 대단히 유연하여, 한 마리는 전혀 어려움 없이 촘촘한 "S"자 모양을 취한다. 나는 조지에게 말한다. "모충은 저렇게 못하는데요." 그는 히죽 웃으면서 나의 발견의 기쁨을 함께한다. 발톱벌레는 분명히 앞뒤가 있다. 앞쪽 끝에 한 쌍의 더듬이가 튀어나와 있으니까. 그쪽이 발톱벌레가 달아나려고 애쓰는 방향이다. 영어 이름(velvet worm)으로는 지렁이 종류 같지만, 움직이는 방식은 지렁이와 전혀 다르다. 이들은 몸 양편에 줄줄이 달린 원뿔 모양의 뭉툭한 작은 다리를 이용하여 움직인다. 손에 올려놓으니 묘하게 따끔거리면서 간지럽다. 발톱벌레는 정말로 기이한 무척추동물이다.

페리파투스는 썩어가는 소나무 속에서 흰개미와 함께 사는 것이 틀림없다. 사실 그들은 흰개미 방을 뒤지면서 그 작은 곤충을 먹는다. 예민한 "더듬이"로 찾아내는 것이 분명하다. 그들은 특수한 샘에서 만들어진 끈끈한 점액을 이용하여 먹이를 잡는다. 자연에서 똑같은 방식으로 먹이를 잡는 동물은 없다. 조지의 학생 중 한 명은 그 점액이 달아날 수 있을 만큼 크지 않으며 경제성이 없을 만큼 작지도 않은 알맞은 크기의 흰개미만을 잡는다는 것을 증명했다. 어쨌거나 점액은 단백질이며, 만드는 데에 비용이 많이 들기 때문에 경제성을 고려해야 한다. 나는 어떤 느낌인지 만져본다. 아주 끈끈하다. 흰개미에게는 접착제나 다름없을 것이 분명하다. 발톱벌레와 흰개미 둘 다 햇빛을 피하는 타당한 이유가 있다. 그들은 얇은 "피부"를 통해서 금세 수분을 잃는다. 발톱벌레는 막으로 둘러싸인 액체 주머니에 다름 아니다. 밝은 태양 아래에서는 금방 바짝 말라붙을 것이다. 빛이 없고 밀폐된 세계인 썩는 소나무는 상대습도가 거의 언제나 100퍼센트에 달하므로 완벽하게 안전하다.

썩은 나무를 몇 차례 더 패자, 또다른 것이 발견된다. 어린 발톱벌레들이다. 몸길이가 약 1센티미터에 불과하고 색깔이 연하지만, 커다란 발톱벌레의 축소판인 양 생김새는 똑같다. 크기에 걸맞게 매우 작은 흰개미를 먹을 것이 틀림없다는 생각이 든다. 어린 발톱벌레는 마치 풍선이 커지듯이 서서히 자라서 성체 크기가 된다. 발톱벌레는 사실 알이 아니라 새끼를 낳으며, 우리가 본 어린 것들은 막 태어난 애벌레일지도 모른다. 이것은 무척추동물 중에서는 특이한 사례이며, 척추동물 중에서도 포유동물만의 특징이다(파충류 중에도 극소수는 새끼를 낳는다). 이 특이한 발톱벌레의 알은 수가 적고 크며 노른자위가 들어 있어서, 암컷의 몸속에서 배아발생 단계를 거칠 수 있다. 한 배에 태어나는 새끼는 서너 마리에 불과하다. 암컷은 1년에 두 번 새끼를 "밴다." 발톱벌레의 수명은 3년이므로, 평생 낳는 새끼는 기껏해야 약 20마리에 불과하다. 대부분의 절지동물이 한 번에 수천 개의 알을 낳는다는 점을 생각할 때 유달리 적다. 투구게를 생각해보라. 가장 왕성하게 번식하는 발톱벌레 종도 한 해에 새끼를 고작 40마리밖에 낳지 않는다. 페리파투스는 정말로 개성이 뚜렷한 동물이다.

발톱벌레를 좀더 자세히 살펴보자, 우선 몸이 많은 고리로 이루어진 것으로 보인다는 점이 눈에 띈다. 고리들은 몸을 에워싸고 있으며, 다리와 더듬이까지도 고리로 이루어진다. 유명한 타이어 회사의 광고에 등장하는 탱탱한 고무로 몸을 감싼 미쉐린 맨이 생각난다. 발톱벌레의 몸이 신축성이 있는 것은 바로 이 독특한 구조 때문이다. 그 피부 밑에서 근육들이 체강(體腔)을 에두르고 있다. 그러니 발톱벌레는 삼엽충과 다소 흡사하게, 비슷한 기본 단위들이 몸길이를 따라서 많이 반복되는 체절(體節)로 된 동물임이 분명하다. 체절마다 한 쌍의 뭉툭한 다리가 달려 있다. 현생 발톱벌레들은 종마다 체절의 수가 크게 다르지만, 생물학적으로 보면, 그것은 그저 똑같은 기본 단위를 여분으로 덧붙이는 문제이며, 유전자 수준에서 큰 땜질이 필요한 것이 아니다. 이 점을 입증하려는 것처럼, 한 종에서도 체절이 29개에서 43개까지 다양할 수 있다. 뭉툭한 다리들은 물결치듯이 연달아 움직임으로써 전진한다. 체절로 된 동물들의 공통 특징이다. 옆에서 보면, 마치 한 다리가 이웃한 다리를 붙들고 같은 방향으로 천천히 나아가는 듯하다. 다리들이 제멋대로 앞으로 움직인다면 전진운동은 불가능할 것이다. 협동이 필요하다. 그 다리는 E. H. 셰퍼드가 『푸 코너의 집(*The House at Pooh Corner*)』에서 그린 아기 돼지 피글렛의 다리들과 흡사한, 아이의 봉제인형에 달린 팔다리를 떠올리게 하지만, 흰개미는 충분히 잡을 수 있다.

아무튼 당나귀를 추월하기 위해서 반드시 스포츠카가 필요한 것은 아니다. "피부"의 표면을 더 자세히 보니, 각 몸고리에 돌기(papilla)가 한 줄로 나 있다. 그래서 표면, 특히 위쪽이 우둘투둘해 보인다. 돌기 표면에 더 작은 2차 돌기가 날 때도 있다. 돌기의 패턴은 유조동물 종마다 다양하며, 전반적인 색도 그렇다. 뉴질랜드의 다른 곳에는 근사한 파란색을 띤 종도 있다.

한 쌍의 더듬이를 보면, 페리파투스의 머리가 어느 쪽인지 가장 잘 알 수 있다. 입은 몸 아래쪽의 앞쪽 가까이에 있으며, 양쪽에 낫 모양의 턱이 달려 있다. 각 턱의 끝에는 피부, 즉 큐티클이 두꺼워져 만들어진 날이 한 쌍 붙어 있다. 단순하지만 효율적인 분쇄기이다. 점액샘 도관은 머리 옆쪽으로 뚫려 있다. 눈은 없다. 다리라고 해야, 그저 안에 앞뒤로 움직이는 근육이 들어 있는 뭉툭한 돌기이다. 발끝에는 낫 모양의 발톱이 두 개 붙어 있다. 턱과 흡사한 구조물이다. 이것이 더 분화한 턱의 진화적 기원을 알려줄 단서가 될 수 있을지도 모른다. 수컷이 대개 조금 더 작고 더 드물다는 점만 빼면, 암수는 비슷하다.

몸의 내부도 꽤 간단하다. 몸속의 주요 기관은 위장이며, 입에서 항문까지 죽 이어진다. 창자와 입 사이에는 짧은 식도와 근육질의 인두가 있으며, 먹이를 맨 처음 처리하는 부위이다. 산소흡수는 몸속에 있는 기관(氣管)이라는 작은 관을 통해서 이루어진다. 기관의 입구는 돌기 사이의 움푹 들어간 부위에 있다. 특수한 아가미나 폐 같은 것은 없다. 이만한 동물은 얇은 큐티클 층을 통해서 필요한 산소를 전부 얻을 수 있기 때문이다. 심장도 단순한 관 모양이며, 위장 위 몸꼭대기에 있다. 혈관계의 나머지는 투구게인 리물루스의 것과 비슷하게 몸속 공간에 다소 퍼져 있다. 페리파투스는 콩팥과 비슷한 기관인 신관(腎管)을 통해서 노폐물을 배출한다. 신관은 다리 사이에 있으며 작은 배출구로 이어져 있다. 신경삭은 이중구조로 되어 있으며, 몸길이의 대부분에 걸쳐 뻗어 있고, 교차연결되어 사다리처럼 보인다. 신경은 여기에서부터 체절과 부속지로 뻗는다. 머리에 있는 조금 더 큰 신경절이 이 단순한 생물의 뇌 역할을 한다.

발톱벌레는 단순하기는 해도, 완벽하게 제 기능을 한다. 움직이는 동물치고는 핵심 기능의 목록이 매우 짧다. 먹이를 찾는 감각기구와 그것을 먹는 데에 도움을 주는 도구, 이동수단, 호흡을 하고 내장으로 산소를 분산시키는 방법, 노폐물 배출체계, 종을 증식시키는 신뢰할 만한 방법이 전부이다. 페리파투스는 "동물 만들기" 장비를 가지고 조립할 수 있는 종류의 동물일 것이다. 자연에 있는 다른 거의 모든 것들처럼, 나름의 비결을 몇 가지 가진다는 점을 제외하고 말이다. 끈끈이 덫과 살아 있는 작은 페리파투스 새끼를 낳는 능력이 그렇다. 이들은 많은 면에서 단순한 생물이지만, 한편으로는 미묘한 방식으로 분화해 있다. 그러나 이 역시 옛 시대의 생존자, 먼 과거로부터 온 전령이다.

발톱벌레의 더 최근의 역사는 나한송의 역사와 그리 다르지 않다. 페리파투스와 친척들은 현재 약 200종이 살아 있으며, 유조동물문(有爪動物門, Onychophora)을 이룬다.* 그들도 예전의 곤드와나였던 오스트레

---

* 분류계층에는 속(屬)과 종(種) 위에 포괄적인 범주들이 더 많이 있지만[과[科], 상과[上

일리아, 뉴질랜드, 남아프리카, 남아메리카, 아삼(인도) 지역에 널리 분포한다. 이리안자야와 뉴기니에도 유조동물이 있다. 그곳의 산악지역과 접근할 수 없는 곳에서 더 많은 종이 발견될 가능성이 매우 높다. 그들 모두는 사라진 초대륙의 옛 기억을 가진 채 짤막한 다리로 느릿느릿 나아간다. 유조동물은 한때 곤드와나 위를 돌아다녔지만, 나한송과 남방너도밤나무처럼, 서서히 쪼개지는 각각의 대륙에서 새로운 종들이 생겨났다. 진화는 멈추어 있지 않으니 말이다. 나는 이 지역들 중 하나에서 유조동물을 찾을 수 있었다. 내가 찾아나선 뉴질랜드 종은 유달리 흥미롭다. 가장 원시적인 종류로 여겨지는 칼로테르메스과(Kalotermitidae)라는 특이한 흰개미와 긴밀한 관계를 맺게 되었기 때문이다. 칼로테르메스과의 종들은 대부분 날아다니는 곤충이 되었다. 다른 흰개미들은 결코 역할을 바꾸지 않는 특수한 일꾼과 병사계급이 있는 특이한 계급제도로 유명하다. 곤드와나가 쪼개질 때 원시 생태계 전체가 뉴질랜드로 전해져서 거의 변하지 않은 채 통나무에 담겨 견뎌냈을 가능성도 있어 보인다. 그러나 변한 것도 있다. 나는 소나무 안에 든 페리파투스가 뉴질랜드 고유종이 아님을 알았다. 따라서 유조동물은 최근에 흰개미 먹이를 따라서 새로운 서식지로 들어온 것이 분명하다. 옛 벌레에게 새 기술을 가르칠 수 있다.

유조동물은 몸이 반죽처럼 부드럽기 때문에, 화석으로 보존될 가능성이 가장 적다. 껍데기와 뼈는 단단한 증거를 남기지만, 조심성 많은 부드러운 살덩어리도 그럴 것이라고 기대할 수 있을까? 졸른호펜 석회암도 페리파투스 화석은 단 한 점도 간직하고 있지 않다. 운 좋게도 미얀

科] 등), 이 책에서는 유연관계를 이루는 가장 큰 집단인 문(門)과 그 아래의 강(綱)을 주로 다룬다. 절지동물문은 관절로 된 다리를 가진 동물들로 이루어진다. 투구게는 전갈 같은 친척들과 함께 협각강에 속하며, 삼엽충은 삼엽충강에 속한다. 게, 새우, 친척들은 갑각강을 이루며, 곤충강은 나비, 딱정벌레, 개미를 비롯한 수많은 작은 육상동물로 이루어진다. 이 집단들은 모두 진화의 나무의 주요 가지들을 나타낸다.

마에서 발견된 백악기의 호박(琥珀)에 약 1억 년 전 공룡이 살던 시대의 유조동물이 한 점 보존되어 있다. 호박에는 가장 덧없는 생물들이 보존되어 있다. 파리, 딱정벌레, 심지어 버섯도 들어 있다. 이 화석 종은 현생 페리파투스와 매우 흡사하며 그들이 비슷한 방식으로 살았다는 점에는 의심의 여지가 없다. 그것은 현대의 유조동물이 곤드와나 초대륙이 쪼개질 때 살아 있었다는 증거가 된다― 지금의 분포양상으로부터 그것을 추론할 수 있을지라도, 증거를 통해서 알면 더 좋은 법이다. 그러나 우리는 이보다 훨씬 더 이전, 2억 년 전으로 돌아가고자 한다. 헬레노도라(*Helenodora*)라는 놀라울 만큼 잘 보존된 석탄기 화석은 유조동물의 먼 친척― 그래도 뚜렷이 알아볼 수 있는― 이 석탄 늪의 축축한 숲 바닥을 조심스럽게 돌아다니고 있었다고 말해준다. 생명진화의 이 시기에 함께 살던 동물로는 볼품없는 양서류와 아주 초기의 파충류, 최초의 날아다니는 곤충도 있었다. 유조동물은 지금과 마찬가지로 당시에도 육지에서 살았다. 끈끈한 점액풀을 분비하는 특수한 샘이 있었을지도 모르지만, 이 초창기에는 틀림없이 흰개미가 아닌 다른 것을 먹었을 것이다. 석탄기에는 흰개미가 아예 없었으니 말이다. 이제 유조동물이 적어도 투구게만큼 오래된 생물로 보이기 시작한다. 이 동물도 페름기 말의 대량멸종 때 살아남았고, 그 뒤에 공룡을 우리 행성에서 없앤 대재앙도 견뎌냈다. 리물루스의 조상처럼, 페리파투스도 단순한 세계의 격변으로는 없애지 못할 강인한 존재이다. 그러나 더욱 놀라운 사실이 있다. 다시 2억 년을 더 올라가서 캄브리아기로, 즉 복잡한 동물이 출현한 "폭발적인" 진화가 일어나는 시대로 들어가도 우리는 유조동물의 친척들을 볼 수 있다. 그들은 더 나중의 지질시대에 쌓인 암석들보다 캄브리아기 암석에서 훨씬 더 많이 화석으로 발견된다. 다른 모든 생물들과 마찬가지로, 그들도 생명의 요람인 바다 밑에서 역사를 시작했다. 그리고 자신들이 생존자임을 증명했다. 초기에 그들은 삼엽충, 투구게의 최초 친척들, 전갈의 먼 조상들과 함께 살았다. 생물학에서는 아주 많은 것들이 5억여 년 전의 캄브리아기 고대 해저로 수렴되는 듯하다. 유조동물의 조상들은 나중에 육지로 이주한 동물들 중 하나였으며, 이 일은 적어도 3억 년 전에 일어났다. 화석으로 잘 남지 않기 때문에 유조동물이 전갈보다 먼저 육지로 올라갔는지 여부를 말하기는 불가능하다. 아마 결코 알 수 없을 것이다. 전갈과 달리, 유조동물은 축축한, 아니 적어도 습한 환경에 있어야 하지만, 전갈류와 마찬가지로 유조동물의 가까운 친척들 중에 오늘날 바다 밑에서 살아남은 종류는 전혀 없다. 페리파투스와 그 친척들로서는 육지로의 이주가 일종의 피난이었던 셈이다.

캄브리아기의 유조동물 중에서 가장 잘 알려진 것은 아이스헤아이아 페둥쿨라타(*Aysheaia pedunculata*)이다. 한 세기 전, 워싱턴 스미스소니언 협회의 저명한 고생물학자 찰스 둘리틀 월컷이 붙인 이름이다. 이 화석은 당시의 가장 유명한 암석층이라고 할 캐나다 브리티시컬럼비아의 버제스 셰일(Burgess Shale)에서 발견되었다. 월컷이 로키 산맥의 필드 산 근처에서 그 화석을 발견한 지역은 "몸이 부드러운" 생물들, 즉 "일반적인" 화석을 우리에게 제공하는 광물화한 단단한 껍데기가 없는 생물들의 다양한 화석 동물상이 최초로 모습을 드러낸 곳이었다. 버제스 셰일은 초창기 해양생물들의 전경이라고 할 만한 것을 보여준다. 비록 몸집이 큰 생물들만을 담은 것이지만 말이다. 화석들은 검은 셰일의 표면에 은빛의 얇은 막 형태로 보존되어 있다. 따라서 그들은 청소동물에게 먹히거나 썩어서 분해되기 전에 미세한 광물이 스며들어 만든 섬세한 주형인 셈이다. 그들이 정확히 어떤 상황에서 보존되었을지는 여전히 논란거리이지만, 빠르게 묻힘으로써 정상적인 분해가 이루어지지 못한 것이 중요한 역할을 했다는 점은 분명하다. 원인이 무엇이든 간에, 아이스헤아이아는 매우 세세한 부분까지 보존되어 있다.

아이스헤아이아와 페리파투스를 비교하면, 크기와 모양이 비슷하다.

브리티시컬럼비아 캐나다 지역 로키 산맥의 버제스 셰일에서 발견된 캄브리아기 엽족
동물 화석인 아이스헤아이아 페둥쿨라타.

전자는 길이가 약 6센티미터이다. 크기가 다른 아이스헤아이아 화석들
이 같은 형태라는 사실은 그들이 현대의 유조동물과 비슷한 양상으로
성장했음을 의미한다. 아이스헤아이아에서는 몸을 감싸고 있는 작은 고
리들을 뚜렷이 볼 수 있으며, 현생 유조동물의 돌기와 흡사한 작은 가시
들도 보인다. 게다가 짧은 원뿔형 다리도 매우 비슷하고, 다리 끝에 달
린 작은 낫 모양의 발톱도 뚜렷이 볼 수 있다. 그러나 이 가장 오래된
동물과 내가 조금 거들어서 나무 속에서 파낸 동물 사이에는 몇 가지
차이점이 있다. 차이가 없다면 그것이야말로 놀라울 것이다. 가장 뚜렷
한 차이점은 화석의 머리끝에 아가미처럼 생긴 한 쌍의 구조물이 있다
는 것이다. 이 동물은 물속에서 살았으니 당연하다. 또 화석에는 특수한
점액샘이 있다는 흔적이 전혀 없다. 점액샘은 더 나중에 발달했을 것이
분명하다. 아마 육지에 올라간 뒤에 얻었을 것이다. 그러나 이들이 유연
관계가 없다고 믿는다면, 지독한 회의주의자일 것이다. 물론 과학 분야
에서는 그런 회의주의자들이 늘 있으며, 일부에서는 페리파투스와의 많
은 유사점들을 도외시하고 아이스헤아이아만이 가진 특징들을 강조하
지만, 나는 오늘날 대다수의 연구자들이 이 캄브리아기 동물에 유조동

물이라는 꼬리표를 붙일 것이라고 믿는다.

훨씬 더 특이하게 생긴 다른 버제스 셰일의 종도 유조동물로 분류됨으로써 이야기는 더 흥미로워졌다. 1977년 케임브리지 고생물학자 사이먼 콘웨이 모리스는 이 동물에 할루키게니아(*Hallucigenia*)라는 이름을 붙였다. 그러나 그는 이 화석을 위아래가 뒤집힌 형태로 기재했다. 콘웨이 모리스는 할루키게니아의 등에 쌍쌍이 난 가시들이 다리라고 해석했다(나중에 그는 품위 있게 자신의 오류를 인정했다). 할루키게니아의 진짜 다리는 현생 유조동물이나 아이스헤아이아의 다리보다 더 가늘었다. 가시는 단단한 판에서 솟아 있었다. 이 판은 캄브리아기 초의 지층에서 분리된 상태로 발견되었는데, 당시에는 무엇인지 전혀 알 수 없었다. 그 수수께끼가 완전히 풀린 것은 지난 10여 년 사이에 중국 윈난성(雲南省)의 청지앙(澄江)에서 훨씬 더 보존이 잘된 몸이 부드러운 화석들이 발견되면서였다. 바로 마오톈산(帽天山) 층 셰일에서였다. 새로운 화석은 버제스 셰일보다 천만 년까지 더 거슬러올라가며, 지금보다 훨씬 더 다양하다는 것이 드러났다. 거기에는 유조동물과 같은 집단으로 분류할 수 있는 동물이 적어도 여섯 종류가 있다. 하나는 등에 가시가 있는 또 다른 할루키게니아 종이며, 또 한 종류인 파우키포디아(*Paucipodia*)는 먼 친척인 현생 종보다 몸이 더 가늘고, 가느다란 9쌍의 다리만 가지고 있다. 이제 한 가지 사실이 명확해지고 있었다. 유조동물의 친척들은 초창기에 훨씬 더 다양했다는 것이다. 그들은 몇 가지 유형으로 구분되고 다양했지만, (끝에 작은 발톱이 달려 있기도 한) 둥근 돌기(lobe) 같은 다리를 가지고 있다는 공통점이 있었다. 현생 동물과 화석 동물을 포함한 이 전체 집단을 가리키는 적절한 용어가 1990년대에 널리 쓰이게 되었다. 바로 "엽족동물(葉足動物, lobopod)"이었다. 이 캄브리아기 화석들이 매우 잘 보존된 덕분에, 엽족동물의 다양하면서도 세부적인 부분들을 유례없을 만큼 상세히 볼 수 있었다. 현생 유조동물은 진화적 부록에 더 가까워 보이기 시작했다.

이 무렵에 그린란드에서 그레이엄 버드 연구진이 캄브리아기 초의 부엔 층(Buen Formation)에서 또다른 몸이 부드러운 동물들의 화석을 발견하면서 이야기는 더 복잡해졌다. 연구진이 발견한 동물들은 몸을 따라서 고리가 있는 등 유조동물과 비슷한 점들이 있지만, 버드가 케리그마켈라(Kerygmachela)라는 이름을 붙인 동물은 앞쪽에 움켜쥐는 부속지를 한 쌍 가지고 있는 것으로 보아서, 먹이를 움켜쥘 수 있는 사냥꾼임이 분명했다. 엽족동물은 더욱 놀라운 점들을 보여줄 것이 확실했다.

이제 이 신기한 동물 무리가 생명의 나무에서 어디에 놓일까 하는 궁금증이 인다. 캄브리아기 화석 동물상에 투구게의 먼 친척처럼 절지를 가진 동물들, 즉 절지동물이 많이 포함되어 있다는 말은 이미 했다. 이 모든 절지동물들은 단단한 키틴질로 몸이 뒤덮여 있다. 그래서 관절이 있는 다리를 "발명"할 필요가 있었다. 관절이 없었다면, 이 동물들은 갑옷이 녹슬어서 움직일 수 없게 된 중세의 마상 창 시합 기사처럼 무력했을 것이다. 관절이 발명된 덕분에, 절지동물들은 필요할 때면 턱 같은 장비 일체를 갑옷에 덧붙일 수 있는 융통성 있는 덮개를 갖추었다. 그리고 나중에는 가느다란 다리로 걷게 되었다. 절지동물과 마찬가지로, 현생 및 화석 유조동물과 그 친척들도 체절로 이루어진 다리를 가지고 있다. 반면에 절지동물과 달리, 키틴질로 된 튼튼한 덮개는 가지고 있지 않다. 따라서 관절을 가지는 것도 불가능했다. 그들의 엽족동물 다리는 단조롭게 걷는 나름의 방식에는 충분히 효과적이었지만, 장님거미의 다리처럼 가늘고 길게 늘일 수는 없었다. 그러려면 고도의 기계공학이 필요하며, 단단한 뼈대로 뻣뻣하게 지탱해야 한다. 반면에 내부의 해부구조 면에서는 현생 유조동물과 절지동물 사이에 매우 비슷한 특징들이 몇 가지 있다. 개방 순환계와 신경삭의 배열이 그렇다고 할 수 있고, 일부 과학자들은 양쪽 동물에게 더듬이가 있다는 사실에도 주목한다.

캄브리아기 엽족동물 중 적어도 한 종류는 홑눈이라는 증거가 있다. 엽족동물과 절지동물은 근육조직이 다르게 배열되어 있고, 그에 따라서 사실상 엽족동물의 몸이 더 유연하게 움직인다.

이렇게 근본적인 측면에서 유사하므로 페리파투스와 절지동물은 공통 조상을 가질 가능성이 높다. 절지동물은 몇 가지 면에서 더 진화한 것으로 보인다. 절지는 "피부"가 단단한 바깥층을 획득했을 때에만 추가될 수 있으며, 리물루스의 눈 같은 복잡한 겹눈은 더 나중에 발달했을 것이 분명하다. 이것은 엽족동물이 거대한 생명의 나무에서 아래쪽에, 아마도 절지동물보다 더 아래쪽에 놓여 있을 것이라는 말과 같다. 일부 과학자들은 그들이 절지동물의 진정한 조상이라고, 심지어 서로 다른 엽족동물에서 서로 다른 절지동물이 출현했다고까지 주장한다. 이것은 엽족동물과 절지동물을 혼합한 듯한 특징을 드러내는 그린란드의 케리그마켈라라는 턱을 가진 동물을 어떻게 해석하느냐와 어느 정도 관련이 있다. 최종 해석이 어떻든 간에, 최근에 발견된 이런 캄브리아기 화석들은 산뜻한 동물분류의 범주들이 동물진화의 "폭발적인" 단계에서는 모호해진다는 또다른 사례가 된다. 또한 그 이야기는 앞서 했던 이야기보다 더 앞선 시간대로 우리를 데려간다.

최근에 유조동물이 생명의 나무에서 어디에 놓일지를 알려주는 추가 증거가 현생 종의 유전체로부터 나왔다. DNA는 쉽게 조각나는 커다랗고 섬세한 분자이므로, 고대 화석에서 DNA는 보존되지 않는다. 그러나 생명의 나무에서 깊숙한 가지로부터 나온 생존자들의 DNA를 연구함으로써 우리는 시간을 거슬러보는 일종의 망원경을 손에 넣는다. DNA의 유전암호는 또다른 종류의 역사를 기록한다. 거기에는 시간이 흐르면서 기본 분자 수준에서 서서히 누적된 모든 변화의 이야기가 담겨 있다. 유전체에 통합된 돌연변이는 일종의 고대 지문을 제공한다. 그러나 그 생명의 암호는 대단히 거대하다. 그것은 연구자가 유전체에서 필요한 정보를 가진 특정한 조각을 찾아야 할 필요가 있음을 의미한다. 이 글을 쓰고 있는 현재 DNA 서열 전체가 분석된 생물이 점점 더 늘고 있지만, 그런 특권을 얻은 생물은 아직 극소수이다. 그중에 호모 사피엔스에게 특히 중요한 밀이나 인플루엔자 바이러스 같은 것들이 포함된 것은 당연하다. 많은 생물들에게서는 유전암호의 특정 영역을 골라서 친척 후보들의 같은 영역과 비교하는 편이 더 현실적이다. 한 예로, 이 방법은 기나긴 지질학적 시간 내내 계속 쓰였기 때문에 빨리 변할 수 없었던 하나나 일련의 유전자에 특히 적합할 것이다. 물론 그 유전자는 연구할 모든 생물에 들어 있어야 한다. 살아 있는 모든 세포에서 단백질 합성에 핵심적인 역할을 하는 리보솜(ribosome)에 든 DNA 분자의 서열을 선호하는 연구자들도 있다. 유전자 서열의 유사성을 비교하는 것은 생물들의 유연관계가 얼마나 가까운지를 평가하는 한 가지 방법이다. 그 결과들을 모아서 다른 종류의 진화의 나무를 그릴 수도 있다. 유연관계가 가장 가까운 종들이 한 가지로 묶이고, 훨씬 더 근본적인 유사성을 토대로 가지가 갈라지는 양상을 추론한 생명의 나무이다. 말은 쉽지만 실제로는 쉽지 않다. 연구자가 추구하는 신호를 모호하게 만들 수 있는 다양한 종류의 "잡음"이 있으며, 너무 빨리 변하기 때문에 먼 과거의 의미 있는 신호를 간직하지 못하는 유전자들도 늘 있기 때문이다. 물론 이일을 돕도록 설계된 컴퓨터 프로그램들이 있다. 기술적인 문제점은 이이야기에서 다룰 사항이 아니니, 그 방법이 처음 개발된 이래로 생물들사이의 관계를 서로 다르게 그린 "나무들"이 쏟아졌다는 점만 말해두기로 하자. 사실 초기에 그려낸 나무들은 때로 기이하고, 있을 법하지 않게 보인다. 그러나 최근의 연구들은 안정된 듯하며, 대체로 서로 다른많은 유전자들로부터 나온 증거들을 종합하여 최적의 나무를 찾아냄으로써 기존의 지식과 상식에 부합되는 나무를 내놓는다. 이런 결과들은 이 책의 면지에 그린 것과 같은 진화의 역사를 요약한 나무들에 중요한 기여를 한다. 유조동물과 친척들을 다룬 가장 최근의 분자분석들은 흥미로운 결과를 보여준다. 우리가 택한 생존자가 생명의 나무의 바닥 쪽 가지에 있고, 그 위쪽에 모든 절지동물의 가지가 뻗어 있다. 따라서 절지동물은 더 나중에 출현한 것이 틀림없다. 엽족동물과 절지동물 사이에는 또 하나의 이름이 보인다. 완보동물(緩步動物, Tardigrada[곰벌레])이라는 작은 동물집단으로서 주로 모래알 사이와 같은 눈에 띄지 않는 서식지에서 산다. 이들도 나름대로 흥미롭지만, 알려진 화석이 딱 한 점뿐이어서 여기에서는 자세히 다루지 않겠다. 많은 작은 동물들은 화석 기록이 아예 없지만, 그렇다고 그들이 과거에 존재하지 않았다는 뜻은 아니다. 중요한 점은 분자 증거가 생명의 나무에서 엽족동물이 절지동물보다 더 아래쪽 가지에 있다는 개념을 뒷받침한다는 것이다. 이 짤막한 다리는 캄브리아기 이전부터 걸어다녔다. 가장 최초의 캄브리아기 지층에 동물의 흔적이 있기는 하지만, 몸 자체는 남아 있지 않다. 아마이 초기 동물들에게는 쉽사리 화석이 될 만한 단단한 부분이 없었고, 좀더 나중의 청지앙 화석처럼 보존될 수 있을 법한 특수한 조건이 이 시기에는 없었기 때문일 것이다.

괜찮다. 화석으로 보존된 자국과 흔적 중에 정상 크기의 절지동물이 쌍쌍이 난 많은 다리로 부드러운 퇴적물 속을 파들어간 자국도 뚜렷이 있기 때문이다. 이런 자국은 부드러운 몸을 가진 "원시" 삼엽충이 남긴 흔적일 가능성도 있다. 더 나중의 지층에서 삼엽충이 남긴 흔적과 비슷하기 때문이다. 물론 현재로서는 알지 못한다. 그러나 지금 우리는 같은 해저에서 틀림없이 엽족동물도 짤막한 다리로 걸어다녔다는 것을 안다. 게다가 그들은 최초의 절지동물보다 더 먼저 출현했던 것이 분명하다. 분자 증거와 해부구조 양쪽 모두 그들이 절지동물보다 더 앞서 등장했다고 말하기 때문이다. 이제 우리는 에디아카라기(Ediacaran)라는 수수께끼의 세계로 들어간다. 선캄브리아대와 캄브리아기의 사이에 해당하는 시기로서, 풍부하고 다양한 해양생물들과 껍데기가 출현하기 이전의 시대이다.*

이 시대에는 엽족동물의 이야기가 나오지 않는다. 에디아카라 시대 지층에는 유조동물, 아니 사실상 엽족동물의 흔적이 전혀 없다. 찾으려는 노력은 무수히 있어왔다. 지질학자들과 고생물학자들은 수십 년째 화석이 있을 만한 암석을 깨고 있다. 사실 에디아카라 지층에는 삼엽충도, 초기 투구게도, 우리에게 친숙한 그 어떤 생물 동료도 없다. 루이스 캐럴의 『스나크 사냥(The Hunting of the Snark)』에서 수색꾼들이 단언한 것처럼 말이다. "그건 골무로 찾을 수도 있어. 조심해야겠지만. 갈퀴로 찾을 수도 있지. 희망을 품고서 말이야." 그러나 전부 헛수고였다. 커다란 망치도 아무 소용이 없었다. 대신에 흥분을 불러일으키는 수수께끼 같은 동물 화석들만이 계속 발견되었다. 스나크가 아니라 부줌(스나크도 부줌도 정체불명의 존재이다/역주)이었다. 그 화석들은 작지 않다. 만찬용 접시보다 더 큰 것도 있다. 그리고 장소만 제대로 고른다면 많이 발견할 수도 있다. 에디아카라기라는 명칭은 사우스 오스트레일리아의 플린더스 산맥에 속한 에디아카라 힐스에서 유래했다. 이 놀라운 초기 화석들이 처음 채집된 지역이다. 이 화석들은 고운 사암에 찍혀서 나타나며, 기이한 잎이나 엽상체(葉狀體)처럼 보이는 것들이 많다. 대부분은 몸이 격벽이나 칸막이로 나뉘어 있었음을 시사하는 증거를 가지고 있지만, 그것은 단순한 체절이 아니다. 대개 몸의 양쪽이 어긋나 있기 때문이다. 현재까지 전 세계 30여 곳에서 비슷한 화석들이 발견되었다. 러시아 북극지방, 캐나다, 미국, 뉴펀들랜드, 영국에서이다. 이 화석들이 뼈대가 없다는 점에는 모두가 동의하지만, 그 외의 거의 모든 사항에

---

* 에디아카라기(6억3,500-5억4,200만 년 전)는 지질시대 명칭으로는 가장 최근에 붙여진 것이다. 2004년에야 공식 지질시대로 추가되었다. 지금은 클로우디나(Cloudina)라는 수수께끼의 작은 껍데기를 비롯하여 캄브리아기 이전의 지층에서도 소수의 뼈대 화석이 발견되었다는 점도 말해두기로 하자.

서는 전문가들 사이에 의견이 갈린다. 현재 대다수의 전문가들은 에디아카라 동물이 우리가 아는 캄브리아기 이후에 출현한 동물들의 조상이 아니라는 데에 동의할 것이다. 진정으로 그들은 살아남지 못한 옛 세계의 거주자들이었다. 살아남지 못한 세계를 들르는 것 또한 생존자들을 다루는 책에 가장 걸맞은 일이 아닐까? 그 여행은 뉴펀들랜드로 향한다. 나는 젊은 과학자였을 때 그곳 세인트존스의 메모리얼 대학교에서 1년을 보낸 적이 있다. 그러니 그곳으로 가는 길은 머나먼 과거로의 여행이자 나 자신의 과거로 향하는 여행이기도 하다.

뉴펀들랜드는 캐나다 동쪽 끝에 있는 섬이며, 그 자체가 일종의 생존자이다. 그랜드 뱅크스라는 어장에서 대구잡이로 부를 쌓았던 이 섬은 가장 중요한 그 어종의 개체수가 급감한 뒤에도 그럭저럭 살아남았다. 그것은 남획의 효과를 보여주는 교과서적인 사례이다. 내가 그 "바위"(원주민들이 그 섬을 부르는 명칭)를 안 30년 사이에, 나는 어민들이 배를 해안으로 끌어올려서 방치하고, 무한해 보이던 어업자원이 거의 고갈된 상황을 당혹스럽게 지켜보아야 했다. 물론 대구가 멸종한 것은 아니지만, 이 까다롭지 않은 어류의 몰락은 자연의 그 어떤 것도 무한한 번식력이 있다고 장담할 수는 없다는 것을 입증한다. 외지에서 온 첨단장치를 갖춘 공모선(工母船)이 엄청난 양의 대구를 무차별 잡아들인 것이 쇠락의 주된 원인이라고 여겨진다. 언제나 꾀바른 뉴펀들랜드인은 현재 석유로 관심을 돌리고 있다. 컴바이챈스(Come-by-Chance : 사생아라는 뜻/역주) 정유시설은 그 명칭 자체가 성공이 아닌 좌절에 직면한 채 버티고 있는 그들의 상황과 들어맞는 듯하다. 이 섬에서는 해안에 들어선 작은 어촌들을 "아웃포트(outport)"라고 하는데, 대구어업이 몰락한 이후에 컴바이챈스에서도 일자리를 얻지 못한 어촌 젊은이들은 래브라도 북쪽의 대규모 수력발전소인 처칠 폴스로 가서 일을 하거나 캐나다 반대편

애서배스카 지역에서 "타르 샌드(tar sand)"의 기름을 추출하는 일을 하고 있다. 떠돌이 일꾼생활을 하고 있음에도 그들은 유쾌한 사람들이다. 그들은 억양이 독특하다. 아일랜드어의 길게 늘어지는 모음이 섞여 있고, 말하는 도중에 "저런, 맙소사"처럼 씨근거리는 감탄사를 내뱉는다. 요즘은 작은 어촌마다 새로 페인트를 칠한 집들이 많다. 비탈에 밝은 색으로 칠한 목조주택들이 흩어져 있다. 어촌에 남아 있는 극소수의 사람들에게는 나무 울타리를 새로 칠하는 것 외에 달리 할 일이 없으니까.

주도인 세인트존스에서 애벌론 반도를 따라서 남쪽으로 차를 타고 가다 보면, 해안가의 장엄한 절벽 안쪽에 후미진 작은 만(灣)들이 몇 군데 나온다. 그런 가장자리에는 이 섬의 지질이 고스란히 드러나 있다. 유일한 문제점은 접근하기가 어렵다는 것이다. 내륙은 상황이 정반대이다. 자작나무와 포플러가 군데군데 섞인 키 작은 침엽수림이 끝없이 펼쳐져 있으며, 사이사이에 주민들이 "연못(pond)"이라고 부르는 얕은 호수들이 자리한다. 호수는 마지막 빙하기의 유산이다. 바닥에는 덤불숲이 무성해서 모암(母巖)을 거의 볼 수 없다. 반도 끝으로 향할수록 나무들은 키가 점점 줄어들면서 세찬 바람에 거의 땅에 누워 있는 형국이 된다. 이윽고 잔가지를 삐죽 내미는 것조차 두렵다는 듯이 땅을 기는 나무들만 보이는 곳에 이른다. 이 노출된 지역은 대개 안개에 감싸여 있어서 빈센트 프라이스가 출현하는 흡혈귀 영화의 무대로 삼아도 좋을 만한 경관이다. 그러나 우리가 찾은 날은 날씨가 맑고 화창하다. 티 없는 파란 하늘에 보풀 같은 흰 구름이 몇 점 떠 있다. 동료들은 놀란 표정을 짓는다. 지난 10년 동안 이렇게 좋은 날씨는 본 적이 없다면서 말이다. 이 보호구역의 관리인은 웨일스 출신인데, 전 세계에서 유일하게 웨일스 북부 페스티니오그보다 더 열악한 장소에서 일자리를 구한 것을 자책하는 말을 했다. 뉴펀들랜드인들 중 한 명이 내게 관리인이 크리스마스 이전에 약혼할 것이라고 속삭인다. 그는 눈을 찡긋하면서 말한다.

"독신으로 지낼 만한 곳이 아니거든요."

해안의 황량한 잡목 숲 사이로 난 길을 1.5킬로미터쯤 가면, 덜 험해서 자세히 살펴보기 좋은 미스테이큰 포인트(Mistaken Point)가 나온다. 근처 풀밭에는 검푸르거나 새빨간 열매를 단 장과류 식물이 숨어 있고, 길가에는 샛노란 양지꽃들이 우리를 반긴다. 군데군데 있는 물이끼로 뒤덮인 작은 늪에는 습한 황무지에서 얻는 빈약한 양분을 보충하기 위해서 파리와 모기를 잡는 낭상엽을 가진 식충식물들이 자란다. 우묵한 곳에는 들장미도 자란다. 바닷가로 향하자 풀들이 많아지면서 일종의 천연 잔디밭을 이루고 있다. 풀마갈매기들이 무슨 일인지 알아보려는 듯이 이따금 나타나서 선회한다. 길은 절벽 위로 이어져 있다. 애벌론 반도의 이 지역에서는 절벽을 기어오르기가 꽤 쉽다. 퇴적암들이 완만한 각도로 턱을 내밀면서 층을 이루어 바다까지 이어진다. 오르내리면서 서로 다른 지층을 살펴볼 수 있는 일종의 계단인 셈이다. 암석은 짙은 색깔을 띠며, 더 단단한 지층은 바다로 삐죽 튀어나와서 일종의 천연 방파제를 이루고 있다. 잔잔하기 그지없는 날인데도 암초에 파도가 계속 들이치면서 거품을 만들어낸다. 겨울 폭풍이 휘몰아칠 때는 노출된 표면 전체가 흩날리는 소금물 방울에 뒤덮일 것이 분명하다. 미스테이큰 포인트라는 이름이 왜 붙었는지는 금방 알 수 있다. 앞바다에 약 50척의 난파선 잔해가 흩어져 있다. 화석이 되기를 기다리면서 말이다.

턱을 이루고 있는 편평한 표면들은 하나하나가 고대의 해저이다. 1967년 뉴펀들랜드 메모리얼 대학교의 지질학 대학원생 S. B. 미스라는 이 석화한 퇴적층 표면에서 가장 특이한 유기체의 흔적을 발견했다. 그리고 1년 뒤, 그는 같은 메모리얼 대학교에 있는 마이크 앤더슨과 공동으로 세계 최고의 학술지인 『네이처(Nature)』에 자신이 발견한 화석들을 보고했다. 그 암석은 선캄브리아대 말의 것임이 밝혀졌다(에디아카라라는 이름이 붙기 오래 전의 일이었다). 그렇게 오래된 암석에 그런 커다란 화석이 있음을 알게 된 과학계는 무척 흥분했다. 비록 당시에는 그것들이 얼마나 오래되었는지 알지 못했지만 말이다. 그 뒤에 미스라는 그 퇴적층이 어떤 조건에서 쌓였는지를 기술했다. 이 발견은 몇 가지 면에서 특이했다. 첫째, 화석을 안전하게 채집할 수가 없었다. 화석은 매우 단단하면서도 한편으로는 부서지기 쉽고 군데군데 금이 가 있으며, 때로는 도저히 떼어낼 수 없는 거대한 석판의 한가운데에 들어 있었다. 이런 화석을 연구하는 가장 좋은 방법은 암석 표면에 라텍스 용액을 부어서 건조시킨 뒤에 — 대서양 연안의 늘 안개에 잠겨 있는 축축한 곳에서는 이조차도 힘든 일일 수 있다 — 단단해진 주형을 떼어내서 연구하기 좋은 따뜻한 곳으로 옮겨 살펴보는 것이다. 과학적 기재를 하려면 대개 맨 처음 학명이 붙을 실물표본이 있어야 하며, 그런 표본이 공공박물관에 영구 보관되어야 한다. 이 점은 골치 아픈 문제를 안겨주었다. 절벽 위에 공공박물관을 건설할 수 있어야만 해결되는 문제였다. 둘째, 통상적으로 쓰이는 생물학적 기준점들이 대부분 적용되지 않기 때문에, 이 특이한 표본들을 연구하려면 어디에서 시작해야 할지 감을 잡기가 어려웠다. 수수께끼를 "수수께끼"라고 적는 것 외에 달리 뭐라고 기재해야 할까? 아마 이 놀라운 화석들이 제대로 규명되지 못한 채 남아 있던 것은 이런 요인들이 복합적으로 작용했기 때문일 것이다. 미스라가 인도로 돌아가자, 앤더슨이 이 연구를 맡았다. 나는 1970년대 말에 앤더슨을 만난 적이 있는데, 당시 그는 이런 어려운 문제들 때문에 거의 연구를 접은 듯했다. 그러면서도 그가 그 화석들을 찜해놓았기 때문에, 다른 사람들은 그것을 연구할 수가 없었다. 그 결과 미스테이큰 포인트 화석의 대부분은 수십 년 동안 적절한 기재도 학명도 없는 상태로 방치되어 있었다. 온타리오의 퀸스 대학교에 있는 가이 나본 연구진이 현재 이 누락된 부분을 메우는 일을 하고 있다. 과학 분야의 한 가지 기이한 점은 대상이든 현상이든 간에 어떤 식으로든 이름이 붙을 때까지는 존재하지 않는 것처럼 취급된다는 것이다. 이름은 대단히 중요하다. 익명성이라는 끝없는 혼돈에서 벗어나서 목록, 기재, 분류의 세계로 진입한다. 다음 단계는 그들의 의미를 이해하는 것이다.

절벽 위에는 방향을 가리키는 표지판이 하나 있고(지난 강풍에 4분의 1이 뜯겨나갔다), 그 위에는 "화석이 든 표면을 밟기 전에 신발을 벗으세요"라고 쓰인 종이가 붙어 있다. 선캄브리아대 이후부터 살아남은 화석을 지키겠다고 쌩쌩 강풍이 부는 곳에서 장화를 벗고 다니라니 우스꽝스럽다는 생각이 든다. 결국 우리는 더 눈에 띄는 파란 덧신을 제공받았다. 현재 이 유명한 화석지역은 미스테이큰 포인트 생태보호 구역으로 지정되어서 엄격하게 관리되고 있다. 잘하는 일이다. 캐나다인들은 국가의 자연유산을 엄격히 보호한다. 이곳까지 온 이들에게 모든 것을 설명하는 멋진 탐방 센터도 있다. 나는 특수한 덧신을 신고서 가장 좋은 표면으로 걸어내려간다. 찾는 것이 눈에 들어오기까지 시간이 걸린다. 그러나 어디를 보아야 할지 알고 나면, 화석은 뚜렷이 보인다. 그 즉시 그들이 유기체에서 기원하지 않았을 수도 있다는 의구심이 싹 가신다. 마치 미래에 살펴볼 이들에게 편의를 제공하려는 것처럼, 화석들은 부드럽게 쌓인 예전의 해저였던 검은 표면 위에 여기 한 점, 저기 한 점 흩어져 있다. 잎이나 엽상체처럼 보이는 것들이 가장 눈에 띄며, 엽란이나 다른 어떤 화려한 열대화초의 잎만 한 것들이다. 안쪽에 주름이 져 있고, 더 자세히 들여다볼수록 "잎" 안쪽이 더 세분되어 있음이 드러나기 시작한다. 그런 방추 모양의 화석이 가장 흔한 유형이다. 뉴펀들랜드의 하늘 아래 1,000점이 넘는 화석이 흩어져 있다. 그것들은 원래 발견된 때로부터 40년이 흐른 2007년에 프락토푸수스 미스라이(*Fractofusus misrai*)라는 이름이 붙었다. 종명을 통해서 발견자를 영구히 기념하는 셈이다. 프락토푸수스라는 대단히 기재적인 이름이다. "푸수스(fusus)"는 그 생물이 방추형(fusiform)임을 가리키며, "프락토(Fracto)"는 프랙탈

(fractal) 구조를 가진 것처럼 보인다는 뜻이다. 프랙탈은 브누아 망델브로 박사가 1980년에 파악한 흥미로운 수학적 실체로서 더 작은 규모에 초점을 맞추어도 똑같은 형태가 반복되는 구조를 말한다. 즉 프락토푸수스의 가장 큰 1차 구획은 똑같아 보이는 더 작은 소엽(frondlet)으로 다시 나뉘고, 그 소엽은 똑같아 보이는 더 작은 "소소엽(sub-frondlet)"으로 나뉜다. 마치 이 선캄브리아대 생물들이 이런 종류의 구조를 선호하는 듯하다. 사실 옥스퍼드 대학교의 마틴 브레이저는 미스테이큰 포인트의 생물들 중 몇 가지는 그런 프랙탈 대상을 서로 다른 식으로 펼친 일종의 삼차원 종이접기 작품으로 이해할 수 있다는 것을 다소 독창적으로 보여주었다. 그러나 거기에는 일종의 원반 모양의 흡착기관을 통해서 예전의 해저에 달라붙어 있었던 듯한 엽상체 같은 생물도 있다. 카르니오디스쿠스 마소니(*Charniodiscus masoni*)는 아마 파악된 최초의 에디아카라 종일 것이다. 속명에서 명확히 드러나듯이, 영국 레스터셔의 챈우드(Charnwood) 숲에서 발견되었다(미스라이처럼, 종명은 발견자의 이름을 땄다). 에디아카라 힐스의 몇 군데를 비롯하여 에디아카라 화석 발굴지의 상당히 많은 지역에서 똑같은 "엽상체"가 발견되므로, 그것은 이 초기의 사라진 해양세계의 거의 토템이라고 할 만하다. 원반은 생물을 한 곳에 부착시키고 엽상체 부분은 해류에 떠 있도록 유지하는 역할을 한다고 여겨진다. 뉴펀들랜드에도 레스터셔의 것에 상응하는 몇 가지 형태가 있지만, 최근에 선캄브리아대 말을 재구성해보니 이 지역들이 지리적으로 서로 매우 가까웠다는 것이 드러났으므로, 처음에 생각한 것처럼 놀랍지는 않다. 다른 특이한 것들도 몇 가지 보인다. 하나는 융기한 얼룩 같은 것이 전체에 흩어져 있는 일종의 판이다. 그것의 별명은 "피자"이다. 그 별명은 내가 아직 점심을 먹지 않았다는 사실을 떠올리게 했고, 그래서 나는 옛 에디아카라기의 해저였던 곳에 앉아, 미풍 속에서 풀마갈매기가 선회하는 완벽한 날에 바다를 내려다보면서 치즈

샌드위치를 먹었다. 고생물학자로서는 더할 나위없는 최고의 순간이다. 나는 우리가 이 기이한 프랙탈 존재에 관해서 무엇을 알게 되든 간에, 선캄브리아대 말에 많은 특이한 생물이 있었지만 유조동물의 친척처럼 보이는 것이 전혀 없다는 점은 의심할 여지가 없음을 실감하게 된다. 이 특이한 화석들은 우리 이야기에서 하나의 기준점이 된다. 그것은 진화적 발명을 위한 눈금을 제공한다.

　어떤 운 좋은 환경이 화석을 보존했을까 궁금해진다. 아무튼 그들은 부드러운 몸을 가지고 있었다. 그들은 흔적도 없이 사라질 수도 있었다. 안내인은 오늘날 차가운 안개에 뒤덮이곤 하는 이 지역에서 먼 과거에는 화산활동이 활발하게 벌어졌다고 말한다. 화산재가 주기적으로 바다로 쏟아지면서 에디아카라 동물상을 빠르게 죽이고 묻었다. 안내인은 아마겟돈을 만들면서 밀려드는 화산재에 납작해지면서 카르니오디스쿠스가 같은 방향으로 휘어졌다고 지적한다. 그 점을 진작 알아차렸어야 했는데. 화석을 가지고 있는 각 해저층은 에디아카라 동물들의 비극적인 순간을 기록하고 있다. 비록 우리 지적인 영장류에게는 기적이나 다름없지만 말이다. 화산암은 자연의 장의사라는 역할 외에 또다른 특성이 있다. 그것은 방사성 연대 측정법으로 화산분출 시점을 파악하는 데에 쓰일 수 있는 광물을 제공한다. 부고기사를 쓰면서 날짜까지 기록하는 셈이다. 가장 잘 보존된 화석을 가진 층 바로 위쪽의 화산재 층을 최근에 분석해보니, 5억6,500만 년 전의 것이었다. 많은 더 젊은 퇴적층에서 얻을 수 있는 연대보다 더 정확하다. 연대를 파악할 수 있는 화산암은 대개 화석이 풍부한 퇴적암 층들과 섞여 있지 않기 때문이다. 캄브리아기의 상한을 가장 정확히 측정한 자료는 5억4,200만 년으로 나오므로, 뉴펀들랜드의 암석은 그보다 겨우 2,300만 년 더 오래된 것이다. 여기서 "겨우"라는 단어는 일부러 쓴 것이다. 긴 시간처럼 보일지 몰라도, 투구게나 유조동물의 역사로 보면 짧은 기간이니까. 현재로부터 2,300

만 년을 거슬러올라간다고 할지라도, 우리는 포유동물, 조류, 나비, 꽃의 세계를 쉽게 알아볼 수 있을 것이다. 그리고 우리 자신의 옛 조상들은 이미 나무에서 살고 있었다. 그러나 미스테이큰 포인트의 세계는 삼엽충 같은 절지동물, 연체동물, 완족류, 극피동물, 현재의 성게와 바다나리의 조상들이 살던 캄브리아기 지층 때부터 친숙한 해양세계와 아무 관계가 없는 것처럼 보인다. 물론 유조동물의 먼 조상들도 잊지 말자.

　에디아카라 세계를 이해하려는 시도가 전 세계 연구자들의 이목을 끈 것은 놀랄 일이 아니다. 잘 확립된 사실들도 몇 가지 있기는 하지만, 여전히 많은 것들이 논란거리로 남아 있다. 그런 수수께끼의 고대 환경으로 과학적 여행을 할 때, 그것은 당연한 일이다. 사실 의견 불일치는 과학의 원료이다. 논쟁이 없다면, 노출된 대서양 해안으로 과학자를 오게 하여 춥고 습한 암석 위에 몇 시간이고 웅크리고 있게 할(신발도 없이) 동기가 전혀 없을 것이다. 그들은 진리를 찾는 경주에서 한 발짝 앞서 나가고자 한다. 그러나 대다수의 전문가들은 에디아카라 해저가 오늘날의 대륙붕에 있는 해저와 전혀 달랐다는 데에 동의한다. 해저 표면은 세균 덩어리가 얇은 피부처럼 덮고 있어서 한결같았고, 심지어 탄력도 있었다. 퇴적물은 거의 밀착 필름처럼 덮여 있었고, 부착생물(附着生物)들은 아마 이런 표면을 단단히 붙들고 있었을 것이다. 이 피부 같은 표면이 남아 있던 이유가 퇴적물을 휘저을 굴을 파는 다양한 동물들이 아직 출현하지 않았기 때문이라는 데에는 보편적인 합의가 이루어져 있지 않다. 오늘날 해저에는 바닥에 깔린 퇴적물에 살면서 먹이사슬에서 핵심적인 역할을 하는 이른바 저서생물(底棲生物)이 대개 우글거리고 있다. 썰물 때 강어귀에서 개펄을 헤집으면서 돌아다니는 수많은 섭금류 떼도 생각해보라. 모든 민물도요가 투구게의 알에 의존하는 것은 아니다. 헤집고 굴을 파는 작은 동물들, 특히 해양 다모류(多毛類)는 일하면서 퇴적물의 아래층에 산소를 공급한다. 그런 활동이 없으면, 곧 표면 밑에 혐기성 층이 발달한다. 그런 상태에서 이윽고 퇴적물들이 단단히 굳어서 암석이 되면, 미세한 수평층들이 보존되기 때문에 알아볼 수 있다. 전부 그런 것은 아니지만, 많은 선캄브리아대 지층이 실제로 그렇게 보인다. 때로 입자가 더 고운 퇴적암 표면에는 거의 코끼리의 피부와 같은 섬세한 결이 난 주름진 피부가 드러나 있다. 덕분에 우리는 끈끈한 세균 표면을 시각적으로 볼 수 있다. 비록 그것을 만든 작은 생물들은 보존되어 있지 않지만 말이다. 이 신기한 해저 조건은 에디아카라의 부드러운 몸을 가진 많은 화석들이 어떻게 보존되었는지를 독창적으로 상기시킨다. 갑작스러운 압도적인 사건 ― 퇴적물이 갑자기 밀려들거나 화산재가 쏟아질 수 있다 ― 이 일어나서 생물들이 매몰된 뒤에, 새로운 세균 덮개가 금방 그 무덤 위를 덮음으로써 퇴적물 속에 죽은 동물들을 봉인한다. 그러면 벌레들이 헤집어놓지 않은 상태에서 불가피하게 환원성 조건이 형성되어 퇴적물의 철 이온이 이동성을 띰으로써 화석 후보가 분해되기 전에 겉을 둘러싸서 일종의 "데스 마스크"를 형성하는 데에 기여한다. 부드러운 몸을 가진 생물들이 그렇게 많이 보존되었다는 것은 현재의 바다에서 죽은 몸을 재빨리 먹어치우는 청소동물이 그때에는 분명 없었음을 의미한다. 에디아카라 생물들은 껍데기는 없었을지도 모르지만 피부가 막질, 아마도 매우 질긴 것이었을 듯하다. 일부 과학자들은 그들이 구식의 누빈 오리털 점퍼와 다소 흡사하게 칸으로 나뉘어 있었다고 믿는다. 그들의 프랙탈처럼 보이는 구조는 아마도 특정한 성장양식을 보여주는 것 같다. 동일한 규칙 집합이 반복되어 나타남으로써 말이다. 그것은 그저 단순한 성장방식일 수도 있다. 그러나 이 생물들은 도저히 어찌할 수 없을 만큼 기이해 보인다.

미스테이큰 포인트에 방문한 결과, 나는 생물집단 전체가 생물권에서 사라지는 것이 가능하다는 확신을 얻었다. 일부 과학자들은 거기에 보존된 생물들 ― 벤도비온트(Vendobiont)라고도 한다 ― 이 (동물계처럼)

멸종한 계라고 본다. 또 그 과학자들 중 상당수는 "누빈" 동물들의 계가 몸의 구획 안에 일종의 공생처럼 세균을 가지고 있었을 수 있다고 본다. 오스트레일리아의 에디아카라 힐스에서 나온 더 젊은 화석들에도 다양한 "누빈" 생물들이 있지만, 이 생물들 중 일부는 앞쪽 끝, 즉 머리를 확실히 가지고 있음을 보여준다. 몇몇 이들은 스프리기나(*Spriggina*)라는 생물이 부드러운 몸을 가진, 삼엽충의 조상이라고 주장한다. 그러나 스프리기나를 들여다보면 볼수록, 나는 그 말에 의구심이 든다. 이 생물의 많은 "체절"은 좌우가 어긋나 보이며, 머리끝은 머리방패의 선조라기보다는 부메랑처럼 보인다. 사실 객관적으로 살펴보면, 그것은 삼엽충과 전혀 닮지 않은 또다른 누빈 동물인 디킨소니아(*Dickinsonia*)와 비슷하다. 그러나 나는 이런 생각이 틀렸기를 몹시 바라며, 스프리기나가 흥미로운 동물이라는 데에는 이견이 없다. 오스트레일리아의 한 고생물학파는 에디아카라 동물군에서 누비지 않은 몸을 가진 기이한 동물들을 몇몇 현생 동물집단의 부드러운 몸을 가진 조상이라고 본다. 예를 들면, 아르카루아(*Arkarua*)라는 기이한 방사대칭 생물이 극피동물의 조상이라는 것이다. 킴베렐라(*Kimberella*)라는 눈신처럼 보이는 생물은 연체동물이라고 했다. 이 동물들은 하나하나가 논쟁거리이다. 그러나 킴베렐라를 비롯하여 오스트레일리아 에디아카라 동물들 중 적어도 일부는 몸의 중앙을 지나는 선을 기준으로 대칭을 이룬다. 별 것 아닌 것처럼 보일지도 모르지만, 그것은 좌우대칭 동물, 즉 몸의 왼쪽과 오른쪽이 거울상을 이루는(좌우가 대칭인) 동물에 소속시킬 수 있는 생물이 캄브리아기 이전에도 있었다는 것을 보여준다. 유조동물의 고대 친척뿐 아니라 절지동물, 연체동물, 환형동물(環形動物), 편형동물(扁形動物)의 공통조상은 좌우대칭이었을 것이다. 그럼으로써 우리는 동물의 진화의 초창기에 관한 흥미로운 질문들로 돌아가게 된다.

벤도비온트(혹은 뭐라고 부르든 간에)는 캄브리아기 이전 세계의 모든 바다에 살았던 듯하다. 그들은 최초의 커다란 생물이었고, 더 나중에 등장한 좀더 진화한 종류는 동물이었음이 분명하다. 그들이 정확히 어떤 **존재였는지**를 설명하기 위해서 많은 명석한 이들이 창의력을 쏟아부었다. 그러나 그들은 세계에서 모두 사라졌을 가능성이 높다(명석한 이들이 아니라 그 생물들 말이다). 얕은 물에서 살던 누빈 동물들 중 일부는 산호초를 만드는 산호동물처럼 체내조직에 공생조류나 세균을 가진 채 햇빛을 쬐었을 가능성이 있다. 반면에 미스테이큰 포인트 동물군은 아주 깊고 탁한 환경에서 산 듯하기 때문에 그런 공생을 이루었을 가능성이 적다. 그런 기이한 생물들이 그에 걸맞은 기이한 설명을 필요로 하는 것은 당연하다. 한 연구자는 벤도비온트가 동물이 아니라, 현재 세계 거의 모든 곳에서 나무와 바위를 뒤덮고 있는 균류와 "조류(藻類)"의 공생체인 지의류(地衣類)라고 주장하기까지 했다.* 지의류는 가장 단순한 의미에서 궁극적인 생존자이다. 역경과 거친 삶을 즐기는 듯하기 때문이다. 그러나 해양생활에 적응한 지의류는 없다. 일부 지의류가 선캄브리아대의 "방추(紡錘)"처럼 납작한 잎사귀 모양을 하고 있다는 사실은 단지 납작한 표면에서 대체로 비슷한 방식으로 성장함을 시사할 뿐이다. 생명의 역사는 끝없는 독창성뿐만 아니라 반복으로도 가득하다.

과거에 미스테이큰 포인트를 만든 층층이 쌓인 해저에 파도가 부딪히고 있다. 끊임없이 혹사당하는 이 땅은 어쩔 수 없이 침식에 굴복할 것이고, 까마득한 옛날 구름처럼 피어오른 화산재에 우연히 묻혀서 보존된 이 고대 생물의 기록도 무수한 작은 알갱이가 되어 바다로 돌아갈 것이다. 결국은 바다만이 남을 것이며, 바다야말로 가장 위대한 생존자이다. 대륙 자체도 지각판의 느리지만 무정한 움직임을 추진하는 지구 내부의 엔진을 통해서 변하고 재형성된다. 산맥은 솟았다가 돌조각으로 돌아가

---

* 많은 지의류에서 균류 협력자는 사실 와편모충류(渦鞭毛蟲類)이다.

판게아 — 2억7,000만 년 전에 세계의 대륙들이 합쳐진 "초대륙." 남쪽 덩어리(남아메리카, 아프리카, 인도, 남극대륙, 오스트레일리아)가 곤드와나이다.

지만, 생명은 히말라야 산맥보다 더 오래 버틸 것이다. 옛날 페리파투스의 친척들은 아프리카가 오스트레일리아와 아메리카와 합쳐져 있던 곤드와나 위를 돌아다녔다. 그 사라진 지리의 기억은 썩어가는 나무 밑에서, 혹은 나한송 숲의 가지들 사이로 들려오는 속삭임으로 아직 남아 있다. 적어도 지질학적으로 볼 때 아주 짧은 기간 동안, 모든 대륙은 판게아(Pangaea, 그리스어로 "모든 땅")라는 초대륙으로 합쳐진 적이 있었다. 약 2억7,000만 년 전이었다. 그러나 그 거대한 대륙도 끊임없이 변하는 지구의 겉모습들 중 하나, 한 시기의 얼굴이었을 뿐이다. 더 이전에는 대륙들이 흩어져서 더욱 기이하게 보이는 지리를 형성한 시대가 있었다. 과학은 이 과거의 세계지도를 재구성하려고 노력한다. 그것은 조각그림 퍼즐을 잘라서 새로운 조각들을 만든 뒤에 전혀 다른 그림을 짜맞추려는 시도이다. 약 5억 년 전 캄브리아기에 이 흩어진 대륙들은 식물로 뒤덮이지 않은 헐벗은 상태였다. 유조동물의 먼 친척들은 다른 많은 생물들과 함께 바다 밑에서 살고 있었다. 기이한 생물도 있었고 우리에게 친숙한 것도 있었다. 엽족동물은 그 뒤의 어느 시대보다도 더 다양했다.* 생명의 나무의 가지들은 비교적 적은 수의 큰 가지들에 더 가까이 붙어 있었지만, 그래도 기고 헤엄치고 떠 있고 굴을 파는 매우 다양한 생물들이 있었다. 생계유지 활동도 있었다. 그들은 먹이를 사냥하고, 은신처를 만들고, 플랑크톤을 걸러 먹고, 짝을 찾았다. 그러나 우리는 그보다 더 멀리, 에디아카라기로 올라가야 한다. 미스테이크 포인트의 파도는 그보다 더 오래된 부드러운 몸을 가진 프랙탈 구조의 존재들이 살던 사라진 세계, 이질적인 세계 위로 들이친다. 그 세계에는 포식도, 굴파기도, 초식도, "자연이 이빨과 발톱을 붉게 물들인" 증거도 전혀 없었을지 모른다. 그곳은 전혀 다른 생물권이었고, 여전히 우리에게 수수께끼로 남아 있다. 그리고 미스테이크 포인트의 화석은 모두가 살아남는 것은 아님을 입증한다.

발톱벌레 찾기는 뜻밖의 장소와 수수께끼의 세계로 우리를 이끈다.

---

* 이들만 그런 것은 아니다. 제5장에서 우리는 성구동물(星口動物)과 새예동물(鰓曳動物)이라는 더 모호한 현생 해양 "벌레" 집단과 만날 것이다. 이 둘은 각각 "땅콩벌레"와 "음경벌레"라는 별명을 가지고 있다. 이들의 화석도 지금보다 캄브리아기에 이들이 더 다양했음을 보여준다. 엽족동물처럼 이들도 초창기 이래로 다양성이 줄어들어왔다.

3

끈적거리는 매트

샤크 만은 어디에서든 멀다. 오스트레일리아에서는 먼 거리를 가다 보면, 나름의 신기한 법칙이 생겨난다. 교외도로 안쪽 사람들이 모여드는 해안지역에서는 세계 어디에서나 그렇듯이 교통체증과 쇼핑몰이 눈에 띄는 반면, 문명세계를 벗어나면 끝없는 오지가 펼쳐진다. 동쪽의 산악지대에서 벗어나면, 대륙의 대부분은 평탄하다. 광활한 지평선을 좋아하는 사람이라면 작은 변화를 보면서 한없는 즐거움을 누리겠지만, 나는 똑같은 경관이 수없이 되풀이해 나타나는 광경을 몇 시간 동안 보고나니 멍해진다. 시간이 기이하게 늘어지기 시작한다. 꾸벅꾸벅 졸다가 깼는데, 내가 10분을 잤는지 2시간을 잤는지 모호하다. 구불구불한 물줄기를 따라서 줄지어 서 있는 작은 유칼립투스 나무들, 덤불로 뒤덮인 모래언덕, 이따금 누군가의 땅임을 표시하는 초라한 울타리, 유황앵무라는 시끄러운 앵무새가 사는 고립된 목마황(she-oak)이나 키 큰 유칼립투스의 숲이 눈에 보인다. 반드시 같은 순서는 아니지만, 그런 경관이 되풀이되어 나타난다. 푸르스름한 맑은 하늘 아래 경이로울 만큼 아름답게 펼쳐져 있는 이 경관은 세계의 다른 곳에서는 전혀 볼 수 없는 독특한 것이지만, 한없이 반복되어 나타난다. 길에 표시를 하는 것은 어리석은 짓이다. 길을 잃기 십상이니까. 길게 늘어지는 결말과 한탄하는 과부로 가득한 오지의 이야기들이 들려온다. 옛 곡조를 휘파람으로 반복하여 부는 양 되풀이되는 경관 속에서는 지도를 들여다보는 짓이 무의미하다.

웨스턴 오스트레일리아의 서부해안을 따라서 샤크 만으로 향하는 1번 도로도 끝없이 뻗어 있는 듯하다. 버스는 어둠 속을 달리고 있다. 전조등에 놀란 캥거루가 이따금 비치는 것을 빼고 수 킬로미터 앞까지 아무것도 분간할 수가 없다. 이따금 반대차선으로 차가 지나갈 때마다 서로가 깜짝 놀라는 듯하다. 무엇을 하겠다고 이 오지까지 온 것일까? 나는 지질학의 신성 유적지 한 곳을 보기 위해서 여행길에 올랐다는 점을 다시금 나 자신에게 상기시켜야 한다. 노력할 가치가 있을 만한 일이라고. 무수한 시간이 흐른 뒤, 오버랜더 여관이 환영하듯이 눈앞에 나타난다. 끝없는 경관 속에서 네온 표지판이 반짝인다. 주유소와 간이식당이 있다. 버스가 다음에 정차할 때까지 잠시 쉴 곳이다. 몇 푼을 벌기 위해서 퍼스나 다른 어딘가로 떠났던 친척들을 마중 나온 원주민들이 여기저기 있다. 날파리들이 성가시게 윙윙거리며 달려든다. 땀이 밴 눈가에서 물을 빨아 먹으려고 끊임없이 달려드는 것 말고도 할 일이 있을 것이 분명한데도, 계속 다시 돌아온다. 모험의 다음 여정이 시작되기를 기다리면서 등짐을 진 채 어슬렁거리는 사람들은 이제 땀과 파리를 쫓느라고 바쁘다. 이곳은 어느 누구의 "꼭 보아야 할 곳" 목록에도 없지만, 황무지로 나아가기 전에 반드시 들러야 하는 세계의 끝에 해당하는 곳이다. 누군가에게는 시간표가 의미 있는 곳이며, 스트로마톨라이트(stromatolite)를 보러 가는 내게는 다음 버스를 탈 수 있는 곳이다. 오버랜더 여관에서 멀지 않은 곳에 우리가 마시는 공기 자체가 바뀌었음을 알려주는 곳, 먼 선캄브리아대를 보여주는 열린 창문이 있다.

비록 손대지 않은 원시 그대로인 것처럼 보일지라도, 오스트레일리아의 이 지역은 인간의 간섭으로 야생생물들에게 변화가 일어난 곳이다. 야생으로 돌아간 염소들이 야생 덤불을 쇠퇴시켰고, 고양이들이 한때 많았던 야행성 포유동물들의 수를 줄였다. 캥거루의 미니어처 같은 뒷다리에 믿기 어려운 긴 꼬리를 가진, 귀가 큰 유대류(有袋類)인 빌비(bilby)는 이곳 보전운동의 일종의 마스코트가 된 매혹적인 동물이다. 그들을 영구히 기억할 수 있는 것이 완벽하게 찍은 야생생물 텔레비전 프로그램뿐이라면, 정말로 비극일 것이다. 오스트레일리아의 자연보호론자들은 "부활절 토끼"(탐식하는 토끼도 도입되고 있다)보다 "부활절 빌비"라는 말을 더 즐겨 쓴다. 이곳 동부 주들에 사는 많은 작은 유대류에게는 이미 상황이 돌이킬 수 없는 지경에 이르렀다. 초기 자연사학자들이 그린 수채화만이 그들이 존재했음을 알려준다. 이 무해한 생물들은 지적인 고양이과와 개과의 사냥꾼들을 이길 수 없었고, 살아남지 못했다. 오스트레일리아는 통렬한 역설로 가득하다. 이 땅에는 고대의 생존자들이 많이 있지만, 뉴질랜드와 흡사하게 이곳에서도 여전히 멸종이 진행 중이다. 오스트레일리아인들이 한 세대에 걸쳐서 노력했음에도, 그들이 소중히 여기는 독특한 동물상과 식물상의 상당수가 사라지고 있다. 거의 모든 소도시마다 "덤불 재생"에 헌신하는 이들이 있으며, 웨스턴 오스트레일리아에서는 (심지어 퍼스 주위에서도) 아름다운 고유 식물 종이 지금도 새로 발견되고는 한다. 열악한 기후임에도 생물 다양성이 높고, 아직 전부 발견되지 않았다. 내가 그곳에 있을 때 열대 사이클론인 허버트가 들이닥쳐서 하늘이 컴컴해지고 주요 도로가 폐쇄되었다. 이 거친 땅에 사는 종은 홍수와 무더위 사이를 오락가락하며 헤쳐나갈 수 있는 자연의 생존자들이 틀림없다. 물론 이 말은 야생 고양이에게도 적용된다.

오스트레일리아 서부해안에서 크게 물어뜯긴 듯한 곳이 바로 샤크만이다. 지금은 세계유산으로 등록되어 있어서, 더 많은 돈과 더 많은 관광객을 끌어들이고 있다. 돈의 대부분 그리고 관광객의 거의 전부는 "돌고래와 헤엄칠" 기회를 제공하는 몽키 미아라는 해변 휴양지로 향한다. 경비행기를 타고 만과 앞바다 상공을 날면서 보니, 물속에 짙은 에메랄드 색의 풀밭이 마치 초원처럼 굽이치고 있었다. 전 세계 듀공 (dugong) ― 250킬로그램에 달하는 온순한 초식성 해양 포유동물 ― 의 10분의 1이 이 쾌적한 공간에서 한가로이 풀을 뜯고 있으며, 70세를 넘게 산 개체도 많다. 샤크 만이라는 이름은 사실 이 육즙 많은 동물에서 비롯된 것이다. 그들은 뱀상어와 같은 종을 포함하여 14종의 상어를 끌어들인다. 공중에서 보니, 중앙의 반도가 샤크 만을 둘로 나누고 있다. 만의 원래 이름은 "카르타르구두(cartharrgudu, 2개의 만)"였다. 반도의 꼭대기는 현재 프랑수아 페론 국립공원이며, 토착 동물상과 식물상을 위해서 야생 염소와 포식자를 이 모래땅에서 없애려는 진지한 노력이 이루어지고 있다. 딕하토그 섬은 만의 바깥 경계가 되며, 인도양을 가로질러오는 폭풍으로부터 해안을 보호한다. 웨스턴 오스트레일리아에 오기 전까지 나는 이 섬이 유럽인이 처음 발을 디딘 곳임을 알지 못했다. 1616년 10월 25일, 네덜란드인 디르크 하르토흐가 이곳에 상륙했다. 쿡 선장보다 152년 앞섰다. 그는 기념으로 주석합금 판을 기둥에 박아두었다. 그 판은 암스테르담 국립박물관에 소장되어 있다. 1699년 "해적 탐험가"인 윌리엄 댐피어가 이곳에 일주일을 머물면서 오늘날 쓰이는 바로 그 이름을 붙였다. 당시 원주민 어부들이 교역을 했지만, 그들에 관한 증거는 거의 남아 있지 않다. 나는 살아남지 못한 것이 작고 조심성 많은 유대류만은 아니라고 결론짓는다.

나의 탐색대상은 상어나 듀공보다 더 별난 것이다. 동쪽 만의 끝 바닷가에 20억 년 전의 생명을 돌아볼 수 있는 곳이 있다. 나는 믿어지지 않을 만큼 먼 과거로 여행하는 중이다. 해멀린 풀(Hamelin Pool)에 있는 옛 전신국으로 가는 길에 맬리나무(mallee) 몇 그루가 군데군데 서 있는 굽이치는 빽빽한 푸른 덤불숲을 지난다. 사이사이에 소금과 하얀 석고가 군데군데 말라붙어 있는 바닥이 편평한 침하지대가 있다. 원주민들은 이 점토 경반(clay pan)을 비리다(birrida)라고 한다. 꽃은 이미 졌고, 지금은 모든 덤불에 검은 장과가 달려 있는 듯하다. 곧이어 놀라울 만큼 하얀 작은 껍데기들로 이루어진 낮은 둔덕들이 나타난다. 나는 저벅저벅 소리를 내며 둔덕을 지난다. 그 너머에 아주 얕은 내해가 있다. 바로 스트로마톨라이트가 자라는 곳이다. 지구에서 가장 오래된 유기체 구조물과 흡사한 살아 있는 구조물이 여전히 번성하고 있는 유명한 곳이다. 그들은 최초의 유조동물이나 투구게가 등장하기 훨씬 더 오래 전에 사라졌어야 마땅하지만, 시대착오의 경이적인 사례로서 지금도 이곳에서 살아가고 있다.

뒤쪽 간선도로에 있는 "스트로마톨라이트" 방향을 가리키는 도로 표지판은 세계에서 단 하나뿐일 것이 분명하며, 지질학자나 고생물학자라면 그 표지판이 가리키는 곳으로 가지 않고는 못 배길 것이다. 그들은 이곳 해안에서 자라며, 그 너머의 바다는 믿어지지 않을 만큼 아름다운 군청색으로 빛나고 있다. 이 눈부신 광경이 내가 시간 도약을 하고 있음을 말해주는 것일까? 나의 일부는 스트로마톨라이트가 녹색이기를 기대했지만, 그들은 실제로는 짙은 황갈색을 띠고 있다. 잠시나마 실망했음을 고백해야겠다. 위가 편평한 쿠션이나 낮은 베개처럼 생긴 것도 있고, 천으로 만든 원통의자처럼 위쪽이 부푼 거대한 버섯 같은 것도 있다. 그들은 모래가 깔린 얕은 물속에 솟아 있다. 그들은 해안에서 100여 미터까지 규칙적으로 놓여 있으며, 그 너머로는 거의 철썩이지 않는 수면 아래로 사라진다. 완벽하게 고요한 풍경이다. 방문객들이 유기체 구조물을 훼손하지 않은 채 가까이 다가갈 수 있도록 해안에 작은 보도가 세워져 있다. 나는 그 둔덕 중 하나를 만져본다. 매우 단단하며(왜 부드러울 것이라고 예상했을까?) 축축한 곳은 끈적거리지만 마른 곳은 거의 바삭거린다. 오스트레일리아의 눈부신 태양 아래 약간 따스하기까지 하다. 더 가까이 다가가니, 해안을 따라서 다른 종류의 표면도 눈에 들어온다. 적갈색을 띤 주름진 미생물 매트가 완만한 비탈을 이루면서 반짝이는 수면 아래까지 뻗어 있다. 그 때문에 해안선은 마치 주름진 피부처럼 보인다. 물가에서 자라는 스트로마톨라이트는 쿠션보다는 울퉁불퉁한 콜리플라워 꽃봉오리와 더 비슷해 보인다. 어디나 따라다니는 파리들이 내 머리 주위에서 윙윙거리고 있고, 발판 저쪽에서는 제비 몇 마리가 즐겁게 지저귄다. 그들이 파리를 쫓아주었으면.

해안 위쪽으로는 죽은 스트로마톨라이트가 몇 개 있다. 아마 천 년 전에 바다가 남긴 것인지도 모른다. 이제는 철분에 녹슨 색깔을 띤 폐허로 변했지만, 깨진 곳을 보면 속이 쿠션 모양의 기둥구조를 이루고 있음을 알 수 있다. 필로 페이스트리(filo pastry)와 다소 흡사하게 기둥들이 위쪽 표면과 평행하게 층층이 쌓여 있는 것이 뚜렷이 보인다. 그것은 층층이 쌓여서 만들어지는 듯하다. 뉴욕에서 세심하지 않은 손님에게 아침식사로 제공하는 거대한 팬케이크와 비슷하다. 그 기둥은 명백히 살아 있는 것이었고, 스스로 만든 탑이었다. 인근의 옛 전신국 자리에 서 있는 작은 박물관에 가면 더 많은 설명을 들을 수 있다. 나는 유리수조에 보관된 스트로마톨라이트를 자세히 들여다본다. 그것을 감싸고 있는 바닷물은 매달 새로 갈아주어야 한다. 물이 기둥을 덮을 때 표면에 약간 보풀이 이는 듯이 보인다. 아직 **살아 있는** 것이 틀림없다. 경계가 뚜렷하지 않다는 것은 생명이 대사활동을 함으로써 가장자리가 흐릿해진다는 증거이다. 위쪽에서 렌즈 콩만 한 작은 방울들이 끊임없이 솟아오른다. 바로 산소 방울이다. 따라서 그 기둥은 단순한 갈색 껍질이 아니라 훨씬 더 강력하고 역동적인 것, 아기와 빌비와 토끼가 살아 있으려면 필요한 원소인 산소를 내뿜는 것이다. 누구나 질식에 관한 악몽을 가지고 있다. 호흡하기 위해서 투쟁할 때 우리는 삶을 위해서 투쟁하는 것이므로, 산소가 없다면 우리가 얼마나 빠르게 사멸할지 누구나 잘 안다. 이 전시실은 내가 학교에서 처음 자연이 활동하는 모습을 배우던 때를 떠올리게 한다. 우리는 물이 가득 찬 비커에 담긴 물풀에서 지금과 똑같은 작은 산소 방울이 수면으로 솟아오르는 것을 보았다. 나는 "광합성"이라는 단어를 이때 처음 들었다.

해변에 스트로마톨라이트가 생존해 있다는 것은 그들의 강인함을 보여주는 또 하나의 척도이다. 나는 물가에서 스트로마톨라이트 숲 사이로 두 개의 넓은 통로가 나 있는 것을 본다. 이전의 산업이 남긴 영구적인 흔적이다. 19세기 말과 20세기 초에 낙타 무리가 양털 주머니를 싣고 이곳에서 (바닷가에 있는) 플래그폴 랜딩까지 갔다. 그곳에서 양털을 거룻배에 옮겨 싣고서 190킬로미터를 항해하여 딕하토그 섬의 깊은 곳에 정박한 배까지 갔다. 양털은 프리맨틀로 옮겨진 뒤에 곧 영국으로 보내져서 가공되었다. 이런 활동으로 둔덕들이 완전히 파괴되지 않은 것이 다행이다. 그러나 한 세기가 지난 뒤에도 여전히 옛 통로를 볼 수 있다는 것은 이곳의 생물학적 활동이 느리다는 사실을 말해주는 척도이다.

샤크 만 중에서도 이 지역의 해양 조건은 매우 특이하다. 무자비한 태양 아래 얕은 바닷물은 빠르게 증발한다. 그래서 인근의 유슬리스 루프에서는 제염업(製鹽業)이 성황이다. 아주 맑은 물은 염도가 높고 영양분이 거의 없다. 해멀린 풀은 뒤로는 바다까지 약 47킬로미터에 걸쳐서 포레 아일랜드라는 모래톱이 뻗어 있다. 따라서 해멀린 풀은 거의 석호나 다름없다. 특수하게 적응되었거나 내성이 강한 생물들은 이런 조건에서 살아남을 수 있다. 프라굼 하멜리니(*Fragum hamelini*)라는 작은 조개도 이런 작은 동물들 중 하나이다. 이름에서 드러나듯이, 이곳에서만 사는 종이다. 호두만 한 크기의 이 새하얀 껍데기는 샤크 만에 쌓여서 모래톱을 이룰 만큼 수가 많다. 수십 년이 흐르면 껍데기들은 굳어서 일종의 패각암이 된다. 그것을 석회암이라고 부른다면, 과장일 것이다.

해안 위쪽의 한 오래된 채석장에는 이 신기한 하얀 돌이 짓눌린 양상이 고스란히 기록되어 있다. 커다란 벽돌만 한 덩어리로 잘라내면 그럭저럭 쓸 만하다. 비록 건축용 석재로 쓸 정도로 단단하지는 않지만 말이다. 그러나 그것으로 지은 더 오래된 건축물 중에 아직 서 있는 것들도 있다. 80킬로미터 떨어진 소도시 데넘에 있는 술집 펄러의 벽은 이 돌로 지어졌다. 이 술집은 마치 하얀 완두 덩어리로 지은 것처럼 보인다. 샤크 만의 혹독한 조건에서 살아남기 위해서, 프라굼은 광합성을 하는 조류를 조직에 포섭했다. 따라서 스트로마톨라이트뿐 아니라 이 조개도 햇빛을 궁극적인 식량 공급원으로 삼는다. 그러나 프라굼은 진화적으로 신참인 반면, 스트로마톨라이트는 대단히 오래된 존재이다.

스트로마톨라이트는 미세한 생물들이 긴 세월에 걸쳐 서서히 층층이 쌓은 둔덕으로, 그 자체가 하나의 생태계이다. 스트로마톨라이트를 덮은 끈적거리는 피부는 살아 있다. 이 매우 얇은 층은 주로 남세균(藍細菌, cyanobacteria)으로 이루어져 있다. 현미경으로 보이는 독특한 색깔 때문에 "청록세균"이라고도 한다(예전에는 남조류라는 부정확한 이름으로 불렸다). 내가 스트로마톨라이트가 녹색을 띨 것이라고 예상한 이유가 그 때문일 수도 있다. 해멀린 풀은 그들이 성장하기에 알맞은 조건을 갖추고 있다. 자연에는 남세균을 뜯어 먹는 것을 좋아하는 생물들이 많다. 해변의 축축한 바위 위에 미세하게 삐뚤삐뚤 난 자국을 생각해보라. 그것은 바위 표면을 덮은 영양가 있는 얇은 세균층을 고둥의 섭식기구가 긁어대면서 남긴 자국이다. 이것은 육상환경의 초식동물이 풀을 뜯는 것과 비교할 만하다. 풀과 마찬가지로 남세균도 다시 자라며, 그러면 연체동물이 다시 뜯어 먹는다. 그러나 그런 곳의 미생물은 끊임없이 초식동물의 공격을 받으므로 아무리 건축물을 건설하려고 애쓴들 헛수고이기 때문에 둔덕이나 "산호의 뿔" 같은 복잡하거나 정교한 구조를 만들 기회가 전혀 없다. 크게 자랄 만하면 다 먹히고 마는 것이다. 그러나 해멀린 풀이라는 특수하고 따뜻한 세계에서는 뜯어 먹는 동물들이 접근하지 못한다. 거기에는 스트로마톨라이트의 끈적거리는 표면을 훼손할 고둥이 없다. 남세균을 저녁거리로 뜯어 먹을 물고기도 없다. 사실 거의 부자연스러울 정도로 맑은 이 내해까지 진출하는 동물은 전혀 없다. 일부 전문가들은 해멀린 풀의 영양염류 농도가 매우 낮다는 점이 뜯어 먹는 동물이 없는 상태에서 스트로마톨라이트가 자라는 데에 중요한 역할을 한다고 믿는다. 이유야 어떻든 간에, 이 단순한 생물은 여기에서는 마음껏 성장할 기회가 있다. 그래서 그들은 선캄브리아대의 세계를 재구성한다. 생명이 시작된 이래로 수중환경의 상당 부분을 뒤덮었던 고대의 생물학적 건축물을 물어뜯고 긁어대는 해양동물들이 등장하기 이전의 생명이 어땠는지를 보여준다. 샤크 만에서는 생명이 타락하기 이전의 시대가 눈앞에서 복원되고 있다. 유조동물도 심지어 벤도비온트도, 개펄에 배를 대고 기어다니는 그 어떤 동물도 없던 시대 말이다. 나는 해멀린 풀의 전경을 토대로 고대 해양경관을 재구성한 그림을 수십 점이나 보았다. 그러니 살아 있는 스트로마톨라이트를 대면할 준비는 나름대로 갖춘 상태였다. 그러나 막상 대면하고 나니, 피카소의 "게르니카"를 처음 본 순간이 떠오른다. 이미 눈에 익었다고 해서 실물을 보았을 때의 충격이 결코 줄어드는 것은 아니라는 사실을 깨달은 순간을 말이다.

남세균은 단순한 생물로서 때로 길이가 1,000분의 1밀리미터 단위에 불과한 초록색의 길고 가느다란 유기물 벽을 만드는데, 그것들은 종종 합쳐져서 초록색의 점액질이 된다. 이분법 — 둘로 나뉘어서 똑같은 쌍둥이를 만드는 번식방법 — 으로 성장하는 작고 둥근 세포를 가진 종도 있다. 남세균은 어디에나 있다. 물 한 컵을 창가의 햇빛이 드는 곳에 두면, 곧 남세균이 자라서 뿌옇게 녹색을 띨 것이다. 옛 교과서에는 "남조류(藍藻類, blue-green algae)"라고 적혀 있는데, 틀린 말이다. 우리는 뒤에서 조류(藻類, algae)가 훨씬 더 복잡한 생물임을 알게 될 것이다. 사막에서 바위에 빗방울이 떨어지자마자 이 작은 생물들은 자랄 기회를 포착한다. 바위는 곧 미생물들로 덮여 번들거릴 것이다. 바다에서는 이들이 이따금 수십억 마리씩 폭발적으로 불어남으로써 어류에 독성을 끼칠 수 있다. 그런 "대발생"이 일어난 직후에 패류를 잘못 먹으면, 사람도 피해를 입을 수 있다. 생물학 전문용어로 남세균은 원핵생물(原核生物, prokaryote)이다. 이들은 가장 작을 뿐만 아니라 가장 단순해 보이는 세포를 가지고 있지만 — 공이나 소시지와 다를 바 없다고 할 만한 것도 있다 — 자그마치 수백 종에 달한다. 원핵생물은 진핵생물(眞核生物, eukaryote)과 달리 세포 안에 막으로 둘러싸인 세포핵이라는 구조물이 없다. 남세균을 빼고 지금까지 이 책에 언급된 생물은 모두 (필자를 포함하여) 진핵생물이다. 그것은 우리 이야기가 이제 생명체를 조직하는 더 단순한 방식을 다루는 시점에 이르렀다는 말이다. 원핵생물은 진핵생물보다 먼저 출현했으며, 그것은 그들이 생명의 나무의 줄기에 더 가까이 있다는 뜻이다. 따라서 진핵생물이 출현하기 이전에, 남세균이 신참이었고, 샤크 만의 한쪽 구석의 얕은 바다에서 우리의 눈앞에 펼쳐졌던 스트로마톨라이트가 특별한 생존자가 아니라 세계의 많은 지역에서 전형적인 경관을 이루었던 시대가 있었다. 이 원핵생물과 진핵생물이라는 구분 자체가 지나치게 단순화한 것임을 미리 밝혀두어야겠다. 이 주제는 다음 장에서 다시 살펴보기로 하자.

요점을 다시 강조하면, 현대의 바닷말은 식물이면서 진핵생물이며, 스트로마톨라이트 둔덕을 만들지 않는다. 샤크 만은 영양염류 농도가 매우 낮아서 그런 "진화한" 생물들의 대다수가 들어오지 못한다. 그러나 그들은 남세균과 함께 남아서 여러 가지 모양의 둔덕을 만든다. 전형적인 스트로마톨라이트는 누적되는 성장양식을 보인다. 살아 있는 "피부"는 가느다란 실들이 자라고 엮이는 얇은 층이다. 전문용어로는 "생물막

(biofilm)"이다. 남세균 매트는 빛을 좋아하여 위로 자란다. 바람에 날아온 먼지를 비롯한 고운 퇴적물은 표면층에 섞이며, 아마도 필요한 영양염류를 어느 정도 제공할 것이다. 세균의 끈적거리는 층은 바닷물에 용해되어 있던 탄산칼슘을 침착시켜서 얇은 "껍데기"를 만들도록 한다. 기존의 층 위에 새로운 살아 있는 층이 자라며, 나중의 층은 옆으로 조금 더 뻗어나갈 수도 있다. 그래서 몇몇 스트로마톨라이트 둔덕은 밑동보다 위쪽이 더 넓다. 당연히 남세균은 양분을 제공하는 햇빛이 들 때에만 자랄 수 있으며, 밤에는 활동하지 않는다. 캘리포니아 대학교의 몇몇 과학자들은 하루에 얼마나 자라는지까지 측정할 수 있다고 주장한다. 그러나 전반적인 성장속도는 지극히 느리며, 연간 1밀리미터도 되지 않는 것이 분명하다(아마 0.3밀리미터에 불과할 것이다). 해멀린 풀에 있는 둔덕들 중에는 천 년이 된 것도 있다고 한다. 즉 그들은 육지에서 가장 느리게 자라는 침엽수보다도 더 느리게 자란다. 양모산업의 성쇠는 스트로마톨라이트 기둥의 높이에 손두께 정도의 영향만을 미쳤을 것이다. 이곳에서 시간은 미세한 층의 형태로 째깍거릴 수 있고, 역사는 맨눈으로 보이지 않는 기록원들의 잣대로 기록된다.

스트로마톨라이트는 해변의 어디에 있느냐에 따라서 모양이 다르다. 바다 가장자리에 있는 것들이 좀더 울퉁불퉁한 깔개를 이루고 있음을 쉽게 알아볼 수 있다. 적어도 이 비전공자의 눈에는 미스테이큰 포인트의 선캄브리아대 퇴적층 표면을 덮고 있던 매트와 그리 다르지 않아 보이는 것들도 있다. 그것들은 특히 엔토피살리스(*Entophysalis*)라는 공 모양의 남세균 중 하나가 만들며, 내부층이 덜 발달해 있다. 해멀린 풀의 물속으로 더 나아가면 전형적인 원통 쿠션 모양의 것들이 나타난다. 조간대에서는 그런 스트로마톨라이트가 주류를 이루며, 내가 시험삼아 만져본 것도 그것이다. 이런 기둥은 스키조트릭스(*Schizothrix*)라는 실 모양의 남세균이 만들며, 이 남세균은 현미경으로 보면 짙은 에메랄드 색깔이다. 많은 격벽으로 나뉘어 있어서 마치 원통형 포장지 안에 둥글고 납작한 사탕들이 일렬로 들어 있는 듯한 모양이다. 이런 스트로마톨라이트는 내부에 층이 아주 잘 발달해 있어서 층층이 건설되는 양상이 아주 잘 드러나 있다. 이 쿠션들은 북쪽으로 약간 "기울어" 있다. 구성하는 각각의 실이 태양 쪽으로 더 향하기 때문이다(물론 미세한 범위에서). 남반구이므로 태양은 북쪽에 놓인다. 이 원핵생물의 얕은 바다는 태양신 라(Ra)가 통치하는 것이 분명하다. 바다로 좀더 들어가서 수심이 3미터 남짓한 곳에 이르면, 좀더 덩어리지고 울퉁불퉁하고 여기저기 튀어나온, 다소 둥근 모양의 스트로마톨라이트가 산다. 여러 종류의 미생물이 만들어내는 합작품이다. 미크로콜레우스(*Microcoleus*)와 포르미디움(*Phormidium*) 속의 남세균이 포함된다. 후자는 미세한 칸으로 나뉜 실 모양인 반면, 전자는 일종의 녹색 국수가닥들이 비비 꼬인 듯한 미세한 "밧줄" 모양이다. 이 서로 다른 종들은 중세의 길드 동맹처럼 연합하여 각자가 통합된 공동체의 기능에 나름의 기여를 하면서 함께 성장한다. 더 깊은 물에서 자라는 스트로마톨라이트에는 진짜 조류인 규조류(diatom)가 공동체의 일원으로 합류하기도 하지만, 이 진핵생물 집단은 아마도 훨씬 더 나중에야 진화했을 것이다. 자라는 둔덕의 표면 피부 아래에서는 남세균이 아닌 다른 종류의 세균이 노폐물을 처리한다. 이들은 더 낮은 산소농도에서, 아니 산소가 없는 상태에서도 살아갈 수 있다. 이들은 중세 마을의 거리에서 배설물을 수거하여 처리하는 일을 하는 사람들과 흡사하다. 생명은 처음부터 전문화한 습성과 서식지를 장려했다.

스트로마톨라이트는 가장 오래된 유기체 구조물이며, 그것이 화석임이 밝혀짐으로써 우리가 생명의 항구성과 지구 대기의 진화를 이해하는 방식에도 대전환이 일어났다. 공정하게 말하면, 샤크 만의 둔덕을 볼 때 받은 시각적 충격은 사실 엠파이어스테이트 빌딩이나 쿠푸 왕 피라미드를 보았을 때의 충격에 못 미친다. 그러나 스트로마톨라이트는 세계의 경이 중 하나이다. 합리주의자는 성지라는 개념을 받아들이지 않겠지만, 살아 있는 스트로마톨라이트가 발견된 샤크 만에 와본다면, 성지 목록의 상위에 올릴지도 모른다. 그 뒤로 살아 있는 스트로마톨라이트가 더 많이 발견되었지만, 샤크 만에 있는 것이 가장 철저히 연구되었다. 1954년에 처음 인정을 받은 뒤로 이 살아 있는 스트로마톨라이트는 점점 더 유명해졌고, 1960년대 말에는 교과서에까지 실렸다. 과학에서 종종 그렇듯이, 이 살아 있는 둔덕의 발견은 고생물학자들이 선캄브리아대의 암석에서 미시화석을 찾아낸 주요 성과인 동시에 지구 생물의 역사에 관한 논쟁을 불러일으킨 계기가 되었다. 프락토푸수스와 카르니오디스쿠스 같은 에디아카라의 기이한 생물들은 생명의 기록을 5억4,200만 년 전 캄브리아기에 출현한 삼엽충처럼 친숙한 화석들이 쏟아지는 시점보다 수천 년 전으로 끌어올렸다. 그러나 선캄브리아대에는 지구 생명의 역사에서 설명이 필요한 기간이 아직 30억 년 이상 남아 있었다. 바로 스트로마톨라이트의 시대였다.

이 시점에서 지질시대에서 잠시 벗어날 필요가 있다. 지구의 나이는 샤크 만이 과학계에 알려질 시점에 거의 45억 년에 이르렀다. 이렇게 정확한 연대를 얻은 것은 주로 연대 측정법이 정밀해진 결과였다. 연대 측정은 우라늄 동위원소가 납의 동위원소로 자연적으로 서서히 방사성 붕괴를 하는 과정을 이용한다. 암석을 시계로 삼는 것이라고 할 수 있다. 아폴로 계획으로 달에서 첫 암석표본을 채집하여 가져온 것이 1969년 7월 25일이었다. 고요의 바다에서 채취한 암석표본이 런던 자연사 박물관을 포함한 주요 박물관들에 보내졌을 때, 그 지구의 헐벗은 위성에서 온 작고 검은 돌조각을 보고 몹시 흥분했던 순간이 생각난다. 스트로마톨라이트와 마찬가지로, 그것은 단순한 돌조각이 아니었다. 그것에 담긴 의미 때문에 그 돌조각은 대단히 특별한 것이 되었다. 당시의 최고기술을 통해서 달 암석의 연대를 측정하자, 달의 동반자인 초록 행성이 얼마나 오래되었는가라는 의문이 마침내 해결되었다. 45억5,000만 년 (오차범위 5,000만 년)이었다.

캄브리아기 이전의 지질시대는 100여 년 전부터 단순히 선캄브리아대라고 불렸다. 아무튼 "캄브리아기 이전"임은 분명하니까. 그러나 그 시대가 그토록 대단히 길다는 것을 알게 되자, 그 시대를 몇 개의 덩어리로 나눌 필요성이 생겼다. 그래야 지구의 역사에 일어난 사건들을 정리하는 데에 도움이 될 것이었다. 25억 년 전에 끝난 더 앞선 시대는 시생대라는 이름이 붙었다. 그 뒤에 원생대가 왔다. 지층의 관점에서 말하면, 시생대 지층 위에서 5억4,200만 년 전 캄브리아기 아래까지 이어지는 지층이다(캄브리아기는 고생대를 세분한 첫 번째 지질시대이다).

지질시대 연표에 가장 최근에 추가된 에디아카라기는 6억3,500만 년 전에 시작되며, 원생대 지층의 꼭대기에 삽입된다. 원생대는 아주 긴 기간이며, 요즘은 대개 전기, 중기, 후기로 세분하지만, 현재 공식적인 명칭은 고원생대(Paleoproterozoic), 중원생대(Mesoproterozoic), 신원생대(Neoproterozoic)이다. 신원생대는 10억 년 전, 중원생대는 16억 년에 시작된다고 임의로 정했다. 따라서 고원생대는 25-16억 년 전에 해당한다. 그런 명칭은 실제로 기나긴 지질시대를 이해하는 데에 도움을 준다. 비록 "고원생대 손바닥 모양 기둥 스트로마톨라이트" 같은 말을 정확히 읊어대기는 힘들겠지만 말이다. 그러나 그런 꼬리표를 정리하는 것도 마찬가지이다.

이 현대적 분류체계는 기나긴 과학논쟁의 종착점이다. 학계는 콩트 드 뷔퐁이 행성이 용융상태에서 식었다는 개념을 토대로 1774년에 지구의 나이가 7만5,000년이라고 추정한 이래로 지구의 나이 문제를 놓고 논쟁을 벌여왔다. 성서에 나온 인물들의 나이를 더해서 추정한 — 어셔 주교는 창세기를 토대로 기원전 4004년이라고 했다 — 성서연표를 고집

했던(사실 지금도 그렇게 주장하는) 극소수의 눈이 반쯤 먼 인물들을 제외하고, 지구가 "진화할" 수 있었던 기간을 추정한 값은 과학으로서의 지질학 초창기 이래로 계속 증가했다. 더 대담한 석학들은 곧 추정 값을 수백만 년씩 늘려나갔다. 기간이 늘어날수록 생명의 초창기에 관해서 더 많은 의문이 제기되었다. 선캄브리아대 암석에 "유기체의 흔적"이 없기 때문이다. 찰스 다윈이 그 문제로 고심했다는 사실은 잘 알려져 있다. 당대의 지질학자들은 캐나다의 암석과 같은 선캄브리아대 지층을 포함하여, 세계의 넓은 지역을 탐사하면서 처음으로 지질지도를 작성하기 시작했다. 더 나중의 지층에서 발견되는 것과 매우 흡사하게 이 고대의 땅들에서도 퇴적암이 널리 퍼져 있다는 것이 곧 명백해졌다. 이 고대 세계의 바다는 황량했던 것이 분명하다. 그 바다는 더 나중의 지층에서 매우 쉽게 채집할 수 있는 삼엽충과 고둥을 부양한 바다와 물리적 특성은 그리 다르지 않다. 1883년 미국 고생물학자 제임스 홀은 자신이 크립토준(*Cryptozoon*, "숨은 생명")이라고 이름 붙인, 더 좁은 기반에서 점점 위로 "자라는" 듯이 보이는 층층이 쌓인 선캄브리아대 암석을 발견했다. 그러나 그것의 유기적 특성은 여전히 논란거리로 남아 있었다. 그럼에도 단지 학명을 적용하는 것만으로도 선캄브리아대의 생물학적 처녀성은 깨졌다. 스트로마톨라이트를 유기체 구조물로서 인정할 때가 된 것이다.

나는 케임브리지 대학생 때인 1967년에 북극권의 스피츠베르겐 섬으로 탐사를 갔고, 그때 처음으로 선캄브리아대의 스트로마톨라이트 화석을 보았다. 북쪽 반도의 동쪽 힌로펜 해협의 차가운 외딴 해안에 드러난 오르도비스기 암석인 뉘 프리슬란(Ny Friesland)이 나의 박사논문의 주제였다. 우리는 작은 배를 타고 바닷새 떼의 배설물이 군데군데 묻은 유빙 사이를 헤치고 현장으로 향했다. 북극지방의 여름은 수많은 동물들이 잠시 바다를 떠나서 육지로 모이는 시기이다. 뭍에 오르니, 황량하기 그지없었다. 해수면 위로 자갈이 깔린 해안이 끝없이 이어져 있었고, 멀리서 깃털 달린 간식거리를 찾아 돌아다니는 북극곰이나 북극여우가 이따금 눈에 띄었다. 나는 몇 달간 그곳에서 지내야 했는데, 혹할 만한 경관은 아니었다. 오르도비스기 암석이 있는 곳으로 가기 위해서, 그리고 그 아래에 놓인 캄브리아기 지층을 지나기 전에, 배는 층층이 쌓인 더욱 오래된 원생대의 매우 두꺼운 석회암과 셰일 지층을 지나야 했다. 기나긴 세월에 걸친 지각운동을 거치면서도 온전히 살아남아서 지표면에 모습을 드러냈을 뿐 아니라, 배를 타고 지나치는 젊은 과학자에게 그런 방대한 지질학적 시간을 한눈에 펼쳐 보이는 곳은 전 세계에서 몇 군데 되지 않는다. 이 고대 암석은 형성될 당시의 조건과 거의 다름없는 환경에 놓여 있었다. 우리는 한 차례 상륙하여 임시 야영지를 만들고 식수를 떴다. 나는 한번 둘러보기 위해서 근처에 암석들이 드러난 곳들을 돌아다녔다. 지층은 수평으로 놓여 있지 않았다. 한쪽으로 조금 기울어져 있었다(미스테이큰 포인트의 지층처럼 심하지는 않았지만). 과거의 해저가 계단처럼 층층이 성층면을 드러낸 채 해변에 드러나 있었다. 암석은 잡다했다. 대부분은 아주 연한 회색이었고, 때로는 거의 진주색을 띠기도 했으며 단단해 보였다. 한편, 다소 입자가 모인 듯한 밝은 색조의 얼룩들이 섞인 노란 암석도 있었다. 돌로마이트(dolomite)였다. 칼슘과 마그네슘의 탄산염으로서 오늘날에는 주로 더 건조한 열대지역 주변에서 형성된다. 회색 암석은 석회암, 즉 미세한 결정 형태의 탄산칼슘으로 이루어진 돌이었다. 자세히 들여다보니, 노출된 석회암 표면에서 미세한 층들을 알아볼 수 있었다. 오랜 세월 침식을 받다 보니, 한 석회암의 표면에서도 경도의 미묘한 차이에 따라서 들쭉날쭉한 층들이 드러난 것이었다. 두께가 약 1밀리미터에 불과한 층들도 뚜렷이 알아볼 수 있었다. 층층이 쌓아올린 페이스트리가 머리에 떠올랐다. 맹인은 부드럽게 만지기만 해도 점자처럼 그 암석의 표면을 읽을 수 있지 않을까? 성층면에 직각으로 암석이 풍화되어 자연적으로 단면이 드러난 곳에서는 이렇게 미세한 층들이 들쭉날쭉하게 쌓이면서 아래에서부터 위로 갈수록 전체적으로 약간 불룩하게 튀어나온 기둥 모양을 이루고 있었다. 바로 스트로마톨라이트, 아니 더 정확히 말하면 스트로마톨라이트의 단면이었다. 약 천 년에 걸쳐 서서히 자랐다가 고운 석회암이라는 화석 무덤에 보존된 구조물이었다. 크립토준(Cryptozoon)은 결코 은밀하지(cryptic) 않았다. 그것은 남세균이 유산으로 남긴 돌이었다. 고대 해저의 전경을 보고자 성층면 너머로 스트로마톨라이트들을 따라가자, 스트로마톨라이트의 머리 꼭대기들이 죽 이어지면서 풍선이나 베개가 널려 있는 듯했다. 수십 년 뒤 내가 감탄할 샤크 만 전경의 화석판이었다. 그것은 10억 년의 세월이 흐르면서 하얗게 바랜 석회암이 되었지만, 여전히 알아볼 수 있었다. 예전 지구의 석화한 그림이었다. 머리 위에서 북극제비갈매기가 날카롭게 울어대는 순간 감상이 깨졌지만, 타임머신을 탄다면 바로 그런 느낌이었을 것이다. 세상은 돌고 돌며, 수많은 일이 이루어지고, 땅은 계속 움직인다. 영원히 똑같은 것은 없다.

내가 황량한 그 해안을 좀더 폭넓게 관찰했다면, 스트로마톨라이트의 층을 잘 보여주는 더 다양한 형태들을 발견했을 것이다. 또 그 안에서 반짝이는 검은 반점도 이따금 보았을 것이다. 그것은 규산염 광물로 이루어진 아주 단단한 부싯돌 같은 암석인 처트로 이루어져 있다. 선캄브리아대 고생물학계의 원로라고 할 앤드루 놀은 몇 년 뒤 스피츠베르겐에서 같은 암석을 보았고, 그의 저서 『젊은 행성의 생명(Life on a Young Planet)』에 그 내용을 썼다. 그는 이 처트에서 놀라운 작은 화석들을 발견했고, 그것은 그의 명성에 기여했다. 또한 그는 고대 미생물들이 만들어낸 다양한 유형의 암석들을 기록했다. 이런 암석에 붙는 가장 일반적인 용어는 "마이크로바이어라이트(microbialite)"이며, 나는 거기에 더 이상의 설명이 필요하지 않다고 본다. 희미한 반점 같은 마이크로바이어라이트는 대리석 미장재나 스펀지 케이크 속, 내가 샤크 만에서 본 잔물결이 이는 매트에도 들어 있을 수 있다. 마이크로바이어라이트는 모두 세균과 그 친척들의 활동에서 비롯된 것일 수 있다. 그러니 고대 미생물 공동체는 기둥만— 물론 여러 모양의 기둥이었지만— 을 만든 것이 아니었다. 기나긴 선캄브리아대의 상당 기간은 미생물 위주의 세계였으며, 작은 생물들이 다양한 건축물을 만드는 것을 막을 존재는 없었다.

암석을 제대로 찾아내기만 하면, 스트로마톨라이트 화석은 결코 드물지 않다. 지구에 수십억 년 동안 머문 많은 암석들이 열이나 압력에 변형된 것도 놀랄 일이 아니다. 지각판을 움직이는 거대한 모터는 쉬지 않고 작동하면서 대륙을 움직이고 산맥을 만들어왔다. 훼손을 피한 암석은 정말로 운이 좋은 것이다. 부서지거나 가열되는 일을 피한 암석들은 대부분 가장 오래되고 안정한 대륙의 핵 가장자리에서 발견된다. 이런 핵을 "순상지(楯狀地)"라고 한다. 지각의 이 부분은 일찍 안정해진 곳이며, 그 뒤로 대륙이 성장할 때 체커 판의 말처럼 이리저리 떠밀렸다. 말들은 살아남아서 다시 다음 게임에 쓰인다. 거기에 보존된 스트로마톨라이트 덩어리가 있다면, 그것은 다음 대륙으로 그대로 전달된다. 이 고대 땅덩어리 중 가장 잘 알려진 것은 캐나다 순상지이지만, 지질학자들에게는 아프리카 남부와 웨스턴 오스트레일리아 지역도 마찬가지로 친숙하다. 그러나 스트로마톨라이트가 발견된 지역의 목록은 고대 순상지의 목록보다 더 길며, 앤드루 놀과 내가 스피츠베르겐에서 조사한 암석들도 거기에 속한다. 이 기이한 유기적 구조물은 적어도 고대 바다의 얕은 곳 어디에나 있었던 것이 분명하다. 남세균은 자라려면 빛이 있어야 하므로, 그들이 만드는 특정한 스트로마톨라이트 구조물도 비교적 얕은 물에 한정되어 있었을 것이 분명하다. 선캄브리아대 초의 심해가 어땠는지 우리는 모른다. 지각판들이 무심하게 느린 춤을 추면서 해저를 없애버렸기 때문이다. 그러나 거기에는 빛이 없는 곳에서 번성한 다른 세균들이 만든 구조물도 있었을 가능성이 높다. 어쨌거나 생명은 기회를 놓치는 없이 없으니까.

스트로마톨라이트는 시생대에서도 발견된다. 가장 오래된 것은 오늘날 남아 있는 가장 오래된 대륙의 잔해에서 발견된 거의 기적 같은 생존자들이다. 웨스턴 오스트레일리아의 에이펙스 처트(Apex Chert)*와 뉴질랜드에서 발견된 35억 년 전의 화석들이다. 그렇게 오래된 시대는 상상하기도 어렵다. 나는 은하수에서 별의 수를 헤아리려고 할 때 같은 문제에 처한다. 마음은 그렇게 큰 수를 이해하고자 할 때 곧 정상적인 기준점을 잃고 만다. 우리는 선구적인 지질학자 존 플레이페어가 1788년에 한 말을 되뇌는 수밖에 없다. 지구의 나이가 매우 오래되었음을 확신하게 되었을 때, 그는 말했다. "시간의 심연을 들여다볼수록 점점 현기증이 일어나는 듯했다." 그렇기는 해도 적어도 이 "심연"이 어떤 것인지, 어느 정도 규모인지 감을 잡는 것은 중요하다. 그것은 생명이 지금 이 자리에 이르기까지 얼마나 긴 여정을 거쳐왔는지를 보여주기 때문이다. 생명의 두 이야기, 그리고 지구 자체는 수십억 년 동안 긴밀하게 얽혀왔다.

스트로마톨라이트는 시생대에 비교적 단순한 돔 모양으로 시작되었다가, 나중에 많은 다양한 형태로 진화했다. 이런 더 독특한 형태들 중 일부에는 필바리아 페르플렉사(*Pilbaria perplexa*) 등 라틴어 학명이 붙기도 했다. 마치 통상적인 의미의 생물인 것처럼 말이다. 앞서 살펴보았듯이, 그것은 사실 몇몇 생물의 합작품이므로, 그런 접근법은 정상적인 생물학적 연구과정에 들어맞지 않는다. 그러나 형태와 종류를 구분하는

---

* 최근에 옥스퍼드 대학교의 마틴 브레이저가 에이펙스 처트 화석이 진짜일지 의구심을 제기했다는 점을 지적해둔다. 그러나 이 화석을 처음 학계에 보고한 로스앤젤레스에 있는 캘리포니아 대학교의 빌 스코프는 이런 의구심에 격렬하게 반박한다. 이 논쟁은 다음 장에서 더 자세히 살펴볼 것이다.

방법은 쓸모가 있으며, 이런 명칭들 중 몇 가지는 널리 쓰이게 되었다. 머나먼 선캄브리아대에 스트로마톨라이트는 지금보다 더 폭넓은 해양 환경에서 성장할 수 있었고, 그들이 다양한 모양인 이유는 어느 정도 그 때문일 수 있다. 예를 들면, 더 깊거나 더 고요한 물에서는 상대적으로 섬세하고 가지를 뻗으며 심지어 촛대장식 같은 형태가 자랄 수도 있었을 것이다. 정반대로 가장 독특한 변종 중에는 수십 미터 높이까지 자랄 수 있는 거대한 원뿔 모양도 있었다. 이 미생물 거인은 코노파이톤 (*Conophyton*, "원뿔식물")이라는 적절한 이름을 얻었다. 그것들은 들판에 로켓 발사대처럼 생긴 것들을 늘어놓은 듯한 노두(露頭)를 만든다는 식으로 묘사되어왔다. 자라는 데에 수세기, 심지어 수백만 년이 걸렸을 것이 분명하다. 다양한 형태의 스트로마톨라이트를 기술하는 데에 쓰인 어휘들을 보면 그들이 얼마나 다양한지 감을 잡을 수 있다. 그들은 손가락, 주먹, 콜리플라워, 기둥, 방추, 나무, 버섯, 신장에 비교되어왔다. 충분한 시간이 주어지면 이 가장 단순한 생물들은 온갖 형태의 조각품으로 가득한 화랑을 만들 수 있다. 자연은 처음부터 뛰어난 조각가였다. 해멀린 풀의 전경이 지금은 사라진 더 풍부한 스트로마톨라이트 세계의 일부를 언뜻 보여준 것이라는 점이 이제는 드러나고 있다.

스트로마톨라이트의 성장은 아마도 매우 단순하게 조절되었을 것이다. 성장하는 표면막은 햇빛을 향한 반면, 바닷물에서 공급되는 탄산칼슘은 층이 얼마나 쌓이는지를 규정했다. 오스트레일리아의 한 물리학 연구진은 이 단순한 원소들을 토대로 스트로마톨라이트를 "성장시키는" 컴퓨터 모델을 개발해왔다. 코노파이톤은 태양에 강하게 끌리면서 자연적으로 출현하는 형태이다. 즉 원핵생물은 규칙적인 구조물을 만들 수밖에 없는 듯하다. 생명이 있는 곳에는 건축물이 있다. 그러나 스트로마톨라이트의 다양성과 복잡성이 그들이 바다에 유달리 오래 머무는 동안 증가했다는 타당한 증거도 있다. 시생대에 첫 10억 년 동안 세상을 지배한 몇 종류의 단순한 돔과 원뿔에 이어서 원생대에는 다양한 규모의 가지를 뻗은 구조물과 주름진 기둥이 출현하면서 모양이 수십 종이나 추가되었다. 특정한 스트로마톨라이트가 출현한 시점을 토대로 이 기나긴 기간을 세분하는 방법이 널리 쓰였다. 그들은 대형 동물들이 출현하기 오래 전, 기이한 에디아카라 생물들이 등장하기도 전, 약 10억 년 전에 다양성이 정점에 이르렀을 것이다. 초기의 많은 스트로마톨라이트는 조간대에서 살기보다는 물속에 완전히 잠겨 있었다. 그들의 현생 유사물은 바하마 제도 인근 엑수마 섬의 해양수로에서 발견되었다. 석회 진흙의 해저에서 솟아오르는 이 크고 덩어리진 기둥들은 아마도 샤크 만의 것들보다 여러 원생대 환경에 더 근접한 사례일 것이다. 살아 있는 피부를 형성하는 생물막은 복잡한 미생물 공동체이며, 단순히 광합성을 하는 표면이 아니다. 그곳에는 몇 종류의 세균이 더 살며, 콩의 뿌리혹에 살면서 토양을 기름지게 하는 세균들처럼 질소를 "고정하는" 능력을 가진 것도 있다. 그런 세균은 남세균이 "잠자는" 밤에 활동한다. 그 매트도 하나의 생태계, 밀리미터 단위로 측정되는 세계이다.

선캄브리아대 둔덕을 만든 생물들의 화석으로 말하자면, 눈에 보이지 않음으로써 찰스 다윈과 동료들을 그토록 당혹스럽게 한 그 생물들은 사실 언제나 숨어 있었다. 그저 아주 작았을 뿐이다. 스피츠베르겐의 석회암에 들어 있던 처트처럼, 여기에서도 처트는 비밀을 간직한다. 그런 규질암이 일찍 형성되면서 고대 생물막을 이루는 미세한 실과 기타 세포들을 석화한 사례들이 있다. 이 과정은 나비나 전갈의 색깔을 비롯하여 모든 것을 보존하여 벽난로 선반에 놓아둘 합성수지 기념품을 만드는 것과 다소 비슷하다. 규질 석화는 지질시대의 더 상층에서는 이미 잘 알려져 있었다. 심지어 나무줄기를 세포 하나하나 보존하기도 한다. 선캄브리아대 화석의 크기가 때로 수천 분의 1밀리미터에 불과하다는 점을 생각할 때, 세포벽이 보존되었다는 것은 놀랍다. 거의 기적이나 다름없다. 선캄브리아대의 적당한 처트를 골라서 아주 얇게 잘라 절편을 만들면 투명하다. 그런 표본을 현미경으로 살펴보자, 생명의 흔적이 확연히 드러났다. 1965년 엘소 스터렌버그 바군 주니어라는 멋진 이름의 미국 과학자가 건플린트 처트(Gunflint Chert)에서 얻은 화석에서 이 발견을 하여 학계에 보고했다. 건플린트 처트는 슈피리어 호(북아메리카의 오대호 중 하나/역주) 북쪽 연안에 드러나 있는 지층이다. 바군의 논문 공저자인 스탠리 타일러는 그보다 앞서 아름다운 붉은 벽옥(철분이 많은 규질암)에 보존된 스트로마톨라이트 화석을 찾아냈었다. 캐나다 순상지 가장자리에 놓인 건플린트 처트는 우리 행성의 파란만장한 모험을 피해서 운 좋게 고대세계를 온전히 보전한 특별한 생존자 중 하나이다. 19억 년 된 건플린트 처트의 화석은 고원생대 속에 들어 있다. 이 얇은 처트 절편에 보이는 유기체의 흔적 중에 가장 흔한 것은 아마도 현생 매트와 생물막에 우글거리는 것들과 그리 다르지 않은 가느다란 실처럼 생긴 것이 아닐까? 그중에는 일부 남세균에서 전형적으로 나타나는 격벽 같은 것을 가진 종류도 있다. 흥미롭게도 이 실은 더 나중의 선캄브리아대 화석에 있는 것보다 더 가늘다(그리고 현생 종류보다는 더욱 가늘다). 실 같은 화석 주변에는 다양한 작은 생물들의 화석이 함께 보이는데, 일반적인 막대 모양의 세균처럼 보이는 것도 있고, 격벽이 뚜렷한 구형의 균류인 에오스파이리아(*Eosphaeria*)나 수수께끼의 군플린티아 (*Gunflintia*)처럼 더 특이한 것도 있다. 고생물학자들은 이 화석들 중 일부의 생물학적 정체성을 놓고 계속 논쟁을 벌이고 있다. 그중에 남세균도 있다는 점에는 의심의 여지가 없지만 말이다. 그러나 중요한 점은 이 초기 공동체가 이미 서로 다른 생물학적 "직업군"으로 나뉘어 있던 것이 틀림없다는 것이다. 오늘날 이루어지고 있는 원핵생물들의 협력이 그 시절에도 이미 이루어지고 있었다. 스트로마톨라이트는 진정한 생존자였다.

그 화석의 연구가 막 시작된 1960년대로 돌아가보자. 전 세계에서 더 젊거나 더 오래된 비슷한 화석, 아니 특히 이름이 붙여지지 않은 새로운 선캄브리아대 미시화석을 발견하려는 열풍이 불었다. 연구자들은 아프리카, 특히 나미비아와 스와질란드의 지질지도를 작성하면서 철저히 조사했다. 오스트레일리아, 특히 웨스턴 오스트레일리아도 샅샅이 조사되었다. 구대륙에서도 재조사가 이루어졌고, 신대륙도 새롭게 살펴보았다. 곧 선캄브리아대 화석이 아주 널리 분포한다는 사실이 드러났고, 누군가 야외에서 스트로마톨라이트를 발견하면 거의 언제나 새로운 발견이 뒤따랐다. 현미경으로 들여다보면 새로운 뭔가가 발견되고는 했으니까. 지질학자들은 사막의 와디(wadi : 평소에는 말랐다가 비가 올 때면 하천이 되는 곳/역주)를 짓밟고 다녔고, 망치로 북극권의 절벽을 두들겼고, 돋보기로 시베리아 타이가(taiga)에 드러난 석회암을 들여다보았다. 이 헌신적인 지질학자들은 몇 주일 동안 끊임없이 달려드는 모기들에게 물려가면서 버텼다. 그렇게 채집한 선캄브리아대 셰일을 불화수소산에 녹이면 세포벽을 가진 미시화석이 더 많이 추출되었고, 그것들은 현미경 슬라이드에 놓여 자세히 연구되었다. 대학교의 관련 학과들은 인원을 늘렸고, 지식이 기하급수적으로 늘었다. 초기 진화 분야의 유명인들 중 상당수는 엘소 바군의 제자이거나 공동 연구자였다. 앤드루 놀도 그중 한 명이었다. 로스앤젤레스의 캘리포니아 대학교의, 마찬가지로 거물인 빌 스코프는 현재 바군 학파의 좌장 역할을 맡고 있으며, 생명과 그 화석의 기록을 훨씬 더 오래 전인 시생대까지 끌어올렸다.

바군과 관련된 과학자들 중 가장 유명한 인물은 린 마굴리스일 것이다. 그녀는 생명의 역사를 보는 우리의 관점을 바꾼 개념을 내놓고 역설했다. 오늘날 과학에는 과대 포장이 난무하며, 원대한 주장을 내놓을수록 더 많은 연구비를 받기 때문에 더욱 그렇다. 나는 "사소한 발견"을 했다거나 "미미한 발전"을 이루었다고 발표하는 과학자는 한 명도 본

적이 없으며, "교과서를 고쳐 써야 할 것이다"라는 언론에서 으레 쓰는 문구에 알레르기를 가지게 되었다. 그것은 교과서를 저주하며 틈만 나면 그것을 쓰레기통으로 던져버리는 식의 부정확한 상상을 일으키기 때문이다. 교과서를 고쳐 쓰는 것은 맞지만, 대부분의 과학적 발견은 개정판에도 그대로 남는다. 과학은 일반적으로 지식의 벽돌을 하나하나 쌓음으로써 튼튼한 건축물을 만드는 식으로 이루어지기 때문이다. 한 장 전체를 다 찢어내고 다시 쓰는 일은 극히 드물다. 그러나 이따금씩은 그런 일이 일어나는데, 진핵세포가 일종의 납치행위를 통해서 기원했다는 주장이 나왔을 때가 바로 그랬다. 진핵세포의 핵심 소기관― 미토콘드리아와 엽록체 같은 것들― 은 원래 자유생활을 하는 원핵생물이었다. 복잡한 세포는 납치의 산물이었다. 예전의 자유생활을 하는 세균들이 더 큰 후손세포라는 보쌈 보따리 안에 들어간 결과였다. 그러나 인간의 납치와 달리, 여기서는 모든 참여자들이 혜택을 입었다. 이것을 과학적 용어로 공생(共生, symbiosis)이라고 한다. 이전에 "자유생활"을 하던 세균들이 안전한 새로운 서식지에서 번성했다. 납치로 새롭게 보강된 세포들은 삽입된 새로운 핵심 기능을 이용하게 되었다. 예를 들면, 식물에서는 포획된 엽록체가 진핵세포라는 안전한 곳에서 광합성을 전담했다. 이제 식물은 태양의 에너지를 이용하여 번성할 수 있었다. 대조적으로 미토콘드리아는 생명에 화학 에너지를 제공하는 "아궁이"가 되었다. 그것은 생물이 먹고 자라는 데에 핵심적인 기관이다. 이런 세포소기관(細胞小器官)에 기능장애가 일어나면 대개 치명적이므로, 그것들은 세포의 핵심적인 "활동들"을 떠맡고 있다. 흰 반점이 있는 원예식물 품종은 하얀 반점 부위에 엽록체가 없을 수 있지만, 그런 품종은 광합성 효율 때문이 아니라 모양 때문에 원예가들이 선택한 것이다. 복잡한 세포의 기원을 설명하는 그런 이론을 "내생공생 이론(endosymbiont theory)"이라고 한다. 여기서 "endo"는 "몸속"의 공생을 뜻한다. 단순한 세포들

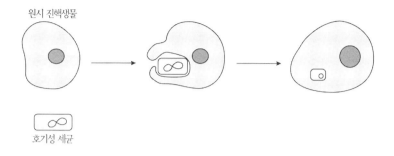

원시 진핵생물

호기성 세균

내생공생 이론 : "형성 중인" 복잡한 세포는 자유생활을 하던 원핵생물을 삼킨다. 삼켜진 원핵생물은 소화되지 않고 공생체로 남는다. 이 과정이 몇 차례씩 일어나면서 생명에 훨씬 더 많은 가능성을 도입했다.

이 상호이익을 위해서 합쳐짐으로써 복잡한 세포가 생겼다는 것이다. 그것은 교과서를 고쳐 쓰는 수준이 아니라 기존의 책을 완전히 새로운 책으로 바꾸어야 할 정도로 우리가 생명의 초기 역사를 이해하는 방식을 바꾸었다. 이 이론은 엽록체의 DNA가 자유생활을 하는 광합성 원핵생물의 DNA와 비슷하다는 것이 드러남으로써 의기양양하게 증명되었다. 복잡한 세포 속에 든 세포소기관은 사실 자유생활하는 단순한 원핵생물의 가까운 친척이었다. 이것은 우리 과학자들 대다수가 꿈에서나 생각할 수 있는 종류의 입증이다. 그것은 타임머신을 타고 선캄브리아대로 돌아가는 것과 거의 다름없다. 곧 "내생공생 사건"이라는 말이 생물학의 토대로 자리를 잡았다. 모든 과학에서 그렇듯이, 첫 깨달음 이후로 세포 수준의 납치행위가 점점 더 많이 검출되면서 이야기는 점점 더 복잡해졌지만, 복잡함을 야기하는 그 모든 것들은 머나먼 지질시대에 또다른 사건들이 있었음을 드러내는 역할을 하고 있다.

이 저명한 과학자들 중 흰 가운을 입은 "성실한" 연구자라는 일반적인 선입관에 들어맞는 사람은 아무도 없다는 사실을 언급해야겠다. 과학적 발견을 향한 지칠 줄 모르는 충동을 가진 빌 스코프는 호감을 주는 웃음을 늘 머금고 다니는, 인생을 즐기자는 인물이다. 앤드루 놀은 우리가난한 유럽인들 대다수가 마치 에너지 배급량의 절반만을 할당받고 태어난 것처럼 느끼게 하는 미국인이다. 그는 전 세계 대부분에 걸쳐 있는 연구과제들을 맡고 있으며, 그에게는 일을 진행할 뛰어난 학생들이 있다. 그는 자신의 해박함에 맞설 의지를 아예 무장해제시키는 점잖은 유머와 태평함을 가지고 모든 것을 관리한다. 린 마굴리스는 독특하다. 슈퍼마켓에서 에밀리 디킨슨의 시를 길게 인용하는, 아니 실제로 그럴 수 있는 교수는 내가 아는 한 마굴리스밖에 없다. 장기적인 독불장군으로서 그녀는 늘 새로운 생각을 도발하고 자극할 착상을 찾아다닌다(그리고 그중 일부는 틀린 것으로 드러나지만, 그녀는 전혀 개의치 않는다). 옷차림도 그녀답게 독특하다. 마치 어느 민속축제에 가려는 듯이, 깃털 장식이 달린 조끼와 주름 스커트를 입고 다닌다. 그녀는 세계를 돌아가게 만드는 중요한 협력의 사례들을 직관적으로 이해한다. 어디에나 있는 다재다능한 세균들뿐만 아니라 화학, 지질학, 정치학까지도 말이다.

스트로마톨라이트의 지질학적 중요성과 그 발견자들을 다루다 보니, 이 장의 핵심을 제공한 작은 공기 방울에서 잠시 멀어졌다. 수조에 담긴 스트로마톨라이트의 꼭대기에서 솟아오르는 작은 기체 방울들 말이다. 그것은 살아 있는 생물막에서 뿜어내는 산소 방울이다. 이제 그 장면을 내가 그리려고 시도한 시생대와 원생대의 모습과 겹쳐보자. 스트로마톨라이트로 덮인 얕은 바다와 석호가 있는 세계이다. 최근의 기준으로 보면, 거대한 스트로마톨라이트도 있다. 원시 햇빛에 자극을 받아서 매일 수십조 개의 작은 방울로 산소를 내뿜는 스트로마톨라이트가 수십만 개 늘어서 있는 광경을 상상해보라. 실로 뒤덮인 끈적거리는 표면은 해로운 자외선의 효과를 어느 정도 완화하는 역할도 했다. 우리 모두는 점액질에 감사해야 한다. 이제 이 과정이 **수십억 년** 동안 계속된다고 상상해보자. 유조동물의 역사보다 6배나 더 긴 세월이다. 그 결과 대기는 바뀌었다. 산소 방울들을 통해서 말이다. 초기 지구에는 산소가 거의 또는 전혀 없었다. 그 공기 자체를 남세균이 바꾸었다. 생명활동을 유지하려면 동물들은 산소를 호흡해야 한다. 그들은 생명의 나무에서 더 아래쪽에 붙어 있는 생물들이 천천히 꾸준히 대기를 만들어내지 않았다면 존재할 수 없었다. 아가미도, 폐도, 파란 피도, 빨간 피도 없었다. 어떤 악한 신이 스트로마톨라이트의 작업을 한순간에 되돌린다면, 우리 모두는 몇 분 지나지 않아서 물 밖으로 나온 송어처럼 땅바닥에서 헐떡거려야 할 것이다. 따라서 어떤 의미에서 우리는 그 끈끈한 둔덕의 자손이다.

광합성 과정은 세계를 변화시켰다. 그것은 생명의 화학에서 가장 중요한 구성요소 중 하나이다. 산소방출은 그 과정의 나머지 부분인 "탄소고정"과 함께 이루어진다. 그럼으로써 이 가장 다재다능한 원소, 모든 생명을 만드는 분자의 토대인 탄소는 엽록체를 통해서 대기에서 제거되어 처리된다. 그 탄소의 원천은 이산화탄소 기체이다. 나는 청소년기에 광합성이 태양 에너지를 이용하여 이산화탄소를 반으로 쪼개어 탄소를 움켜쥐고 산소를 내보낸다는 소박한 개념을 가지고 자랐다. 현재 광합성은 생화학적으로 상당히 자세히 알려져 있으며, 그 소박한 개념과는 전혀 다르다. 우선 산소는 물 분자에서 나온다. 이 과정을 캘빈 회로(calvin cycle)라고 하며, 이 회로를 발견한 연구자 캘빈은 그 공로로 1961년 노벨상을 받았다. 여기서는 광합성의 생화학을 자세히 다루지 않겠지만, 그것은 흥미로운 이야기이다. 자세히 알고 싶다면, 올리버 모턴의 『해를 먹다(*Eating the Sun*)』를 읽어보라. 이 과정의 핵심 부분은 루비스코(Rubisco)라는 지구에서 가장 풍부한 효소가 매개한다. 광합성은 해마다 약 10^{11}톤의 이산화탄소를 순환시키며, 아주 오랫동안 그 일을 해왔다. 바로 루비스코 덕분이다. 우리 인류가 산업용과 가정용으로 화석연료를 태움으로써 현재 대기에 추가하고 있는 이산화탄소는 세포와 햇빛이 수억 년 동안 한 일을 되돌리고 있다. 결말이 어찌될지는 아직 모르지만, 희소식은 아닐 가능성이 높다. 생화학자들은 루비스코가 광합성에서 대단히 중요함에도 매우 느린 효소이며, 심지어 그다지 효율적인 것도 아니라고 말한다. 산소는 그 효소의 중요한 "활성부위"를 차지하기 위해서 이산화탄소와 경쟁한다. 일부 연구자들은 이 사실로부터 루비스코가 자유 산소가 없던 시대에 기원했을 것이라고 추정한다. 그렇다면 그 효소 자체는 이 책에 언급된 생물들과 마찬가지로 생존자이다. 분자 수준에서 흔적기관인 꼬리에 이르기까지 갖가지 것들이 지질시대를 거쳐서 지금까지 전해진다는 사실도 지적해야겠다. 그리고 리처드 도킨스가 『지상 최대의 쇼(The Greatest Show on Earth)』에서 여러 차례 강조했듯이, 자연과 진화의 모든 것이 반드시 가능한 모든 최상의 세계에서 최상으로 설계된 모든 것들 중에 최고일 필요는 없다. 생명은 그보다 훨씬 더 난삽하며, 한때는 불완전한 설계였던 것도 역사에서 사라지지 않은 채 남기도 한다. 여기저기 조금씩 땜질을 거치면서 계속 존속할 수 있다. 루비스코도 그런 사례일 수 있다.

상당한 양의 산소가 대기에 유입되면서 세계의 피부는 사실상 다시 칠해졌다. 지표면의 화학에 큰 변화가 일어났기 때문이다. 산소가 유입되자, 많은 암석의 흔한 성분인 철이 녹슬 수 있게 되었다. 더 이전 시대에 주류를 이루었던 많은 세균들은 산소가 치명적인 독임을 알아차리고 산소에 노출될 위험이 전혀 없는 곳으로 은신했다. 12년 전에 나는 생명의 역사를 요약한 책 『생명 : 40억 년의 비밀(Life : An Unauthorised Biography)』에서 산소가 마치 선캄브리아대 내내 꾸준히 기체 방울로 뿜어지면서 증가한 것처럼 그렸다. 자유 산소의 출현은 때로 "대산소화 사건(Great Oxygenation Event, GOE)"이라고 하며, 대개 24억 년 전에 일어났다고 본다. 그 전까지 생물막에서 생성된 산소는 즉시 광물과 결합하여 제거되었기 때문에 자유 산소가 축적될 수 없었다. 그러나 산소는 천천히 꾸준히 증가한 것이 아니었다. 18억 년 전에 증가가 멈추었기 때문이다. 산소량은 그 뒤로 길면 10억 년 정도까지 아주 긴 세월 동안 "정체되어" 있었다. 그 기간을 "지루한 10억 년(boring billion)"이라고 한다. 물론 10억 년처럼 기나긴 세월이 지루할 수 있다고 상상하기는 어렵겠지만, 그것은 기억에 쏙 들어오게 하기 위해서 만들어진 어구이다. 이 중원생대에 왜 산소화가 느려졌는지는 많은 논란을 일으켰고, 내가 보기에는 2009년에 놀 연구진이 내놓은 최신 설명이 가장 낫다. 그들은 많은 기여를 한 "남세균"과는 다른 종류의 대사활동을 하는 홍색세균을 비롯한 광합성 세균집단이 범인이라고 본다. 그들의 세포화학은 황을 연료로 쓰는데, 지루한 10억 년 동안 황 공급량이 많았다. 그 화학은 증식하고 성장할 때 산소를 방출하지 않았으며, 정상적인 광합성 과정보다 에너지를 덜 필요로 했기 때문에, 해안 서식지에서 산소 공급자를 대체하면서 번성했다. 양의 되먹임(positive feedback)은 그 체계를 계속 유지했다. 이 지루한 상황은 새로운 동물들의 출현을 지체시켰다.

　진핵식물의 초기 증거는 모호하다. 그 시대의 셰일이 남아 있는 몇몇 지역에서 발견되는 작은 동전만 한 그리파니아(*Grypania*)라는 나선형의 독특한 생물이 있다. 2009년 인도에서 약 16억 년 된 암석을 연구한 최신 논문이 나왔다. 비록 논문에는 세균 군체라고 나와 있지만, 많은 고생물학자들은 그리파니아가 일종의 조류라고 본다. 미시간의 약 20억 년 된 암석에서 발견된 표본이 가장 오래된 것이다. 앤드루 놀은 진핵세포의 기원이론은 받아들이지만,* 진핵생물 내의 많은 진화가 약 15억 년 뒤의 어느 때, 화석의 다양성이 증가하는 시기에야 일어났다는 주장에는 신중한 태도를 취한다.

---

* 이 증거 중에는 화학적인 것도 있다. 진핵생물은 분해될 때 스테란(sterane)이라는 내구성 있는 분자를 남기며, 이 분자는 일부 초기 원생대 암석에서 발견되었다.

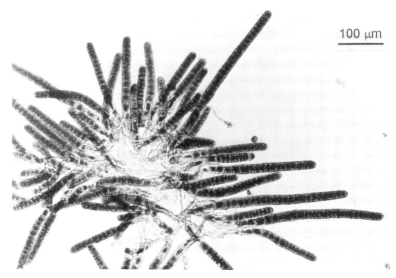

100 µm

현생 홍조류인 보라털은 10억여 년 전의 화석들과 매우 흡사하다(그림 21 참조).

사실 생명의 이 주요 발전이 처음 이루어진 시기와 그 뒤의 화석 기록에서 생명이 만발한 시기 사이에는 시간 지연이 있는 듯하다. 높은 영양염류 같은 핵심 원소들의 가용성이 핵심적인 역할을 했을지 모른다는 개념을 선호한다. 그는 몰리브덴(Molybdän)이라는 원소를 예로 든다. 그것은 진화한 진핵생물이 질산염을 처리하려면 필요한 원소이다. 그는 원생대 중반에 이 핵심 원소를 바닷물에서 제거하는 환경조건이 형성되었다고 주장했다. 그것을 필요로 하는 생물은 그 원소를 얻을 수 있는 바닷물에서만 번성할 수 있었다. 성(性)이 원인이라고 보는 연구자들도 있다. 니컬러스 버터필드는 북극권 캐나다에서 12억5,000만 년 전의 화석을 찾아내서 방기오모르파 푸베스센스(Bangiomorpha pubescens)라는 이름을 붙였다. 그것은 현생 홍조류인 보라털(Bangia)과 매우 비슷하며, 최초로 성분화가 이루어진 생물이라고 알려져 있다. 이 이론에 따르면 외교배는 가능한 유전자 재조합의 수를 늘리고 신종을 형성하는 데에 기여한다. 이것은 성이 처음에 흥취를 돋우는 데에 쓰인 것이라는 말을 다소 지루하게 표현한 것이다.

분명 후기 원생대의 세계를 그려내려면, 현재 번성하는 홍조류 군체를 찾아갈 필요가 있었다. 다행히도 가까운 해변만 찾아가도 되었다. 나의 모친의 말처럼, 가벼운 소풍이나 다름없었다. 영국 서부의 시드머스는 데번의 언덕지대 우묵한 곳에 자리한 소도시로서, 양편으로 놀라울 만큼 붉은 사암절벽이 높이 솟아 있다. 해안의 거리는 18세기 말이나 19세기 초에 형성되었고, 뒤쪽으로는 치장 벽토에 연철 울타리를 두른 발코니 딸린 집들이 우아하게 들어서 있다. 잠깐만 걸으면 자갈이 깔린 해안이 나온다. 더 안쪽에는 경관 좋은 비탈에 시골집들이 들어서 있다. 도시 서쪽 끝자락에 있는 피크하우스는 커다란 나무 사이에 아늑하게 들어선 조지 왕조시대의 커다란 회색 집으로서, 그 아래쪽 만에는 적색 사암이 썰물 때의 바다까지 뻗어 있다. 여기는 물웅덩이가 만들어질 완벽한 장소이며, 노두(露頭)의 균열이 난 곳에 물웅덩이가 들어차 있다. 드러난 곳에는 홍합이 다닥다닥 붙어 있다. 홍합은 밀물 때 작은 먹이 알갱이를 걸러 먹는다. 이곳은 19세기의 위대한 조류학자 로버트 케이 그레빌이 포르피라 리네아리스(*Porphyra linearis*)라고 이름을 붙인 홍조류를 발견한 곳임이 분명하다. 1830년 그레빌의 선구적인 연구로 영국 해안, 특히 대서양에 면한 섬들이 있는 서부해안에 놀라울 만큼 다양한 해조류가 있음이 알려지게 되었다. 또한 그는 노예제를 적극 반대했다. 나는 그가 바위 물웅덩이의 해조류를 헤집으면서 돌아다니는 광경을 쉽사리 눈앞에 떠올릴 수 있다. 범주를 정하고 분류하며 전에 보지 못한 것을 파악하는 분류학자를 말이다. 지금은 아이들이 같은 일을 하고 있다. 작은 그물을 든 채 돌 밑을 쑤시고 흐느적거리는 엽상체를 들어 올리는 일에 열중한다. 바위 물웅덩이를 돌아다니는 것은 본래 즐거운 일이며, 나는 왜 수많은 어른들이 그 단순한 경이감을 잃은 것처럼 보이는지 때로 궁금증이 인다. 이곳의 물웅덩이는 생물로 가득하며, 물이 매우 깨끗하여 특별히 옮겨 심은 수족관처럼 보인다. 투명한 새우들이 내 눈앞에서 초조하게 씰룩거리다가 순식간에 사라지고, 모래 바닥을 배경으로 눈에 잘 띄지 않는 작은 물고기들이 돌아다닌다. 작은 거미불가사리 한 마리가 꿈틀거리며 멀리 달아난다. 유연한 5개의 팔은 그것이 극피동물이 틀림없다고 말해준다. 우리에게 더 친숙한 불가사리와 비슷하지만, 더 오래된 존재이다. 이것과 그리 다르지 않은 거미불가사리 화석이 약 4억 5,000만 년 전의 오르도비스기 암석에서 발견된다. 갈조든 홍조든 녹조든, 보풀거리든 가죽질이든, 물속에서 우아한 모습을 띠든 물 위에서 죽은 듯 축 늘어져 있든 간에 모든 색깔과 모양의 해조류는 더 오래된 시대를 말해준다. 한 물웅덩이에는 산호조류가 늘어서 있으며, 모두 밝은 분홍색을 띠고 건드리면 바삭거린다. 나는 김(*Porphyra*) 종류를 찾고 있으며, 찾기는 어렵지 않다. 김은 홍조류이지만, 여름에는 대개 황록색을 띤다. 그것은 드러난 바위에 반질거리는 검은 비단처럼 흐느적거리며 붙어 있다. 그러나 물속에서는 가장자리에 주름이 진 우아한 잎 모양의 엽상체가 되며, 대충 접은 손수건처럼 보이는 작은 기부에서 자란다. 한 종류가 아니다. 나는 P. 움빌리칼리스(*P. umbilicalis*)의 커다란 엽상체와 P. 푸르푸레아(*P. purpurea*)의 자주색 얇은 엽상체를 구별하는 법을 배웠으며, 형태가 어떻든 간에 이 해조류의 두께는 세포 하나의 두께에 불과하다. 더 길고 얇은 엽상체는 P. 디오이카(*P. dioica*)일 것이다. 런던 자연사 박물관의 내 동료들이 이 수역에서 최근에 발견하여 이름 붙인 종이다. 우리 해안에서 지금도 새로운 식량 종이 발견될 수 있다니 거짓말처럼 들릴지 모른다. 그러나 김은 전 세계에서 널리 소비된다. 웨일스에서는 레이버(laver)라고 하고 일본에서는 노리(海苔)라고 한다. 나는 김이 가장 오래된 식량일 것이라고 믿는다. 김은 선캄브리아대를 살펴보게 해준다. 또 우리 몸에도 좋다. 요오드와 철을 제공한다. 김은 바닷물에서 아주 많은 요오드를 뽑아낸다. 김은 뜨거운 날에

이 휘발성 원소가 물 밖으로 빠져나갈 만큼 많이 모은다. 대기로 빠져나간 요오드는 물방울 형성을 자극하며, 바다안개를 일으키는 미미한 원인이라고 간주된다. 김은 이렇게 부드럽지만 강인하며, 얼어붙어도 살아남는다. 이런 특성은 지구의 바다들이 얼어붙었다고 여겨지는 원생대 말*에 김의 친척들이 살아남는 데에 도움이 되었을지 모른다. 김은 가장 강인한 옛 생존자들 중 하나이다.

남세균에서 해조류에 이르기까지 우리는 지구 생명의 초기 역사에 관해서 꽤 많은 것을 안다. 한때는 지질 기록에 생명의 흔적이 없었다고 여겨지던 선캄브리아대의 화석 기록을 지금은 상세히 연구할 수 있다니 놀랍기 그지없다. 찰스 다윈이 이 새로운 발견들을 접했다면 얼마나 기뻐했을까? 현재 유전체를 대상으로 또다른 종류의 상세한 조사가 이루어지고 있다. 유전체는 거의 화석만큼 명백하게 역사를 보여준다. 그것은 미토콘드리아와 엽록체의 DNA에 든 유전자의 염기쌍 서열에 숨겨진 역사이다. 같은 유전자를 분석했을 때 서열이 서로 비슷하면 그 유전자들은 공통 조상에서 유래했을 가능성이 높다. 유전자의 언어는 현재만큼 과거도 알려준다. 언어라고 일컫는 것은 딱 맞는 비유이다. 언어학자들은 언어들 사이에서 공통의 단어를 찾아내어 언어의 역사를 파악하지만, 그런 단어들은 똑같은 상태로 남아 있는 것이 아니다. 그것들은 시간이 흐르면서 달라지고 지리적 격리를 통해서 변한다. 그럼에도 단어들은 공통의 어원을 시사할 수 있다. 예를 하나 들자. 빵을 뜻하는 유럽어(pain, pan)와 인도어(nan) 사이에는 공통점이 있으며 그것은 두 단어가 먼 옛날에 공통 조상을 가지고 있었음을 가리킴으로써 인도유럽어족을 파악하는 데에 도움을 준다. 유전자 서열 분석은 더 명확하다. 그것은 현재의 연구들에서 거의 일상적으로 쓰이며, 납치당해서 진핵세

---

* 8억5,000~6억3,500만 년 전에 그런 "눈덩이 지구"가 두 차례(일부 과학자들은 더) 형성되었다는 주장이 있다. 이 시기를 크리오제니아기(Cryogenian)라고도 한다.

포를 형성하는 데에 기여한 생물의 종류와 수를 추적하는 데에도 활용할 수 있다. 한 사건의 산물인 엽록체들로부터 얻은 서열은 따로따로 일어난 납치사건의 산물인 엽록체들보다 서로 더 비슷해야 한다. 앞서 말한 "합병"은 이 일이 여러 차례 일어났음을 시사하는 듯하다. 광합성 능력의 획득도 반복된 공생사건을 통해서 이루어졌다. 이렇게 얻은 지식들은 일반적인 유사성을 토대로 함께 묶어온 집단들이 사실은 선캄브리아대 때부터 서로 다른 진화의 궤적을 밟아왔음을 시사한다. 예전에는 모든 "해조류"(조류)가 같은 집단이라고 여겨졌지만, 지금은 홍조류(홍조식물문)와 녹조류(녹조식물문)가 독자적인 내생공생의 역사를 통해서 합쳐진 별개의 진화적 "묶음"이라는 사실이 명확해졌다. 엽록체를 감싼 막의 구조상의 차이점들도 같은 이야기를 들려준다. 진화를 반영한 분류체계에서는 그것들이 사실 함께 묶일 수가 없다. 둘 다 잎처럼 생기고 흐느적거리며 바닷물에서 사는 종들을 포함하고 있음에도 말이다. 초라한 이끼에서 장엄한 마호가니에 이르는 육상식물들은 녹조류와 유연관계가 있는 반면, 홍조류와는 유연관계가 없다. 즉 근본적인 차원에서 구분된다.

그러나 진화적 기원이 어떻든 간에, 모든 광합성 생물은 한 가지 공통점이 있다. 바로 **식량**을 만든다는 것이다. 그들은 놀고먹는 자, 즉 진화의 세계에 더 나중에 등장한 생물들에게 양분을 제공한다. 라(Ra)의 선물, 남의 생화학적 노고를 이용하여 번성하려는 생물들에게 말이다. 동물이 바로 그렇다. 거의 공짜 점심을 즐기는 그 생물들은 종속영양 생물이라는 멋진 이름으로 불리기도 한다. 남을 먹는 생물이라는 뜻이다. 광합성 생물처럼, 동물도 처음에는 작았다가 점점 커졌다. 지금도 단세포 동물은 세계 전역에서 우글거리며, 그들의 진화 이야기는 초기 식물의 이야기와 거의 흡사하다는 것이 드러나고 있다. 그들은 예전에는 "원생동물"이라는 한 집단으로 간주되었지만, 지금은 많은 집단으로 나뉜다.

그들의 초기 역사에서도 내생공생이 큰 부분을 차지한다. 린 마굴리스는『공생의 행성(*The Symbiotic Planet*)』에서 우리 세계를 묘사할 때 과장법을 썼지만, 그 점은 이해가 가능하다. 공생은 사실 생명의 나무 아래쪽에서는 어디에서나 일어나며, 더 위쪽에서도 많은 곳에서 볼 수 있기 때문이다.

이 책의 내용은 그중 가장 두드러진 생물들을 찾아다니는 것이기 때문에, 아주 작은 동물의 이야기는 짧게 다루고 지나갈 수밖에 없다. 그보다 더 길게 다루어야 마땅하지만 말이다. 여기서 하버드 대학원생인 수재너 포터가 그랜드캐니언의 신원생대 지층에서 발견한 작은 화석을 언급하지 않을 수 없다. 지각에 깊이 패인 이 유명한 지역은 지질시대의 규모를 실감할 수 있게 하는 곳이다. 아래로 내려갈수록 더욱 깊은 곳에 쌓인 퇴적암을 만나게 된다. 그곳에는 화석화한 잔물결, 바다의 진퇴, 고대의 가뭄과 풍요 등 까마득히 높이 솟은 절벽과 단애(斷崖)를 형성한 요인들이 눈앞에 펼쳐진다. 7억5,000만 년이라는 까마득히 오래된 퇴적암에서 길이가 약 0.1밀리미터에 불과한 미시화석을 찾아낼 수 있다는 것이 거의 믿어지지 않겠지만, 실제로 찾아냈다. 한쪽에 둥근 구멍이 난 길쭉하고 섬세한 호리병박처럼 보이는 독특하지만 단순한 생물들이다. 이들은 유각 아메바(testate amoeba)의 껍데기와 매우 비슷하다. 내가 보기에는 똑같다. 유각 아메바는 원형질 덩어리를 관(管) 속에 쑤셔넣은 것이라고 할 만한 집단이다. 나는 이 단세포 생물을 잘 알고 있는데, 자연사 박물관의 전직 관장 론 헤들리가 이 집단의 권위자였기 때문이다. 크기가 매우 작은 이 집단을 연구하려다 보니, 자연사 박물관은 다른 많은 연구기관들보다 훨씬 더 일찍 성능 좋은 전자 현미경을 구비하게 되었다. 헤들리는 그들이 어디에나 있다고 말해주었다. 우리는 전에 웨일스에서 함께 자고 아침식사를 한 적이 있었다. 식사 후에 나는 삼엽충 화석을 찾아다녔고, 그는 유각 아메바를 찾기 위해서 나무를 면봉으로

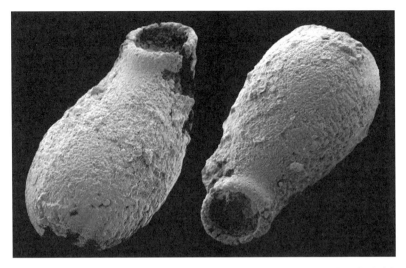

그랜드캐니언의 원생대 말 추아르 지층에서 발견된 화병 모양의 미시화석인 유각 아메바 보니에아 다크루카레스(*Bonniea dacruchares*).

긁어댔다. 이 작은 아메바는 종속영양 생물이다. 즉 세상을 기어다니면서 다른 미세한 세포를 잡아먹는다. 화석— 한 종이 아니라 몇 종이 있었다— 은 미스테이큰 포인트의 지층이 깔리기 이전, 스트로마톨라이트가 여전히 전 세계를 실질적으로 지배하던 시기에도 그런 활동이 이루어지고 있었음을 입증했다. 어쩌면 유각 아메바는 지루한 10억 년이 끝났음을 나타내는 표지일 수도 있다. 원핵생물의 세계를 평화로운 낙원이라고 묘사할 수 있다면— 낙원을 묘사한 내용이 대개 그렇듯이, 다소 지루하지만— 아마도 유각 아메바의 출현이 타락이 시작된 시점일 것이다.

일단 어떤 종이 다른 어떤 종을 먹기 시작하자, 자연선택은 더 나은 보호수단을 제공하는 것을 선호했다. 그것은 화학적 방어수단일 수도 있고, 단단해진 표면일 수도 있다. 이윽고 껍데기가 나왔을 것이다. 미미한 단세포 수준에서 일어나는 동물의 활동도 먹는 자와 먹히는 자 사이, 뜯어 먹는 자와 뜯어 먹히는 생물 사이에 군비경쟁, 결코 끝나지 않을 경쟁을 낳았을 것이다. 성처럼, 동물의 식욕도 진화적 혁신에 자극을 주었을 것이다. 텔레비전용 다큐멘터리들로 판단할 때, 오늘날까지 섭식과 짝짓기는 동물이라고 부르고자 하는 것들의 가장 흥미로운 두 가지 활동으로 남아 있다.

초기 지구로부터 살아남은 자들 중에서 수가 가장 많은 것은 아마 해조류, 즉 홍조류, 갈조류, 녹조류일 것이다. 홍조류를 보기 위해서 어떤 특이한 장소로 갈 필요는 없다. 홍조류는 영국 주위의 바다에 흔하며, 바위 해안이 있는 곳이면 어디에나 있다. 계통이 오래되었다고 해서 자연사학자가 그것을 찾아서 오지로 가야 한다는 의미는 아니다. 수중 바위나 바위 물웅덩이의 바닥에 붙어서 자라는 김은 띠처럼 잘리거나 섬세한 부채처럼 접힌 붉은색의 반투명한 종이처럼 보인다. 그것은 맵시 있는 스페인 치마처럼 소용돌이치기도 한다. 반암(Porphyry)은 고대 이집트인이 내구성이 강한 조각품을 만드는 데에 썼던 붉은 화성암이므로, 바다에서 이토록 오래 존속한 홍조류인 김(*Porphyra*)에도 같은 이름이 붙은 것은 적절해 보인다(둘 다 "붉은"이라는 뜻의 그리스어에서 유래했다). 내가 이 해조류를 언급한 것은 아마도 김이 생명의 나무에서 아래쪽 가지에 달린 생물들 중에서 인류에게 일상적으로 식량을 제공하는 유일한 존재이기 때문일 것이다. 김을 섞은 빵을 먹을 때 우리는 선캄브리아대의 여물을 씹는 셈이다. 홍조류는 세포에 엽록체가 들어 있으며, 따라서 대기에 산소를 공급한다. 우리는 이 진핵생물로 가득한 물결치는 수중 들판이 키 작은 스트로마톨라이트들이 자라는 드넓은 숲 사이사이에 들어섰을 때, 대기의 산소도 그에 따라서 증가했을 것이 분명하다고 상상해야 한다.* 보라털은 13억 년 전에 살았던 방기

---

* 녹조류(녹조식물문)는 거의 같은 시기에 출현했고, 그들도 산소에 기여했을 것이다. 비록 이 두 광합성 생물집단이 대기에 즉각 뚜렷한 영향을 미친 것은 아니었지만 말이다. 두 집단은 그 뒤에 기수(汽水)와 민물로 이동했다. 이 일이 정확히 언제 일어났는지는 논란의 여지가 있지만, 육지로 올라오기 한참 전이었다는 것은 분명하다. 매우 부드

오모르파의 가장 가까운 현생 친척이라고 여겨지며, 둘은 모습이 매우 흡사하다. 보라털은 김에 비해서 얇고 빈약하며, 썰물 때 흐느적거리는 갈색 털뭉치처럼 바위에 붙어 있다. 비록 물에 잠겨 있을 때는 빳빳한 짧은 머리털에 더 가까워 보일 수도 있지만 말이다. 각 실은 쌓아올린 단세포 더미로 이루어진다. 김과 보라털은 단순해 보이지만, 매우 복잡한 생활사를 가지고 있다. 이 "잡초"의 세포들은 유전정보를 한 벌만 가진다. 그들은 반수체이다. 이 해조류 생활사의 두 번째 단계는 콘코셀리스(*Conchocelis*) 단계라고 하며, 가지를 뻗는 작은 식물 같은 모습이다. 일부 종류는 패각류에 구멍을 뚫고 그 안에 산다. 이 식물은 "부모"와 전혀 다른 모습이기 때문에, 한때 콘코셀리스라는 별도의 속명이 붙었다. 그 속명이 지금은 생활사의 한 단계를 가리키는 명칭이 되어 있다. 콘코셀리스는 배수체, 즉 홍조류의 유성생식 단계이다. 이 잎처럼 생긴 단계는 서로 짝을 지을 배우자를 방출한다. 배우자는 결합되어 유전정보가 두 배로 늘고, 포자를 만들어낸다. 포자는 발아하여 콘코셀리스가 된다. 콘코셀리스는 이어서 반수체 포자를 방출하며, 그것은 싹이 터서 더 친숙한, 아마도 먹을 수 있는 해조류로 자람으로써 한 주기가 완결된다. 일반적으로 포자는 크기가 수천 분의 1밀리미터에 불과하지만, 재생에 필요한 모든 DNA를 갖춘 작은 번식용 소포(小包)이다. 그런 작은 유전자 소포는 생명의 나무에서 아래쪽에 뻗어나온 진핵생물들 사이에 흔하다. 포자는 여기저기 떠다니다가 알맞은 장소를 만나면 발아한다. 훨씬 뒤에 육지에서 바람이 비슷한 분산역할을 수행하게 된다. 포자의 작은 크기는 중요했다. 그것이 발아가 성공할 지점에 착륙할 가능성을 높였기 때문이다.

균류도 또 하나의 생물계로서, 식물이나 동물처럼 나름대로 중요하다. 비록 자연사학자에게는 훨씬 덜 친숙할지라도 말이다. 그들도 포자

러운 생물이기 때문에 화석이 거의 없는 것도 놀랄 일이 아니다.

를 통해서 번식한다. 균류는 오래된 생물이지만, 자실체가 작거나 약하기 때문에 화석 기록으로 거의 남지 않은 것도 놀랄 일이 아니다. 버섯과 곰팡이, 그리고 자연의 덜 친숙한 많은 산물들이 여기에 속하며, 그들 대부분은 어떤 의미에서 동물처럼 종속영양 생물이다. 엄밀히 말하면 그들은 먹이를 적극적으로 삼키기보다는 먹이를 흡수하므로, 부생균(腐生菌)이라고 해야 한다. 그들이 맡은 역할은 생명에 중요한 원소를 환경으로 되돌리는 재순환자로서, 그것은 생태계 전체의 건강을 유지하는 데에 매우 중요하다. 버섯 하나는 수백만 개의 포자를 만들며, 각 포자는 양분을 찾아서 이리저리 뻗어나가는 미세한 뿌리 같은 균사로 발달할 수 있다. 균류는 나무와 잎을 분해한다. 즉 다른 광합성 생물들의 노고에 의지하여 살아간다. 많은 균류는 살아 있는 식물과 이차 공생을 한다. 균류는 난초와 대다수 나무들의 뿌리를 뒤덮으면서 숙주에 양분을 제공하고 보답으로 당분을 얻는다. 나는 아마추어 균학자이기도 하기 때문에, 영국에 균류의 친구가 수백 명에 이른다는 것을 안다. 물론 왕립 조류보호협회의 회원수는 100만 명을 넘는다. 그러나 균류는 영국에만 수천 종이 있으며, 그중에는 거의 알려지지 않은 것이 대부분이다. 셀룰로오스처럼 분해가 되지 않는 분자에 영구히 갇혀 있을 수도 있는 양분은 균류의 방대한 화학적 도구 덕분에 방출되어 모든 생물들에게 이용된다. 그들은 복잡한 탄소 화합물을 분해하며, 생명의 뼈대를 재조정한다. 그러나 이따금 이 만능 재주꾼은 기생체로 변하는데, 그렇게 되면 황폐한 결과가 나올 수 있다. 1845년 아일랜드의 대기근을 일으킨 감자 역병이나 이 글을 쓰는 지금 밀 작물을 황폐화시키고 있는 새로운 녹병균 변종이 그렇다. 현대의 균류 DNA 연구는 여태껏 줄곧 추측만 했던 것을 밝혀냈다. 균류집단 전체가 생명의 나무에서 동물계통 가까이에서 갈라져 나름의 진화의 궤적을 따라서 나아갔다는 것 말이다. 그들은 예전에는 식물로 간주되었다. 아마도 버섯이 그다지 돌아다니지 않기 때문일 것이다. 그러나 균류는 엽록소를 가지고 있지 않다. 누군가가 우산처럼 생긴 자실체(무수한 포자를 만든다)를 공중으로 뻗기 전에 균류체계 전체 — 때로 지름이 수십 미터에 이르는, 느리게 이동하는 그물을 만들면서 흙과 잎을 찾아서 게걸스럽게 뻗는 균사들로 이루어진 — 를 마법처럼 볼 수 있다면, 그것의 조상은 진정한 색깔을 드러낼 것이다. 그렇다면 어떤 색깔일까? 균류는 색소를 즐긴다. 비현실적인 자주색, 선홍색, 발광을 띤 파란색, (풀이나 나무의 녹색은 아니지만) 녹색까지도 띤다. 심지어 같은 종의 서로 다른 개체들에 속한 균사 사이에는 짝짓기, 즉 일종의 섹스까지 일어날 수 있다.

앞서 말했듯이, 그런 부드러운 것들의 화석이 대단히 드문 것은 당연하다. 가장 절묘한 무덤인 호박에 보존된 작은 버섯이 하나 있지만, 그것은 수천 만 년 전의 것에 불과하다. 균류가 일으킨 손상, 포자, 심지어 균사는 3억여 년 전, 석탄기의 화석에 보존되어왔으며, 많은 고대의 나무들이 지금의 숲에서와 같은 식으로 분해되고 재순환되었다는 데에는 사실상 의문의 여지가 없다. 일부 전문가는 몇 미터 높이로 자라는 프로토탁시테스(*Prototaxites*)라는 약 4억 년 전의 기이한 화석기둥이 균류의 활동으로 생긴 것이라고 본다. 미세한 관의 세부구조가 대체로 현생 균류균사의 세부구조와 비슷하기 때문이다. 그러나 나는 이에 회의적이다. 그렇기는 해도 균류는 녹색식물과 동시에, 혹은 그보다 앞서 육지에 올라왔을 가능성이 높으며, 그들은 분명히 모든 대량멸종 사건을 통과했다. 심지어 그들은 그런 치명적인 사건이 벌어지는 시기에 남들의 불행으로부터 이익을 얻었을지도 모른다. 페름기-트라이아스기와 백악기-제3기의 대량멸종 사건이 벌어진 직후에 균류 포자의 수가 급증했기 때문이다. 이 현상을 "균류 급증(fungal spike)"이라고 한다. 균류는 시체와 죽은 나무를 먹고 자랐을 것이다. 썩어가는 괴물 수백 마리에 부생균 개체 수십억 개가 달라붙어 있다는 상상은 섬뜩하지만, 간단히 말하면

썩는 것이 세계의 법칙이다.

　균류의 기원은 사실 스트로마톨라이트의 시대까지 거슬러올라간다. 단세포 원생생물이 몇 종류로 분화하기 시작했을 때였다. 거의 모든 생물이 그렇듯이, 균류도 물속에서 작은 형태로 출발했다. 현생 균류들 중 가장 원시적인 것은 키트리드(chytrid, 항아리곰팡이)이며, 그중에는 여전히 작고 물속에 사는 종이 많으며, 바다에 사는 종도 극소수 있다. 최초의 키트리드 화석은 데본기(약 4억 년 전)부터 알려져 있으며, 과학자들은 그것을 하나의 현생 속에 소속시켰다. 그렇다면 가장 뛰어난 생존자 중 하나임이 분명하지만, 그 키트리드나 그것의 어떤 가까운 친척도 살아남지 못했다. 원생대에 출현한 것들은 분명히 그렇다. 균류가 출현한 시점을 놓고 지난 10년 사이에 많은 주장이 오고갔다. 분자 증거를 토대로 거의 20억 년 전이라는 주장부터 7억 5,000만 년 전이라는 주장까지 다양했다. 그들은 현재 그랜드캐니언 깊숙이 놓여 있는 작은 유각 아메바가 평범한 방식으로(최근의 유각 아메바에 상응하는 방식으로) 기어다닐 때부터 이미 존재했을 가능성이 아주 높다. 키트리드는 심지어 생애의 한 단계에서는 작은 동물처럼 보이기도 한다. 그들의 단세포는 작은 채찍 같은 편모로 움직인다. 편모는 몇 시간 동안 움직여서 세포를 먹이 같은 보상이 있는 곳으로 옮길 수 있다. 또 이것은 몇 종류의 단세포 동물들이 공통으로 가진 구조물이기도 하다. 키트리드는 방출되지 않은 포자로 가득한 포자낭을 형성할 때면 곰팡이와 더 비슷해 보이기도 한다. DNA는 이 유사성이 진짜라고 확인해준다. 강조해야 할 중요한 점은, 원생대에 동물, 식물, 균류가 갈라질 시점에는 우리의 일상적인 분류범주들이 모호해지기 시작했다는 것이다. 생물들은 서로 뒤얽혀 있는 듯하다. 납치는 어디에서나 일어났다. 유전자는 현재의 우리에게 낯선 방식으로 종 사이에 뒤섞였다. 그러나 그 뒤에는 친숙한 방식이 된다. 아무튼 우리는 신참이니까.

햇빛은 샤크 만의 미묘하게 물결치는 청록색 바다에서 반짝인다. 눈이 부실 만큼 강하고 무정하게도 내리쬐는 듯하다. 인간은 무정한 햇살 아래 기가 죽지만, 스트로마톨라이트의 끈적거리는 표면은 이에 대처할 수 있다. 그 떼를 지어 모인 땅딸막한 기둥들은 강인하며, 우리는 그 점을 이해하고자 애쓰고 있다. 생물이 살아가는 조건은 오존층이 존재하기 전의 시생대에는 훨씬 더 열악했겠지만, 점액질과 적절한 색소의 도움을 받은 유기체 구조들은 무자비한 햇빛의 맹공격에서 살아남는 법을 배웠다. 그 뒤에 생명은 자체적으로 방패를 만들어냈다. 광합성으로 생긴 산소가 높은 대기에서 오존으로 변하면서였다. 그렇게 생긴 오존층은 현재 태양 복사선의 해로운 부분을 90퍼센트 이상 흡수한다. 바다와 대기는 20억 년을 넘는 오랜 세월에 걸쳐서 느릿느릿 변했다. 생명은 햇빛 에너지를 포획하고 길들였다. (거대한 규모에서는 느리지만) 생명이 끈질기게 노력하지 않았다면, 지구의 변화는 일어나지 못했을 것이다. 남들의 노력을 인정하는 것은 인간의 본성이 아니며, 아기의 머리카락보다 더 가느다란 수많은 녹색 실의 공헌을 제대로 인정할 사람은 더욱 적을 것이다. 지금 무수한 프라굼(*Fragum*) 조개들이 만든 바작거리는 모래밭에 서 있는 방문객에게 지평선까지 쭉 뻗어 있는 경관은 고요하기 그지없는 세계의 이야기를 들려준다. 한 세기마다 밀리미터씩 층층이 쌓이는 평온하고 변함없는 왕국의 이야기를 말이다.

4

뜨거운 물속의 생명

5월 중순임에도 미국 그랜드티턴 국립공원에는 아직 겨울이 경관을 움켜쥐고 있다. 로키 산맥의 북부에 해당하는 이곳에는 높은 봉우리마다 새로 쌓인 눈이 가득할 뿐 아니라, 반쯤 숨은 골짜기에 담긴 잭슨 호도 상당 부분이 넓은 얼음 덩어리로 덮여 있다. 수면이 드러난 곳마다 어부와 새가 몰려 있다. 높이 빙빙 도는 새들은 흰머리수리임을 한눈에 알아볼 수 있다. 이 거대한 맹금류는 인간의 발길이 닿지 않는 깊숙한 산맥에서 여전히 살아가고 있다. 골짜기에 자리한 숲은 대부분 로지폴 소나무(lodgepole pine)로 이루어진다. 마치 곧은 지주(支柱)처럼 줄지어 서 있는 검은 나무로서, 실용적인 목적을 위해서 특별히 만들어진 듯한 느낌이다. 통나무집과 울타리를 만드는 데에 딱 맞는 나무가 있다는 점 때문에 초기 정착민들이 이곳에 자리를 잡았다는 데에는 의심의 여지가 없다. 물가에는 미루나무의 잔가지들이 마치 솜사탕을 자아내서 덮은 양 섬세하고 새하얀 유령처럼 뻗어 있다. 어느 정도 다가가자 호수 가까이에 키 작은 진퍼리버들과 고리버들이 다채로운 색깔을 띠면서 군데군데 큰 무리를 지어 있다. 헐벗은 잔가지들이 샛노란색이나 오렌지색을 띠고 있다. 작은 명금류(鳴禽類)들이 봄이 임박했음을 알아차렸는지,

여기저기서 돌아다닌다. 말코손바닥사슴도 이곳을 좋아한다. 비록 그 당당한 채식동물은 우리 눈에 띄지 않았지만, 기대감에 자극을 받아서 우리는 영어로 말코손바닥사슴의 복수형이 "무스(moose)"인지 "미즈(meese)"인지를 놓고 논쟁을 벌인다. 유럽의 습지에 사는 주민들과 마찬가지로, 아메리카 원주민들도 버드나무의 나긋나긋한 잔가지로 바구니를 짠다. 비슷한 필요물품을 비슷한 식물을 이용하여 얻는 셈이다. 나는 탁 트인 산비탈에서 군데군데 산쑥이 수북이 덤불을 이룬 것을 보고 놀란다. 지난번 네바다의 익을 듯이 뜨거운 사막에서 본 식물이다. 이 앙상한 관목은 세계에서 가장 강인한 생물에 속할 것이 분명하다. 스트로마톨라이트는 산쑥에게 자신의 영광을 넘기지 않도록 조심해야 하지 않을까? 엘크가 덤불 사이로 부지런히 이쪽에서 새순을 뜯고 저쪽에서 잎을 뜯으며 태연히 돌아다닌다. 지금 우리는 생명의 나무에서 가장 아래쪽에 놓인 생물들이 사는 펄펄 끓는 낙원을 찾아가는 중이다. 황(黃)이 먹이가 되고 뜨거운 산(酸)이 집이 되는 곳으로 말이다.

존 D 록펠러 고속도로는 잭슨 호 가장자리의 가파른 골짜기를 따라서 북쪽으로 뻗어 있다. 비록 이 근처에 있는 암석의 상당수는 선캄브리아대 스트로마톨라이트만큼 오래되었지만, 골짜기 자체는 젊다. 물론 지질학적으로 그렇다는 말이다. 그것은 티턴 산맥의 언저리에서 지각을 쪼개며 뻗은 거대한 단층운동의 산물이다. 약 천만 년 전, 그 산맥은 솟아오르면서 골짜기와 그 너머의 울퉁불퉁한 산맥을 경계짓는 가파른 단층애를 형성하기 시작했다. 눈과 얼음이 나머지 일을 했다. 이 단층선의 고도는 8,000미터 이상 차이가 나며, 틀림없이 대규모 지진이 수반되었을 것이다. 서부의 이 지역에 있는 모든 것들이 그렇듯이, 경관의 현재 모습은 깊은 지하에 있는 힘들이 작용한 결과이다. 공룡이 멸종하기 한참 전부터 태평양 판은 북아메리카 판 아래로 밀고 들어왔다. 지층이 대규모로 휘어지면서 로키 산맥을 비롯한 산맥들을 만들고, 활화산과 단층이 이따금 활동하면서 극적인 효과를 빚어낸 것은 모두 이 느린 충돌의 결과였다. 그것이 일으킨 사소한 결과들 중 하나가 바로 북쪽의 옐로스톤 호로 뻗은 존 D 록펠러 고속도로가 놓인 경로이다. 이제 로지폴 소나무 숲은 더 빽빽해진 듯하며 경관은 더욱 울퉁불퉁하다. 5월 중순임에도 이따금 길가에 수북이 쌓인 눈이 시야를 가린다. 눈이 녹아서 흐르는 시냇물만이 곧 한꺼번에 녹는 시기가 오리라는 것을 알려준다. 매번 내린 눈은 물결처럼 층층이 쌓여 흔적을 드러내고 있다. 아내와 나는 옐로스톤 국립공원이 탐방객에게 개방되는 날에 맞추어 도착하기로 결심했었다. 관광객들이 밀려들어 시끌벅적해지기 전, 황량한 느낌과 발견의 기쁨을 맛보고 싶었기 때문이었다.

올드페이스풀 여관은 그 자체가 또다른 살아 있는 화석이다. "미술공예" 운동 혹은 그것의 미국판에 해당하는 것의 거대한 목조 기념물이다. 건물 한가운데에는 커다란 홀이 있고, 중앙에 건물보다 더 높은 석조 굴뚝이 솟아 있다. 그래서 중앙의 안뜰을 중심으로 통나무를 쪼개 만든 나무 계단을 통해서 층층이 오를 수 있도록 되어 있다. 내가 유럽에서 본 옛 건물들과 전혀 닮은 구석이 없음에도 중세 느낌이 난다. 특이한 건물이며, 건축가인 로버트 리머는 그 지역의 건축재료를 써서 마치 경관에서 자라난 듯이 딱 어울리는 이 건물을 지었던 1903년에, 분명 선견지명이 있었던 것이다. 나는 그랜드캐니언에서 메리 콜터가 설계한, 마찬가지로 우아하고 사려 깊은 건물들을 본 적이 있었기 때문에, 미국 국립공원이라는 개념이 어떤 선견지명이 어린 "종합적 사고"를 부추긴다는 결론을 내리게 된 것이다. 올드페이스풀 여관의 발코니, 지주, 기둥은 모두 기이하게 굽고 휘어진 침엽수 목재로 만들어졌다. 어떤 거대한 동물의 부러진 뼈처럼 보이기도 하며, 똑같은 것은 하나도 없다. 이 지역에서는 "옹이목(knurl)"이라고 한다. 나보다 건축에 관심이 적은 사람은 나무꾼의 오두막을 크게 확장한 것 같다고 말할지도 모르겠다.

와이오밍 주 옐로스톤 국립공원의 이른바 "국립공원 양식(Parkitecture)"으로 지어진 올드페이스풀 여관.

객실은 오래된 나무배에 탄 듯한 느낌을 준다. 건물 안의 발코니마다 책상이 놓여 있어서, 편안히 글을 쓸 수 있다. 올드페이스풀 간헐천(Old Faithful Geyser)을 한눈에 볼 수 있도록 마련된 옥외 테라스도 있어서, 그곳에 앉아서 진을 마시며 간헐천이 뿜어지는 광경을 지켜볼 수 있다. 일단 목적지에 도착하고 나니, 더 좋은 시절에 여관을 찾지 않았던 것이 후회된다. 외투에 깊숙이 몸을 묻은 채 플라스틱 컵에 든 진토닉을 마신다는 것이 어떤 쇠퇴를 상징하는 듯하다. 몸집이 크고 새까만 갈까마귀들이 "더 이상은 없어(Nevermore)"라고 말하면서(적어도 에드거 앨런 포는 갈까마귀들이 그렇게 말한다고 했다) 바닥을 돌아다니지만, 그들은 거짓말을 하고 있다. 올드페이스풀은 약 90분마다 규칙적으로 분출하니까 말이다. 마치 오래된 시계가 울리며 때가 되었다고 알려준 것처럼, 군중들이 기대하면서 모여든다. 준비하듯이 꾸르륵거리고 헐떡거리는 소리가 난다. 나는 그런 광경은 미처 예상하지 못했다. 나올 듯 말 듯하면서 점점 고조되다가 마침내 가장 커다랗게 "에취!" 하면서 절정에 이르는 재채기가 떠오른다. 아무리 보아도 실망하지 않을 거대한 물줄기가 솟구친다. 훅 하면서 솟구치며 뿜어질 때마다 산들바람이 물방울을 휘감으면서 예상보다 더 많이 사람들에게 흩뿌려진다. 그러나 그들의 비명은 간헐천이 내쉬는 요란한 소리에 묻히고 만다.

올드페이스풀에 너무 가까이 다가가지는 못하게 되어 있지만, 여관 반대편의 지열대에는 다른 간헐천과 온천으로 이어지는 (꼼꼼하게 안내판이 설치된) 길이 있다. 아침의 추운 공기 속으로 뜨거운 물이 증기를 내뿜고 있어서 지열대 전체가 도깨비불이나 몰려다니는 하얀 안개 덩어리에 휩싸인 듯하다. 멀리 산비탈의 숲 한가운데에서도 물기둥이 솟구치면서 그곳 어딘가에 간헐천이 숨어 있음을 알려준다. 지열대 전체가 황 냄새로 가득하지만, 예상한 것보다는 심하지 않다. 화산수에 섬세하게 깎인 지각이 인간 방문객들에게 훼손되지 않도록 나무로 길을 만들어놓았다. 물소는 그다지 개의치 않는지, 곳곳에 그들의 발굽 자국이 나 있다. 이 열현상이 벌어지는 온천에 붙여진 이름은 다소 제멋대로이다. 성(Castle)은 온천화(온천물의 침전물/역주)가 탑을 이루어 성채처럼 둘러싼 오래된 간헐천이라는 뜻임을 금방 알아볼 수 있다. 귀(Ear)도 굳이 설명이 필요하지는 않다. 사자 무리(Lion group)는 금방 와닿지 않지만, 내뿜을 때의 포효하는 소리를 딴 이름이라는 설명을 들으면 고개가 끄덕여진다. 간헐천은 주기적으로 분출한다는 점에서 온천과 다르다. 분출주기는 몇 분에서 몇 년까지 다양하다. 간헐천 관찰자들은 아주 드물게 일어나는 분출을 목격할 때 희열을 느낀다. 길을 따라서 부자연스러울 만큼 연한 파란색을 띤 물이 차 있는 커다란 웅덩이들이 나타난다. 웅덩이마다 규산염 침전물이 테두리를 이루고 있다. 때로 웅덩이 안쪽까지 들여다볼 수 있는데, 더 짙은 파란색을 띤 깊은 곳에서 거품들이 왈칵 또는 줄지어 솟아오르고 있다. 으스스할 만큼 맑은 물이 착각을 일으킬 수 있기 때문에, 분출구가 얼마나 깊이 뻗어 있는지 정확히 헤아리기는 어렵다. 전혀 해를 끼칠 것 같지 않은 물웅덩이도 있지만, 거기에 빠지면 순식간에 산 채로 익을 것이다. 휘파람 같은 소리를 내며 물을 뿜어대면서 깊은 곳에 원천 에너지가 있음을 숨김없이 알려주는 간헐천도 있다. 중국인 샘(Chinaman Spring)은 간헐천으로 변한 뜨거운 물웅덩이이다. 한 모험심 강한 중국인 세탁업자가 그 샘에 옷을 빨아서 세탁비를 줄이려고 시도한 적이 있었다. 일은 순조로웠다. 세탁이 잘 되도록 그가 비누를 집어넣기 전까지는 말이다. 비누를 넣자마자 간헐천이 분출하면서 세탁물을 하늘 높이 날려버렸다. 지구물리 지도를 보면 간헐천들은 깊은 곳에서 서로 연결되어 있다. 그래서 어떤 샘이 비면 다른 샘들이 물을 채워준다. 반면에 인접해 있음에도 깊이가 서로 다른 열수구도 있다. 끓는 물이 스며나와서 증발하는 곳에는 회색을 띤 규산염 침전물이 남으며, 침전물은 온갖 모양을 띤다. 이산화규소는 거품이나 팝콘처럼 생긴 쭈글쭈글한 덩어리를 만들어서 일종의 돌로 된 브로콜리처럼 울퉁불퉁 뻗어나오거나, 다양하게 주름을 만들면서 자라거나, 콩팥을 쌓아놓은 것처럼 둥글둥글하게 자랄 수도 있다. 물웅덩이 테두리로부터 물이 꾸준히 흘러넘치는 곳에서는 온천화가 인도네시아의 계단식 논과 비슷한 모습의 복잡한 계단식 테라스를 형성한다. 그저 흐름과 증발의 상호작용에 불과한 것이 이토록 정교한 디자인을 빚어낸다니 믿기기 않는다. 간헐천과 온천의 물은 이윽고 파이어홀 강으로 흘러들며, 강바닥 자체에서도 증기가 뿜어지면서 온천이 있음을 보여준다. 이곳에서는 모든 것이 뜨겁거나 차갑다.

물의 파란색은 그저 물리학적 현상일 뿐이다. 빛의 다른 모든 파장이 제거되고 남은 파장이 파란색일 뿐이다. 그러나 지열대의 다른 색깔들은 생명이 있음을 드러낸다. 그런 색깔들은 마치 물감을 물웅덩이에 던진 것처럼 보인다. 펀치볼 온천의 가장자리에서 뜨거운 물이 조금씩 흘러넘치는 곳은 테두리가 생생한 초록색을 띤 밝은 오렌지색으로 얼룩져 있다. 세균들로 이루어진 형형색색의 팔레트이다. 생명은 금속색소로 치장을 하면서 뜨거운 배수구를 둘러싼다. 때로는 세균 매트의 형태를 띠기도 한다. 후자 중에는 스트로마톨라이트라고 묘사될 법한 것도 있다. 나쁜 선례가 될 수 있음에도, 나는 그런 매트를 만져보고픈 유혹에 저항할 수 없었다. 그렇다, 그것은 조금 끈적거렸지만, 샤크 만의 둔덕처럼 가죽질 느낌을 주었다. 온천과 물웅덩이 사이의 땅에서는 더 많은 세균 매트와 단단한 이끼와 더 마른 부위들, 풀과 노란 들국화 더미가 자란다. 심지어 강인한 침엽수도 한두 종류 있다. 아이들에게는 이 허약한 생태계를 밟아서 파괴해서는 안 된다고 경고하지만, 그들 중 한 명이 뜨거운 물웅덩이에 빠졌을 때 어떤 일이 벌어지는지를 보여주는 포스터가 더 효과가 있다. 한 남자아이는 간헐천보다 그 그림에 더 푹 빠진 듯하다. 온천 주변의 땅은 정말로 독특한 서식지를 제공한다. 유출수가 흐르는 곳에서 살아가는 특수하게 적응된 물가파리종은 유충 때 이 험한 조건을 견뎌낸다(문외한에게는 흔한 검정파리처럼 보인다). 더 자세히 살펴보면, 작은 진드기와 톡토기도 보일 것이다. 이런 벌레들을 사냥하는 데에 적응한 거미도 한 종 있다. 이 거미는 뜨거운 표면으로 뛰어들어서 먹이를 잡고 재빨리 빠져나온다. 절대 오래 머물지 않는다. 그리고 쌍띠물떼새(killdeer)라는 매혹적인 물떼새는 이 황량한 곳을 들락거리면서 절지동물 간식을 잡아먹는 법을 터득했다. 물떼새들은 따뜻한 표면 위를 섬세하게 뛰어다닌다. 작은 생태계의 사례로 이만한 것이 없다. 물떼새를 뺀다면, 고대로부터 이어진 상호의존 관계라고 할 수도 있다. 이 생태계가 "허약하다"는 경고판은 쓴웃음을 짓게 한다. 어쨌거나 온천 안팎의 우점종(優占種) 중 상당수는 아마도 35억 년의 세월을 견뎌왔을 테니 말이다.

작지만 화려한 색깔을 띤 간헐천 하나는 생명의 역사 중 상당 부분을 압축하여 저장하고 있다. 뜨거운 중심부 주위의 색깔 얼룩은 지구에서 가장 원시적인 생물인 미세한 고세균들이 밖으로 흘러나오면서 핏자국처럼 남긴 것이다. 그 편평한 곳 너머에 있는 것은 남세균 특유의 색깔일까? 스트로마톨라이트의 시대는 뚜렷하게 자신의 흔적을 남기고 있다. 현대 분류학은 세균을 진핵생물과 구분하듯이, 고세균을 근본적인 수준에서 세균과 구분한다. 고세균과 세균은 둘 다 먼 고대의 생존자들이다. 이어서 물이 흘러넘쳐 식은 곳 주변에서 이끼가 납작하게 모여 자라는 것이 보인다. 이끼는 척추동물이 육지를 지배하기 오래 전에 메마른 땅을 뒤덮는 데에 기여한 최초의 식물들 중 하나였다. 그 주위의 좀더 높은 곳에서 자라는 노란 꽃 무리와 왜소한 나무 한 그루는 지난 1억 년 동안 생명의 역사에 일어났던 변화를 대변하고 있는지 모른다. 그리고 뜬금없이 나 있는 사람의 발자국 하나는 우리 종의 출현을 대변할 수 있다. 그러니 이곳은 뒤뜰보다 별로 크지 않은 면적에 생명의 역사 대부분을 담고 있다. 엄청난 장관은 아닐지 몰라도, 내가 여기까지 와서 보고자 한 것이 바로 그것이다.

올드페이스풀 지역은 활성 지열계의 일부에 불과하다. 옐로스톤 국립공원 전역에는 온천과 간헐천이 널려 있다. 공원 한가운데에 있는 호수는 여전히 대부분이 얼어 있고 놀라울 만큼 새하얗지만, 그 가장자리에 불룩 튀어나온 웨스트섬 지열대(West Thumb thermal field)는 호수 바닥의 열수원이나 연안에서 흘러드는 온천물 때문에 얼음이 녹아서 맑고 깨끗한 물이 드러나 있다. 검은머리흰죽지라는 흑백색의 영리한 잠수성 오리들이 이 수면이 드러난 곳에 모여들며, 수달도 모든 것이 단단히 얼어붙는 혹한의 겨울에 이곳을 물고기를 잡는 통로로 이용한다. 호수 위쪽에 멋진 원뿔 모양을 이룬 온천화 한가운데에는 뜨거운 물이 가득하다. 그러니 이곳이 세계에서 유일하게, 낚시꾼이 물고기를 낚아 낚싯대에서 떼지 않은 채 익혀 먹을 수 있는 곳이 아닐까 하는 생각이 든다.

노리스 간헐천 분지(Norris Geyser Basin)는 몇 가지 면에서 가장 인상적인 지열대이다. 독특한 분지를 중심으로 화산지대의 다양한 특징들이 펼쳐져 있다. 그곳의 헐벗은 평지는 공상과학 영화의 무대로 딱 맞다. 사방에서 연기와 김이 뿜어지고 황량함만이 가득한 곳이니 말이다. 이 분지에서 나오는 물은 극도로 산성을 띠며 뜨겁다. 이곳에서 번성하는 미생물은 모두 일종의 극한생물(*extremophile*)이다. 대다수의 생물이 살 수 없는 조건에서만 살아가는 세균과 고세균을 가리키는 용어이다. 미생물 세계에서는 어느 생물에게는 독인 것이 다른 생물에게는 먹이가 된다. 이곳은 널빤지로 인도를 만들어서, 관광객들이 사방에서 황을 품은 연기를 대기로 뿜어내는 부글거리는 열수구와 꺼질 듯한 표면 위를 태연히 걸어다닐 수 있다. 이 울부짖는 분출구와 악취를 풍기는 물웅덩이를 처음 본 빅토리아 시대 발견자들이 얼마나 경악했을지 익히 상상이 간다. 분지의 이름은 1872년에 국립공원으로 공식 지정될 당시의 소장이었던 필레투스 노리스의 이름을 땄다. 공원이 지정되면서 자연세계를 대하는 새로운 관점이 출현했다. 간헐천과 온천마다 적절한 설명문이 붙어 있기도 하다. 빙글이(Whirligig)와 증기선(Steamboat) 간헐천은 어떤 모양인지 쉽게 떠올릴 수 있으며, 포슬린(Porcelain, 도자기) 분지는 고운 파란색이다. 더 설명을 필요로 하는 이름도 있다. 성게(Echinus) 간헐천은 규화(이산화규소 침전물/역주)가 삐죽삐죽한 모양이다. 초기 방문객들이 이것을 보고 성게를 떠올린 것이 분명하다. 인도를 따라서 계속 걸으니, 물웅덩이들과 계단 모양의 온천들을 지나서 다시 숲으로 돌아온다. 숲에는 명금류들이 원초적인 증기의 냄새에 개의치 않고 지저귄다. 이곳의 여름은 새 같은 동물들에게 풍족한 계절임이 분명하다. 그 짧은 여름에 이토록 많은 자손을 번식시키니 말이다. 공원으로 이어지는 남쪽 도로는 해마다 5월 초에 개방되었다가 11월 초에 폐쇄된다. 분기공(噴氣孔)과 물웅덩이는 계절이나 관광객에 개의치 않고 뿜어내고 칙칙거리고 부글거린다. 그들은 더 깊은 곳에서 통제하는 대로 따른다.

지금은 옐로스톤 국립공원의 상당 지역이 한 거대한 칼데라의 잔해, 즉 거대한 크기의 "초화산(supervolcano)"이 격렬하게 분출한 흔적임이 밝혀져 있다. 비교적 최근에 워싱턴 주의 북부에서 일어난 세인트헬렌스 화산분출은 이 고대의 격변에 비하면 아무것도 아니었다. 64만 년 전에 일어난 대규모 분출은 이 지역을 화산재로 뒤덮었다. 지질학을 조금이라도 아는 사람이라면 공원 어디에서든 이런 사건의 흔적을 볼 수 있다. 노랗게 풍화되는 유문암은 모든 절벽과 도로 절개지에 층층이 쌓여 있는 주된 암석이다(그래서 "노란 돌"이라고 한다). 드러난 많은 암석들을 자세히 살펴보면, 각각의 "흐른 자국"이 수천 제곱킬로미터의 숲을 황폐화시킨 화산쇄설류(火山碎屑流)와 뜨거운 화산재가 운반한 열을 통해서 미세한 유리질 조각들이 융합된 것임을 알 수 있다. 그런 충격 뒤에 숲이 다시 들어설 수 있다는 것을 상상하기가 어렵겠지만, 침엽수는 복원력이 뛰어나다. 공원에는 1988년 가뭄이 유달리 극심할 때 산불이 걷잡을 수 없이 퍼진 "검은 토요일"이 할퀸 흔적도 여전히 남아 있다. 20년 뒤, 어린 나무들이 죽은 나무들의 삭막한 검은 시체 위를 뒤덮기 시작하고 있다. 불은 몇몇 씨가 싹이 트도록 자극하기도 한다. 지질학자들이 옐로스톤 호의 경계를 훨씬 넘어서 공원에 점점이 흩어져 있는 지열대 거의 전체가 분화구였음을 깨닫는 데에는 한참 시간이 걸렸다. 온천과 간헐천은 그 거대한 분출의 기억이다. 분기공으로 황과 비소를 공급하는 배관은 깊숙이 자리한 지질학적 토대와 이어져 있다. 많은 화산학자들은 현재 깊이 자리한 마그마 방이 다시 힘을 회복하여 앞으로도 살육을 저지를 수 있다고 믿는다. 옐로스톤의 유달리 추운 겨울은 폭발로 생긴 거대한 분지지형이 빚어낸 결과이다. 차가운 공기가 분지에서 탈출할 수가 없기 때문이다. 한편으로 계속 흘러나오면서 황 같은 원소를 공급하는 뜨겁거나 끓는 물은 지구에서 가장 오래된 생물로 거슬러 올라가는 고세균과 세균 공동체의 생존을 돕는다. 물은 지면에 난 수많은 틈새를 통해서 아래로 스며들었다가 이윽고 깊은 곳에서 과열되어 광물과 기체를 품고 지면으로 다시 솟구쳐서 온천을 새롭게 채운다. 지하에 방이 있고 거기에 어느 수준까지 물이 채워져야만 분출이 일어나는 간헐천도 있다. 진흙 화산의 출구 밸브는 지구의 뱃속에서 솟아오르면서 메탄, 이산화탄소, 증기를 토해내는 깊은 트림소리를 내기도 한다. 점토는 끊임없이 휘저어지면서 계속 걸쭉한 상태를 유지한다. 불결해 보이기는 해도, 일부 화산 "진흙팩"은 피부에 좋다고 한다.

핵이 없는 원핵생물은 크기가 매우 작아서 둘로 나뉘는 이분법으로 놀라울 정도로 빨리 번식할 수 있다는 이점이 있다. 그것은 단순히 두 배씩 계속 늘어나는 식이다. 1, 2, 4, 8,……2,048……241,824세포……등등. 개체수는 금방 수십억 마리로 늘어난다. 그저 증식을 부추길 만큼의 양분만 충분히 공급되면 된다. 해당 생물이 특정한 서식지에 적응한 극한생물이라면, 그와 경쟁할 수 있는 종은 그리 많지 않을 것이다.

알맞은 온천이라면, 단지 몇 종류의 고세균이나 세균만이 무수히 들어 있는 수프가 나올 것이다. 옐로스톤의 황 가마솥(Sulphur Cauldron)은 캐니언 빌리지에서 피싱브리지 도로로 가는 길가에 있어서, 사람들은 역겨운 노란 수프처럼 부글거리며 끓는 진흙 웅덩이를 내려다볼 수 있다. 마치 말려서 쪼갠 완두콩으로 만든 수프 같다. 강렬한 황 냄새는 공기를 유독하게 한다. 생명이라고는 전혀 없을 듯한 환경처럼 보인다. 끊임없이 휘저어지는 뜨거운 황 도가니이다. 그러나 이곳은 술폴로부스(*Sulfolobus*)라는 유명한 고세균의 집이다. 이들은 황화수소라는 유독 가스를 먹으며, 그 황은 산화되어 치명적인 황산이 된다. 이 과정에서 고세균은 성장하고 번창하며 분열할 에너지를 얻는다. 고세균 수십억 마리가 저 아래 섭씨 80도인 곳에서 번성하고 있다. 저 수프는 이윽고 ph가 2 이하로 떨어져서 극도로 산성을 띠게 된다. 쇠까지 녹일 정도이다. 동물은 저 수프에서 2초 이상 살지 못하겠지만, 그것이 딱 맞는 고

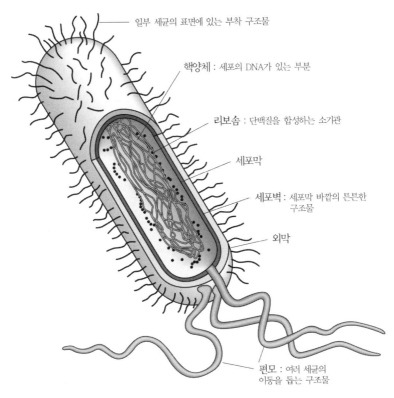

일부 세균의 표면에 있는 부착 구조물

핵양체 : 세포의 DNA가 있는 부분

리보솜 : 단백질을 합성하는 소기관

세포막

세포벽 : 세포막 바깥의 튼튼한 구조물

외막

편모 : 여러 세균의 이동을 돕는 구조물

전형적인 세균세포의 구조와 기능. 매우 작지만 그 안에서는 서로 연결된 무수한 화학 과정이 진행된다.

세균에게는 저곳이 천국이다. 따라서 이 미생물들은 산과 열을 좋아하는, 즉 호산성(好酸性) 호열성(好熱性) 고세균이라고 말할 수 있다. 이보다 더한 극한생물이 또 있을까? 자연적으로 생산된 산은 주변의 암석을 침식시켜서 진흙으로 만든다고 하는데, 길 반대편에 있는 진흙 웅덩이들을 보니 그 말이 맞는 듯하다. 웅덩이 가장자리는 김을 내뿜는 흙탕물이 한바탕 휩쓸고 내려갔는지 마치 거인이 쓱 훔친 것처럼 매끄럽다. 질척거리고 부글거리는 것을 보니, 증기와 가스가 대기로 뿜어진다는 것을 알 수 있다. 근처에 용의 입(Dragon's Mouth)이라는 작은 동굴이 있다. 무시무시하게 포효하는 소리와 함께 증기와 "숨"을 지극히 현실감

있게 토해내는 곳이다. 옆에 있던 한 아이가 "엄마, 날 잡아먹으러 오는 거야?"라고 물으면서 엄마 뒤에 숨는다.

요즘은 다양한 상업적인 이유로 실험실에서 세균을 인공배양한다. 인위적인 조건에서는 특수한 장치로 배양기를 규칙적으로 흔들어서 끊임없이 뒤섞는다. 배양액 안에 든 양분이 계속 순환하고 세균이 분열하도록 하기 위해서이다. 옐로스톤에서는 땅속 깊숙이 연결된 물웅덩이에서 솟아오르는 기체와 액체가 같은 효과를 일으킨다. 게다가 옐로스톤에는 위험도 있다. 용이 동굴에서 막 튀어나올 것 같은 느낌을 주지 않는가?

색소는 물질대사와 삶의 첫 번째 산물 중 하나이며, 옐로스톤의 물웅덩이와 간헐천은 원색으로 물들어 있다. 그러나 이 선명한 색깔들이 전부 원시생물의 산물은 아니다. 깊은 곳의 파란 물은 일종의 프리즘 역할을 하여 온천의 벽에 쌓인 황 원소의 노란색을 생생한 초록색으로 보이게 한다. 그러나 엽록체의 "자연스러운" 녹색과는 조금 다르며, 몹시 인상적인 에메랄드 색깔이다. 노리스 간헐천의 백 베이슨에 있는 성게 간헐천에서는 철이 침적되어 새빨간 얼룩을 만들기도 한다. 그러나 색깔의 상당수는 고세균과 세균의 대사활동의 산물이다. 분기공마다 온도, 산성도, 양분이 다르기 때문에 매끄러운 덩어리에서 어느 미생물이 우점종이냐에 따라서 분기공의 대표적인 색깔도 달라진다. 빨강, 주홍, 양홍, 분홍, 황토, 자황, 자주, 검정, 상상할 수 있는 온갖 색조와 강도의 초록색을 이곳에서 찾아볼 수 있으며, 때로는 가장 뜨거운 중앙부터 색깔들이 동심원상에 배열되어 있기도 하다. 그런 다채로운 경관은 육지가 초록색으로 뒤덮이기 오래 전에 지표면이 어떤 모습이었는지를 말해주는 것일 수 있다. 이끼와 소나무의 온갖 미묘한 색조에 비하면 단순하지만, 현란한 만화경처럼 생생하면서 끊임없이 변하는 색깔들로 투박하게 뒤덮인 세계를 말이다. 육지 표면은 지구 생물의 역사의 초창기 내내, 지열활동이 더 널리 퍼져 있고 대기에 이산화탄소가 더 풍부하던 시기에, 이런 색깔로 물들었을지 모른다. 그 무렵에 호흡할 산소가 필요해서 지구에 방문한 외계인은 실망하여 더 쾌적한 행성으로 떠났을 것이다. 초기 지구에는 동물이 들이마실 산소가 없었다. 산소는 지구 생명의 토대가 된 미생물들 중 상당수에게 독이었으며, 그들 중 지금까지 살아 있는 여러 미생물들에게도 그렇다. 대산소화 사건은 여러 서식지에서 그들을 몰살시켰을 것이다. 그러나 그들은 극히 작기 때문에, 늘 곳곳의 수많은 혐기성 장소에 숨어서 살아남는다. 세균 한 마리에게는 핀머리만 한 공간이 하나의 세계나 다름없다. 어떤 것이 썩으면서 산소를 모두 소비한 곳마다 수많은 혐기성 미생물이 살아갈 터전이 생긴다. 온천이 샘솟는 곳에 운 좋게 들어간 미생물은 단기간에 수백만 마리로 불어날 수 있다. 지구가 어렸고 공기가 더러웠던 시절의 영광을 짧게나마 다시금 누리면서 말이다.

생존한 이 원시적인 고세균과 세균의 상당수는 열기도 좋아한다. 그들은 뜨거운 물이 있어야 살아가고 번식할 수 있다. 이것은 당신이 "앗, 뜨거!"라고 잠깐 비명을 지르는 수준의 열기가 아니다. 거의 끓을 정도의 물을 말한다. 그런 미세한 세포는 호열성 생물이라고 하며, 그중에는 초호열성 생물도 있다. 거의 끓는 산성용액 속에 느긋하게 앉아 있다고 상상하면 된다. 많은 화학반응은 고온에서 더 빨리 일어난다. 생명은 모든 수준에서 화학반응을 토대로 하는데, 특히 단세포 수준에서는 거의 화학적 과정이나 다를 바가 없다. 그런 세포를 막으로 둘러싸인 아주 작은 화학공장이라고 생각하면 도움이 된다. 두 개의 공장으로 분가할 수 있게 해줄 만한 에너지원을 찾아서 돌아다니는 공장이다. 세포 내에서 에너지를 운반하는 수단은 아데노신 삼인산(Adenosine triphosphate, ATP)이라는 화학물질이다. 우리 인간의 세포에서 물질대사가 이루어질 수 있는 것도 ATP 덕분이다. 이 사실은 모든 생명이 공통 조상에서 유래했을 가능성이 높다는 것을 보여준다. 살아 있는 모든 존재를 하나로 엮는 실들은 그밖에도 많다. 신장 인자(Elongation Factor)라는 이름의 유전자도 기나긴 생명의 역사 내내 쓰인 공통의 언어이다. 즉 모든 생물은 그 유전자를 가진다. 거의 끓는 물에서 번성하며, 상상할 수 있는 것보다 더 오래 지구 어딘가에 숨어서 살아온 생물들과 우리가 이런저런 공통점을 가지고 있다는 것이 밝혀질 때마다 놀랍기 그지없지만, 우리 모두는 번성하려면 단백질을 만들어야 하며, 신장 인자는 바로 그 과정에 핵심적인 역할을 함으로써 모든 생물의 삶이 시작될 때부터 끝날 때까지 개입한다. 그러나 고세균, 세균, 진핵생물은 기본 구성단위 면에서 몇 가지 근본적인 차이가 있다. 그래서 일리노이 대학교의 칼 우즈 연구진은 이 세 집단 사이에 근본적인 차이가 있음을 인정하도록 생명을 세 "영역(domain)"— 가장 상위의 분류범주— 로 나누어야 한다고 주장했다. 앞의 장에서 내가 소개한 원핵생물과 진핵생물의 이분법은 이제 낡은 것으로 보이기 시작한다. 대신에 우리는 고세균, 세균, 진핵생물의 세 영역을 이야기할 필요가 있다. 옐로스톤은 과거에 생명이 우리가 생각하는 것보다 더 풍성했다는 증거를 제시한다.

비록 이 책은 생명의 화학을 다루지는 않지만, 앞서 위대한 생존자들의 화학체계인 광합성을 다루었으므로, 각 영역의 화학적 특징을 몇 가지 개괄할 필요가 있다. 고세균은 다른 두 영역에 속한 생물들과 다른 독특한 지질 성분이 포함된 세포막을 가지고 있다.* 세포막은 생명활동이 일어나는 세포의 안과 (대체로) 적대적인 외부환경 사이를 나누는 근본적인 장벽이므로, 세포막 조성의 차이는 진정으로 생명의 핵심에 놓인 특징이다. 세포막 안팎으로 무엇이 들어오고 나갈 수 있는가에 따라서 세포의 영양상태가 결정되며, 따라서 성장 여부도 거기에 좌우된

---

* 전문용어로 말하면, 고세균에서는 글리세롤 뼈대와 지방산이 에테르(ether) 결합을 하는 반면에 진핵생물과 세균에서는 에스테르(ester) 결합을 한다. 또 고세균의 세포벽에는 펩티도글리칸이 없다. 이것들은 생명의 화학에서 근본적인 차이점들이기 때문에, 과학자들은 이런 점들이 초기 분화에서 중요했다고 본다.

다. 리보솜(ribosome)도 생명의 화학에서 중요한 역할을 한다. 리보솜은 모든 세포에 들어 있으며, 생물이 살아서 활동하게 해주는 핵심 성분이다. 리보솜은 리보핵산(ribonucleic acid, RNA)의 지시에 따라서 단백질을 합성하는 장소이다. 창작자의 설계를 기능적인 구조물로 전환하는 조립 라인과 비슷하다. 세 영역 모두 리보솜을 가지고 있지만, 각각의 RNA 서열에는 그들이 근본적으로 다르다는 점을 역설하는 중요한 차이점이 있다. 그들은 모두 공통 조상의 후손이지만, 일찌감치 갈라져서 서로 다른 진화경로를 걸었다. 그리고 정말로 세 영역이 있다면, 그중 하나가 나머지 둘 중 하나와 유연관계가 더 가까워서 세 번째 영역이 더 고립된 위치에 놓일 가능성이 있다("둘은 단짝이지만 셋이 되면 갈린다"는 원리와 다소 비슷하게 말이다).

다소 놀랍게도, 고세균이 세균보다 진핵생물과 더 최근의 공통 조상을 가졌음을 시사하는 연구 결과가 상당히 많다. "놀랍다"고 말한 이유는 고세균이라는 명칭에 "고(古)"라는 접두어가 붙어 있어서 더 오래되었을 가능성이 높다는 선입견을 가지기 마련이기 때문이다. 그러나 지금은 고세균이 진핵생물과 더 가깝다는 것이 미생물학자들 사이의 표준적인(보편적은 아니지만) 견해이다. 리보솜의 RNA는 대단위체와 소단위체라는 두 개로 나뉘어 있다. 리보솜은 생명의 기본 구성요소이므로, 리보솜 RNA의 서열을 분석하면 현생 생물들이 상대적으로 얼마나 가까운지를 파악할 수 있다. 연구자들은 원시적인 원핵생물들의 리보솜 RNA를 만드는 유전자 서열의 상대적인 유사성을 토대로 계통수(系統樹)를 그리고 있다. 실제로는 리보솜 RNA 소단위체가 진화연구에 가장 널리 쓰인다. 대체로 분석 결과를 더 빨리 얻을 수 있기 때문이다. 유전자 서열 분석은 시간이 많이 걸리고 비용이 많이 드는 과정이었지만, 인간 유전체 계획 같은 대규모 연구사업을 통해서 기술이 발전한 덕에 지금은 매우 빨리 할 수 있다. 그래서 원하는 서열을 분석하는 데에 걸리는 시간이 해당 장비를 얼마나 빨리 예약하느냐에 달려 있을 때도 흔하다. 또한 이 말은 점점 더 많은 생물들이 진화적 "잔가지"로 추가됨에 따라서 계통수의 배치가 달라지기 쉽다는 뜻이기도 하다. 원시적인 원핵생물들의 관계를 나타낸 계통수에서 한 가지 신기하고 흥미로운 특징이 나타나기 시작한 지도 어느덧 10년이 넘었다. 그것은 계통수에서 가장 아래의 가지에 속한 생물들이 고온에서 산다는 것이다. 심지어 끓는 물에서 살 수 있는 초호열성 생물도 있다. 따라서 생명이 뜨거운 물에서 시작되었다는 결론을 내릴 수 있다. 옐로스톤의 온천은 단지 신기한 것만이 아니다. 그 온천은 천연 타임머신이다. 그곳의 방문객을 시생대 초로 데리고 간다.*

이런 원시적인 초기 생물들의 학명은 대개가 열과 불을 뜻하는 라틴어와 그리스어에서 유래했다. 테르모플라스마 볼카니움(*Thermoplasma volcanium*), 피로코쿠스 푸리오수스(*Pyrococcus furiosus*), 테르모데술포박테리움 히드로제니필룸(*Thermodesulfobacterium hydrogeniphilum*), 술폴로부스 솔파타리쿠스(*Sulfolobus solfataricus*) 등이 그렇다. 솔파타라(Solfatara)는 이탈리아 나폴리 인근의 분기공으로 유명한 지역이다. 이런 학명들이 무엇을 가리키는지는 뻔히 드러나 있다.

피로코쿠스 푸리오수스는 "격렬하게 타는 화구(火球)"라는 뜻으로, 실제로 끓는 물에서 번성한다. 그 학명들은 고세균이나 세균의 형태에서는 드러나지 않는 드라마를 담고 있다. 이름을 들으면 그런 생물이 지옥의 뜨거운 불 속에서 의기양양하게 웃는 작은 악마 같은 모습일 것이라는 상상이 절로 떠오른다. 그러나 대부분은 크기가 몇 마이크론에

---

* 혼란을 줄이기 위해서 한 가지 중요한 차이점을 지적하면, 시생대(Archaean)는 약 25억 년 이전의 시대를 가리키는 지질시대 명칭이다. 한편 고세균(archaea)은 세균처럼 생긴 생물들로 이루어진 세 번째 영역을 뜻한다. 시생대에 고세균이 있었던 것은 맞지만, 시생대에 고세균 무리만 있었던 것은 아니다. 세균도 분명히 있었다. 더 나아가서 진핵생물도 있었다는 주장까지 있다. 불행히도 이름에 따르는 혼동이다.

불과한 작은 원통형이나 구형 또는 실 모양이다. 원통형은 한쪽 끝에 채찍 같은 편모를 하나 또는 몇 개의 다발로 가지기도 한다. 그들이 바닥에 수백만 마리씩 엉겨붙어서 대담한 색깔을 띠면 훨씬 더 인상적으로 보인다. 자연에서는 한 종의 세포들이 실처럼 엉겨붙어서 다발을 형성하거나 얇은 젤라틴 막을 이루기도 한다. 매트와 생물막은 대개 서너 종의 합작품으로서, 한 종의 대사활동이 복잡한 방식으로 다른 종의 대사활동과 얽혀서 만들어진다. 바닥에 붙은 갈색 찌꺼기처럼 보이는 것에 고배율 현미경을 들이대면, 아주 섬세한 다발처럼 보일 수도 있다. 각 종은 최적 생장온도를 중심으로 어느 정도까지 내성범위가 있으므로, 열원을 중심으로 색깔들이 동심원상에 놓이는 것도 설명이 된다. 가장 극한생물종은 분기공에 가까운 가장 뜨거운 중심에 자리하고, 가장자리로 갈수록 덜 극단적인 극한생물이 자리를 잡을 것이다. 그리고 물웅덩이에서 뜨거운 물이 흘러나가는 곳마다 녹색이나 갈색 테두리를 두른 노란색이 띠처럼 길게 뻗음으로써 각 종은 주변의 평지로 향하는 색색의 물줄기를 통해서 자신의 취향을 충실하게 드러낸다. 극한생물들이 이루는 경관은 물의 흐름이 바뀜에 따라서 계속 변한다. 물줄기가 끊기면, 며칠 사이에 색깔이 사라지면서 말라붙은 칙칙한 회색만 남는다.

　이제 색색의 온천을 새로운 관점에서 볼 수 있다. 옐로스톤의 지질학적 뿌리는 아주 특수한 세포 덩어리를 먹여 살리는 열과 화학물질의 원천과 이어져 있다. 좀더 뜨거운 온천의 빨간색과 오렌지색의 색소는 몇몇 광합성 세균을 강렬한 여름 햇빛으로부터 보호한다. 온천의 색은 한 해에도 시간의 흐름에 따라서 세균의 수가 늘거나 줄면 달라질 수 있다. 옐로스톤에서 선명한 색깔은 때로 생명의 서명(署名)이다. 카로테노이드 색소로 생기는 노란 얼룩은 최초로 발견된 호열성 생물 중 하나인 테르무스 아쿠아티쿠스(*Thermus aquaticus*)*라는 단순한 이름(나는 "뜨

---

* 테르무스 아쿠아티쿠스는 옐로스톤에서 처음 발견되었지만, 아주 널리 퍼져 있으며

거운 물"이라는 뜻으로 해석한다)을 가진 미생물이 있음을 가리킬 수도 있다. 에너지를 얻을 수 있는 곳이라면 어디든 그것을 이용하는 단순한 세포가 있을 것이다. 뜨거운 산에 녹아 있는 황이든, 수소든, 철이든 간에 말이다. 내 친구인 세균학자는 이렇게 말한다. "세균은 전자(電子, electron)를 발견하면 그것을 훔칠 것이다." 초기 지구에는 그들에게 걸맞은 조건이 훨씬 더 널리 퍼져 있었을 것이다. 예를 들면, 히드로제노바쿨룸(*Hydrogenobaculum*)은 가장 단순한 원소인 수소에서 에너지를 얻는데, 섭씨 65도 이상에서만 그렇다. 나는 노리스에서 매머드로 가는 길에 있는 님프 크릭에서 이 생물의 단세포들이 줄줄이 이어져 만든 노란 띠를 보았다. 마치 산성의 물속에서 가느다란 금발이 흐느적거리는 것 같았다. 미생물들이 엄청나게 모여 눈에 띄는 형체를 만들어냈다. 현미경으로 보면, 이 띠는 황이 딱지처럼 쌓인 것임이 드러난다. 물의 화학조성은 원천마다 다르므로, 각 온천이나 간헐천은 나름의 특징을 가질 것이다. 철이 농축된 곳에서는 이 흔한 원소를 산화시켜서 에너지를 얻는 갈리오넬라(*Galionella*) 같은 세균이 번성하며, 그들은 또다른 종류의 오렌지색 "녹"을 흔적으로 남긴다. 세포들은 때로 점액을 두르고 있기도 하므로, 그들을 더럽고 끈적거린다는 어감을 풍기는 "연못 점액"이라는 모욕적인 이름으로 부르는 것도 사실 무리는 없다. 새로운 종류의 고세균과 세균이 계속 발견되고 있지만, 언뜻 보면 새로운 것임을 알아차리지 못할 때가 많다. 대신에 실험실에서 유전체나 화학적 측면을 분석함으로써 비밀을 밝혀내야 한다. 코르아케오타(Korarchaeota)라는 초호열성 고세균 집단 전체는 옐로스톤의 옵시디언 풀(Obsidian Pool)에서 발견되었다. 2008년에 연구자들은 분자 증거를 토대로 그들이 최초의

가정용 온수설비에서도 발견된다. 이 미생물은 고온에서 안정한 Taq 중합효소를 얻는 데에 쓰인다. 이 중합효소는 소량의 DNA를 많이 "증폭하여" 분석하는 기술인 PCR에 필요하다. 그리고 PCR은 범죄수사를 비롯하여 다방면으로 활용되는 중요한 기술이다. 유전자 서열을 통해서 초기 생명의 유연관계를 조사할 때도 쓰인다.

생명체와 가장 비슷하다고 주장했다. 이제 투구게가 뒤늦게 덧붙인 글이고, 유조동물은 후기이며, 해조류조차도 끝자락에 적은 문장처럼 보이기 시작한다. 우리는 지구에 생명이 출현한 최초의 시점으로 되돌아가고 있다.

옐로스톤은 드넓은 칼데라 안에 생명의 역사 중 상당 기간을 압축해서 담고 있다. 지구 생명의 최초의 단계가 어땠는지를 알려주는 증거를 제시할 뿐만 아니라, 온천의 가장자리에서 더 나중의 진화단계들, 산소가 존재하던 "녹색"의 단계들도 보여준다. 님프 크릭의 언저리, 물이 증기를 피워올리면서 주변의 침엽수림으로 흘러가는 얕은 개울의 바닥은 생생한 녹색 매트로 뒤덮여 있다. 선명한 에메랄드 빛깔이라는 점에서 자연의 다른 녹색들과 다르다. 키아니디움(*Cyanidium*)이라는 산과 열에 가장 잘 견디는 조류가 만든 색깔이다. 이 조류는 섭씨 50도에서도 살수 있다. 이 조류는 호열성임에도 철저한 진핵생물이다. 선명한 녹색은 피코시아닌(phycocyanin)이라는 광합성 색소에서 나온다. 물은 더 흘러가서 더 차갑지만 산성은 그대로 유지하고 있는 웅덩이로 흘러든다. 그곳에는 이동능력을 가진 조류인 유글레나(*Euglena*)가 우글거린다. 유글레나는 채찍을 휘두르며 움직이는 작은 녹색 소시지처럼 보인다. 근처의 덜 산성을 띤 물웅덩이에서는 남세균과 규조류(조류의 일종)가 엉겨서 복잡한 매트를 짠다. 살아 있는 스트로마톨라이트의 표면을 이루는 생물막을 연상시킨다. 이 독립영양 생물들에 앞서 원형질 안에 세균과 조류를 삼킨 몇 종류의 단세포 동물들이 나타났다. 그중에서 아메바와 짚신벌레는 아마 생물시간에 이미 접했겠지만, 그보다 덜 친숙한 종들도 많다. 물론 이제 우리는 생태계를 만난다. 아주 작은 규모라고 할지라도 생산자와 소비자로 이루어진 그물을 말이다. 모든 온천이 산성을 띠는 것은 아니며, 그것은 국지적인 지질에 따라서 다르다. 뜨거운 물이 지하 깊숙한 곳에서 석회암 지층을 지나면, 그 단단한 암석은 어느 정도

용해된다. 그 용액이 마침내 지표면으로 솟아오르면, 규화가 아니라 하얀 트래버틴(travertine)이 침전된다. 탄산칼슘으로 이루어진 물질이다. 매머드 온천의 비탈을 따라 생긴 단구들은 모두 트래버틴이며, 옐로스톤 국립공원의 모든 것들이 그렇듯이, 놀랍기 그지없다. 단구 중에는 "살아 있는" 알칼리성 온천의 물이 더 이상 흘러들지 않는 곳도 있으며, 그런 곳의 트래버틴은 설탕처럼 새하얗다. 단구의 절벽은 여러 층으로 만든 산만 한 케이크에 거인 여성이 야심적으로 흘림 장식을 한 듯하다. 지하의 물 통로에 변화가 일어나면 온천은 나타났다가 사라졌다가 하지만, 흘러나오는 물의 총량은 거의 일정한 듯하다. 나는 유명한 미네르바 단구(Minerva Terrace)는 완전히 말라붙은 반면, 근처의 팔레트 단구(Palette Terrace)는 물이 철철 넘치면서 생생하게 반들거리는 것을 보고 놀랐다. 물은 들쭉날쭉 섬세하게 층을 이룬 주름진 가장자리 위로 흘러넘친다. 비탈의 침엽수는 옐로스톤 호 주위에 흔한 로지폴 소나무와 다른 종들로서, 오래된 분재처럼 생긴 뒤틀린 편백나무류도 섞여 있다. 앤젤 단구(Angel Terrace)에서처럼 새로운 물웅덩이가 생긴 곳에는 탈색된 침엽수가 뼈대만 남아서 일반 생물에게는 치명적인 뜨거운 물의 힘을 알려준다. 세균과 고세균은 똑같은 조건에서 번성한다. 알칼리성을 띤 매머드 온천에는 옐로스톤의 다른 곳에 사는 종들보다 더 까다로운 세균들이 많이 살고 있다. 그러나 여기서도 똑같은 오렌지색 색소가 물웅덩이 가장자리와 연한 트래버틴 가장자리로 물이 조금씩 흘러넘치는 곳을 으스스하게 물들이고 있다. 뜨거운 물이 흘러나가는 물줄기마다 호열성 미생물들이 여러 색으로 방울지거나 주름진 깔개처럼 젤라틴 막으로 뒤덮고 있다. 선명한 녹색을 띤 곳도 있고, 올리브색이나 갈색을 띤 곳도 있으며, 모두가 살아 있다. 다른 관광객들이 의아하게 쳐다보는 시선을 무시한 채 나는 더 자세히 살펴보기 위해서 널빤지가 깔린 보도에 무릎을 꿇고 앉았다. 창피하다는 생각보다는 선캄브리아대를 돌아보

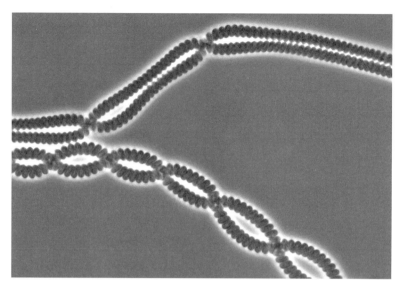

타래송곳처럼 생긴 남세균인 스피룰리나. 매머드 온천에서 미생물 매트를 만든다.

려는 충동이 더 강했다. 끈끈한 매트들 중 하나에서 산소 방울이 올라오는 것을 보고, (내가 실눈을 뜨고 살펴보는) 조금 더럽다는 느낌을 주는 그 표면에 남세균이 있다는 것을 알았다. 아마도 나선형으로 감기는 미세한 녹색의 실처럼 생긴 스피룰리나(Spirulina)이겠지만, 서너 종류가 함께 섞여서 매트를 짤 가능성이 더 높다. 미생물들이 흐르는 뜨거운 물에 흐느적거리는 미세한 다발을 만든 곳도 있다. 그중에는 너무나 창백하고 섬세하여 "천사의 머리카락"이라는 이름이 붙은 것도 있다. 단구 꼭대기에 있는 카나리아 온천에는 세균들이 힘을 합쳐서 작은 뾰루지 같은 구조물을 만든다. 이 뾰루지들은 서로 융합되어 콜리플라워 같은 모양을 만들고 있다. 모두 따스한 오렌지색으로 은은하게 빛나는 듯하다. 막스 에른스트의 초현실주의 그림의 한 장면 같다. 그러나 물줄기가 끊기면 이 모든 생명은 즉시 활동을 멈추고, 바짝 말라서 바삭거리며 부서지는 회색이나 흰색의 황폐한 경관만이 남는다.

트래버틴 비탈의 바닥에는 오래 전에 죽은 온천의 흔적이 있다. 1871

년 헤이든 조사단은 이 흔적에 리버티 캡(Liberty Cap)이라는 이름을 붙였다. 프랑스 혁명을 연상한 것인지, 내가 알 수 없는 그 지역의 어떤 혁명을 떠올린 것인지, 모르겠지만 말이다. 리버티 캡은 단구가 가파른 원뿔형 비탈만 남긴 채 침식되고 남은 온천의 트래버틴 "고갱이"이다. 마치 흙에서 솟아오른 거대한 이빨처럼 보인다. 소도시를 나와서 가디너로 향하는 길 옆 절개지를 보니, 트래버틴 퇴적물의 "화석"이다. 따라서 온천은 현재의 범위로부터 훨씬 더 멀리까지 뻗어 있었던 것이 분명하다. 부서진 암석 표면에 사라진 온천이 층층이 쌓은 트래버틴 층들이 뚜렷이 보인다. 암석에 약간 구멍이 난 곳도 있다. 색깔의 흔적은 전혀 없다. 나는 트래버틴이 침전될 당시에 뜨거운 물웅덩이에서 수백만 마리씩 번성했을 고세균과 세균의 잔해가 있을 것이라고는 전혀 기대하지 않는다. 생명이 자신을 추적하는 이들에게 쉽게 읽힐 수 있는 서명을 늘 남기는 것은 아니다.

가장 오래된 화석 기록을 읽는 데에도 비슷한 문제가 적용된다. 황, 수소, 온천이 풍부한 세계가 우리의 원시적인 미세한 세포에 적합했으리라는 데에는 의심의 여지가 없다. 그러나 먼지보다 작고 단단한 물질이 없는 생물들의 직접적인 화석 증거를 찾는 일에는 한 가지 명백한 문제가 있다. 그것이 보존된다는 것은 일종의 기적이 아닐까? 나는 옐로스톤의 산성 온천 주변에서 실리카(Silica)에 뒤덮인 식물의 증거를 많이 보았다. 화석이 되어가는 것들이다. 틀림없이 선캄브리아대 남세균은 실리카에 잘 보존될 수 있다. 스트로마톨라이트와 연관된 화석이 입증하듯이 말이다. 따라서 우리는 원생대의 증거가 남아 있을 것이라고 확신할 수 있다. 그러나 거기에서 더 거슬러올라갈 수 있을까? 1993년 빌 스코프는 웨스턴 오스트레일리아의 에이펙스 처트에서 35억 년 된 단순한 실 같은 화석을 찾아냈다고 발표했다. 나중에 마틴 브레이저는 유기물에서 생겼다고 의심할 수 없는 다른 암석들에서도 비슷해 보이는 유기성 원통이 형성될 수 있음을 보여줌으로써 이 화석들이 진짜가 아닐 수 있다는 의구심을 제기했다. 스코프는 그 원통의 "벽"이 맞는 종류의 탄소임을 보여줌으로써 반박했다. 거의 같은 시대의 남아프리카 바버턴 그룹(후게노에그 층)에서 나온 좀더 잘 보존된 표본도 비판적으로 재조사가 이루어졌으며, 일부 회의주의자는 전보다 확신을 덜 가지게 되었다. 우리는 세균 매트가 미묘한 덩어리와 주름진 표면을 만든다는 것을 알지만, 가열되고 변형되었을지 모를 암석에 든 매우 초기의 표본이 유기체에서 기원했다고 절대적으로 확신할 수 있을까? 나는 지구 생명의 초창기를 드러낸다고 주장되는 현장조사 증거를 대할 때는 어느 정도 신중한 편이 좋다고 결론짓는다.

지난 10년에 걸쳐 초기 생명에 관한 다른 계통의 증거들이 계속 확립되어왔다. 유전자 서열로부터 이끌어낸 정보가 바로 그러하며, 원시지구에 적합한 신기한 대사활동을 하는 새로운 고세균들이 발견되었다는 것은 이미 언급했다. 탄소원소 자체로부터도 증거가 나온다. 탄소의 안정한 동위원소는 ^{12}C와 ^{13}C 두 가지 형태이다. 생명활동은 더 가벼운 첫 번째 동위원소를 선호한다. 광합성 과정에 핵심적인 역할을 하는 루비스코 효소가 ^{12}C를 선호하여 유기물에 통합한다는 단순한 이유에서이다. 지구의 유기탄소를 운석의 탄소와 비교하면, 지구의 탄소가 더 가볍고 ^{12}C가 더 풍부하다. 우리가 아는 한 생명만이 이 비법을 쓸 수 있으며, 우리는 가벼운 탄소가 생명이 풍부히 존재했음을 알려준다고 꽤 확신할 수 있다. 그런 미묘한 분자량의 차이를 측정하는 장비는 예전보다 훨씬 더 정교해졌으므로, 지금은 고대 암석에서 얻은 매우 소량의 탄소로도 충분한 결과를 얻을 수 있다. 그리고 유기탄소는 틀림없이 35억 년 전에 풍부했다. 생명이 1회전을 벌였던 시기에 말이다. 이것은 화석의 존재를 뒷받침하는 역할을 한다. 그러나 그런 기나긴 지질학적 시간을 거쳐서 살아남은 암석은 구워지고 변형되었을 가능성이 높다. 이런 이유로 그린란드의 더 오래된 암석에서 얻은 가벼운 탄소에도 의구심이 제기되었다. 이 암석은 38억 년 전의 것으로서 지구에서 가장 오래된 것일지 모른다. 우리 행성 전체는 약 39억 년 전, 이른바 후기 운석 대충돌기(Late Heavy Bombardment) 때 운석들에 난타당했다. 고세균이나 그들의 먼 친척들이 정말로 이 초창기에 존재했다면, 흥분되는 시대를 살았을 것이 확실하다. 고세균과 세균은 어떤 에너지원이든 거의 다 이용할 수 있는 듯하다. 그러니 극단적인 상황에 적합한 극한생물들이 있었을지 모른다.

지구에는 열과 황을 좋아하는 생물들에게 이상적인 다른 장소들도 있지만, 옐로스톤 국립공원처럼 쉽게 접근할 수는 없다. 그중 "블랙 스모커(black smoker)"는 초기 생명에 관한 시나리오를 직접적으로 보여주므로 들를 만하다. 대양에는 지각판의 경계를 나타내는 중앙해령을 따라서 평균 수심 2킬로미터인 곳에 뜨거운 물이 솟구치는 굴뚝이 있다. 아마도 중앙해령 중에서 가장 잘 알려진 것은 대서양 중앙해령일 것이다. 대서양 중앙해령은 실제로 대서양을 거의 양분한다. 중앙해령은 마그마가 깊은 곳에서 줄지어 솟아오르는 선을 나타내며, 따라서 열 흐름이 증가하고 광물화가 풍부하게 이루어지는 곳이다. 황화철 굴뚝은 해령을 따라서 광물과 기체로 가득한 뜨거운 물이 차가운 바다로 분출되는 곳에 생긴다. 뜨거운 물은 완전한 어둠 속에서 불규칙한 통로를 통해서 뿜어지므로, 생존하는 데에 빛을 필요로 하는 생물은 그 깊은 곳에서 살 수 없다. 심해에는 동물이 극히 드물게 분포하지만, 연기기둥 주위는 생명이 우글거리는 일종의 빛 없는 생물학적 오아시스이며, 모두 햇빛을 매개로 하지 않는 대사활동을 토대로 한다. 황, 수소, 철을 이용하여 에너지를 얻을 수 있는 고세균과 세균은 먹이사슬의 바닥에 놓이며, 분화한 갑각류, 조개류, 의유수동물(vestimentifera)이 다양한 방식으로 이들을 먹고 이용하고, 이 동물들은 다시 다른 포식자의 먹이가 된다. 의 유수동물은 긴 관처럼 생겼으며 굵은 스파게티 뭉치처럼 모여서 자란다. 각 관의 끝은 붉고 통통해 보인다. 놀랍게도 그들은 창자가 전혀 없다. 대신에 전적으로 화학공생 세균에 의지하여 양분을 얻는다. 그 근처에서는 다리가 긴 게들이 마치 깡마른 굴뚝 수리공처럼 딱딱한 굴뚝 주위를 돌아다닌다. 입과 위장만 있는 것처럼 보이는 어류들이 먹이를 찾아 어둠 속을 돌아다닌다. 히에로니무스 보스의 그림과 마블 코믹스의 만화가 뒤섞인 듯한 기이하고도 놀라운 세계이다. 이 깊은 어둠 속에서 크거나 작은 새로운 생물종들이 이따금 발견되는 것도 놀랄 일이 아니다.

검은 연기기둥에 접근하는 것은 쉽지 않다. 수압이 아주 강한 그렇게 깊은 곳에서 과학에 필요한 정보와 표본을 얻으려면, 우즈홀 해양연구소의 심해 잠수정 앨빈 같은 특수한 장치가 필요하다. 그런 연구에는 비용이 많이 든다. 검은 연기기둥을 만드는 순환하는 뜨거운 물은 지질학적으로 옐로스톤 온천의 근원과 그리 다르지 않다. 심해의 압력 때문에 물이 증기로 변하지 않으면서 수온이 더 높이 올라갈 수 있다는 점만 다르다. 피로볼루스 푸마리(*Pyrobolus fumarii*)라는 고세균이 오랫동안 고온생존 최고기록을 보유하고 있었지만, 5년 전 검은 연기기둥에서 발견된 "121번 균주"라는 철을 환원하는 고세균이 거기에 6도를 추가할지도 모른다(이 가여운 "벌레"는 섭씨 130도에서 활동을 정지하지만, 끓는 물에 넣으면 소생할 수 있다!). 그런 생물은 분명히 고세균 중에서도 전문가이다. 최근에 몇몇 과학자들은 초호열성 미생물들이 모두 매우 심한 고온에는 이차적으로 적응한 것이 아닐까 하는 의구심을 제기하기 시작했다. 열에 대처하도록 도움을 주는 특수한 효소들 중 일부는 내성이 덜한 형태로부터 이차적으로 유도되었을 수도 있는 듯하다. 아마도 그 특수한 재능은 기나긴 지질학적 시간을 견디는 데에도 도움을 주었을 것이다. 지금은 해저의 다른 곳들에 다른 종류의 분출구가 있음이

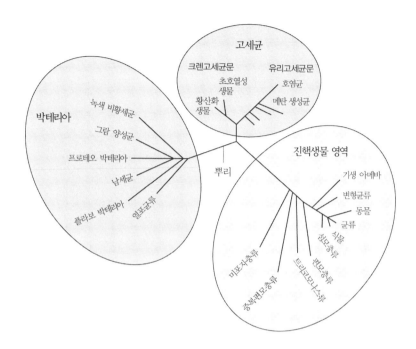

생명이 근본적으로 세 영역으로 나뉜다는 것을 보여주는 진화도. 이 관점에서 보면 고등한 동식물은 진핵생물 가지의 꼭대기에 뒤늦게 달린 것에 불과하다.

알려지고 있으며(계속 더 발견되고 있다), 이런 열수 분출구는 중앙해령에 있는 것보다 수온이 훨씬 덜 극단적이다. 그래서 미적지근하거나 차가운 물이 스며나오는 곳이 생명의 요람을 위한 더 나은 모형을 제공할 수도 있다고 주장하는 연구자들도 나타났다. 이런 덜 극적인 분출구들에도 어둠 속에서 대사활동을 하는 세균과 기타 미생물이 풍부하다. 더 차가운 분출구에 사는 미생물의 삶을 더 많이 알게 되면, 초기 지구의 생명에 관한 다른 그림이 출현할지도 모른다.

시생대 초의 이 초창기에는 진화가 다른 법칙에 따라서 진행되었다는 것이 이미 분명해졌다. 사실 생명의 나무의 밑동에 가까이 놓인 생물들에게는 지금도 그렇다. 옐로스톤의 일부 고세균과 세균은 우둘투둘 물집이 난 듯한 덩어리를 이루고 있다. 이들은 죽으면서 딸세포를 둘씩 만들고 있는 것이 아니다. 이 불안정해 보이는 세포들은 세균을 감염시키는 바이러스, 즉 박테리오파지(줄여서 파지)에 감염된 것들이다. 바이러스는 자신의 미생물 숙주보다 더 작으며, 본질적으로 DNA나 RNA를 단백질 껍질로 감싼 것이라고 할 수 있다. 바이러스는 숙주세포 안에서만 증식할 수 있다. 숙주세포의 세포기구를 약탈하여 더 많은 바이러스를 만드는 것이다. 따라서 독감에 걸려서 힘든 하루를 보낼 때 우리의 감염된 세포들은 거의 생명 자체만큼 오래된 현상을 경험하는 셈이다. 아주 단순한 증식양상을 띠기 때문에, 바이러스의 유전구조는 빠르게 변할 수 있다. 에이즈 바이러스 연구자들이 너무나 우울하게 깨달아왔듯이 말이다. 파지는 한 세균숙주로부터 다른 세균으로 유전자를 옮길 수 있다(이 과정을 형질도입이라고 한다). 사실 바이러스의 DNA 자체가 숙주세포의 DNA에 통합될 수도 있다. 따라서 진화는 바이러스를 매개체로 삼아서 수평으로 나아갈 수도 있다. 유전물질은 기존에 종의 경계라고 간주되었던 것을 넘어서 서로 교환될 수 있다.* 사실 그런 교환은 세균 수준에서는 흔하다는 것이 드러났으며, 이를 수평 유전자 전달이라고 한다. 그 말에는 부모에게서 아들딸로 유전정보가 전달되는 우리 종에게 일어나는 양상과는 다르다는 점이 강조되어 있다. 우리 인간의 유전정보 전달양상은 "위로부터의" 유래라고 생각할 수 있다. 즉 무심히 나아가는 시간의 화살과 유성생식 법칙을 따라서 정보가 수직으로 이동한다. 미생물은 다른 방식으로 자기 세대의 유전정보를 수정한다.

단순한 세포에서 수평 유전자 전달이 이루어지는 가장 과격한 방법은 플라스미드(plasmid)를 통하는 것이다. 플라스미드는 고세균과 세균의 세포에서 염색체의 DNA와 별도로 존재하는 DNA 조각을 말한다. 플라

---

* 유전공학과 유전자 요법은 이런 발견들을 최대한 활용한다. 바이러스를 비롯한 매개체는 질병 저항성 같은 특정한 생물학적 기능을 유전체의 필요한 곳에 "전달하는" 데에 쓸 수 있다. 현재 해파리에서 얻은 녹색 형광을 띠게 하는 유전자는 여러 생물에 삽입되어 연구에 널리 쓰인다.

스미드는 독자적으로 복제될 수 있어서, 진화에서 색다른 역할을 맡고 있다. 유익한 돌연변이를 가진 플라스미드는 번성할 것이다. 플라스미드는 세균이 항생제에 내성을 띠도록 하기 때문에 최근에 특히 관심의 대상이 되었다. 플라스미드는 원형이며, 큰 것은 지름이 2미크론에 달하고, 그 정도면 전자 현미경으로 사진을 찍을 수 있다. 두 세균세포가 일종의 다리를 통해서 연결되는 접합이라는 과정 때, 플라스미드는 한 세균에서 다른 세균으로 옮겨갈 수 있다. 많은 과학자들은 이 과정이 앞서 진핵생물의 기원을 이야기할 때 말한(108쪽 참조) 내생공생과 비슷하다고 본다. 한 원핵생물이 더 큰 세포 안에 삽입되어 유용한 일을 하게 된 것처럼 말이다. 접합은 더 복잡한 다목적 세포를 만드는 한 방법이기도 하다. 사실 플라스미드도 광합성을 하는 엽록체가 한때 자유생활을 했듯이, 과거에는 독립된 생활을 누렸을지 모른다. 새로운 플라스미드는 삽입된 세포에 이점을 제공할 수 있다. 항생제 내성이 대표적인 사례이다. MRSA(메티실린 내성 황색 포도상구균)를 비롯한 내성균주들은 방제도구로 쓰이는 화학물질들에 내성을 띰으로써 점점 더 흔해지고 있다. 단순한 생물들 사이의 상호작용 중 상당수는 화학물질을 사용하는 일종의 생물학전과 비슷하다. 이 매우 작은 크기의 생물들도 "우위"를 점할 방법을 찾으며, 적절한 플라스미드를 얻으면 그렇게 될 수 있다. 몇몇 단순한 세포는 플라스미드를 중계하여 전달하는 일종의 보관교부 우편역할을 한다. 내용물에 많은 변화가 일어난다고 해도 "우편함"의 중요한 뼈대는 그대로 남아 있다.

예를 들면, 농부들이 익히 알 듯이 대기질소를 고정하는 능력은 어떤 환경에서는 극도로 유용한 능력이며, 딱 맞는 플라스미드가 있으면 그 능력을 전달할 수도 있다. 유용한 기능이 어떤 세포에 전달되면, 그 운 좋은 개체는 번창하면서 아주 빠르게 증식할 것이다. 고맙게도 정상적인 자연선택 법칙이 적용될 것이고, 가장 적합한 그 세포는 동료들과의 경쟁에서 이길 것이다. 전통적인 대물림 관점에 익숙한 이들은 수평으로 일어나는 진화를 살펴볼 때면 기존 개념이라는 낡은 근육으로 새로운 곡예를 해야 한다. 때로는 근육통이 조금 생길 수도 있다.

이런 과학 분야 자체가 빠르게 진화하고 있다. 사실 거의 세균이 번식하는 수준으로 빠르다. 모든 과학 분야, 특히 진화 분야에서, 단순한 개념은 금세 복잡하게 변한다. 내생공생은 매혹적인 개념이며 이해하기도 쉽지만, 이쯤 되니 내생공생이 복잡한 방식으로 여러 차례 일어난 것처럼 보인다. 새로운 미생물이 점점 더 발견되고 있으며, 단순한 겉모습 속에 다양한 화학이 갖추어져 있음이 드러난다. 평범한 껍질 속에 연구실에서 인내를 요하는 연구를 통해서만 드러날 온갖 흥분을 일으키는 비밀들이 숨겨져 있을지도 모른다. 나의 옐로스톤 여행은 과거로의 여행일 뿐 아니라 발견의 최전선을 둘러보는 여행인 셈이다.

나는 옐로스톤 국립공원을 떠나기 전에 그랜드 프리즘 온천을 보고 싶었다. 그곳은 지열이 빚어낸 경관의 장엄한 극치이므로, 러시모어 산의 전경만큼 많이 사진으로 찍혔을 것이 분명하다. 나는 오랫동안 그곳을 찍은 항공사진들을 보며 감탄해왔다. 중앙의 파란색을 선명한 녹색이 띠처럼 두르고 그 가장자리를 황의 노란색이 얇은 입술처럼 둘러싸고 있다. 물이 흘러나가는 곳마다 오렌지색이 마치 원형의 불길로부터 갈색의 황량한 평원으로 불이 번져가는 듯하다. 그러나 거기에는 이런 안내판이 붙어 있다. "이 지역은 인간의 출입을 금함." 회색곰이 긴 겨울잠을 잔 뒤에 겨울에 죽은 엘크나 들소의 시체를 찾아 돌아다니기 때문에 그 온천에는 아무도 들어갈 수 없다. 너무 일찍 오면, 바로 그런 문제가 생긴다. 경고판에는 친절하게 "곰은 사람을 보면 자기 먹이를 빼앗으려고 한다고 생각할지 모릅니다"라고 적혀 있다. 사실상 사람이 먹잇감으로 보일 수 있다는 말은 적혀 있지 않다. 나는 보이지 않는 온천에서

THIS AREA IS CLOSED TO ALL HUMAN TRAVEL

This area provides critical habitat for grizzly and black bears emerging from winter hibernation. Bears depend upon this food-rich area in the spring due to the concentration of winter-killed bison and elk, large numbers of bison calves, and the availability of early snow-free vegetation.

Research has shown that the presence of people displaces bears, reducing the bears' ability to use the area. Also, the presence of people may be viewed by the bears as a threat to their food. Therefore, for your safety and that of the bears, this area is closed.

그랜드 프리즘 온천으로 가는 길. 곰이 옐로스톤 공원의 최고의 장관 중 하나를 선점하고 있다.

주기적으로 뿜어내는 뜨거운 물줄기가 내 쪽으로 흩뿌려지는 광경에 만족해야 한다. 도로를 1.5미터쯤 갔을 때 나는 그 경고가 옳았음을 알 수 있었다. 거대한 곰이 엘크 시체를 뜯으며 허기를 달래고 있었다. 긴 잠을 잔 뒤라서 몹시 배가 고팠던 것이 분명하다. 경비원은 그 육식동물이 평화롭게 뜯어 먹을 수 있도록 구경꾼들에게 거리를 유지하라고 (정중하지만 단호하게) 인식시킨다. 여기저기서 망원 렌즈를 꺼내든다. 나는 마치 은밀히 만찬을 즐기는 장면을 찍으려는 파파라치 무리에 낀 듯한 기분이 들어 당혹스럽다. 그렇게 허겁지겁 먹어대는 장면을 엿보고 있으니 조금 무례한 듯하다. 공원에는 늑대를 다시 들여놓았고, 늑대들은 잘살아가는 것 같다. 워낙 조심성이 많은 영리한 동물이기 때문에 흑곰이나 회색곰보다 더 눈에 띄지 않지만 말이다. 아마도 늑대들은 남들이 엿보는 것을 좋아하지 않는 모양이다. 옐로스톤 국립공원에는 곰과 늑대만 있는 것이 아니다. 그들이 그곳에 매력을 더할지는 모르지만, 진정한 경이를 보려면 먼저 무엇이 있는지를 알려주는 전자 현미경이 필요하다.

이 책은 마치 그곳에 가려고 한 것처럼, 생명의 나무의 밑동 가까이에 왔다. 다시금 강조하지만, 고대 세균의 세계는 지금도 어디에나 있다. 나는 세균을 제외한 모든 것이 마법처럼 한순간에 사라진다고 해도, 회색곰의 흐릿한 윤곽은 남아 있을 것이라고 생각한다. 수많은 원생생물들이 그 형체를 잠시 허공에 유지하면서 말이다. 그러나 유조동물이나 투구게와 마찬가지로, 훨씬 더 작은 이 생물들도 한결같은 상태로 머물러 있는 것은 거의 없다. 세상은 생명이 시작된 이래로 수십억 년에 걸쳐서 변해왔으며, 가장 작은 생물들도 함께 변해왔다. 나는 세균의 다양성 쪽은 거의 기웃거리지도 않았다. 옐로스톤의 어느 호수 바닥의 진흙이 두껍고 검게 쌓인 퇴적물 표면을 파들어간다면, 습지에서 솟아오르는 기체 방울인 메탄을 만드는 다양한 메탄 생성균들을 방해하게 될 것이다. 산소가 적지만 빛이 드는 하천 바닥의 한 구석에는 빛을 이용하지만 산소를 생성하지 않는 특수한 형태의 광합성을 하는 홍색 황세균(purple sulphur bacteria)* 집단이 번성할 것이다. 이 세균은 시생대에 남세균보다 앞서 나타났을 것이다. 썩은 달걀 냄새(황화수소)는 그들이 있음을 알려준다. 작은 독립영양 생물들은 어디에서나 존재하며 은밀하게 번성한다.

진화의 기나긴 모험이 이루어지는 동안, 미생물들은 옐로스톤 국립공원에서 사람들의 시선을 사로잡는 동물들의 창자 속으로 들어갔다. 봄에 곰은 겨울 동안 굶어서 빠진 몸무게를 늘리기 위해서 엘크나 들소

---

* 앞의 장에서 "지루한 10억 년"이 지속된 원인을 추측할 때, 이 세균의 친척을 짧게 언급했었다. 산소를 만들지 않는 광합성에서 산소를 만드는 광합성 진핵생물로의 여행은 길고도 힘든 과정이었으며, 도중에 어떤 일이 있었는지는 아직 밝혀지지 않은 부분이 많다. 그러나 내생공생 사건이 두 번 이상 있었다는 것은 분명하다.

같은 초식동물의 시체를 먹어야 한다. 그 뒤에야 잡식동물의 기호에 따라서 열매나 다른 것들을 찾아 돌아다닐 수 있다. 그리고 초식동물들은 그들이 먹는 식물들의 상당 부분을 처리하려면 다양한 세균이 절대적으로 필요하다. 이 동물들의 반추위(反芻胃)에 수십억 마리씩 들어 있는 공생 미생물들이 만드는 효소의 도움이 없이는 셀룰로오스를 소화시킬 수 없다. 반추위에는 고세균, 세균, 균류, 단세포 동물들이 뒤섞여 산다. 계속 음식이 공급되면서 마구 휘저어지는 일종의 통 속에서 서로 힘을 합쳐 식물을 발효시킨다. 곰은 그렇게 나온 산물을 섭취하여 살로 바꾼다. 그리고 부산물로 메탄이 나온다. 메탄은 현재 중요한 온실 가스임이 밝혀져 있다. 이 미생물 중 일부는 세균 매트를 이루는 것들의 6촌 사촌이다. 그들은 단순한 초식동물과 반추동물보다 훨씬 더 오래 존속했다. 선캄브리아대의 암석 틈새나 온천과 비슷한 곳을 만나면, 그들은 마구 증식할 것이다. 설령 곰의 튼튼한 위장이 극도로 산성을 띰으로써 극소수의 극한생물만이 살아갈 수 있다고 할지라도, 그 커다란 위장은 미생물들의 안식처이며, 미생물들은 곰의 대사활동에 필요한 양분을 서서히 공급한다. 미생물에게는 일종의 천국이라고 할 수 있다.

옐로스톤 국립공원은 우리가 그저 연못 점액에 불과하다는 사실을 되돌아보게 하는 최적의 장소일지도 모른다. 우리 몸의 모든 세포는 기나긴 역사, 세포소기관들이 우리가 살아남지 못했을 세계를 자유롭게 떠다니던 시대가 있었음을 말해준다. 곰과 들소를 포함하여 진화의 나무의 한 잔가지에 다닥다닥 붙어 있는 우리의 가까운 포유동물 친척들은 나무줄기 밑동 근처에 있는 단순한 세포들이 없다면 생존할 수 없다. 우리는 투구게나 유조동물이 없어도 살 수 있지만, 세균이 없으면 죽을 것이다. 옐로스톤의 호숫가에 늘어선 로지폴 소나무는 소나무의 뿌리를 뒤덮고 흙에서 인산염을 분자 하나씩 수거하는 공생균류의 도움이 없다면 자랄 수 없을 것이다. 생명의 이야기는 한 생물이 다른 생물을 이

긴다는 내용만 있는 것이 아니다. 오히려 공동의 보금자리를 만들고 서로 혜택을 준다는 내용이 더 많다. 그것은 일종의 그물 또는 최종 해답이 없는 크로스워드 퍼즐이다. 그것은 결코 단순하지 않다. 얇게 덮인 점액 속에서 반들거리는 우둘투둘한 갈색 매트를 만질 때, 우리는 자신의 역사 중 가장 오래된 부분과 대화를 나누고 있는 것이다. 마음보다 오래되고, 성별보다 오래된 과거 말이다. 이제 당신은 자신이 어디에서 왔는지를 안다.

5

무척추동물 무리

우리는 벌레와 패류, 특히 옛 시대의 유명한 생물을 찾는 중이다. 그러나 그것들을 찾으려면, 도움이 필요하다. 홍콩 시립대학교의 폴 신 박사는 예전에는 영국의 소유였던 땅을 에워싼 바다에서 당신이 찾고자 하는 것이라면 무엇이든지 말해줄 수 있는 사람이다. 그는 자국의 해역을 뒤져서 흥미로운 종을 찾는 일을 수십 년째 하고 있다. 그럼에도 그는 우리가 실망하는 일이 없도록 학생 한 명을 이틀 먼저 신계(新界) 지역으로 보내서 사전답사까지 했다. 또 장화와 소형 버스도 마련해주었다. 우리는 르네상스 시대의 분위기를 풍기는 활기찬 "도시국가"이자 줄곧 무역항이었고, 지금은 나름의 활력이 넘치는 홍콩을 뒤로 하고 떠난다. I. M. 페이와 리처드 로저스가 설계한 대표적인 건물들이 멀어진다. 최신 건물들에 비하면 이제 왜소하지만, 그것들은 대영제국 건축의 근엄함을 아직 간직하고 있다. 아르마니와 불가리의 상품들이 화려하게 전시된 빅토리아 섬과 주룽(九龍)의 중심가에서 훨씬 더 너머까지, 별 특징 없는 고층건물들과 공장들이 뻗어 있다. 중국의 이 지역에서는 화강암이 가파른 산맥을 이루며, 그 사이의 산자락마다 사람들이 차지하고 있다. 이 고지대에는 아직 다양하고 무성한 밀림이 남아 있으며, 이따금 새들이 지저귀는 소리가 들린다. 도시임에도 고속도로를 따라서 화려하고 커다란 나비들이 느릿느릿 날아다닌다. 다행히도 몇몇 지역이 국립공원으로 보전됨으로써, 지나치면서 자연경관을 만날 수 있다. 산비탈은 산사태가 일어날 만큼 가파르다. 군데군데 산사태가 일어났는지 화강암 속살이 상처처럼 드러나 있다. 비록 무성한 식생이 곧 다시 덮어버리기는 하지만 말이다. 마침내 해안이 나타난다. 크고 작은 만과 곶으로 심하게 들쭉날쭉하다. 아직 도로가 생기지 않은 곳도 있다. 그래서 몇몇 작은 반도는 최신 고층건물들이 한눈에 보이는 곳에 있지만, 오지라고 부를 수 있다.

사이쿵(西貢) 교야공원(郊野公園)은 주룽에서 북동쪽으로 약 20킬로미터밖에 떨어져 있지 않지만, 전혀 다른 세계이다. 나무들이 해안 바로 앞까지 자라는 산으로 에워싸인 커다란 만을 끼고 있는 곳이다. 소형 버스는 아카시나무 숲으로 구불구불 난 길을 따라 달린다. 제2차 세계대전 때 산비탈을 안정시키기 위해서 들여온 나무이다. 홍콩의 국화인 바우히니아 블라케아나(*Bauhinia blakeana*)가 사방에서 활짝 피어 있다. 연하거나 짙은 선명한 붉은 꽃들이 가득한 작은 나무들이 길섶을 화사하게 밝힌다. 직박구리가 나무 위에 앉아서 울고 있다. 마치 전단지를 붙이지 말라는 듯이. 버스는 "로크네스"라는 정체 모를 이름을 가진, 하얗고 작은 집 앞에 선다. 우리는 장화를 신은 뒤, 폴의 안내를 받아서 바다로 흘러드는 개울을 따라 난 길로 향한다. 산들바람이 불고, 하늘에는 구름이 몇 점 떠 있다. 오래된 생존자는 대체 어디에 숨어 있을까? 개울은 바위들이 늘어선 작은 만으로 흘러든다. 썰물 때라 강어귀를 따라서 모래가 뒤섞인 개펄이 드러나 있다. 해안에는 숲이 끊기면서 작은 맹그로브들이 대신 늘어서 있다. 모래 위로 솟아오른 기근들이 마치 수많은 젓가락들이 세워져 있는 듯한 모습이다.

그 주변에 놓인 작은 바위들에는 굴이 다닥다닥 뒤덮여 있다. 우리는 바다 쪽으로 더 나아간다. 양분이 매우 풍부하다는 것을 알아볼 수 있다. 작은 나선탑 모양의 고둥들이 무수히 기어다닌다. 수많은 작은 게들이 19세기 신사가 콧수염을 다듬는 듯한 분위기를 풍기면서 몸단장을 하느라고 바쁘다. 매일 드나드는 조류(潮流)가 제공하는 양분 외에 개울이 주변의 숲으로부터 풍족하게 양분을 운반하는 모양이다. 더 멀리 바다 쪽에서 필리핀 여성 몇 명이 조개를 캐고 있다. 유럽의 새조개와 흡사한 백합류에 속하는 아주 커다란 조개도 있다. 그들은 햇빛을 가리기 위해서 램프 갓처럼 생긴 원뿔 모양의 밀짚모자를 쓰고, 붉은 목도리를 둘렀다. 조개 채취는 인류만큼 오래된 영구적인 일이다.

갑자기 폴이 한 동료와 함께 곡괭이와 삽으로 개펄을 파기 시작한다. 우리는 만조대와 간조대의 중간쯤에 와 있다. 나는 우리가 찾는 대상이 개펄 속에 숨어 있구나 깨닫는다. 퇴적물 덩어리가 밖으로 나온다. 끈적거리고 검다. 삽에 묻은 흙에 생물들이 보인다. 꿈틀거리는 모습이 보이지만 내가 찾는 것은 아니다. 몇 차례 실패를 하자, 나는 장소를 제대로 찾아왔을까 의구심이 들기 시작한다. 그러다가 두 번 삽으로 떠낸 물기 많은 흙에서 특이한 것이 보인다. 발톱만 하고 반들거리는 녹색 껍데기이다. 그 밑으로 젤라틴이나 고무질의 "자루", 즉 육경(肉莖, pedicle)이 달려 있다. 막 들어올리니 거의 투명하다. 육경을 감싼 검은 퇴적물은 쉽게 떨어진다. 우리는 더 잘 볼 수 있게 물웅덩이에 그것을 씻는다. 이제 그것이 실제로는 혓바닥 모양의 두 개의 껍데기가 마치 기도할 때 모은 손처럼 맞댄 형태임을 알아볼 수 있다. 육경은 껍데기의 더 뾰족한 쪽에 달려 있다. 두 껍데기가 맞붙은 선을 따라서 작은 수염들이 조금 나 있다. 이 별난 생물은 큰개맛(Lingula anatina)이다. 이와 매우 흡사한 동물들이 약 5억 년 전부터 있었다. 큰개맛은 위대한 생존자들 중 하나로서, 교과서에서나 보던 친숙한 것을 실제로 보니 가슴이 뭉클하다. 중국어 이름은 "초록 싹"이라는 뜻이며, 육경은 사실 요리에 쓰인다.

물론 중국에서는 거의 모든 것이 요리의 재료이지만 말이다. 함께한 중국인 동료들은 옛 속담을 즐겨 인용한다. "중국에서는 식탁만 빼고 다리가 있는 것은 다 먹는다는 말이 있지요." 조개를 캐던 이들이 오더니, 큰개맛이 예전에는 매우 흔했는데 지금은 많이 줄었고, 요리용으로도 그다지 인기가 없다고 말해준다. 확실히 씹는 맛 외에는 별다른 맛이 날 것 같지 않다.

개맛속은 육경을 수직으로 퇴적물에 꽂은 채 살며, 끝에서 끈끈한 점액을 분비한다. 썰물 때에는 자루를 수축시켜서 껍데기를 안전한 굴 속으로 끌어들인다. 물이 들어차면 껍데기 위쪽이 벌어지면서 바닷물이 들어온다. 그러면 촉수관(觸手冠, lophophore)이라는 섬모들이 늘어선 일종의 띠 같은 기관이 떠다니는 미세한 입자들을 걸러 먹는다. 껍데기 가장자리의 작은 털은 원치 않은 큰 입자가 들어오지 못하게 막는다. 먹을 수 있는 입자는 단순한 소화계로 들어간다. 이 평온한 생활방식을 통해서 개맛속은 얼마든지 성장하고 번식할 수 있다. 번식은 작은 유생을 통해서 이루어지며, 유생은 플랑크톤의 일부가 되어 떠다니다가 적당한 장소를 만나면 정착한다. 껍데기의 주성분은 다른 "패류"의 공통 원료인 탄산칼슘, 즉 방해석이 아니라 인산칼슘이다. 생물학적으로 말해서 개맛속은 필리핀 여성들이 캐던 조개와 거의 무관한 존재이다. 연체동물이 아니기 때문이다. 개맛은 완족동물의 살아 있는 표본이다. 동물의 분류에서 가장 중요한 범주는 문(門, phylum)이며, 개맛속은 완족동물문에 속한다. 연체동물문과 거의 유연관계가 없는 집단이다. 개맛속은 "살아 있는 화석"이라는 말을 가장 흔히 붙이는 동물들 중 하나이며, 실제로 이 말이 진정으로 무엇인가를 가리키는 것이라면, 개맛속이 그에 가장 잘 들어맞는다고 할 수 있다. 웨일스에서 오르도비스기 암석을 연구할 때 나는 한 셰일 채석장에서 홍콩에서 본 것과 똑같은 혓바닥 모양의 개맛속 화석을 본 적이 있다. 햇빛에 껍데기가 검게 빛났다. 그 지층에는 약 4억 년 전에 영구히 사라진 필석류(筆石類, Graptolite)라는 군체성 생물과 2억5,000만 년 전에 멸종한 삼엽충의 화석도 함께 있었다. 개맛 속은 세월과 변화를 거부하면서 그 영겁의 세월을 여행했다.

개맛은 무척추동물이다. 즉 등뼈가 없다는 뜻이다. 척추동물은 같은 공통 조상의 후손들로서 모두 척삭동물문에 속하는 단출한 집단인 반면, 무척추동물은 진화적으로 대단히 이질적이며, 30개가 넘는 문으로 이루어진다. 개맛은 거대한 생명의 나무에서 또 하나의 무척추동물인 유조동물과 거의 같은 진화의 시대로 우리를 데려간다. 따라서 생명의 출발점으로 돌아가는 우리의 여정은 이제 목적지에 이른 셈이다. 많은 문은 삼엽충과 더불어, 캄브리아기 지층에서 첫 화석을 남긴다. 따라서 그들은 5억 년이 넘는 역사의 저편에 머물러 있다. 생물학 지식을 어설 프게 갖춘 한 친구는 예전에 이 동물집단을 "인베터러트(inveterate)"라 고 잘못 말했다. 나는 그의 실언에 뼈기듯이 코웃음을 친 뒤에 개맛을 떠올렸다. 옥스퍼드 영어사전은 인베터러트를 "뿌리 깊은, 완고한"이라 고 정의하고 있으니, 왠지 그 단어가 잘 어울린다는 생각이 들었다. 이 번 장은 4억 년 이상 전에 식물이 육지를 정복하기 이전부터 살던 계통 에 속한, 뿌리 깊은 무척추동물(inveterate invertebrate)의 이야기이다. 나는 여러 동물문에서 생명의 초창기에 관해서 많은 것을 말해주는 종 들을 택했다. 그리고 그중 많은 종을 방문할 수 있었다.

개맛을 비롯한 모든 완족동물은 여과 섭식자이다. 즉 바다에 떠다니 거나 흘러다니는 미세한 유기물을 걸러 먹으며 살아간다. 사이쿵 교야 공원의 해안에 있는 모래 섞인 개펄에서는 다른 여러 종류의 생물들도 함께 번성하고 있다. 여기에서 번성하기 위해서 필요한 것은 퇴적물 표 면 바로 아래에 몸을 묻거나 굴 속에 숨은 채로 먹이를 거를 공간을 마련 하는 능력이다. 개펄 표면을 자세히 들여다보니, 작은 물고기와 새우가 같은 일을 하고 있다. 눈에 잘 띄지 않는 이 동물들은 통로가 막히지 않도록 열심히 일해야 한다. 나는 쌍으로 난 구멍을 발견한다. 퇴적물 표면을 파고들어간 조개의 수관이 있음을 알려주는 구멍이다. 이것도 고대로부터 내려온 것이다. 이어서 삽 속에서 내 검지만 한, 다소 혐오스럽게 보이는 흐느적거리는 희멀건한 것이 보인다. 회백색을 띤 지렁이 같은 이 생물은 소화관이 든 통통한 "몸"과 주둥이처럼 생긴 가느다란 "머리", 즉 구문부(口吻部)로 이루어져 있다. 사실 한쪽 끝의 열린 곳에는 작은 입이 있다. 약 20개의 촉수가 그 주위를 둘러싸고 있다. 체벽에 있는 강한 근육 덕분에 머리 쪽을 몸통 안으로 당겨넣을 수 있다. 이 동물도 생존자이며, 개맛과는 별개의 계통에 속한다. 성구동물(星口動物)이다(성구동물문에 속한다). 머리를 집어넣으면 마치 커다란 땅콩처럼 보이기 때문에 "땅콩벌레"라고도 한다. 폴 신은 이 "벌레"를 모아서 젤라틴을 섞어 네모나게 잘라서 얼려 먹는다고 말해준다. 나는 음식을 가리는 편은 아니지만, 그 말에 군침이 돈다고 말할 수는 없겠다. 그러나 땅콩벌레나 개맛 육경을 맛볼 기회가 주어진다면, 내 혀의 맛봉오리도 캄브리아기로 여행을 보내줄 의향은 있다. 성구동물 화석은 중국 청지앙의 캄브리아기 초 동물군에도 들어 있다(66쪽 참조). 현생 속인 골핑기아(Golfingia)와 시푼쿨라(Sipuncula)를 알고 나면, 화석인 아르카이오골핑기아(Archaeogolfingia)와 캄브로시푼쿨라(Cambrosipuncula)가 무엇을 가리키는지 짐작할 수 있다. 그들은 실제로 5억 년 동안 거의 변하지 않았다.*

---

* 비록 실물을 찾지는 못했지만, 음경벌레(새예동물문)도 여기에서 언급할 가치가 있다. 이 동물은 현재의 바다 밑에도 널리 퍼져 있다. 그들은 다모류 같은 굼뜬 벌레를 먹고 산다. 갈고리가 달린 주둥이가 있으며, 주둥이는 길게 늘일 수 있다. 왜 음경벌레라는 이름이 붙었는지는 짐작할 수 있을 것이다. 케임브리지 대학교의 사이먼 콘웨이 모리스는 캄브리아기 버제스 셰일에서는 그들이 지금보다 더 다양했다고 말한다. 최근에 중국에서 이루어진 발견들도 같은 점을 강조한다. 일부 새예동물은 그 초창기에 중요한 포식자였다고 여겨진다. 음경벌레는 유조동물이나 절지동물처럼 성장하려면 탈피를 해야 한다. 그래서 현대의 분류체계에서는 이들을 함께 탈피동물상문(Ecdysozoa)으로 묶고, 이들이 공통 조상을 가진다고 가정한다.

개맛과 그 동료들에 관한 생각에 잠겨 있다가 바닷새의 울음소리에 퍼뜩 깬다. 개펄에서 나의 장화로 무척추동물들의 평화로운 삶을 방해하면서 서 있자니 별난 생각이 든다. 이곳이 거대한 생명의 나무에서 서로 전혀 다른 높이에 놓이는 종들의 무수한 개체들이 한데 어울려 살아가는 곳이라는 생각. 작은 탑 모양의 갯고둥과 둥근 총알고둥, 망둑어 같은 어류, 일부 새우는 비교적 최근에 진화한 것들이다. 나는 새꼬막과 잠쟁이 같은 일부 패류는 역사가 훨씬 더 길다는 것을 안다. 고생대까지 이어지는 것도 있다. 그리고 가장 오랜 세월을 견뎌온 개맛과 땅콩벌레는 자신들을 전멸시킬 수도 있었을 기나긴 지질시대를 살아남아서 5억 년 뒤인 지금도 개펄에서 번성하고 있다.

요점은 명백하다. 적응의 측면에서 볼 때 더 오래 전에 출현했다고 해서 본질적으로 더 열등하지는 않다는 것이다. 개펄의 세계에서는 오래된 존재도 신참자와 함께 잘살 수 있다. 여과 섭식은 아주 특수한 유형의 생활방식이다. 따라서 먹이가 풍부한 곳에서는 섭식전략 사이의 직접적인 경쟁보다는 공간이 더 중요할 수 있다. 일단 어떤 공간이 점유되면, 생물들을 먹여 살리는 자원이 나머지 일을 모두 할 수도 있다. 점유만 하면 된다. 예를 들면, 더 오래된 생물은 포식자에게 맛이 더 없을 수도 있다. 캄브리아기의 두 생존자처럼 말이다. 그들의 질긴 살을 씹고자 하는 어리석은 존재는 인간 종밖에 없다. 그러나 이유가 무엇이든 간에, 이 환경에서는 시간이 흐른다고 해서 지질학적으로 오래된 생물이 사라진다거나 신참이 주도권을 쥔다거나 하는 일은 없다. 알맞게 적응한 종이 살아갈 공간은 늘 충분하다. 그저 남들이 조금씩 비켜서기만 하면 된다.

이 자리를 빌려서, 잠시 벌레(worm)와 벌레다움(worminess)이라는 주제를 다루어야 하겠다. 흔히 볼 수 있는 지렁이(earthworm)를 우리의 기준으로 삼는다면, 땅콩벌레(peanut worm)를 비롯하여 흔히 벌레라고 말하는 수많은 생물들은 사실 벌레가 아니다.* 따라서 지렁이는 환형동물문에 속하므로, 그 문에 속한 동물들만을 진정한 의미의 벌레라고 불러야 한다는 주장이 타당하게 들릴 수도 있다. 또한 해안의 모래 속에서 쉽게 잡혀서 낚시 미끼로 쓰이는 갯지렁이도 이 집단에 포함시켜야 할 것이다. 갯지렁이는 환형동물의 해양집단인 다모류(多毛類)에 속한다. 이 중요한 집단도 캄브리아기까지 거슬러올라간다. 캐나다 브리티시컬럼비아의 버제스 셰일에서 나온 화석 종(Canadia spinosa)이 잘 알려져 있다. 이들은 세월이 흐르면서 시푼쿨라보다 좀더 변화를 겪은 듯하다. 다른 동물문에 "벌레(worm)"라는 단어를 쓸 때, 그 말은 그저 길고 꿈틀거리는 모양새를 뜻하는 것이지, 생물학적 유연관계를 가리키는 것은 아니다. 즉 땅콩벌레는 지렁이와 달리, 성구동물이라는 다른 문에 속한다. 회충(roundworm), 편충(flatworm), 연가시(horsehair worm), 음경벌레(penis worm)도 마찬가지로, 영어에서 말하는 진정한 벌레(worm)가 아니다.** 1881년 린리 샘번은 『펀치(Punch)』에, 지렁이에서 출발하여 양서류처럼 생긴 것을 거쳐서 유인원 같은 것을 지나고 이윽고 찰스 다윈에 이르는 진화과정을 보여주는 "인간은 벌레에 불과하다"라는 유명한 삽화를 실었다. 대다수의 생물학자들은 진화를 풍자한 이 그림을 좋아하는 편이다. 세부적으로 보면, 분명히 전부 틀렸지만 말이다. 훗날 인류를 낳은 진화의 나무의 밑동에 놓인 "벌레"가 무엇이었든 간에, 환형동물은 결코 아니었다. 따라서 인류의 정체가 무엇이든 간에, 벌레는

---

* 영어의 worm과 우리의 벌레라는 단어는 가리키는 범위가 많이 다르다. 영어의 worm은 주로 지렁이와 비슷하게 생긴 것들을 가리키는 반면, 우리의 "벌레"는 곤충까지 포함하여 온갖 작은 동물을 가리킨다. 따라서 이 내용은 한글의 "벌레"가 아니라 영어의 worm에만 해당한다/역주.

** 사실 이 동물들은 서로 다른 문에 속한다. 각각 환형동물문, 편형동물문, 유선형동물문, 새예동물문에 속한다. 그러나 해양 수염벌레(beard worm, 예전의 유수동물)와 개불(spoon worm, 의충동물)은 아마도 진정한 벌레일 것이다. 최근의 분자분석 결과 그들이 실제로는 극도로 분화한 환형동물임이 드러났기 때문이다. 그들은 예전에는 별개의 문으로 다루어졌다. 따라서 비록 드물지만, 분류범주도 바뀔 수 있다.

확실히 아니다.

오래 전 완족동물은 바다의 모든 곳에 우글거렸다. 나는 미국 신시내티 근처의 한 하천 바닥에서 오르도비스기의 완족동물 화석을 한 움큼 파낸 적이 있다. 근처의 석회암 지층에서 씻겨내려온 것이다. 고생대 생물의 눈에는 해저에 온통 완족동물뿐이었을 것이다. 『무척추동물 고생물학 논총(*Treatise on Invertebrate Paleontology*)』*에서 완족동물은 무려 5권 분량을 차지하며, 대충 훑어보기만 해도 과거에 이들이 얼마나 다양했는지 알 수 있다. 가시가 난 종, 거대한 굴처럼 생긴 종, 딱지처럼 바닥에 달라붙은 종, 방사상으로 맥이 뻗은 종, 조약돌처럼 매끄러운 종 등 다양한 화보가 실려 있다. 그들의 유일한 공통점은 여과 섭식자라는 것이다. 그들 중 가장 오래 산 생존자는 개맛속이다. 그 집단의 전성기는 과연 언제였을까? 아무래도 실루리아기와 데본기 지층만큼 그들이 많이 나오는 지층은 없을 것이다. 당시에는 섭식능력을 높이기 위해서 촉수관이 경이로울 만큼 둘둘 말려서 고리와 나선 형태의 석회질 기부(肌膚)에 붙어 있는 종이 많았다. 페름기 말에 완족동물의 대량멸종이 있었던 것은 분명하지만, 그들은 중생대에 다시 번성했다. 그리고 그 기간 내내 개맛속은 살아 있었다. 교과서들은 흔히 완족동물을 "쇠퇴하는" 집단이라고 묘사하지만, 그들을 연구하는 나의 동료들은 뉴질랜드 같은 세계의 몇몇 지역들에서는 여전히 그들이 많이 살고 있다고 지적한다. 완족동물들 중 살아 있는 종은 대부분은 인산염보다는 석회질 껍데기를 가지고 있으며, 개맛속처럼 해저에 굴을 파고 사는 것이 아니라 더 짧고 질긴 육경을 단단한 표면에 붙인 채 산다. 그들은 대개 수심이 수십 미터인 곳에서 살기 때문에 해변을 산책하는 이들은 보지 못한다. 그래서

---

*『논총』의 최신판은 개맛속과 친척들을 더 많은 속으로 나누었다는 점을 지적해야겠다. 개맛속(*Lingula*)의 초기 친척들 중 일부는 이제 링굴렐라(*Lingulella*)라고 불린다. 나는 링굴렐라가 현생 친척처럼 굴을 파는 습성을 이미 가지고 있었음을 보여주는, 굴을 파고 들어간 화석들을 발견했다.

그들이 희귀하다는 인상을 심어준 것이 아닐까?

연체동물이 쇠퇴하고 있다고 할 사람은 아무도 없을 것이다. 아마도 그들은 지금까지 있었던 만큼 많은 종들이 지금도 살고 있을 것이다. 민달팽이에게 피해를 입고 속상해한 정원사라면 다 안다. 이 특별한 무척추동물들이 어디든 잘 침략하며 박멸하기가 거의 불가능하다는 것을 말이다. 문어는 무척추동물 진화의 정점 중의 하나라고 여겨져왔으며, 거기에는 어느 정도 타당한 근거가 있다. 문어는 뇌가 크고 더 고등한 척추동물의 눈이 가진 특징들 중 상당수를 비슷하게 갖춘 눈을 가지고 있다. 문어는 위장과 기만의 대가이며, 몸에 뼈가 없기 때문에 작은 구멍도 얼마든지 통과할 수 있다. 문어의 친척인 대왕오징어는 지구에서 가장 큰 무척추동물이다. 런던 자연사 박물관에서 알코올에 담긴 대왕오징어 표본을 본 관람객들은 그렇게 거대한 괴물이 어떻게 뼈 없이 근육만으로 이루어져 있는지 도무지 믿지 못하겠다는 표정을 짓는다. "촉수"라는 단어조차도 외계에서 온 듯한 분위기를 풍긴다. 외계인 침략자가 곤충처럼 생기지 않았다면, 반쯤은 문어처럼 생겼을 것이 거의 확실하다. 그에 비하면 조개와 고둥은 다소 평범해 보일지 몰라도, 그들은 훨씬 더 오래 전부터 살았고 지금도 번성하고 있다. 연체동물문 전체는 진화의 나무의 오래된 가지로부터 나온 기나긴 생존자 목록 중 한 무리이며, 나의 이야기에서 중요한 자리를 차지한다. 그들 모두가 찾아가보기 쉬운 것은 아니다. 단순한 고깔 모양의 껍데기를 가진 네오필리나(*Neopilina*)는 1952년에야 심해에서 잘살고 있다는 것이 발견되었다. 단판강(Monoplacophora)에 속하는 이 집단은 그 전까지는 4억 년 이전의 암석에서 발견되는 화석이라고 여겨졌다. 나는 오만의 캄브리아기 지층에서 그 화석을 발견했었다. 당시 그들은 얕은 바다에서 살 수 있었을 것이라고 추측되었다. 현재 단판강 중에서 소수의 종이 살아 있다는 것이 밝혀졌으며, 모두 심해에 산다. 그들은 근육과 내부기관들이 반복되어 나타나는 흥미로운 특징이 있는데, 원시적인 형태의 몸마디가 있었음을 시사한다고 여겨진다. 최근의 진화연구들은 이 작은 고깔 껍데기가 연체동물 역사의 곁가지를 나타낸다고 본다. 나는 그것을 찾으러 잠수정을 타고 갈 필요가 없어져서 안심했다.

나는 우연히 한 연체동물 생존자를 발견했다. 투라타오 섬은 타이의 남쪽 국경에서 말레이 반도의 서쪽에 있는 말레이시아와 마주한 곳에 위치해 있다. 황금빛 모래와 코코넛야자를 보면 이곳이 열대의 낙원이라는 인상을 받지만, 폭풍에 밀려와서 수십 년째 썩지 않은 채 해변에 쌓여 있는 플라스틱 병을 보는 순간 인상을 구기게 된다. 해변을 따라 늘어선 하얀 산호암은 예전 산호초의 잔해이다. 죽은 산호와 조류가 엉긴 덩어리이다. 파도가 들이치는 곳에 있는 산호암은 곧 여기저기 깎여서 날카로운 모서리와 주름을 드러낼 것이고, 사람들의 맨 다리를 사정없이 할퀼 것이다. 제정신이 박힌 사람이라면 맨발로 이 침식된 표면 위를 걸으려는 시도는 결코 하지 않을 것이다. 나는 깎아지른 위험한 바위 위로 조심스럽게 올라가서 다양한 해양생물들을 내려다본다. 허둥지둥 달아나는 녀석들이 보인다. 오래된 산호의 한 구멍에서, 암석의 일부인 척하며 표면에 단단히 달라붙은 기이해 보이는 연한 녹색의 생물이 하나 눈에 들어온다. 내 손바닥만 하고, 가로로 8개의 판으로 나뉘어 있으며, 가장자리에는 사슬갑옷과 비슷해 보이는 주름 장식이 달려 있다. 커다란 쥐며느리와 닮은 듯도 하지만, 쥐며느리와 달리 다리가 없다. 나는 이 동물을 잘 안다. 나의 "쇼핑 목록"에 들어 있었으니까. 또 하나의 오래된 생존자인 딱지조개이다. 이 생물은 북쪽 지방의 비슷한 서식지에 사는 먼 친척인 삿갓조개와 마찬가지로 노출된 곳에서 번성한다. 한번 손가락으로 잡아떼려고 해보지만, 삿갓조개처럼 바위에 단단히 달라붙어 있다. 나는 내 지질 망치의 날카로운 끝을 써서 겨우 딱지조개 하나를 떼어내는 데에 성공한다. 뒤집으니 근육질의 커다란

오스트레일리아 남부와 동부 해안의 바위 밑에 사는 딱지조개인 이스크노라드시아 아 우스트랄리스(*Ischnoradsia australis*).

발이 보인다. 고무처럼 보이며, 조금 반들거린다. 극심한 파도가 들이쳐도 단단히 달라붙을 수 있게 해주는 것이다. 그런 발이 모든 연체동물의 공통 특징이다. 판들은 관절로 연결되어 있어서 몸을 보호하는 동시에 자유롭게 움직일 수 있도록 해준다. 딱지조개가 죽으면 껍데기의 판들은 서로 떨어져나가며, 각각의 판이 화석으로 보존되기도 한다. 다판강(Polyplacophora)이라는 학명은 껍데기가 여러 개의 석회질 판으로 이루어져 있음을 뜻한다. 많은 연체동물처럼 딱지조개도 섭식을 돕는 치설(齒舌)을 가지고 있다. 치설은 일종의 사슬톱이라고 할 수 있는 기관이다. 딱지조개는 바닷물에 잠겼을 때 산호 석회암에서 조류를 갉아 먹는다. 물이 빠져나가면 바위에 단단히 몸을 부착한다. 그다지 복잡한 생활은 아니지만, 아주 오래된 생활방식이다. 투라타오 섬에서 삼엽충을 조사할 때 살펴본 것과 동일한 시대의 지층인 오르도비스기의 딱지조개 화석을 보고 그렇다는 것을 확신했다. 그런 항구성에는 우리를 감명시키는 어떤 것이 담겨 있다. 삼엽충은 함께 살았던 많은 생물들과 더불어 오래 전에 멸종했으나 딱지조개는 살아남았다. 암모나이트 같은

살아남지 못한 한 종. 약 1억7,200만 년 전 쥐라기 때 널리 살았던 암모나이트인 다크틸리오케라스(*Dactylioceras*).

연체동물은 그 멸종사건이 일어난 뒤에 수와 다양성이 불어났다가 자기 차례가 되자 멸종했다. 딱지조개는 오늘날까지도 암석에 달라붙어서 잘살고 있는 듯하다. 일부 전문가들은 딱지조개가 5억2,000만 년보다 더 이전, 캄브리아기까지 거슬러올라간다고 주장한다. 비록 그 최초의 판 화석들의 진정한 정체성을 놓고 상당한 견해 차이가 있지만 말이다. 그 가장 오래된 화석이 어떤 식으로 해석되든 간에, 이 연체동물이 진정한 마라톤 선수라는 데에는 의심의 여지가 없다.

우리는 매우 특이한 연체동물을 찾아서 오스트레일리아 퀸즐랜드 모레턴 만에 있는 노스 스트래드브로크 섬으로 가는 여행계획을 짰다. 모레턴 만은 온갖 무척추동물이 풍부해서 해양생물학자들에게 유명한 곳이다. 퀸즐랜드 박물관의 존 후퍼는 상어가 유달리 많기 때문에 잠수하여 표본을 채집할 때 짜릿한 기분을 느낄 수 있는 곳이라고 말한다. "둘씩 짝을 지어서 손에 칼을 들고 등을 마주한 채로 들어가지요." 나는 빼주었으면 하는 생각이 든다. 그 지역에서는 "스트래디"라고 부르는 그 섬은 길이가 약 60킬로미터인데, 느린 카페리를 타고서 만을 건너간다. 이런 식으로 섬에 가면 늘 얼마쯤은 이국적인 기분을 느끼게 되는 데, 이 섬은 역설적으로 내게 친숙한 기분이 들게 한다. 30년도 더 전에 영국 동부의 서퍽에서 휴가를 보낸 적이 있는데, 그곳의 귀족이 스트래드브로크 경이었다. 스트래드브로크 섬의 던위치에 배가 정박할 때는 긴가민가 착각할 정도였다. 서퍽에 있는 스트래드브로크 경의 영지인 헤넘 파크에서 2-3킬로미터 떨어진 곳에 던위치라는 작은 마을이 있었으니까 말이다. 마치 친숙한 서퍽의 한 곳을 떼어내서 지구 반대편으로 옮겨놓은 듯했다. 그러나 더 상식적인 설명이 있다. 오래 전 스트래드브로크 가문의 일부가 오스트레일리아로 이주했을 때, 고향을 생각하면서 비슷한 지명을 붙였던 것이다. 이곳의 경관은 영국 동부와 판이하다. 섬에는 숲이 우거진 모래언덕이 있다. 모래는 오스트레일리아가 극심한 가뭄에 시달릴 때 남쪽에서 불어와 쌓인 것이다. 모래언덕을 따라서 일주도로가 하나 있다. 섬 중앙에는 큰 광산이 하나 있다. 이곳 모래에는 미세한 티타늄 광물결정이 상업성이 있을 만큼 들어 있다. 이곳의 매장물은 광업에서는 특이하게 신중한 방식으로 채굴되어왔다. 비가 많이 오기 때문에 섬의 나머지 지역은 주로 유칼립투스 덤불로 덮여 있다. 습지처럼 질퍽거리고 유칼립투스의 줄기에서 종잇장처럼 벗겨져 떨어진 껍질이 수북하고 그 밑에서 고사리가 자라는 곳들이 군데군데 있다. 산호초는 모레턴 만 너머 섬의 먼 바다를 면한 쪽에 있다. 우리의 목적지는 섬의 반대편인 애머티 곶 근처이다. 썰물에 드러난 평탄한 모래해안이다. 파란색을 띤 작은 병정게(Mictyris) 수천 마리가 모래밭에서 찌꺼기와 작은 생물을 찾아 돌아다닌다. 해안 전체가 그들이 뭉쳐놓은 완두만 한 모래 덩어리로 가득하다. 이들은 병정치고는 꽤 겁이 많다. 보이지 않는 개에게 내몰리는 소심한 양떼처럼 침입자들 앞에서 순식간에 물이 빠지듯이 달아난다. 멀리 물이 빠져서 드러난 평탄한 곳은 모든 것이 좀더 거무스름하다. 몸집 큰 노랑부리저어새 몇 마리와 왜가리한 마리가 먹이를 찾아서 열심히 이곳저곳 헤집고 있다. 더 가까이 다가가니 검게 보였던 것이 사실은 거머리말이라는 해초가 빽빽하게 자란 것임이 드러난다. 그것은 실제로 풀, 바다로 돌아가서 살기로 한 풀이며, 바닷가에 으레 초원을 형성한다. 이 초원에는 온갖 생물이 살며, 썰물 때면 굶주린 새들이 모여든다. 밀물 때에는 1-2미터 깊이로 물에 잠긴다.

한 차례 더 바닥을 파헤치는 작업이 시작된다. 이번에는 존 후퍼의 안내를 받아서 거머리말 초원을 파헤친다. 표면을 덮은 얽히고설킨 뿌리들을 걷어내자 내가 예상한 것보다 진흙이 더 섞이고 더 질척거리는 퇴적물이 드러난다. 또 매우 검다. 소라게 한 마리가 껍데기를 뒤집어쓴 채 달아난다. 부서진 고둥 껍데기이다. 이어서 퇴적물에서 뭔가가 스며 나오고 있음을 알아차린다. 썩은 달걀 냄새 같은 고약한 냄새이다. 미세한 퇴적물은 거머리말의 잎에 달라붙었다가 해저에 쌓인다. 거머리말이 계속 자라면서 죽은 잎도 소비되지 않은 유기물과 더불어 퇴적된다. 이런 물질들은 분해되면서 퇴적물에 있는 산소를 거의 다 써버리며, 그러면 퇴적물은 검어지고 악취를 내뿜는다. 이런 무산소 조건에서는 특정한 세균들은 번성하는 반면, 산소호흡을 하는 생물들은 살지 못한다. 냄새는 황화수소 기체로서, 산소가 적은 곳에서 활발하게 일어나는 대사과정의 부산물이다. 그러니 거머리말 초원의 몇 센티미터 지하에 특별한 세계가 숨어 있는 셈이다. 그때 모래 섞인 검은 개펄에서 작은 조개 하나가 모습을 드러낸다. 바로 내가 찾는 생물이다. 커다란 콩만 하며 검은색을 띤 이 조개의 양쪽 껍데기는 한쪽 끝이 벌어져 있다. 비단조개과의 솔레미아(*Solemya*)이다. 이 속은 오래 전부터 알려져 있었다. 솔레미아라는 이름은 1818년 프랑스의 위대한 생물학자 장-바티스트 라마르크가 붙였다. 그러나 "스트래디"에 사는 종류처럼 새로운 종이 계속 발견되고 있다.

그다지 화려해 보이지는 않지만, 솔레미아는 매우 기이하고 흥미로운 동물이다. 우선 진정한 창자라고 할 만한 것이 아예 없다. 그렇다면 어떻게 먹고 살까? 조개류는 대개 다소 뚜렷한 소화계를 갖추고 있는데 말이다. 또 솔레미아는 퇴적물 표면 아래 산소가 적은 곳에서 산다. 어느 모로 보나 특이한 곳이지만, 막상 찾아보면 이런 서식지는 아주 흔하다는 것이 드러난다. 오랫동안 솔레미아의 생활방식은 수수께끼였다. 지금은 이 작은 조개가 좋지 않은 환경을 오히려 유리하게 이용한다는 것이 밝혀졌다. 다른 생물들은 거의 살지 못하는 곳에서 살아갈 수 있도록 말이다. 이 연체동물은 사실 혐기성 개펄에서 번성할 수 있는 특수한 세균을 몸속에 키운다. 이 무색의 황세균은 솔레미아의 아가미에서 자라면서 양분을 만들고, 그 양분은 솔레미아의 몸에 곧장 흡수된다. 따라서 창자는 불필요하다. 솔레미아는 자신의 미생물 동반자가 가장 행복하게 살아갈 수 있는 곳에서 지내는 독특한 땅 속 정원사이다. 티오미크로스피라(*Thiomicrospira*)라는 이름의 이 세균은 황화물에서 얻은 에너지를 이용하여 이산화탄소를 양분으로 바꾼다. 앞서 묘사한 광합성이 빛이 없는 조건에서 일어나는 것이라고 할 수 있다. 전자 현미경 사진을 보면, 조개의 몸속에 수많은 세균들이 미세한 구슬처럼 박혀 있다. 이런 세균을 전문용어로 "화학독립영양 공생체(chemoautotrophic symbiont)"라고 한다. 들어도 알 듯 모를 듯하니 파티에서 대화가 끊길 때 써먹기 좋은 용어이다. 이 조개는 유연한 발을 지면으로 내밀어서 산소를 계속 흡수할 수 있다. 그러나 산소가 많으면 공생체가 죽기 때문에, 산소의 "한계선에서" 위태롭게 살아간다.

화석은 솔레미아도 위대한 생존자임을 입증한다. 내가 삼엽충을 채집하는 웨일스 남부지역에서 그리 멀지 않은 곳에서 나의 동료 존 코프는 채석장의 오르도비스기 초 지층으로부터 매우 초기의 조개 화석을 캐냈다. 오래된 소도시인 카마던 근처의 숲이 성긴 산악지역인데, 봄에 야외

조사를 하기에 딱 좋다. 둑에는 앵초 꽃이 가득하고 쐐기풀은 아직 무릎 높이로 자라지 않아서 돌을 깨는 작업이 생각보다 힘들지 않다. 그래도 몇 시간이고 계속 돌을 깨려면 인내심과 불굴의 낙천주의를 갖추어야 한다. 존 코프가 발견한 연체동물들 중에는 현생 솔레미아와 거의 흡사한 것도 있었다. 이제 개맛이나 딱지조개처럼 솔레미아도 기나긴 세월을 견디고 막 눈앞에 나타난 듯이 보인다. 삼엽충의 시대와 완족동물의 전성기를 헤쳐나온 솔레미아의 한 종이 4억5,000만 년 뒤 해초 아래에 아늑하게 누워 있는 듯하다. 그 세월 내내 이 조개가 머물 만한 곳이 늘 있었던 것이 분명하다. 어떤 생태지위가 충분히 분화되어 있다면, 멸종을 부르는 큰 위기가 닥쳐도 무사히 지나갈 수 있는 모양이다.

플레우로토마리아(*Pleurotomaria*)라는 고둥은 솔레미아보다 훨씬 더 아름다우면서, 마찬가지로 유서 깊은 조개류이다. 마치 불탑 같은 원뿔형의 멋진 껍데기를 가지고 있는데, 입구에 난 독특한 홈을 통해서 이 종류임을 알아볼 수 있다. 큰 것은 팽이만 하다. 이 고둥은 과거에는 지금보다 훨씬 더 다양했지만, 지금도 널리 퍼져 있다. 나의 방문대상에서 빠진 것은 그저 이들이 오늘날 매우 깊은 곳에서만 살기 때문이다. 그래서 나는 박물관 서랍에 든 표본들을 매우 정중하게 만져보았다. 현생 연체동물들 중 상당수는 중생대까지만 거슬러올라간다. 그들의 화석 친족들은 현생 해양생물에 정통한 전문가들이라면 쉽게 알아볼 수 있다. 가리비와 굴의 친족들도 그렇다. 공룡의 시대에 전 세계의 바다에 풍부했던 일부 연체동물은 오늘날 일부 해역에서만 살고 있다. 나의 벽난로 선반에는 잉글랜드 남해안의 포틀랜드에 있는 오래된 채석장의 쥐라기 지층에서 찾아낸 신기한 화석이 있다. 영국에서 가장 고운 석재를 캐는 채석장이다. 석공들은 이 화석이 말의 얼굴과 비슷하게 생겼다고 해서 "오세스 이드('osses 'ead)"라고 부른다. 사실 이 화석은 삼각패(trigoniid)로서, 유럽 전역과 전 세계 상당 지역의 쥐라기 지층에서 많이

현재 오스트레일리아 바다에 사는 네오트리고니아의 가까운 친척인 유럽 쥐라기의 화석 스카포트리고니아(*Scaphotrigonia*).

나온다. 이 조개류는 껍데기의 한쪽에만 아주 독특하게 우둘투둘한 장식이 나 있다. 나는 오스트레일리아에서 현생 종을 만져본 적이 있다. 네오트리고니아 마르가리타케아(*Neotrigonia margaritacea*)라는 종인데, 애들레이드 해안의 바닥을 긁으면 쉽게 캘 수 있다. 그 조개를 손에 쥐는 순간, 나는 쥐라기를 떠올렸다. 현생 삼각패류는 5종이 있는데, 모두 오스트레일리아와 태즈메이니아의 해안에서만 발견된다. 분포범위는 줄어들었을지라도 그들은 살아남았다.

삼엽충과 솔레미아의 화석이 발견되는 오르도비스기의 셰일에는 더 많은 연체동물 화석이 들어 있다. 한쪽으로 갈수록 폭이 좁아지는 단순한 관처럼 생긴 것도 있는데, 안쪽을 보면 칸막이가 줄줄이 세워져 있어서 몸의 대부분이 여러 개의 방으로 나뉘어 있다. 나우틸로이드 화석으로서, 현생 무척추동물 중 가장 복잡한 동물인 문어와 오징어를 포함하는 두족류(頭足類)라는 큰 집단의 최초 구성원에 속한다. 오늘날 두족류는 연체동물들 중에서 주요 포식자이며, 촉수, 제트 추진방식의 헤엄, 고도로 발달한 신경계, 복잡한 눈이 특징이다. 몇몇 현생 두족류는 먹물로 적을 혼란시킨 뒤 달아난다. 그들은 수심에 구애받지 않고 가장 어둡고 가장 덜 알려진 심해까지 내려갈 수 있다. 심해에서 살아갈 수 있을 만큼 적응되어 있기 때문이다. 가장 깊은 곳에 사는 두족류에게 지옥의 흡혈오징어(*Vampyroteuthis infernalis*)라는 이름을 붙이는 것을 과연 누가 거부할 수 있겠는가? 이 오징어는 자체발광 장치를 갖춘 살아 있는 우산과 같은 기이한 모습이다. 어느 모로 보나, 지옥에서 온 듯하다. 그러나 두족류의 초창기부터 살아남은 나우틸로이드도 한 종류 있다. 바로 나우틸루스(*Nautilus*, 앵무조개속)인데, "뱃사람"을 뜻하는 그리스어에서 유래했으며, 쥘 베른의 소설 『해저 2만 리(*Vingt mille lieues sous les mers*)』에 나오는 네모 선장의 잠수함 이름이기도 하다. 나우틸루스는 자신의 많은 후손들보다 훨씬 더 오래 살았다.

나우틸루스는 얕은 바다에만 들어갈 수 있는 잠수부들이 닿지 못하는 깊은 곳에 살지만, 2009년에 원격조종 잠수정으로 이 살아 있는 동물을 찍은 영상을 운 좋게 퀸즐랜드 박물관에서 볼 수 있었다. 이 영상을 소개한 사람은 앤디 던스탠이다. 그는 이 고대 생물을 주제로 박사논문을 쓰고 있다. 진주앵무조개(pearly nautilus)인 나우틸루스 폼필리우스(*Nautilus pompilius*)는 단단히 말린 껍데기의 절반에 걸쳐 분홍색의 넓은 띠무늬가 있는 아름다운 종이다. 빈 껍데기의 안쪽은 진주층이 있어서 아름답게 빛난다. 반으로 자른 껍데기는 예뻐서 관광객들에게 기념품으로 인기가 좋다. 사실 너무 인기가 많아서 탈이다. 현재 남획이 큰 문제이기 때문이다. 산호해의 뉴칼레도니아 앞바다가 특히 그렇다. 껍데기 단면에는 내부가 완만히 굽은 격벽으로 나뉘어 있고, 격벽 한가운데에는 방들을 연결하는 죽 이어진 체관(siphuncle)이라는 통로가 지난다. 앵무조개 자체는 껍데기의 입구에 있는 가장 큰 방에 살며, 자라면서 점점 뒤쪽에 격벽을 세워서 방을 하나씩 새로 만든다. 껍데기를 빼고 보면, 이 동물은 너저분한 촉수 더미처럼 보인다. 약 90개의 촉수가 껍데기 끝에 다닥다닥 달려 있고, 양쪽에 커다란 눈이 붙어 있다. 호스처럼 생긴 튀어나온 관을 이용하여 제트 추진방식으로 원하는 곳을 돌아다닌다. 앵무조개는 나중에 출현한 친척들과 달리, 촉수에 정교한 빨판이 없다. 대신에 촉수가 불룩하여 먹이를 움켜쥐는 데에 도움을 준다. 나는 잠수정의 카메라를 통해서, 케언스 앞바다의 오스프리 산호초 주위의 퀸즐랜드 해대에 사는 앵무조개를 볼 수 있었다.

퀸즐랜드 해대는 대보초에서 바다로 더 나아간 곳에 있다. 물에 잠긴 대륙지각의 일부로서 흥미로운 동물상이 있다. 이 동물상은 최근에야 알려졌다. 그곳에 사는 동물들은 (거리가 가까움에도) 유명한 산호초의 동물들과는 다르다. 그러나 둘 사이에는 수심이 약 2,000미터까지 낮아지는 더 깊고 맑은 물이 놓여 있다. 오스트레일리아 생물학자들은 자국의 풍요로움에도 불구하고, 이 새롭게 알려진 해양세계를 탐사하는 데에 필요한 특수장비가 부족하다고 한탄하는 투로 말한다. 물론 앵무조개를 살펴볼 수 있지만 말이다. 앵무조개는 낮에는 수심 약 200미터인 곳에서 지내지만, 필요하면 700미터인 곳으로 내려가서도 잘살 수 있다. 뉴칼레도니아 앞바다에서는 밤에 거의 수면까지 올라오는 개체도 있다. 이 고대 연체동물은 체관을 이용하여 기체와 액체를 몸이 더 이상 쓰지 않는 빈 방들로 보냄으로써 부력과 수심을 조절할 수 있다. 헤엄칠 때면 껍데기는 가만히 있다가 훽훽 움직이는 식으로 나아간다. 앵무조개는 머리 한가운데 있는 튼튼한 부리로 먹이를 재빨리 낚아챈다. 앤디는 그 부리가 철조망도 쉽게 끊을 수 있다고 말한다. 진주앵무조개는 자주 먹을 필요가 없다. 아마 에너지를 거의 쓰지 않으면서 움직이기 때문인 듯하다. 촉수에는 용해된 화학물질에 민감한 세포들이 있어서 썩어가는 사체의 "냄새"를 포착할 수 있다. 이런 수심에서 유기물 잔해를 먹는 세균들 중에는 발광성인 것도 있기 때문에, 앵무조개가 그것을 이용하여 먹이를 찾는 것일 수도 있다. 앵무조개가 식성이 까다롭지 않다는 것은 틀림없다. 앵무조개는 20여 년까지 살 수 있다. 개체들을 생포하여 꼬리표를 붙여서 풀어준 뒤에 다시 잡는, 일손이 많이 드는 연구를 통해서 밝혀낸 사실이다. 그 나이가 되면, 내부에 방이 30개쯤 된다. 두족류치고는 긴 수명이다. 번식할 수 있을 만큼 자라는 데에는 8년이 걸린다. 그것은 너무 과하게 잡으면 개체수가 회복되는 데에 오랜 시간이 걸린다는 의미이다. 그들은 다소 큰 알을 거의 끊임없이 조금씩 낳지만, 이상하게도 야생에서는 어린 개체가 잡힌 적이 없다. 깊은 곳에 조심스럽게 숨어 지내는 듯하다. 최근에 진주앵무조개가 하루에 10킬로미터를 갈 수 있으며, 필요할 때면 해류를 거슬러갈 수도 있다는 연구 결과가 나왔다. 그러나 시력은 나쁘다. 어류의 눈보다 효율이 50배쯤 떨어지는 듯하다. 앵무조개의 눈은 "바늘구멍 카메라"처럼 작용한다. 이런 눈이 다듬어지고 복잡해짐으로써 문어의 정교한 눈이 나온 것이 분명하다. 앵무조개는 상어와 문어의 먹이가 된다. 문어에게 먹힌다니, 재종형제에게 먹히는 것과 비슷하다.

　나의 책상 위에는 쥐라기의 나우틸로이드 화석이 한 점 있다. 세계에서 모조품이 가장 많이 판매된다고 알려진 베이징의 벼룩시장에서 샀다. 모방이 가능하다면, 그리고 창의적인 중국인이라면, 무엇이든 충실하게 재현할 수 있을 것이다. 화석을 구입한 곳은 보석류(가짜 옥)를 파는 가판대였다. 화석 위에는 다른 물건들이 놓여 있었는데, 상인은 내가 보석들을 옆으로 밀어내고 화석이 얼마냐고 묻자 어리둥절해했다. 나는 싸게 샀지만, 진품이라고 확신한다. 아마 베이징 벼룩시장에서 진짜 흥정을 한 사람은 내가 처음이 아닐까 생각해본다. 화석은 은은하게 연한 갈색을 띠고 있으며, 내부를 보여주기 위해서 중간쯤까지 반으로 갈라놓았다. 내부를 방으로 나누는 휘어진 격벽들이 뚜렷이 보인다. 바깥쪽으로는 몇 군데가 부서지고 으깨졌는데 화석이니까 그럴 만하다. 그렇게 생긴 작은 공간들에는 벽에 수정이 달라붙어 자랐다. 그것까지 위조할 수 있는 사람은 없다. 중앙을 따라 나선을 그리면서 석회화한 관은 체관이 있던 통로를 보여준다. 이 화석은 분명히 현생 진주앵무조개와 아주 흡사한 나우틸로이드이다. 굳이 다른 점을 찾자면, 체관이 더 심하게 석회화하여 모든 방들이 뚜렷하게 하나로 연결되어 있다는 것이다. 그러나 이 동물에게는 약 1억5,000만 년 동안 별다른 변화가 일어나지 않았다. 앵무조개 계통은 5억 년 전 캄브리아기 초까지 거슬러올라갈 수 있다. 내가 웨일스에서 발견한 오르도비스기의 화석은 대체로 곧은 원뿔 모양이라는 점에서 현생 앵무조개와 달랐다. 진화의 역사의 어떤 단계에서 곧았던 껍데기가 "말려서" 나선형이 되었고, 그 모양이 굳어진 것이 분명하다. 이 책에서 다룬 몇몇 동물들처럼 나우틸로이드도 자기 역사의 이른 시기에 훨씬 더 다양했다. 오르도비스기의 종들 중에는 사람만큼 긴 껍데기를 가진 괴물도 있었는데, 그들은 포식자였을 것이 분명하므로 당시 해양 먹이사슬의 꼭대기에 있었을 것이 틀림없다. 초기 형태들 중 상당수는 나선형으로 말려 있었지만, 다른 모양들도 있었을 것이다. 가지뿔영양의 뿔처럼 부드럽게 휘어진 것도 있고 작은 통처럼 뭉툭한 것도 있었을 것이다. 초창기의 나우틸로이드는 하나가 아니라 여러 생활방식을 추구했을 가능성이 높다. 이 다양한 것들로부터 하나의 디자인이 이후의 대량멸종, 대륙이동, 육지녹화라는 온갖 사건을 견디고 살아남았다. 바로 내 워드프로세서 옆에 놓인 단순한 형태가 말이다. 그러나 약 4억 년 전 데본기에 나우틸로이드의 한 지류가 훨씬 더 복잡한 내부 격벽을 만들기 시작했다. 이들은 점점 더 굴곡지고 주름져갔다. 그런 한편으로 껍데기의 바깥은 능선과 혹으로 점점 더 복잡하게 꾸며졌다. 이 암모나이트류(ammonoid)는 방산진화(放散進化)를 거쳐서 화석 기록상 가장 다양한 해양생물 집단 중 하나가 되었다. 3억 년 이상에 걸쳐 수천 종이 상상할 수 있는 온갖 크기와 나선 형태를 드러냈다. 암모나이트는 중생대의 바다에서 오늘날의 오징어만큼 수가 많았으며, 여러 수심에서 무리지어 살았을 것이 틀림없다. 그들의 역사는 몇 차례 멸종사건으로 중단되고는 했는데, 페름기 말의 사건이 특히 그랬다. 그래도 그 뒤에 그들은 다시 불어나서 새로운 전성기를 맞이했다. 그러다가 백악기 말에 암모나이트는 영원히 사라졌다. 육지의 공룡의 멸종에 맞먹는 해양판 재앙이었다. 뒤뚱거리며 획획 움직이는 앵무조개는 이 위대한 종족의 마지막 생존자이다.*

쿤즐랜드 해대는 독특한 서식지이다. 현재의 해수면에서 수심 150미터 지점을 조사해보니, 그 지대가 마지막 빙하기가 절정에 이르렀을 때 침식되었다는 것이 드러났다. 엄청난 빙원에 물이 갇히면서 해수면이 훨씬 더 낮아진 시기였다. 당시 앵무조개는 더 깊은 곳으로 이동하여 살아남았다. 그렇지 않았다면 치명적인 위기를 겪었을 것이다. 해수면이 다시 솟아오르면서 해대가 잠겼을 때, 이 고대의 연체동물도 다시 위로 올라왔다. 그 뒤에 산호가 자라면서 만든 해산들은 현재 살아 있는 앵무조개 개체군들을 나누고 있다. 해대는 살아남은 "중생대" 동물들이 모여드는, 그들이 선호하는 서식지가 되었다. 앵무조개뿐 아니라 바다나리류(crinoid)도 깃털 같은 우아한 팔을 흔들면서 해류에 실려 떠다니는 플랑크톤을 걸러 먹으며 번성한다. 바다나리류는 앵무조개만큼 기나긴 역사를 가진 동물집단이다. 쥐라기 화석 중에는 현생 바다나리의 가까운 친척도 있다. 영원한 암흑에 잠긴 심연 곳곳에서 살아 있는 바다나리가 많이 발견되고 있다. 이들은 또 하나의 대규모 생물집단인 극피동물문의 오랜 생존자이다. "가시투성이 피부를 가진 동물"인 성게, 불가사리, 해삼이 극피동물에 속한다. 바다나리는 현재 쿤즐랜드 해대에서 살고 있는 종류들처럼 삼엽충이 근처의 개펄을 쪼르르 돌아다닐 때에도 팔을 흔들고 있었을 것이다.

나는 생존자들을 웅장한 저택의 벽에 다닥다닥 걸린 초상화를 통해서 화려한 옛 시절을 떠올리게 하는 어떤 귀족 가문의 마지막 후손이라고

---

* 뉴칼레도니아 앞바다에는 거의 알려지지 않은 알로나우틸루스 스크로비쿨라투스
  (*Allonautilus scrobiculatus*)라는 또다른 종이 산다.

생각하곤 한다. 그 초상화들은 선조들의 특징을 연구하기에 가장 좋은 방법을 제공한다. 나는 필석류라는 화석을 몇 년간 연구했다. 필석류는 오르도비스기와 실루리아기의 해양암에서 가장 풍부하게 발견되는 화석에 속한다. 비록 암석에 그은 하얀 줄이나 다름없어 보일 때도 많지만, 필석은 경이로울 정도로 복잡한 동물이다. 이들은 군체성이며, 필석 하나는 대개 길이가 몇 밀리미터에 불과한 관(管) 속에 작은 섭식동물들이 빽빽하게 들어 있는 덩어리와 같다. 그러나 군체는 고도의 조직을 갖추고 있다. 필석은 고대 바다에서 자유롭게 떠다니면서 작은 플랑크톤을 먹었다. 4억 년 전의 바다는 그들로 가득했을 것이 분명하다. 그들의 군체 모양은 성긴 플랑크톤 작물을 효율적으로 수확하도록 설계되어 있었다. 그들은 나선형, 말발굽, 온갖 갈라진 형태로 진화했다. 필석은 3억 5,000만 년 전에 사라졌다. 이유는 아직 모른다. 그러나 그들의 현생 친척이 있다. 패류와 자갈의 표면을 뒤덮고 있는 간벽충류(*Rhabdopleura*) 라는 눈에 띄지 않는 동물이다. 간벽충은 다른 소수의 현생 동물들과 함께 반삭동물문(Hemichordata)을 이룬다. 분자연구들은 반삭동물이 극피동물의 먼 친척임을 보여준다. 간벽충은 격벽으로 나뉜 관들을 신경 가닥을 포함한 일종의 미세한 밧줄을 통해서 상호연결하여 똑바로 세운 듯한 모양이다. 나는 스코틀랜드의 얕은 바다에서 캐낸 껍데기의 밑면에 달라붙은 표본을 어렵사리 살펴보았다. 관은 매우 부서지기 쉬우며, 이 허약한 집에 사는 작은 동물에 속한 깃털처럼 보이는 한 쌍의 걸러먹는 "팔"은 핀 끝으로 다루다가 자칫하면 망가질 수 있다. 이들은 진정한 생존자이다. 최근에 현생 간벽충과 아주 흡사한 화석이 캄브리아기의 암석에서 발견되었다. 따라서 이 군체는 5억 년의 역사를 가진 셈이다. 다양하게 진화한 친척인 필석류보다 더 앞서 출현했고 더 오래 살아남았다. 이제 이것은 익숙한 이야기처럼 들리기 시작한다.

해면동물과 해파리

퀸즐랜드 박물관 최고의 해면동물(sponge) 전문가인 존 후퍼는 자신이 애호하는 생물이야말로 **진정한** 생존자라고 내게 강조한다. 후퍼의 비좁은 연구실은 알코올에 해면동물을 담은 병과 말려서 종별로 쌓아놓은 표본이 가득하다. 화려한 색깔의 해양생물들이 가득 실린 책들과 현미경 사진들이 가득한, 어린이들이 꿈꿀 만한 장소이다. 해면동물은 일단 채집하면 색이 바랜다. 박물관의 뒷방에는 예전에 채집한 표본들이 가득 쌓여서 세계에서 가장 다양한 해면동물이 사는 한 해역의 영구 기록 보관소가 되어 있다. 후퍼는 해면동물 연구뿐 아니라 보전에도 헌신적으로 노력하고 있다. 많이 아는 이들이 그렇듯이, 그도 우리가 아는 것이 지극히 없다는 사실을 잘 안다.

해면동물문(海綿動物門, Phylum Porifera)은 우리 이야기에서 다른 무척추동물보다 더 아래쪽에 끼워진다. 지금껏 이 장에서 다룬 모든 동물들은 몸의 긴 축을 중심으로 대칭을 이룬다. 이 잡다한 수많은 생물들은 좌우대칭 동물에 속한다. 몸의 왼쪽이 오른쪽의 거울상이기 때문이다. 당신과 나도 좌우대칭 동물이며, 우리는 거슬러올라가면 완족동물, 투구게, 유조동물, 민달팽이와 공통 조상을 가진다. 그들도 모두 좌우대칭 동물이다. 고둥은 상황이 조금 달라 보이지만, 연체동물의 원시적인 형태도 앵무조개와 딱지조개처럼 좌우대칭임은 의심의 여지가 없다. 해면동물은 그런 제약조건에서 자유롭다. 많은 해면동물은 꽃병이나 찻잔과 비슷한 단순한 모양이지만, 해면동물은 콜리플라워에서 갈라진 촛대, 방석, 빵 껍질에 이르기까지 거의 어떤 형태든 취할 수 있다. 사람만큼 크게 자라는 것도 있다. 한 종이 해저의 국지적 조건에 따라서 크기와 모양이 크게 달라지기도 해서, 종을 식별하기 어렵게 만들 수도 있다. 해면동물은 신경계나 위장이 없지만 유성생식을 한다. 몸이 조직과

기관을 이루고 있지 않다는 것은 분명하다. 깃편모충(choanoflagellate)이라는 단세포동물과 매우 흡사한 작은 세포들이 해면동물의 몸 안쪽 벽에 늘어서서 협력하여 물 흐름을 일으킨다. 세포들에 달린 작은 편모들이 조화롭게 움직여서 바닷물로부터 세균을 비롯한 미생물을 걸러낸다. 자유생활을 하는 깃편모충은 작은 "꼬리", 즉 편모를 헤엄치는 데에 쓰므로, 개체들이 무리지어 함께 움직임으로써 협력이 유리하다는 것을 알아차리는 시나리오를 상상할 수도 있다. 이런 종류의 단순해 보이는 사건은 진화의 나무 아래쪽의 복잡한 동물들의 토대 중 가장 아래층을 이루었을지도 모른다.

단순한 해면동물이 만들어질 수 있으려면, 6종류 이상의 깃편모충 세포가 결합되어야 했다. 그러나 거기에는 다양한 종류로 변신할 수 있는 듯한 아메바성 세포도 들어 있어야 한다. 그리고 세포들이 연결되어 먹이를 수확할 수 있는 형태를 이루려면 지탱하는 뼈대가 필요할 것이다. 해면동물은 골편(spicule)이라는 작은 성분으로 이루어진 유달리 아름다운 지탱하는 "뼈대"를 갖추게 되었다. 목욕해면은 이제 예전처럼 친숙한 대상이 아니지만(그래도 다시 남획되고 있다), 많은 이들은 그것이 놀라울 정도로 튼튼함과 유연함을 겸비하고 있음을 기억할 것이다. 목욕해면은 미시적인 수준에서 놀라울 만큼 상호연결된 뼈대를 만드는 콜라겐의 일종인 물질로 이루어진다. 그리 놀랍지 않겠지만, 이 물질에는 해면질(spongin)이라는 이름이 붙어 있다. 다른 해면동물들은 덜 유연하다. 많은 무척추동물이 쓰는 물질인 탄산칼슘으로 골편을 만드는 종류도 있다. 유리로 골편을 만드는 종류도 있다. 진짜 유리는 아니지만, 화학적으로는 똑같은 물질이다. 바로 이산화규소인 실리카로서, 흔히 석영이라고 한다. 해면질 해면 중에도 뼈대에 실리카 골편을 섞는 종류가 있지만, 그 골편은 유리해면의 골편과 다르다. 유리해면의 "뼈대"는 자연에서 가장 경이로운 구조물에 속한다. 마치 마법 기하학자가 만든 것 같다. 이 아름다운 규칙성을 띤 모양이 단지 유리해면이 사는 깊숙한 곳에서 빈약한 양분을 거르기 위해서 물을 효율적으로 순환시키기 위한 것이라는 점을 명심하자. 나무처럼 수백 년이 된 것도 있다.

존 후퍼는 해면동물의 대변자 역할만 하는 것이 아니다. 그는 새로운 해면을 수십 종 발견했다. 신종 중에는 오스트레일리아 주변의 얕은 바다에서 찾아낼 수 있는 것도 많다. 그저 사람들이 해면동물을 충분히 연구하지 않았을 뿐이다. 해면동물이 상대적으로 단순한 체제를 가지고 있다고 해서 그들이 진화적으로 뒤졌다는 의미는 아니다. 오히려 정반대이다. 대보초에만 2,500종에 달하는 해면이 산다. 그 산호초 사이의 해역에는 1,000종이 더 있을지 모르며, 그중 가장 흔한 것조차도 학명이 없는 경우가 많다. 바다 깊숙한 곳에는 발견되지 않은 고대 해면동물이 숨어 있기도 하다. 최근 2007년에는 미국 서부의 워싱턴 주 앞바다에서 산호초 전체를 형성하는 유리해면이 발견되었다. 그들은 전임자들의 뼈대 위에 컵이나 고깔 모양으로 군체를 형성하면서 축소판 생태계를 만든다. 그중 하나가 현재 집중 연구되고 있다. 유리해면의 화석은 세계 여러 지역에서 캄브리아기 지층부터 발견되기 때문에 친숙하다. 당시 그들은 대륙붕의 비교적 얕은 바다에서 행복하게 살아갈 수 있었다. 지금은 깊은 바다로 후퇴한 듯하다.

존 후퍼가 나에게 작은 해면을 하나 건넸다. 크기가 작고 오돌토돌하다. 2009년 오스프리 산호초에서 채집한 해면동물이었다. 그는 광물질이 많이 든 경골해면인 바켈레티아(*Vaceletia*)라고 말해준다. 쥐라기와 백악기의 암석에서 화석으로 흔히 발견되므로, 이것도 생존자이다. 사실 화석으로 먼저 알려졌으니, 진정한 살아 있는 화석이다. 시카고 대학교의 데이비드 자블론스키는 이런 생물을 죽었다가 부활한 것과 같고, "나사로 분류군(Lazarus taxon)"이라고 부른다. 바켈레티아 중에는 1년에 1밀리미터도 채 자라지 않는 것도 있다. 동전만 한 딱딱한 해면이 사실은 수세기에 걸쳐서 자란 것이라는 의미이다. 진정으로 살아 있는 화석인 셈이다. 그렇게 생장이 느리다는 것은 서식지가 한번 파괴되면 다시 자라기가 무척 어렵다는 뜻이다. 이런 고대의 유산은 분자생물학자들에게는 뜻밖의 선물과 같다. 그들은 DNA를 조사했고, 놀랍게도 바켈레티아는 목욕해면과 가깝다고 밝혀졌다. 바켈레티아는 원래 오르도비스기까지 거슬러올라가는 스핑크토조아(Sphinctozoa)라는 고대 화석 집단과 유연관계가 있다고 여겨졌다. 지금은 심하게 석회화가 일어난 해면동물이 단일한 진화계통이 아닐 가능성이 높아 보인다. 비교적 단순한 생물을 분류할 때는 늘 신중을 기해야 한다. 자연이 비슷비슷한 생물을 두 번 이상 만들어냈을 가능성이 있으니까 말이다. 현생 바켈레티아는 1억 년도 더 전에 살았던 종과 사실상 구분이 불가능하며 정말로 유연관계가 있을지 모르지만, 4억 년 전에 살았던 비슷한 모습의 해면동물과는 그렇지 않을 수도 있다. 캄브리아기에 이미 해면동물이 다양했고 그 수가 많았다는 점은 분명하다. 유명한 중국 청지앙(澄江)의 화석 동물군에도 12종의 화석이 들어 있다. 코이아 크시아올란티아넨시스(*Choia xiaolantianensis*)도 그중 하나인데, 고생물학자로서도 정말 발음하기 힘든 이름이 아닐 수 없다.

대다수의 과학자는 해면동물이 좌우대칭 동물보다 더 먼저 출현했다고 본다. 유리해면이 동물계에서 진정한 마라톤 선수임을 의심하는 이는 아무도 없다. 모든 해면은 기본적으로 두 세포층 사이에 젤리 같은 물질이 들어 있는 형태로서, 해부구조상으로는 분명히 원시적이다. 거기에 다른 유형의 세포로 변하는 능력을 가진 세포들이 포함되어 있다. 문제는 생물학자들이 주요 해면동물 집단 중 어느 것이 더 진화한 동물들과 가장 가까운지를 판단하려고 할 때 생긴다. 많은 연구자들은 해면동물이 단일한 집단이 아니라, 세 주요 뼈대 유형(간단히 말하면, 해면질, 석회질, "유리질")이 서로 별개의 문을 이루며, 해면질이 더 "고등한"

동물들의 가장 가까운 친척이라는 견해를 선호한다. 해면질 해면의 실리카 골편은 5억8,000만 년 전 에디아카라 암석에서도 발견되었다. 따라서 그 해면은 우리가 미스테이큰 포인트에서 만난 수수께끼의 동물들과 같은 시대에도 살았을 것이다. 2010년 8월 프린스턴 대학교의 애덤 맬루프는 만일 사우스 오스트레일리아의 6억5,000만 년 된 지층에서 발견된 해면동물처럼 생긴 화석이 진짜라면, 해면동물은 원생대 말까지 거슬러올라간다고 주장했다. 생명의 나무의 줄기에서 동물문이 갈라져 나온 시대를 한정짓는 데에 대단히 중요한 영향을 미칠 주장이다. 그러나 분자 증거에 어느 정도 토대를 둔 최근의 과학 논문들은 모든 해면동물이 단일한 집단에 속하며, 동물진화의 이야기에서 하나로 묶어서 다룰 수 있다는 개념을 부활시켰다. 그렇게 오래된 진화를 연구한 자료들이 서로 모순되는 일은 드물지 않다. 분자 표지들조차도 수억 년에 걸쳐 수정되면서 생긴 "잡음"에 종종 가려진다. 나는 앞으로 10년 사이에 이 문제가 어떻게 해결될지 예측하지 않으련다. 해면동물이 선구적인 위치에서 밀려난다면 조금 실망하겠지만 말이다. 나는 1881년에 실린 다윈을 풍자한 유명한 삽화의 제목을 "인간은 해면동물에 불과하다"라고 바꾸고 싶은 유혹을 매우 강하게 느끼기 때문이다. 벌레보다는 해면동물이 훨씬 더 적당하니까.

존 후퍼는 다소 특이한 곳으로부터 해면동물 연구비를 지원받고 있다. 바로 거대 제약회사이다. 관심사가 이렇게 특이하게 맞아떨어진 데에는 타당한 생물학적 이유가 있다. 그렇게 유달리 오랜 세월을 살아오면서, 해면동물은 놀라울 만큼 다양한 화학적 방어체계를 갖추었다. 오늘날에도 갯민숭달팽이와 고둥 같은 동물은 해면동물로부터 영양분을 취한다. 모든 생물들과 마찬가지로, 해면동물도 바이러스와 세균에 감염된다. 수억 년에 걸쳐 해면동물은 그런 공격에 맞서 내성을 갖추어왔다. 그렇지 않았다면 지금껏 번성하면서 우리에게 자신들의 이야기를 들려주지 못했을 것이다. 해면동물은 흥미로운 유기 화학물질들이 찰랑거릴 만큼 가득 든 잔과 비슷하다. 그런 화학물질이, 예를 들어 세균 군체의 증식을 억제하는 효과를 낸다면, "생물학적 활성"을 띤다고 말한다. 현재 우리가 쓰는 항생제는 이른바 슈퍼박테리아(MRSA) 같은 세균에 점점 효력이 없어지고 있으므로, 그런 변화무쌍한 원생생물에 맞서 우위를 점할 수 있는 다른 방법을 찾아야 한다. 세균의 생장이나 증식을 억제하는 새로운 화학물질이 대표적이다. 지금까지 해면동물로부터 의학연구의 대상이 될 만한 물질을 100가지 이상 찾아냈다. 그러니 해면동물은 화학물질 측면에서 잔이라기보다는 풍요의 뿔이라고 할 수 있다. 그러나 그 화학물질들 중 어느 것도 당장 약이 되지는 않는다. 분자구조, 안전성, 의학적 효용, 부작용을 거쳐서 약전에 새로운 약물로 등록되려면, 여러 해에 걸쳐 연구가 이루어져야 한다. 그렇기는 해도 "해면동물에게 구원받은 인류"라는 제목의 전면기사는 기다릴 만한 가치가 있다.

좌우대칭을 거부하고 해바라기 같은 방사대칭을 택한 동물들은 또 있다. 해변을 거닐어본 사람이라면 해파리에 친숙할 것이다. 아이라면 가만히 떠 있는 비닐 주머니 같은 신기한 해파리를 막대기로 쿡쿡 찔러보고 싶은 유혹에 빠지기 마련이다. 해변에서 꼼짝하지 못한 채 말라 죽어가는 해파리는 그저 덩어리처럼 보인다. 그러나 먼 바다에서 해파리는 마치 우리 귀에는 들리지 않는 어떤 음악에 맞추어 춤을 추는 양, 수축하고 고동치면서 거의 물속을 나는 듯한 우아한 모습이다. 갓 아래로 촉수가 매달려 흔들린다. 18세기 요부의 곱슬머리처럼 유혹적으로 빙빙 돌면서 흔들리는 것도 있다. 한편, 그냥 길게 늘어져 있거나 신경질적으로 움찔거리는 촉수도 있다. 일부 종은 우리 눈에 위협적으로 보이는(아마 실제로도 그럴 것이다) 주황색을 띤 반면, 유령처럼 희끄무레하고 투명한 것도 있다. 바로 그것이 핵심이다. 해파리는 실체가 거의 없으면서도 복잡한 형태를 빚어낼 수 있는 존재 같은 으스스한 아름다움을 가지고 있다. 해파리는 목적도 없이 마냥 떠다니는 듯하지만, 제 기능을 하는 정밀한 구조이다.

해파리를 찾겠다고 굳이 세계의 오지로 여행을 떠날 필요는 없다. 해파리는 해류에 떠밀려서 우리 곁으로 오기 때문이다. 해파리는 흔들거리는 촉수를 이용하여 먹이를 잡는다. 촉수에는 먹이를 마비시키는 침을 쏘는 세포들이 가득하다. 촉수의 길이가 몇 미터에 이르고, 올이 풀린 치맛자락처럼 늘어진 것도 많다. 일부 종은 독성이 강하며, 오스트레일리아의 상자해파리(*Chironex*)가 가장 유명하다. 때로는 사람의 목숨을 앗아가기도 한다. 반면에 플랑크톤을 먹고 살며, 신기하게 간지럼을 일으킬 정도의 "침"만을 가진 종류도 있다. 광합성 미생물을 몸에 지닌 채 평화롭게 공생관계를 이루어 살아가는 종도 많다. 오래 전 여름에 북극해를 지날 때, 나는 그곳이 생물로 가득하다는 것을 알고 깜짝 놀랐다. 빙하가 녹아서 흘러나온 영양분이 가득한 물 덕분에 해파리와 갑각류가 우글거렸다. 무한한 거리를 이동하는 영화의 장면에서 흔히 등장하는, 별과 은하가 쏜살같이 스쳐지나가는 가상우주의 한 장면처럼 보였다. 이 차가운 바다에서 하염없이 앞으로 나아가는 생물들 하나하나가 떠돌아다니는 천체처럼 보였다. 해파리들 중 일부는 갓에 촉수가 달린 전형적인 메두사 형태였지만, 조금 다르게 생긴 것도 있었다. 옛 세계대전 때의 방공기구(防空氣球)처럼 생겨서, 몸길이를 따라 체절로 나뉜 것들이었다. 유즐동물문(有櫛動物門, Phylum Ctenophora)에 속한 빗해파리였다. 몸 가장자리를 따라서 난 선들은 섬모가 줄지어 늘어선 것이며, 빗해파리는 섬모들을 조화롭게 움직여서 헤엄친다. 따라서 이 움직이는 풍선은 섬모를 가진 세계 최대의 생물이다. 이 점에서 빗해파리는 고동치면서 순항하는 메두사형 해파리와 다르다. 현대의 분자연구들은 빗해파리가 다른 해파리들과 전혀 다른 진화경로를 거쳤다고 말한다. 놀랍게도 고대의 바다에도 이런 식으로 젤리와 촉수를 조합한 생물이 있었음을 보여주는 화석이 있다. 자포동물과 유즐동물이 캄브리아기 지층부터 나타난다는 점은 이제 의심의 여지가 없다. 중국의 옛 수도인 난징에 있을 때 나는 청지앙 동물군(윈난성 캄브리아기 전기 지층)의 표본 한 점을 접하고 전율했다. 빗해파리의 화석임을 한눈에 알아볼 수 있었다. 유즐동물 특유의 한쪽 끝에 달린 입과 "빗"까지 보였다. 이름은 마오티아노아스쿠스 옥토나리우스(*Maotianoascus octonarius*)였다. 5억 년이 넘는 시간 동안 그 화석을 간직했던 셰일에 수채화를 눌러 찍은 듯한 섬세한 막 형태로 보존되어 있었다. 그렇게 섬세한 생물이 화석으로 보전된다는 것은 거의 기적이나 다름없다(도판 37 참조).

섬세한 촉수를 달랑거리며 북극해를 고동치면서 떠다니는 메두사형 해파리는 모두 자포동물문(刺胞動物門, Phylum Cnidaria)이라는 훨씬 더 큰 문에 속한 종들이었다. 이 해파리들은 바다 밑(혹은 호수 바닥)에 달라붙어 있을 때는 다른 해부구조를 취한다. 이 상태를 폴립(polyp) 단계라고 하며, 아마 바위에 붙어 있는 말미잘 같은 모습이 가장 친숙한 형태일 것이다. 마치 뒤집힌 채 떠 있는 동물처럼 보인다. 촉수들은 단순한 입 주위를 원형으로 둘러싸고 있으면서, 지나가는 먹이를 낚는다. 단순한 신경망이 있어서 위험이 닥치면 촉수는 움츠러든다. 일부 자포동물 종은 폴립 단계와 메두사 단계를 번갈아 거친다(후자가 번식단계이다). 이제 청지앙 동물군에 캄브리아기의 폴립형 자포동물 화석인 크시앙구앙지아(*Xianguangia*)가 있다고 해도 놀랍지 않을 것이다. 해저에서 살아가는 데에 더욱 잘 적응한 별개의 큰 자포동물 집단도 있다. 바로 산호동물이다. 많은 산호동물은 탄산칼슘으로 된 단단한 뼈대를 만들어 폴립을 감싼다. 산호동물들이 먹이를 먹으려고 밖으로 몸을 내밀 때면, 햇빛이 아니라 먹이를 잡기 위해서 만개한 게걸스러운 꽃밭처럼 보인다. 산호동물들이 공간경쟁을 벌이면서 위로 바깥으로 자랄 때, 뼈

델라웨어 만의 해변에 짝짓기를 하기 위해서 수백만
마리씩 모이는 투구게(*Limulus polyphemus*). 알을 수정
시키려는 수컷들이 암컷 위에 올라탄다.

모로코의 4억 7,000만 년 된 오르도비스기 지층에서
는 삼엽충(*Dikelokephalina brenchleyi*)이 모여 있는
데, 이 커다란 삼엽충들은 현생 투구게와 비슷한 크
기며, 비슷한 이유로 모였을지도 모른다.

3. 델라웨어 만에서 발견
한 작은 투구게의 허물.
부속지와 그 뒤의 책허파
가 고스란히 드러나 있다.

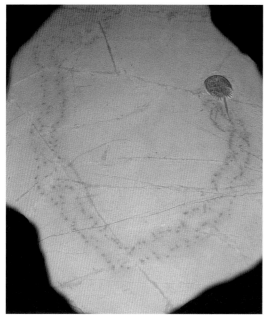

4. 쥐라기의 졸른호펜 석회암에서 나온 투구게 메졸리물루스(*Mesolimulus*) 화석. 길을 가다가 죽은 모습이다. 더 오래된 지층에서도 비슷한 발자취 화석이 발견된다.

5. 독일의 쥐라기 졸른호펜 석회암에서 나온 메졸리물루스 화석은 현생 투구게와 매우 비슷한 모습이다.

6. 포르투갈 아로카의 한 채석장에서 나온 오르도비스기의 거대 삼엽충 화석들과 함께한 저자(오른쪽)와 후안 카를로스 기티에레스-마르코스.

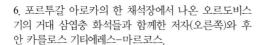

7. 캐나다 버제스 셰일(캄브리아기)에서 나온 아노말로카리스(*Anomalocaris*). 5억 년보다 더 이전에 살았던 대형 포식자이다.

8. 뉴질랜드 남섬 파파로아에 있는 토착 나한송 숲. 나한송과 나무고사리가 강둑을 뒤덮고 있다. 왼쪽의 라타나무(*rata*)는 뉴질랜드 고유종이다.

9. 뉴질랜드의 길가에 자라는 포자수가 달린 석송류. 이 풀의 석탄기 친척은 나무만 했다(204쪽 참조).

10. 뉴질랜드에서 발톱벌레를 찾기 위해서 나무를 쪼개고 있는 조지 깁스와 저자.

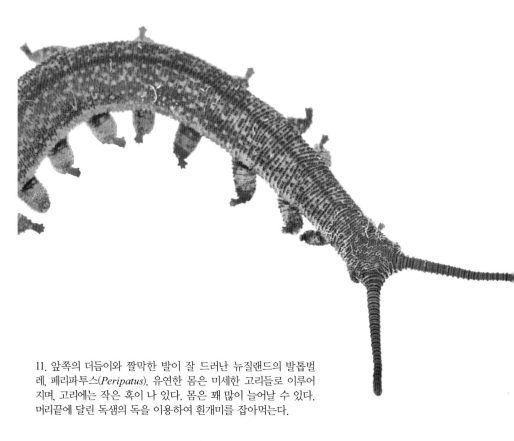

11. 앞쪽의 더듬이와 짤막한 발이 잘 드러난 뉴질랜드의 발톱벌레, 페리파투스(*Peripatus*). 유연한 몸은 미세한 고리들로 이루어지며, 고리에는 작은 혹이 나 있다. 몸은 꽤 많이 늘어날 수 있다. 머리끝에 달린 독샘의 독을 이용하여 흰개미를 잡아먹는다.

12. 중국 윈난성의 캄브리아기 청지앙 동물군에 속한 엽족동물 중 하나인 할루키게니아 포르티스(*Hallucigenia fortis*). 그들의 역사 초기에 발톱벌레의 친척들은 바다에서 살았고 지금보다 훨씬 더 다양했다. 입자가 고운 셰일의 표면에 몸이 부드러운 동물의 화석들이 색깔을 띤 막처럼 보존되어 있다. 이렇게 예외적으로 보존된 화석들은 동물문의 기원을 이해하는 데에 큰 도움을 준다.

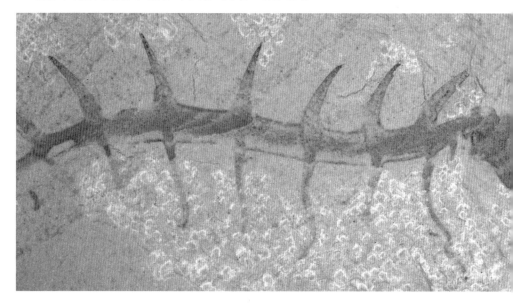

13. 캄브리아기 이전에 출현한 큰 동물들. 뉴펀들랜드 미스테이큰 포인트에 있는 지층 표면에 드러난 수수께끼의 프락토푸수스(*Fractofusus*) 화석들. 크기를 비교하기 위해서 동전을 놓았다.

14. 고대의 해저를 층층이 드러내면서 완만하게 기울어져 있는 미스테이큰 포인트의 지층(으레 부는 강풍에 경고판 일부가 찢겨나갔다).

15. (오른쪽) 고생물학계에 많은 논란을 일으킨 신기한 동물 스프리기나(*Spriggina*).

16. (오른쪽 끝) 오스트레일리아 선캄브리아대 말 에디아카라기의 화석. 카르니오디스쿠스(*Charniodiscus*)의 부착기와 엽상체(실물의 절반 크기).

17. 초기 지구의 모습 : 웨스턴 오스트레일리아 샤크 만에서 자라는 스트로마톨라이트. 각 둔덕은 커다란 방석만하다.

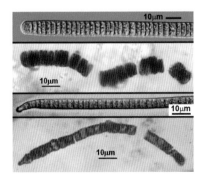

18. 층층이 서서히 성장했음을 보여주는 기둥 형태의 미세한 내부층 구조를 가진 스트로마톨라이트 화석. 중국 양쯔 강 협곡의 선캄브리아대("시니안계") 지층.

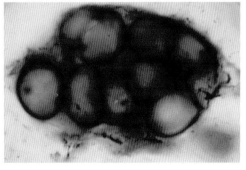

19. "남세균" : 비터스프링스 처트(8억5,000만 년 전)의 케팔로피타리온(*Cephalophytarion*) 화석과 독특한 색깔을 띤 현생 남세균. 가장 오래된 생존자이다. 크기가 매우 작다.

20. 오스트레일리아 중앙의 비터스프링스 처트에서 나온 소구체류 남세균의 군체 화석(8억5,000만 년 전 신원생대).

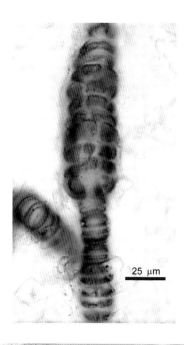

25 μm

21. (왼쪽) 이 방기오모르파(*Bangiomorpha*) 화석은 현생 보라털(*Bangia*)과 매우 비슷한 홍조류이며(114쪽 참조), 캐나다의 13억 년 된 화석에서 나왔다.

22. (아래) 영국 서부 데번의 바위에 붙어 자라는 홍조류인 포르피라 움빌리칼리스(*Porphyra umbilicalis*). "해조류"는 선캄브리아대의 생존자이다.

23. 원색의 고대 생명 : 옐로스톤 국립공원 상부 간헐천 분지의 크레스티드 풀(Crested Pool). 초기 생명은 고온을 견뎌냈다.

24. 옐로스톤 국립공원의 포슬린 분지 (Porcelain Basin)의 온천 유출수 : 서로 다른 호열성 미생물 종들이 온도 차이별로 분포하면서 서로 다른 색조로 물을 물들인다.

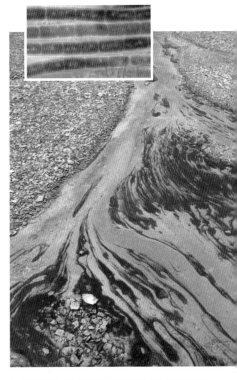

25. (위) 옐로스톤 국립공원의 매머드 온천에서 솟는 석회질 물은 계단처럼 된 트래버틴 절경을 빚어낸다. 이곳 미네르바 단구에서는 고세균과 세균이 번성한다.

26. (오른쪽) 옐로스톤 국립공원 포슬린 분지의 아이언스프링 크릭.

27. (작은 사진) 개울에서 자라는 실 모양의 녹조류 지고고니움(*Zygogonium*)의 미세한 실을 확대한 부분. 색소 때문에 자주색을 띤다. 섭씨 35-40도에서 잘 자라며, 매트와 띠를 형성한다.

28. (아래) 황을 사랑하는 미생물들이 거의 끓는 물에서 살고 있는 옐로스톤 국립공원의 용의 입(Dragon's Mouth).

29. (작은 사진) 미세한 고세균 술폴로부스(*Sulfolobus*)는 이 서식지의 특징이다. 이들은 대다수의 생물이 즉사하는 곳에서 번성한다.

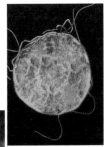

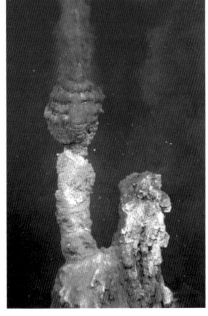

30. 뉴질랜드 북쪽 케르마데크 열도의 심해에 있는 고대 황세균의 피난처인 브라더스 블랙 스모커.

31. 과거 파내기. 폴 신과 그의 조수가 홍콩 신계의 해안에서 고대의 생존자, 특히 개맛(*Lingula*)을 찾고 있다.

32. 퇴적물에서 막 파낸 완족동물 생존자인 큰개맛(*Lingula anatina*). 긴 줄기, 즉 육경이 보인다.

33. 살아 있는 화석과 해당 지역의 풍경을 그린 샐리 벙커의 그림. 껍데기 가장자리의 털은 마시는 물과 내뱉는 물을 분리하는 역할을 한다.

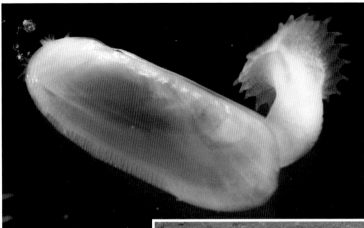

34. (위) 퀸즐랜드 스트래드 브로크 섬의 조개류 솔레미아 벨레시아나(*Solemya vele-siana*). 껍데기 안에서 비치는 분홍색 부분은 세균이 가득 든 폐이다. 실물의 2배 크기.

35. (오른쪽) 퀸즐랜드 해대에 사는 두족류 연체동물인 진주앵무조개(*Nautilus pompilius*). 눈과 촉수가 보인다.

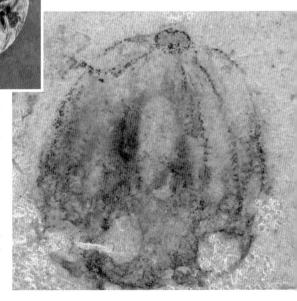

36. (위) 크기와 모양이 앵무조개와 비슷한 쥐라기의 나우틸로이드 화석 케노케라스 (*Cenoceras*). 지름이 약 12센티미터이며, 자른 단면에는 칸칸이 나뉜 방들과 중앙에 관 모양의 체관이 보인다.

37. (오른쪽) 캄브리아기 청지앙 동물군의 빗해파리 화석 마오티아노아스쿠스 옥토나리우스(*Maotianoascus octonarius*). 이 화석은 구스베리만 하며, 가장자리의 섬모까지 보존되어 있다.

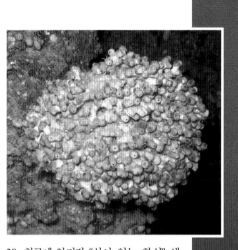

38. 최근에 알려진 "살아 있는 화석" 해면동물인 바켈레티아(*Vaceletia*). 산호해의 오스프리 산호초에 있다(거의 실물 크기).

39. 우아한 방사대칭 : 고대 자포동물문의 현생 해파리.

40. 6억 년의 역사를 가진 유리해면. 스발바르의 수심 2,400미터에서 자라는 버섯 모양의 카울로파쿠스 아르크티쿠스 (*Caulophacus arcticus*).

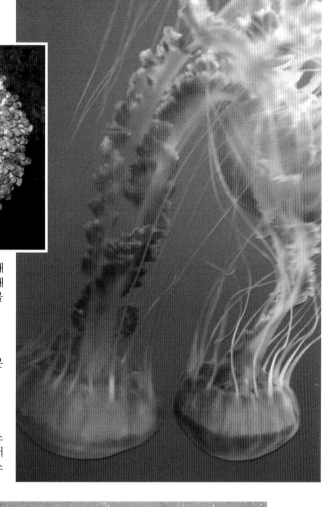

41. 약 10센티미터 높이로 곧추 자라는 석송류인 후페르지아(*Huperzia*). 노르웨이 오슬로 북부.

42. 아라비아 반도의 오르도비스기 지층에서 나온 작은 4분포자(지름 30미크론). 이런 포자는 공기로 퍼지며, 식물이 언제 최초로 육지로 진출했는지를 말해주는 증거가 된다. 아마 우산이끼와 비슷한 종류였을 것이다.

43. 오스트레일리아 실루리아기(4억2,300만 년 전)의 바라그와나티아(*Baragwanathia*) 화석. 육지에 정착한 최초의 식물 중 하나이다.

44. 영국 옥스퍼드셔의 백악 하천변의 축축한 바위 표면에서 자라는 우산이끼. 이런 작은 광합성 엽상체가 육지에 정착한 최초의 식물일 가능성이 높다.

45. (오른쪽) 꽃이 핀 암보렐라 트리코포다
(*Amborella trichopoda*). 이 가장 원시적인
현생 개화식물은 뉴칼레도니아 고유종이
며, 백악기 초에 살던 식물의 친척이다.

46. (왼쪽) 쇠뜨기(*Equisetum*)
는 흔하지만, 석탄기의 생존
자이다. 영국 햄프셔 뉴포
레스트.

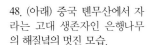

47. (오른쪽) 에오세(5억8,000만
년 전)의 은행나무 잎 화석은 현
생 은행나무와 매우 흡사한 부
채꼴이다.

48. (아래) 중국 톈무산에서 자
라는 고대 생존자인 은행나무
의 해질녘의 멋진 모습.

49. (왼쪽) 퀸즐랜드 브리즈번에서 자라는 장엄한 남양삼나무(*Araucaria*).
50. (작은 사진) 또다른 남양삼나무의 수구과. 남양삼나무는 전형적인 곤드와나 분포양상을 띤다.

51. (아래) 브리즈번 시립 식물원, 씨를 맺은 소철류. 이 중생대 생존자는 전 세계에서 자란다.

52. 자연 서식지인 나미브 사막에서 자라는 별난 식물 웰위치아(*Welwitschia*). 중앙에 "꽃" 구조가 보인다.

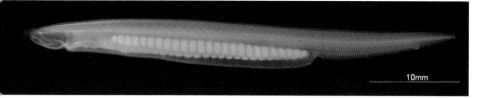

53. 원시적인 척삭동물인 창고기의 한 종(*Branchiostoma belcheri*). 근육의 배열, 신경, 척삭이 고등한 척추동물의 친척이라고 말해준다.

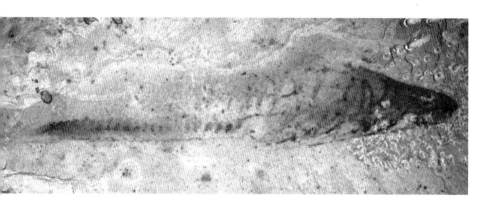

54. 창고기와 유연관계가 뚜렷한 5억여 년 전의 캄브리아기 화석 밀로쿤밍기아 펭지아오아(*Myllokunmingia fengjiaoa*). 중국 윈난성 청지앙 동물군. 이 화석은 우리가 속한 척삭동물문의 역사가 캄브리아기까지 올라간다는 것을 입증한다.

55. 멋진 오스트레일리아 폐어(*Neoceratodus*)를 손에 들고 있는 저자. 현생 동물상 중에서, 아마도 이 물고기가 사지류로 이어지는 진화계통과 가장 가까울 것이다.

56. 고든 하우스가 그린 "오래된 네 다리"인 현생 실러캔스(*Latimeria chalumnae*). "살아 있는 화석"의 대표적인 ㅅ
라고 볼 수 있다. 코모로 제도에서 현생 종이 발견되기 훨씬 이전에, 멸종한 종이 학계에 먼저 알려졌기 때문이다

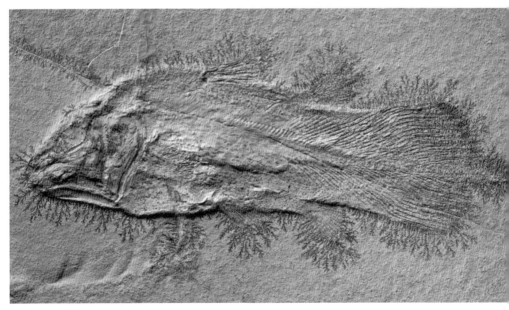

57. 쥐라기의 실러캔스 운디나(*Undina*) 화석은 현생 실러캔스(*Latimeria*, 라티메리아)와 매우 흡사하다. 주위에 ㅈ
처럼 보이는 것은 암석에서 광물이 성장한 것으로서, 원래 동물과는 무관하다.

58. 현생 무악어류인 다묵장어(*Lampetra*). 척추동물의 진화에서 원시적인 상태를 보여주는 아가미구멍이 줄지어 나 있다. 영국 버크셔 램본 강.

59. 유럽에 흔한 양서류인 선명한 색깔을 띤 노랑무늬영원(*Salamandra salamandra*). 이탈리아에서 저자가 발견한 개체.

60. 헬벤더(*Cryptobranchus*)는 석탄기에 석탄 늪에서 살았던 초기 양서류와 그다지 가까운 관계는 아니지만, 모습은 꽤 비슷한 커다란 양서류이다.

61. 뉴질랜드의 투아타라(*Spheno
don*)는 옛도마뱀목의 유일한 생
존자이다. "도마뱀"과 비슷하지만
겉보기에만 그럴 뿐이다.

62. 트리니다드 북부의 모래사장
으로 알을 낳기 위해서 돌아온
커다란 장수거북(*Dermochelys*)
거북은 백악기 말의 대량멸종 때
살아남았다.

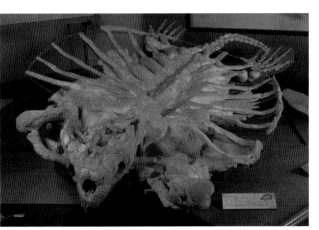

63. 사우스 다코타의 백악기 말
지층에서 발견된 거대한 거북인
아르켈론 이스키로스(*Archelon
ischyros*)의 화석. 빈의 자연사 박
물관에 있다. 폭이 5.25미터이다.

64. 사우스 오스트레일리아 캥거루 섬에서 무척추동물 먹이를 찾아나온 알을 낳는 포유동물인 가시두더지.

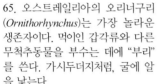

65. 오스트레일리아의 오리너구리(*Ornithorhynchus*)는 가장 놀라운 생존자이다. 먹이인 갑각류와 다른 무척추동물을 부수는 데에 "부리"를 쓴다. 가시두더지처럼, 굴에 알을 낳는다.

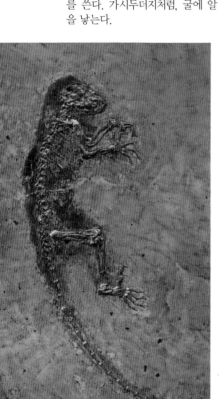

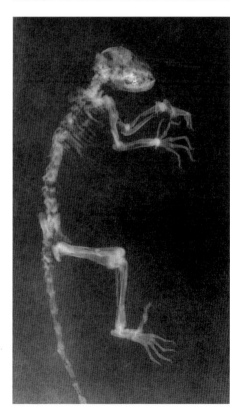

66. (왼쪽) 독일 다름슈타트 근처 메셀 화석지에서 나온 논란 많은 영장류 화석인 이다(*Darwinius masillae*). 4억7,000만 년 전 에오세의 것으로서 길이는 58센티미터. 암석에 박힌 모습이다.
67. (오른쪽) 이다의 놀라울 정도로 상세한 엑스선 사진.

68. 색깔을 입혀 재구성한 "공룡새."(백악기) 빈 박물관 소장. 점점 더 많은 전이 화석들이 발견되면서—특히 중국에서—공룡과 조류의 경계는 점차 흐릿해지고 있다.

69. 스코틀랜드 세인트앤드루스 대학교의 벨 페티그루 박물관에 있는 멸종한 모아의 뼈대. 뉴질랜드에서 이 거대한 새가 멸종한 것은 인간의 사냥과 관계가 있는 것이 거의 확실하다.

70. 남아메리카 콜롬비아의 본래 서식지에 있는 티나무. 티나무는 가장 원시적인 현생 조류일 가능성이 높다.

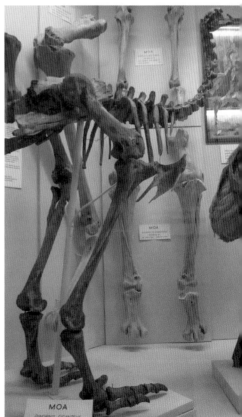

71. 작은 페레레트, 즉 마요르카 산파두꺼비가 마요르카 섬의 작은 물웅덩이에 앉아 있다. 이 두꺼비는 섬의 동물들이 처한 생존 문제를 대변한다.

72. 노섬벌랜드의 칠링엄 소. "야생" 소임을 시사하는 특징을 몇 가지 가지고 있지만, 오록스의 직계후손은 아닐 것이다.

73. 나의 동료인 폴 스미스가 찍은 그린란드의 빙하기 생존자 사향소. 플라이스토세에 함께 살던 동물들은 대부분 죽었지만, 사향소는 살아남았다.

74. 이탈리아 북부의 고지대에서 찍은 아이벡스의 모습.

75. 프랑스 니오의 동굴 벽에 우리 조상들이 멋진 솜씨로 그린 아이벡스. 그들이 그린 동물 중에는 빙하기가 끝나고 따뜻해진 기후 때문에, 혹은 그 뒤에 인간의 사냥 때문에 살아남지 못한 것들도 있다.

76. 고상한 빙하기 생존자 : 옐로스톤 국립공원의 들소. 이 종은 19세기에 우리 종의 손에 전멸당할 뻔했다가 겨우 살아남았다.

77. 중국 안후이성 황산의 침식된 화강암 봉우리. 산자락에 몇몇 고대 생존자들이 살고 있다.

78. 황산은 중국 문화에서 절경(絶景)이라는 개념을 낳는 데에 기여했다. 이 그림은 값싼 관광기념품이지만, 중국 산수화 전통에 충실하다.

79. 꽃을 피우고 있는 목련(*Magnolia*) 원예품종. 야생 목련은 황산의 비탈에서 볼 수 있다.

80. 은행나무(*Ginkgo biloba*) 분재. 이 책에 실린 생존자들이 재배나 사육을 통해서만 존속한다면 서글플 것이다. 자연의 시간 피난처는 보존할 가치가 있다.

81. 위대한 생존자들 중 하나로, 사실상 거의 없애기가 불가능한 바퀴벌레 화석. 현생 바퀴벌레와 흡사하다.

82. 현생 바퀴벌레.

대도 층층이 자란다. 많은 산호초의 산호동물들이 햇빛을 차지하기 위해서 경쟁하는 꽃에 비유된다. 사실상 수중의 아네모네인 셈이다.

산호동물의 몸속에는 공생조류가 살며(황록공생조류라는 와편모충류), 공생조류는 산호동물이 필요로 하는 양분의 대부분을 공급한다. 이 공생체는 열대의 따뜻하고 깨끗한 바닷물에서 가장 잘 번성하므로, 산호초도 대부분 열대에 있다. 환초 주위의 거초나 보초, 흩어진 암초 형태로 자라면서 말이다. 산호초에서는 수십 종의 산호동물 종이 빛과 공간을 차지하기 위해서 경쟁한다. 마치 숲의 나무들이 임관(林冠)에서 공간을 차지하기 위해서 경쟁하듯이 말이다. 어느 정도 시간이 흐르면, 어류, 성게, 새우 등이 살아갈 수십 가지의 분화한 서식지가 형성되며, 그것이 바로 산호초가 엄청난 생명 다양성을 보이는 이유이다. 깊은 바다에서 놀라운 산호초를 건설할 수 있는 심해 산호동물도 있다. 이들은 최근에야 발견되었다. 따라서 산호동물은 광합성 공생자가 없이도 번성할 수 있다. 이런 숨은 자포동물이 만든 우리가 접근하기 어려운 컴컴한 틈새에는 수많은 새로운 무척추동물 종들이 발견되기를 기다리고 있을 것이다.

산호동물과 해파리는 지금도 진화하고 있다. 바다에서 변함없이 남아 있는 것은 없다. 그러나 해파리와 빗해파리는 머나먼 지질시대의 전령이다. 그들은 서로 근본적으로 다른 길을 따라서 기나긴 세월을 헤쳐왔다. 그들은 생명의 나무에서 해면동물보다 위쪽에, 그러나 이 장의 지면 중 상당 부분을 차지했던 좌우대칭 동물보다는 아래쪽에 끼워진다. 해부구조를 보면 해면동물보다 겨우 한 단계 더 나아갔음이 드러난다. 그러나 잔 모양의 선배들과 달리, 그들은 위장과 초보적인 신경계를 갖추고 있다. 물론 나의 지인들 중에도 그 점에서는 그들과 별 다를 바가 없는 이들이 있지만 말이다.

캄브리아기의 같은 지층에 산호동물은 전혀 보이지 않는다. 석회질 뼈대를 만드는 기술은 5,000만 년이 더 흐른 뒤에야 나타난다. 오르도비스기에 새로운 해양 건설자들이 출현하여 최초로 산호초가 자랐다. 자연은 생산적인 서식지를 건설할 잠재력이 엿보이면, 늘 매우 빠르게 계발한다. 당시 삼엽충은 수지상 산호 사이를 쪼르르 돌아다녔다. 완족동물은 산호초의 틈새에 틀어박혔다. 앵무조개의 초기 친척들은 먹이를 찾아서 산호초 표면을 돌아다녔다. 우리는 당시 산호초에 우글거리는 생물들을 알아볼 수 있었을 것이다. 그러나 사실 이 초기 산호초는 오늘날 우리 서구인에게 열대의 낙원 섬이라는 이상향을 품게 하는 비슷한 구조물과 전혀 관계가 없다. 최초의 산호초를 건설한 산호동물은 오늘날의 자포동물 석공들과 전혀 다른 집단이었다. 그들은 현생 산호동물과 내부구조가 전혀 다르다. 초기 산호동물은 생존자가 되지 못했다. 그들은 페름기 말의 대량멸종 때 많은 해양생물들과 함께 사라졌다. 오늘날 산호초를 건설하는 산호동물은 같은 건설기술을 새롭게 습득한 별개의 집단임이 거의 확실하다. 기회가 있다면 생명은 길을 찾아낸다. 산호초를 건설하는 아주 특수한 경로까지도 말이다. 앞서 말했듯이, 생명의 나무에서 매우 낮게 달린 가지에서 나왔다고 해서 그 집단이 진화적으로 나태하다는 의미는 아니다. 해파리는 포유동물만큼 창의적일 수 있다. 등뼈가 없이 흐느적거리는 나름의 방식으로 말이다.

우리는 생명의 나무에 끼워진 위치로부터 해파리(해파리와 빗해파리 둘 다)가 모든 좌우대칭 동물들보다 먼저 출현했다고 예측할 수 있다.* 그들은 생명의 나무의 더 위쪽에서 뻗어나온 동물들의 특징을 전부가 아니라 일부만 가지며, 나중의 생물들은 그들과 점점 더 다른 경로로

---

* 일부 전문가는 빗해파리가 자포동물보다 좌우대칭 동물에 더 가깝다고 본다. 반면에 두 해파리가 "자매집단"이라는 견해를 고수하는 연구자들도 있다. 앞서 살펴보았듯이, 초기 집단이 어떤 위치에 있는가를 두고 종종 논쟁이 벌어진다. 창조론자들은 이것을 과학이 "틀렸다"는 신호로 받아들인다. 그러나 사실 초기 역사를 파악하는 데에 어려움이 있다면, 당연히 그런 논쟁이 벌어지기 마련이다. 중간 형태들이 많이 발견되어 분류하기가 모호해지기 때문이다. 다른 말로 표현하면, 진화가 일어났기 때문에 그렇다.

나아갔다. 많은 좌우대칭 동물들의 화석 기록은 약 5억2,000만 년 전인 캄브리아기 초 혹은 그보다 좀더 멀리 올라간다. 이 장에서 다룬 무척추동물들은 현재의 바다에서 여전히 살면서 그런 기나긴 계보의 살아 있는 증거가 된다. 따라서 생명의 역사의 더 이전 장을 읽으려면, 캄브리아기보다 더 오래된 지층을 살펴볼 필요가 있다. 최초의 해파리를 알려주는 증거는 에디아카라기에 쌓인 지층에서 찾아야 할 것이다. 동물이 광물화한 단단한 껍데기를 가지기 전에 번성했던 부드러운 몸을 가진 이 신기한 생물들의 화석 가운데 해파리도 있을까? 10년 전, 이 시기의 많은 화석이 실제로 해파리라고 분류되었다. 그러나 지금은 많은 에디아카라 동물들이 더 자세히 연구된 상태이며, 원반 모양의 화석들 중 일부는 카르니오디스쿠스(*Charniodiscus*) 같은 동물의 "흡착기관"으로 재해석되었다. 아예 무기물에서 기원했다고 배제된 것도 있다. 그러나 미하일 페돈킨 연구진이 진정한 동물들을 살펴본 최신 논문을 보면, 기쁘게도 에디아카라 화석들 가운데 메두시니테스(*Medusinites*) 같은 자포동물이 여전히 있음을 알 수 있다. 따라서 해파리는 수억 년 전에도 바다를 떠다녔던 것이 분명하다. 나머지 생물들을 낳은 온갖 드라마들을 지켜보면서 말이다. 오르도비스기나 페름기에 바다가 해롭게 변했을 때, 해파리가 안전하게 피신할 만한 곳이 있었을 것이다. 운석이 충돌했을 때 해파리는 세계의 반대편으로 흘러갔다. 얼음이 대륙들을 뒤덮었을 때에도 해파리가 살아남을 수 있을 만큼 얼어붙지 않은 바다가 있었다. 수심이 깊은 곳의 산소가 부족해졌을 때에는 수면이 지내기에 좋은 곳이 되었다. 자포동물은 다양한 수온에서 살 수 있으므로, 지구 온난화가 일어났을 때에도 그들은 두려워하지 않았다. 심지어 오늘날 어류가 남획되어 줄어드는 마당에도 해파리는 점점 더 늘어나고 있다. 해파리는 남들이 힘든 시기에 더욱 번성한다. 식물과 동물이 육지로 올라가서 또 차례의 원대한 모험에 나섰을 때에도 해파리는 늘 그랬듯이, 계속해서 고상하게 바다를 떠다녔다. 그들의 갓과 흔들리는 촉수는 우리 버릇 없는 인류가 망각 속으로 사라지는 모습도 지켜볼 것이다. 인류의 역사와 비교하면 바다는 영원하며, 해파리는 결코 멈추지 않는 심장박동처럼 언제나 고동치며 떠다닐 것이다.

6

녹색의 잎

작은 꽃 하나를 피우려면 오랜 세월의 노고가 필요하다.

윌리엄 블레이크, 『천국과 지옥의 결혼』

지금 나는 독특한 역사를 가진, 어떤 작은 풀을 추적하는 중이다. 나는 육상식물의 초기 역사를 살펴보기 위해서 노르웨이로 왔다. 노르웨이는 아마 세계에서 가장 복 받은 나라가 아닐까? 비록 대다수의 노르웨이인이 지나치게 겸손하여 그렇다고 자랑하지는 않겠지만 말이다. 아마 그들은 얼마 전까지만 해도 자국이 대구어업과 감자에 의존했고, 엄격한 루터파 교회를 통해서 하나로 뭉쳐 있던 다소 가난한 나라였다고 떠올릴 것이다. 지금은 석유로 많은 수입을 올리고 있으며, 정부는 원유를 너무 빨리 퍼쓰지 않도록 신중한 정책을 펴고 있다. 도시에 사는 노르웨이인들 중에는 지금도 시골에 가족이 지낼 집을 가진 사람이 많다. 그래서 그들은 주중에는 잘 정돈된 도시의 삶을 즐기고, 여가시간에는 피오르 해안을 항해하거나 전나무와 자작나무가 우거진 숲을 돌아다닐 수 있다. 많은 노르웨이인들은 여름에는 오후 일찍 일을 끝내고 이런 기회를 만끽하는 쪽을 선호한다. 그들은 장시간 일하지 않는 것을 타고난 미덕의 척도로 삼는 양식 있는 사람들이다. 또 키가 크고 잘생긴 이들이 많다. 정말로 복 받은 나라이다.

나의 옛 친구들(키가 크고 잘생긴)은 가을의 첫 단풍이 들기 시작한 9월의 따뜻한 어느 날 오슬로 북부의 산악지대에 있는 시골집으로 나를 데려갔다. 아래쪽의 더 비옥한 굽이치는 개활지에서는 수세기 동안 경작이 이루어져왔으며, 우리가 도착했을 때 작물은 이미 수확되어 창고로 옮겨진 뒤였다. 더 높은 지대는 아직 대부분 숲으로 덮여 있었고, 침엽수들이 무성하게 자라고 있었다. 큰 도로를 벗어나서 좁은 샛길로 들어가면 고생대의 지층이 드러난 산악지대가 나타난다. 이곳의 숲 언저리에 자리한 시골집들은 거의 모두 노르웨이 지질학자들이 소유하고 있다. 사시나무와 자작나무가 들어선 비탈을 따라서 물방울을 흩날리며 격렬하게 흘러내리는 개울 옆 빈터는 온통 이끼로 뒤덮여 매혹적인 모습이다. 나는 경치에 홀려서 잠시 탐사목적을 잊는다. 야생버섯이 정점에 이른 시기에 맞추어 시골집으로 데려가는 것이 아닌가 하는 생각이 든다. 온갖 색깔과 형태의 버섯들이 솟아오르면서 모습을 드러내고 있기 때문이다. 친숙한 버섯속들을 알아볼 수 있다. 갈색의 그물버섯속(*Boletus*), 노란색이나 주홍색의 무당버섯속(*Russula*), 주황색의 끈적버섯속(*Cortinarius*), 분홍색의 젖버섯속(*Lactarius*) 등등. 고국의 숲에서는 드물게 볼 수 있는 종인데, 이곳에는 사방에 널려 있는 것도 많다. 기슭마다 눈에 잘 띄지 않는 색깔의 턱수염버섯이 고개를 내밀고 있고, 길가에는 달걀노른자처럼 샛노란 꾀꼬리버섯이 자라고, 이끼로 뒤덮인 곳에는 알광대버섯의 더 창백한 친척들이 솟아 있다. 버섯의 화려한(혹은 창백하거나 검은) 색깔이 어떤 생물학적 기능을 하는지 다시금 궁금해진다. 우리가 버섯이라고 하는 자실체(子實體)는 기본적으로 포자를 퍼뜨리는 장치일 뿐이므로, 분홍색이든 자주색이든 혹은 다른 어떤 색이든 아무런 차이가 없을 테니 말이다. 그때 특이하게 유달리 웃자란 이끼처럼 보이는 짙은 녹색의 덤불이 눈에 띈다. 빈터에서 약간 뻣뻣한 모습의 잎이 달린 호리호리한 줄기들이 손 정도의 높이로 모여 자라고 있다.

석송류(石松類)임을 한눈에 알 수 있다. 동료인 앤 브루턴이 후페르지아속(*Huperzia*)이라고 말해준다. 내가 찾는 생존자 중 하나이다.

생명의 나무에서 훨씬 더 아래쪽 가지에 놓인 생물들에 비하면, 후페르지아는 평범하다고 할 수 있다. 노르웨이의 숲에서만큼 흔할 것 같지는 않지만, 북쪽 지방의 여러 습한 곳에서 자란다. 이 키 작은 풀은 약 3억 년 전 석탄기에 번성한 거대한 나무를 포함한 대규모 식물집단의 후손이다. 거대한 석송류의 나무줄기는 탄층의 주요 성분이며, 따라서 산업혁명을 추진하는 데에 한몫을 했다. 내가 어릴 때 처음으로 발견한 화석 중에 집에 배달된 석탄에 들어 있던 셰일 조각의 뒷면에 찍힌 석탄기 나무인 인목(*Lepidodendron*)의 껍질이 있었다. 엄마가 멋지게 차려입고 나갈 때 들었던 마름모꼴 돋을무늬가 있는 악어가죽 핸드백과 질감이 똑같았지만, 중산모처럼 온통 검은색이었다. 나는 맹인이 점자판을 만지듯이, 부드럽게 그 감촉을 만끽했던 것을 기억한다. 나중에 그 화석 나무가 후페르지아속과 석송속(*Lycopodium*) 같은 현생 석송류의 친척이지만, 크기가 100배 더 크다는 것을 알았다. 생명의 나무에서 나의 화석과 현생 초본을 잇는 고리는 두 차례의 대량멸종 이전까지 이어진다. 페름기 말과 백악기 말의 대량멸종을 말한다. 후페르지아는 투구게의 식물판이다.

후페르지아는 생명의 역사를 더욱 멀리 석탄기까지, 육지녹화가 처음 이루어진 시기로 끌고 간다. 약 4억2,000만 년 전 실루리아기에 식물은 수십억 년 전에 산소를 내뿜는 광합성이 출현한 이래로 우리 행성의 역사에 가장 중요한 경관의 변화를 일으켰다. 식물은 보호하고 지탱해주는 물속을 떠나서 희박한 공기 속으로 이동했다. 그 이주는 유례없는 결과를 낳았다. 이 전환이 일어나자 동물들이 뒤따라 이주할 수 있었고, 크고 작은 생물들이 무수한 육상생활의 가능성을 탐사하는 것이 가능해졌다. 처음에는 몇몇 초본 종이 개펄 주변에서 자라기 시작했다. 바라그와나티아(*Baragwanathia*)가 그중 하나였다. 이 화석 종은 오스트레일리아 빅토리아 주의 실루리아기 지층에서 처음 발견되었다. 이 고대의 풀은 후페르지아와 매우 비슷하게 생겼다. 똑같이 빳빳한 기둥에 똑같은 작은 잎들이 달려 있고, 잎겨드랑이에 달린 구조물 안에 포자를 담고 있다. 식물학자들은 두 식물의 "잎"의 중앙에 관속이 하나 뻗어 있으며, 엄밀히 말하면 더 고등한 식물의 더 복잡한 잎맥을 가진 잎과 구분하여 "소엽(microphyll)"이라고 해야 한다고 주장할 것이다. 가장 중요한 점은 후페르지아와 바라그와나티아가 관속식물이라는 것이다. 줄기 안에 물을 운반하는 빳빳한 관(물관)이 있다는 뜻이다. 물관은 육상식물이라는 지위를 얻는 데에 필요한 가장 중요한 기계공학적 성과물이다. 물관이 없다면 육지에 사는 식물은 말 그대로 풀썩 쓰러질 것이다. 바닷물이 빠졌을 때 무력하게 축 늘어진 바닷말을 생각해보라. 목질화한 물관은 식물이 육지로 올라갈 수 있도록 등뼈(비유적으로)를 제공했다. 물 공급관이자 뼈대였다.

후페르지아를 자세히 살펴보면서 나는 이 작은 풀 안에 숨겨진 나무를 상상해본다. 아무튼 일단 육지에 자리를 잡으면, 위로 옆으로 자람으로써 가장 많은 빛을 포획하는 식물이 동료들보다 우위에 설 것이다. 식물은 초창기부터 빛을 차지하기 위해서 경쟁했다. 야심적인 식물에게는 양분과 물을 흡수하는 뿌리, 번식과 광합성을 담당하는 줄기와 잎을 분화시키는 것이 도움이 되었을 것이다. 그러나 위로 자라려면 먼저 더 미묘한 변화들이 일어나야 했다. 햇빛에 메말라가자, 공기라는 새로운 희박한 환경으로 물을 잃는 것이 문제로 대두되었다. 식물의 표면을 얇게 왁스 층(각피)으로 덮는 것이 해결책이 될 수 있었다. 그러나 또다른 문제가 생겼다. 광합성과 호흡에 필요한 이산화탄소 흡수나 산소와 수증기 방출 같은 기체교환을 어떻게 할 것인가였다. 이 문제는 기체교환 기능을 잎 표면에서 움푹 들어간 곳에 자리한 특수한 세포에게 맡김으로써 해결되었다. 이 중요한 세포는 더운 날씨에 닫혀서 증발을 막는 "공변세포"를 통해서 보호를 받았다. 세포의 환기장치와 기체처리 시설이 하나로 통합된 셈이었다. 이 구조를 "기공(氣孔)"이라고 한다. 기공을 찾아내려면 잘 보전된 화석이 있어야 한다. 화석각피를 세심하게 분석해보니, 위로 자라고자 애쓰던 초기 식물에 정말로 기공이 있었음이 드러났다. 스코틀랜드의 라이니 지방에 있는 라이니 처트(Rhynie Chert)라는 퇴적층에서 4억 년 된 초기 식물의 화석이 발견되었다. 옐로스톤 공원에 있는 것과 매우 흡사한 규산염 온천 주변의 퇴적물에 보존된 것이다. 이 화석화한 온천 침전물에 보존된 초기 식물의 세포는 거의 기적이라고 할 만큼 세세한 부분까지 잘 보존되어 있다. 이 화석들의 해부구조가 노르웨이의 소나무 숲에서 자라는 먼 친척의 것만큼 상세히 알려져 있다고 말할 수도 있다.

그러나 그들조차도 최초는 아니었다. 허공으로 삐죽 고개를 내밀 능력을 갖추기 전에 어떤 선구적인 작은 녹색 깔개가 진흙 섞인 축축한 강둑 위를 뒤덮고 있었다. 아마 뿌리도 줄기도 거의 없었겠지만, 가장 약한 산들바람에도 몸을 실어서 적당한 서식지로 퍼질 수 있었다. 그런 식물을 찾겠다고 굳이 노르웨이나 사하라 사막, 아마존으로 갈 필요도 없다. 습한 골짜기, 습지의 물이 흘러나가는 곳 위에 놓인 사람이 지나다니지 않는 다리, 버려진 수로의 축축한 둑, 어디든 좋다. 나의 집에서 조금만 걸어도 적당한 곳이 몇 군데 나타난다. 이 식물은 바로 우산이끼(liverwort)이다. 간(肝, liver)과 전체적으로 모양이 비슷하다고 그런 이름이 붙은 듯하며,* 태류(hepatic)라는 옛 명칭도 어원이 같다. 우산이

---

* 영어에는 "워트(wort, 식물이라는 뜻의 앵글로색슨어)"라는 매혹적인 옛 명칭을 가지고 있는 식물들이 몇 종류 있다. 꼭두서니과의 "퀸시워트(Quinsywort)", 석죽과의 "럽처워트(ruptrewort)", 꿀풀과의 "운드워트(woundwort)"가 그렇다. 이런 이름들은 그 식물들이 옛날에 약초로 쓰였음을 시사한다. 우산이끼의 한 종도 미친 개에게 물렸을 때 효험이 있다고 했다. 그러나 간을 치료하는 데에는 쓰이지 않았다.

끼문(Marchantiophyta)이라는 현재 명칭은 비록 지극히 옳기는 하지만, 옛 이름처럼 실감나게 와닿지는 않는다. 나는 태류를 채집하러 나간다! 내가 사는 곳에서 가장 가까운 서식지는 템스 강의 그늘진 구석과 지류의 가장자리이다. 인기 있는 품종의 상춧잎과 다소 비슷하게 주름진 짙은 녹색의 우산이끼 엽상체는 물가의 낮은 둑을 뒤덮고 있다. 물방울이 흩뿌려지는 축축한 나무줄기에서도 자라며, 수직의 표면에도 행복하게 달라붙어 있다. 그곳은 독특한 냄새를 풍긴다. 막 따른 맥주처럼 상쾌한 기분을 주는 물과 이끼가 섞인 냄새이다. 초록 깔개로부터 솟아오른 작은 우산 같은 구조물은 포자를 만들고 퍼뜨리는 일을 담당한다. 그들은 기공이 없으며, 일반적인 의미의 뿌리도 없다. 상상할 수 있는 가장 단순한 판 모양의 광합성 식물이다. 4억 년이 넘는 세월이 흘렀음에도 우산이끼는 여전히 하나의 생태지위를 차지하고 있다. 설령 거의 눈에 띄지 않는다고 해도 말이다. 우산이끼, 혹은 그와 아주 흡사한 무엇인가가 후페르지아나 그보다 더 단순한 화석 기록상 최초의 식물에 속하는 프실로피톤(Psilophyton)의 친척들보다 먼저 물 밖으로 나왔다는 증거가 있다. 공중으로 퍼질 수 있는 형태를 가진 포자는 약 4억7,500만 년 전인 오르도비스기 지층에서도 발견된다. 몇 년 전, 나의 동료인 찰스 웰먼은 그 시대의 암석에서 현생 우산이끼의 포자낭과 테두리의 구조가 흡사한 포자낭을 발견했다. 안타깝게도 최초의 선구자들을 대변할지도 모를 이 화석들은 대부분 셰일 표면에 찍힌 작고 검은 탄소 얼룩에 불과하며 세부구조가 보존되어 있지 않다. 회의주의자라면 우산이끼라고 자신 있게 말할 근거가 전혀 없다고 주장할 만도 하다. 그러나 축축한 흙에 압착된 이 녹색 깔개가 생명이 자신에게 반드시 필요했던 물의 품을 어떻게 떠났는지를 알려줄 가능성도 있다. 이끼도 그에 못지않게 단순하며, 수분과 양분이 있는 곳이라면 어디든 부드러운 깔개를 만든다. 이끼도 육지진출의 역사의 초창기에 등장했을 가능성이 있다. 이끼는 지금도 온갖 벽과 숲 바닥, 풀 사이에서 번성하고 있다.

식물의 육지정착은 "되먹임 고리(feedback loop)"라는 다소 과장된 표현을 정당화하는 결과를 낳았다. 즉 분해되는 유기물이 암석과 상호작용하여 토양을 만들고, 그 토양은 더 왕성하게 식생이 자랄 수 있도록했다. 식물은 흙을 만들고 흙은 식물을 키웠다. 설령 화석 기록에는 거의 보이지 않는다고 해도, 세균과 균류도 이 과정에 관여했을 것이 분명하다. 균류가 멀리 선캄브리아대에 생명의 나무에서 갈라져나갔다는 점을 기억하자. 따라서 그들은 드러나지 않았지만, 그 뒤의 생명의 역사를 함께 겪었을 것이 분명하다. 셀룰로오스를 분해하고 흙을 만드는 일을 돕는 그들의 능력은 지금과 마찬가지로 육지정착의 초창기에도 반드시 필요했다. 진화에서는 그런 소리 없는 생존자가 계속 버티는 것이 새로운 돌파구 못지않게 중요했다. 균류와 뿌리는 처음부터 얽혀 있었을지 모른다. 균사는 최초의 식물 뿌리를 감싸서 오늘날 우리가 균근(菌根)이라고 부르는 것을 만들었다. 이 결합을 통해서 균류는 자라는 식물에 질소와 인산염을 제공하고 그 보답으로 당분을 얻으며, 그것은 가장 친밀한 형태의 공생이다. 그럼으로써 습한 토양은 진드기와 선충 같은 작은 동물들로 이루어진 "분해자 공동체"가 자리를 잡을 수 있는 아늑한 서식지를 제공했다. 이어서 은밀한 토양동물들을 먹는 작은 포식자들도 모여들었다. 그들은 지금도 마찬가지 생활을 한다. 영국의 실루리아기 말 지층(4억2,300만 년)에서 나온 한 놀라운 화석은 이 공동체의 몇몇 동물들이 생명의 육지진출의 초창기부터 이미 터를 잡았음을 보여준다. 의갈(pseudoscorpion, 실제로 작은 전갈처럼 보인다)은 진드기와 날지 못하는 작은 곤충인 톡토기를 잡아먹었다. 비록 화석으로 남지는 않았지만, 몸이 부드러운 다양한 "지렁이류"도 있었을 가능성이 높다. 이 공동체는 눈에 띄지 않은 채, 고생대 말과 중생대 말의 엄청난 생물학적 위기뿐 아니라 지상에서 벌어지는 온갖 변화와 멸종사건을 견디고 살아남았다. 그들은 그저 조용히 낙엽을 토양으로 바꾸는 일을 계속했다. 찰스 다윈은 그 과정을 "부식토 형성(formation of vegetable mould)"이라고 했다. 그 식물 "분해자들"은 나름대로 스트로마톨라이트 공동체 못지않은 놀라운 생존자이다. 어디에나 흔하기 때문이다. 나의 모친은 먼지만큼 흔하다고 말씀하시고는 했다. 물론 동물학적으로 볼 때, 그들은 이 책의 다른 장에 속하지만, 나는 그들을 여기에 끼워넣고 싶다. 여태껏 그들이 속해 있던 식물 아래에 말이다.

나는 따뜻한 기후대의 세계 곳곳에서 후페르지아의 또다른 한 친척을 만났다. 이 작은 식물은 타이의 논 가장자리에서 자란다. 물소가 논에 쟁기질을 하며 걷는 옆에서 눈에 띄지 않게 기면서 자란다. 에콰도르의 운무림에서는 착생식물을 드리운 나무들 사이로 난 길의 가장자리에서 자란다. 뉴질랜드의 습한 지역에도 많다. 나한송 숲 바닥에서 군데군데 매혹적인 이끼 더미처럼 자란다. 식물원의 열대온실에서는 눈에 보이지 않는 곳에 별 말썽을 일으키지 않으면서 일종의 "잡초"로서 자라는 것도 보았다. 이 식물은 레이스처럼 섬세하며, 때로 레이스처럼 우아하게 주름이 지고 접힌다. 바로 부처손속(Selaginella)이다. 석송류의 일종이며, 이른바 "꽃"을 피울 때는 포자를 담은 작은 포자낭 이삭(strobilus)을 위로 내민다. 후페르지아도 "잎" 사이에 상응하는 구조물이 삐죽 나와 있었다. 수억 년 전 지층의 화석에서도 비슷한 기관이 발견된다. 부처손속은 번식기구의 독특한 모양 때문에 "스파이크모스(spikemoss, 번역하면 큰못이끼)"라고도 한다. 곧추선 포자낭 이삭에는 두 종류의 생식기관이 따로 달리며, 하나에서는 자성기관인 커다란 대포자가, 다른 하나에서는 웅성기관인 작은 소포자가 만들어진다. 소포자는 바람에 쉽게 퍼져서 다른 개체를 수정시킬 수 있다(포자벽 안에서 발아했다가 적당한 시기에 정자를 방출한다). 대포자는 포자낭 안에 머물러 있으면서 수정이 이루어지기 알맞게 변화를 거치며, 정자를 통해서 수정된 뒤에는 모체에 반기생 상태로 남아 있다. 이윽고 땅에 떨어지면 독자적인 삶을 시작하며, 이 주기가 되풀이된다. 다소 복잡한 생활사처럼 들리겠지만, 그것은 다음에 무엇이 출현할지 단서를 제공한다. 커다란 암기관이 다른 개체에서 오는 작은 숫기관을 기다리는 양상이다. 이것이 오늘날 녹색세상을 지배하는 씨 맺기 양상의 선구적인 형태였다.

양치류는 가장 단출한 식물이며, 오랜 세월을 살아왔다. 다른 식물이 살지 못하는 나무그늘에서도 무성하게 자란다. 섬세하게 갈라진 잎들이 원형으로 배열되어 위로 갈수록 바깥으로 벌어지면서 분수 같은 모습으로 자라는 종류도 있다. 이파리는 마치 파티에서 불어대는 (둘둘 말렸다가 삐 소리를 내면서 풀리는) 피리처럼, 둘둘 말려 있다가 풀리면서 자란다. 캐나다 북동부에서는 어린 순을 소용돌이 장식(fiddlehead)이라고 하는데, 적절히 처리하면 먹을 수 있다. 오스트레일리아의 원주민들은 나르두(nardoo, *Marsilea drummondii*)라는 양치류를 수세기 동안 식용으로 삼았다. 콩 모양의 포자낭을 먹는데, 아주 세심한 조리과정을 거쳐야 한다. 오스트레일리아를 횡단하던 탐험가 버크와 윌스는 원주민들이 내온 영양가 많은 그 수프를 적절히 희석해서 먹었어야 했는데, 그러지 않았던 바람에 고통스럽게 서서히 죽음을 맞이했다. 동물들은 고사리가 무성해 보여도 뜯어 먹는 일이 거의 없다. 고사리는 아주 오랜 세월을 존속하면서 매우 많은 화학적 방어기구를 갖추었기 때문에 뜯어 먹기가 어렵다. 고사리라는 질긴 양치류는 거의 난공불락인 듯하다. 고사리를 먹을 수 있는 곤충은 극소수이기 때문이다. 어떤 재앙이 휩쓸어 초토화가 된 뒤에 가장 먼저 터를 잡는 식물들 중에는 반드시 양치류가 있다. 양치류는 포자를 통해서 퍼지면서 축축한 틈새에 자리를 잡고 땅을 다시금 가장 먼저 녹색으로 뒤덮으면서 데본기 때 누렸던 것과 같은 광합성 파티를 벌인다. 1989년 세인트헬렌스 화산이 터졌을 때, 양치류는 묻혀 있던 뿌리줄기에서 다시 싹을 내어 화산재를 뚫고 올라왔다. 백악기 말에 공룡을 비롯한 많은 생물들이 멸종하는 위기가 지난 뒤, 양치류는 세계의 여러 지역에서 짧게나마 다시 전성기를 맞이했다. 화석 꽃가루와 포자를 연구하는 사람들은 대개 재앙 직후에 쌓인 지층에서 엄청난 양의 양치류 포자를 발견하며, 이 양상을 "양치류 급증(fern spike)"이라고 한다. 산불 등으로 경관이 대규모로 파괴될 때 양치류에게는 기회가 찾아온다. 양치류가 번성하는 데에는 그다지 많은 것이 필요하지 않다. 나는 열대의 나무에 마치 어떤 영국의 대저택에서 훔쳐온 듯한 사슴뿔 박제처럼 보이는 착생식물들이 장엄하게 매달려 있는 광경을 많이 보았다. 으스스한 분위기의 녹색을 띠고 있다는 점이 다를 뿐이었다. 버려진 우물이나 동굴 입구에서도 마치 마법처럼 그들이 자라는 것을 보았다. 뉴질랜드와 하와이의 몇몇 지역에서는 나무고사리가 매우 무성하여 사람들은 마치 시간을 거슬러 쥐라기 경관에 들어선 듯한 기분을 느낀다. 나는 양치류의 생존이유를 굳이 언급할 필요를 느끼지 못한다. 그들은 우리 종이 사라진 뒤에도 남을 것이 분명하다. J. G. 발라드 같은 작가들이 그려낸, 전 세계가 끝없이 뻗은 빌딩 숲으로 뒤덮여 있는 디스토피아 미래의 경관에서도 하수관의 틈새에서는 양치류가 자라고 있을 것이다. 그래서 나는 굳이 양치류를 찾으러 탐사에 나설 필요를 느끼지 못한다. 이 글을 쓰고 있는 곳에서도 담벼락에 붙어서 행복하게 자라고 있는 골고사리가 보인다(내가 초대한 것이 아니라 그냥 들어왔다).

진짜 양치류는 화석 기록에서 약 3억4,500만 년 전인 석탄기까지 거슬러올라간다. 그러나 로빈 모런은 매혹적인 저서 『양치류의 자연사(*A Natural History of Ferns*)』에서 현재 살고 있는 양치류의 대부분이 개화식물과 함께 진화했을 것이라고 지적한다. 양치류 집단 자체의 역사는 깊을지 모르겠지만, 기나긴 역사 내내 계속 새로운 종류가 진화했다. 그렇기는 해도, 극소수의 진정한 생존자들이 있다. 1920년대에 뉴기니의 숲에서 디프테리스(*Dipteris*)라는 종이 발견되었다. 공룡의 시대에 다양하게 분화했던 한 과에 속한 양치류였다. 나는 말레이 반도에서 연구할 때 같은 시대의 또다른 잔재인 마토니아(*Matonia*)를 본 적이 있다. 둘다 야자나무를 축소했거나 아주 많은 손가락이 달린 손을 펼친 듯한 모습이며, 길가나 벌목지에서 뿌리줄기로부터 자라난다. 엎혀 있는 모습의 엽상체를 보면 아무것도 없는 상태에서 난데없이 불쑥 튀어나온 듯하다. 대조적으로 처녀이끼류(filmy fern)는 종이처럼 섬세하다. 거의 투명할 정도로 얇으면서 선조(線彫) 세공을 한 듯이 복잡하게 갈라져 있다. 그들은 수분이 매우 많은 조건에서만 자란다. 나는 뉴질랜드 남섬의 습한 지역에 있는 나무줄기, 그리고 남유럽의 축축한 동굴 입구에서 처녀이끼를 본 적이 있다. 그토록 얇은 것이 화석이 될 수 있다면 놀랍겠지만, 폭포에서 물이 비산(飛散)하는 곳이나 습한 숲 바닥의 축축한 이끼로 뒤덮인 곳에서 이 전문가들이 거의 2억5,000만 년 동안 살아왔음을 입증하는 트라이아스기 화석이 있다.

  내가 어릴 때, 런던 큐 식물원의 구석에 처녀이끼를 모아둔 작은 온실이 있었다. 그곳은 은밀한 장소였고, 천박하게 화려한 난초 온실과 대조적으로 신비한 분위기를 풍겼다. 그곳을 들르는 방문객은 거의 없었다. 나는 그곳의 축축하고 좀이 쓰는 듯한 냄새를 지금도 떠올릴 수 있다. 그곳에 가면, 엽상체의 녹색이 얼마나 미묘하게 저마다 다른지, 주름지고 갈라진 양상이 얼마나 다양한지를 실감할 수 있었다. 판석 아래 축축한 곳에서는 어린 양치류들이 자라고 있었다. 포자는 발아하여 작은 녹색의 전엽체를 만들고, 전엽체에서는 암수 생식기관이 자랐다. 축축한 곳에서 정자는 난자에게로 헤엄쳐가며, 수정된 세포(접합자[接合子])는 양치류 배아를 만들고, 배아는 독립하여 자란다. 대다수의 양치류는 엽상체 밑면에 붙은 포자낭군이라는 작은 주머니에서 갈색 먼지 같은 포자를 방출한다. 이 미세한 포자는 지극히 가벼워서 새로 흘러나온 용암류나, 심지어 내 서재 창밖의 담벼락에까지도 양치류를 빠르게 퍼뜨릴 수 있다. 때로는 바람에 날리는 편이 생존에 더 도움이 된다. 양치류 집단은 발아한 뒤에 양분을 잘 공급받도록 커다란 웅성 "번식체"에 더 많은 에너지를 투자함으로써 개체의 생존 가능성을 더 높이는 방식을 시도했다. 현재는 지극히 이질적인 집합임이 밝혀진 종자고사리류는 사실상 고생대 지층에서 화석으로 많이 발견되지만, 그들은 오늘날까지 살아남지 못했다. 장기적으로는 먼지 같은 포자를 이용하는 전략이 이긴 셈이다.

그 전략은 쇠뜨기($Equisetum$)도 매우 유용하게 쓴다. 내가 아는 정원사들은 이 생존자를 막기 위해서 온갖 노력을 기울인다. 땅속 뿌리줄기로 퍼지는 쇠뜨기는 정원에서 박멸하기가 불가능해 보인다. 쇠뜨기는 잎도 없이 여러 마디로 이루어진 줄기가 삐죽 솟아오른 모습이다. 마디는 쉽게 끊어지며, 각 마디는 거의 똑같은 모양을 하고 있다. 마치 조립 키트가 제공되어 마음대로 직접 조립해서 만들어내는 식물처럼 느껴진다. 섬세해 보이는 축소판 크리스마스 트리처럼 보이기도 하지만, 조건이 좋으면 수북이 덤불을 이룰 수 있다. 포자낭은 위쪽으로 삐죽 솟아오른다. 샘 주변에서는 쇠뜨기가 주된 식생을 이루기도 한다. 나는 남아메리카의 운무림에서 벌목지 전체를 뒤덮은 드넓은 쇠뜨기 밭을 걸은 적이 있다. 또한 사막에서는 앙상한 관목처럼 자라는 특이한 쇠뜨기도 보았다. 생명의 기나긴 경주에서 쇠뜨기는 마라톤 선수에 속한다. 3억 년 이상 전에는 좀더 잎처럼 보이는 것을 달고 있는 거대한 쇠뜨기가 축축한 물가에 가득했고, 그 시대의 지층에서도 화석으로 많이 나온다. 쇠뜨기는 1억 5,000만 년 뒤 파충류가 지배하던 시대까지도 거의 활력을 잃지 않은 채 왕성하게 살아남았다. 암석에 찍힌 쇠뜨기 화석의 줄기는 언뜻 대나무를 떠올리게 한다. 전혀 관련이 없는 식물이지만 말이다. 오늘날 쇠뜨기는 숲 가장자리를 따라 자라거나, 하천 기슭에 무리지어 자라거나 감자 밭에서 드문드문 자란다. 그들은 어떤 은신처로 달아난 예전

시대의 수줍은 생존자가 아니다. 쇠뜨기는 오랜 세월을 살아왔으므로, 21세기의 상황에도 잘 대처할 수 있다. 초기 양서류가 쇠뜨기가 우거진 숲을 돌아다니거나 초기 잠자리가 날다가 마디가 진 쇠뜨기 가지로 내려앉는 모습을 상상할 수도 있다. 화려하지도 않은, 그저 풀에 불과한 것이 그런 숲을 일구었다.

나는 이 책에서 몇 차례 나무를 언급했었다. 주로 진화의 나무, 생물들 사이의 관계를 그린 인위적인 구성물이었다. 그런 나무는 철학적인 의미로 보면, 이론과 같다. 화석이나 분자로부터 정보가 더 많이 모일수록 계속 갱신과 수정이 이루어진다. 그런 나무에는 영원하지 않은 부분도 있다. 따라서 **진짜** 나무로, 기나긴 지질시대의 또다른 생존자인 은행나무(Ginkgo)로 눈을 돌리는 것은 색다른 즐거움이다. 비록 이 매혹적인 나무는 현재 널리 식재되고 있지만, 나는 그 나무의 원산지를 가볼 필요가 있다. 왜 그 나무는 1억 년 이상 살아남아야 했을까? 그 나무의 "야생" 서식지는 중국 남부의 산림지대 단 두 곳뿐이다. 살아남은 생존자들을 찾으려면 도움이 필요하다. 난징의 옛 친구인 저우지이가 나를 데려다주겠다고 했다. 중국에서는 모든 일이 개인적인 차원에서 이루어지므로, 지이는 그 유명한 나무로 우리를 안내할 식물학자 친구와 운전사도 직접 구해온다. 시작부터 꽤 편안한 모임이다. 중국인 친구들은 어디에서 점심을 먹으면 가장 좋을지를 놓고 자기들끼리 대화를 한다. 내가 아는 한, (이탈리아인은 논외로 치면) 중국인이야말로 음식 이야기를 가장 진지하게 하는 사람들이다.

양쯔 평원에 자리한 유서 깊은 도시 항저우(杭州)는 숲으로 둘러싸여 있다. 새로이 개발되면서 끝없이 이어지는 고층건물들의 숲이다. 예전에 이 도시를 들러본 사람이라면 무지막지하게 들어선 새 건물들을 보고 충격을 받는다. 새 고층건물들 중 상당수는 처마 모서리가 들린 전통

지붕을 흉내내고 있지만, 무려 30층으로 어마어마하게 높이 올린 똑같이 찍어낸 아파트에 불과하다. 라스베이거스에서 값싸게 묵을 수 있는, 저속한 모방작인 고층건물을 떠올리게 한다. 그곳에서는 밋밋한 고층건물 위에 그럴 듯하게 보이는 기둥 몇 개를 세우고 "로마식" 지붕을 얹었다. 전통 탑의 억제된 멋을 볼 때면, 나는 이 새 고층건물들이 현재 중국이 풍요로움을 누리기 위해서 치르는 대가가 아닐까 하는 생각이 든다. 그러나 중국인이 활기차다는 점은 부정할 수 없다. 멀리 옛 중국화에 등장하는 것과 똑같이 안개에 감싸인 산들이 층층이 늘어선 산맥이 어른거리는 것을 보니 위안이 된다. 완만한 산길로 올라가니, 교통체증이 서서히 사라진다. 비탈 아래쪽은 우아한 대나무들이 숲을 이루고 있다. 대나무는 새 건물의 비계(飛階)가 될 가능성이 높다. 대나무 숲 사이사이에 나무 툇마루가 붙은 옛 농가들이 남아 있다. 검은 기와지붕의 이층집들이다. 오르막길을 계속 오르니, 이윽고 대나무들이 사라지고 침엽수인 삼나무를 심은 곳이 나타난다. 그 위쪽으로 도로는 키 작은 밤나무와 소나무 사이로 이리저리 굽으면서 뻗어 있다. 마침내 진짜 시골이 나타난다. 중국 시골에서 흔히 그렇듯이, 우리는 길을 잃는다. 동료들은 동네 농민들에게 길을 물으면서 서로 한참을 이야기한다. 농민들은 모호하게 저 너머 산맥을 가리킨다. 우리는 한 좁은 도로를 되돌아 내려가서 다른 길로 올라간다. 이번에는 틀리지 않는다. 좁은 길은 수십 차례 이리저리 돌면서 해발 약 1,800미터까지 올라가서 저장성(浙江省)의 톈무산(天目山) 자연보호 구역 입구에서 끝난다. 정갈한 작은 광장을 중심으로 툇마루가 붙은 검은 목재로 지은 낮은 전통가옥들이 서 있다. 어디에서나 그렇듯이, 기념품 판매상들이 자질구레한 기념품을 팔기 위해서 중국인 관광객들을 유혹한다. 이곳에서는 서양인을 거의 볼 수 없다. "이곳에는 불교와 도교의 유적이 조화롭게 공존하고 있습니다"라고 안내판에 적혀 있다. 광장부터는 걸어서 간다. 가파른 숲 가장자리를 따

뉴욕 브루클린 식물원의 동쪽 공원도로 입구에 있는 은행나무의 잎과 열매를 새긴 부조.

라 이리저리 굽으면서 뻗은 잘 조성된 돌길을 따라가니, 비탈에 주로
토종 나무들로 이루어졌음이 분명한 숲이 나타난다. 중국의 많은 지역
이 인간의 손을 탄 탓에, 야생환경이 온전한 곳을 발견하니 경이롭다.
길에서 둘러보니, 나무들이 빽빽이 들어선 접근할 수 없는 날카로운 봉
우리들이 겹겹이 이어지면서 멀리 안개에 감싸여 사라진다. 휘파람 소
리를 내는 새들도 몇 마리 있다. 평원에서는 거의 사라진 새들이다. 내
가 상상하던 중국이 바로 여기에 있다.

　길은 은행나무의 알맞은 서식지보다 좀더 높은 곳에서 시작한다. 이
곳의 식물들 중 상당수는 나에게 친숙한 모습이며, 영국의 정원과 생울
타리에서 흔히 보던 속 — 종이 아니라 — 에 속한 나무들이다. 영국인
(혹은 북아메리카인)에게 친숙한 장미(*Rosa enryi*), 층층나무(*Cornus*),
호두나무(*Juglans*), 서어나무(*Carpinus*), 참나무(*Quercus*), 가막살나무
(*Viburnum*), 물푸레나무(*Fraxinus*)가 그렇다. 튤립나무(*Liriodendron*)와

돌참나무(*Lithocarpus*) 같은 가장 이국적인 나무조차도 영국의 대저택을 둘러싼 오래된 정원에 있기 마련이다. 중국의 종들이 유럽의 원예에 기여한 부분은 아무리 강조해도 지나치지 않다. 중국 동부의 이곳은 고산지대라서 이 추운 기후대의 "구북구(舊北區, Palaearctic) 식물상"이 북온대와 북극권 위도대를 넓게 가로지르는 본래의 분포범위보다 더 남쪽까지 내려올 수 있었다. 이런 나무들은 동쪽의 더 따뜻한 지역들에서는 찾아보기 어렵지만, 서유럽의 교외나 공원처럼 기후가 더 온화한 곳에는 쉽게 이식할 수 있다. 적응력이 뛰어난 은행나무도 마찬가지이다. 이제 깎아지른 듯한 바위 표면과 거대한 석회암 절벽에 난 틈새를 따라서 뻗은 아찔할 만큼 급한 내리막길이 나타난다. 예전 승려들은 난간의 도움도 없이 이 길을 오르내렸을 것이다. 가장 작은 돌 틈에서도 비비 꼬인 침엽수들이 자라고 있다. 천연 분재인 셈이다. 이리저리 굽고 혹이 나고 비틀리고 휘어진 모양새가 분재 전문가라면 혹할 만하다. 800년이나 된 것도 있다고 한다. 사면봉(四面峰) 전망대에는 "말 1만 마리가 뛰는 듯이 굽이치는 봉우리들이 한눈에 들어온다.……별천지에 와 있는 듯한 착각에 빠진다"라는 안내판이 있다. 중국의 안내판치고는 꽤 점잖은 편이지만, 무슨 뜻인지는 충분히 알 수 있다.

가파른 계단을 따라서 더 내려가니, 길 양쪽으로 고대의 성소가 나타난다. 구식 파이프 청소 솔처럼 보이는 짙은 색의 빳빳하고 뾰족한 잎이 달린 멋진 넓은잎삼나무(*Cunninghamia*)가 잠시 내 시선을 끈다. 그러나 곧 가장 가파른 비탈의 꼭대기에 자리한 가장 오래된 은행나무가 눈에 들어온다. 4월 초라서 아직 잎이 다 피지 않았다. 다시 꼬불꼬불한 길을 따라서 위로 올라가니, 마침내 세월의 깊이를 보여주는 장엄한 모습이 제대로 눈에 들어온다. 은행나무 애호가들이 은행나무 뒤쪽으로 50미터에 달하는 낭떠러지 너머로 추락하는 상황을 막고자 보호구역 당국이 세심하게 벽을 둘러놓았다. 이 가장 오래된 나무의 줄기는 마치 괴물 같다. 비틀려 있고 곳곳에 혹 덩어리가 붙어 있고 잔가지들이 엇갈리게 군데군데 나 있는 모습이 마치 하늘에서 번쩍이는 이리저리 갈라진 모양의 번갯불처럼 보인다. 그러나 주위에서 자라고 있는 10여 그루의 다양한 크기의 어린 은행나무들은 줄기가 좀더 곧다. 이 은행나무를 "5대 가족"이라고 하는 이유를 충분히 짐작할 수 있다. 이 나무는 죽어가기는 커녕 계통을 보존하기 위해서 어린 클론을 만들었다.

근처 사당에서 나온 불교 유물들은 과거에 이 지역이 신성시되었음을 보여준다. 그리고 그 점은 이곳의 은행나무가 진짜 자연적인 것인지, 아니면 승려들이 산 어딘가에서 옮겨 심은 것인지에 대한 뒤늦은 논쟁을 일으켰다. 종교가 그 종을 멸종으로부터 구한 것은 아니었을까? 부처가 그 아래에서 오랜 시간을 참선한 보리수의 대용물로서, 은행나무가 중국의 이 지역에서 특별한 지위를 누렸다는 증거가 있다. 이곳의 기후는 너무 추워서 보리수가 자랄 수 없다. 보리수는 무화과속(*Ficus*)으로 가지가 넓게 펼쳐지는 상록수이다. 그래서 약간 가죽질에 끝이 둘로 갈라지는 삼각형 잎을 가진 은행나무가 적당한 대용품처럼 보였을 수 있다. 승려들은 이 고대의 나무를 다른 용도로도 쓸 수 있음을 알았다. 은행을 빨고 있으면 참선할 때 소변욕구가 억제된다는 것이었다. 거대한 미국 삼나무의 중국판이라고 할 거대한 침엽수인 삼나무(*Cryptomeria*)도 같은 산길을 따라서 자라고 있는데, 일본 원산의 나무를 오래 전에 들여온 것으로 추정된다. 이 장엄한 나무들 중 한 그루는 수령이 천 년을 넘었다고 하며, 미국 서부해안에서 자라는 생태적 대응물에 못지않게 높이 솟아오른 장엄한 모습이다. 느긋한 중국 문화의 기준으로 보면 천 년은 그리 긴 시간이 아니다.

산에는 아직 작은 절들이 남아 있으며, 절마다 은행나무가 자신의 오래된 뿌리로부터 새로운 싹을 내미는 것 외에는 별다른 일이 일어나지 않은 채 수백 년 동안 매일 불공을 드리는 일이 반복되었으리라고 상상하는 것은 어렵지 않다. 그러나 "5대 가족"과 같은 동떨어져 있는 나무를 누군가가 일부러 옮겨 심었다고 상상하기란 쉽지 않으며, 이곳은 분명히 은행나무가 본래 살았을 만한 서식지이다. 저장성의 접근할 수 없는 산맥에는 은행나무가 비슷한 방식으로 살아남은 곳이 적어도 한 군데 있다. 분자연구 결과는 두 집단이 수천 년 전에 격리된 듯하다고 시사한다. 불교가 중국에 전파된 시기보다 더 이전이지만, 이 증거라고 의문의 여지가 없는 것은 아니다. 은행나무의 진정한 "야생성"은 명확한 해답이 나오지 않는 역사적 문제일지도 모른다. 뒤에서 언급할 그 지역의 다른 생존자들도 오래 살고 있다는 것은 그 지역 전체가 다른 곳에서는 사라진 종들의 피신처였을 수 있다는 정황 증거이다. 은행나무 문제의 답은 어느 정도는 중국의 이 지역이 마지막 빙하기 때 얼마나 무사했는지에 달려 있다. 2만 년 전 빙하기가 절정에 이르렀을 때, 산꼭대기의 빙모(氷帽)는 은행나무를 비탈 아래쪽의 더 따뜻한 곳으로 내몰았을 것이다. 이 사례에서는 두 "야생" 집단이 마지막 생존자였을 것이라는 주장이 있다. 은행나무 근처의 한 주춧돌에 세워진 작은 부처상이 아는 척하는 우리에게 알 듯 모를 듯한 미소를 보낸다. 답을 안다고 해도 말하지 않겠지만 말이다.

은행나무(*Ginkgo biloba*)는 원래의 피신처를 벗어나, 현재 세계에서 가장 널리 식재된 나무들 중 하나이다. 오염에 강하기 때문에 가로수로 널리 심으며, 다른 나무들이 거의 자라지 못할 곳에서도 잘 자라는 듯하다. 베이징과 뉴욕의 도로 가장자리에는 은행나무 가로수가 늘어서 있다. 분재로도 쓰이며, 잘 다듬어서 높은 담벼락으로 삼기도 한다. 은행나무는 암수가 구분되며(암수딴그루), 중국 바깥에서 식재되는 나무는 대개 수나무이다. 암나무에 많이 달리는 살집 많은 씨의 냄새를 여성들이 몹시 싫어하기 때문이기도 하다. 씨는 부드러우며(그 때문에 "열매"라고 잘못 불리기도 한다), 연한 노란색이고 작은 포도와 비슷해 보인다. 중국에서는 요리와 의료에 널리 쓰이는데, 기억력에 도움이 된다고 한다. 크림 맛이 약간 난다. 은행(銀杏)이라는 한자는 사실 "하얀 열매"라는 뜻이다. 나의 중국인 친구는 "하루에 10알은 먹어야 해요"라고 알려준다. 은행을 계속 먹으면, 자신이 지금까지 얼마나 많은 은행을 먹었는지를 기억하는 데에 도움이 될 듯은 하다. 은행나무가 놀라운 생화학 기구를 갖추고 있다고 해도 놀랄 일은 아닐 것이다. 그토록 오랜 세월을 살아왔으며, 공룡과 그 뒤의 포유류 초식동물로부터 살아남았으니 말이다. 제2차 세계대전 말에 히로시마에 원자폭탄이 떨어졌을 때, 초토화된 폐허의 불탄 줄기에서 1년 뒤 은행나무들은 다시 싹을 틔웠다. 은행나무는 잎자루에서 잎맥이 부챗살처럼 퍼져나가는 부채 모양의 잎을 가진다는 점에서 다른 식물들과 다르다. 따라서 화석에서도 쉽게 알아볼 수 있으며, 화석은 은행나무가 예전에는 널리 분포했다고 말해준다. 은행나무목에 속한 화석들 중 현재 가장 오래된 것은 약 2억8,000만 년 된 페름기 초의 것이다. 즉 은행나무 계통은 몇 차례의 대량멸종 사건을 겪고도 살아남았다는 의미이다. 원자폭탄과 오염된 베이징 공기는 그런 큰 사건에 비하면 아무것도 아닐 것이다.

은행나무의 분포범위는 처음에 중국에 불교가 전파되면서 확대되었다. 한국과 일본에서도 심어졌다. 중국에서 손꼽히는 은행나무 연구자인 저우지안은 동진시대(317-420)의 그림에 이미 은행나무가 등장한다고 말했다. 중국의 다른 지역, 텐무산에서 멀리 떨어진 곳에서도 신성한 곳에 심어진 덕분에 오래도록 살아남은 거대한 나무들이 있다. 산둥성에서는 일찍이 상왕조시대(기원전 1600-1100)에 나무를 심었다는 증거가 있다. 나무 재배의 역사도 중국인이 자국의 역사를 늘려잡음에 따라서 더 늘어나는 듯하다. 더 멀리 영국에서 은행나무는 조지 3세 때 런던 서쪽 큐 식물원에 최초로 이식된 나무들 중 하나였다. 1815년에 괴테의 정원에도 은행나무가 있었다. 그해에 그가 은행나무의 갈라진 잎을 은

유로 삼은 연애시를 썼기 때문이다.

　그것이 한 생물을 나타내는 것일까,
　자신이 둘로 나뉜?
　아니면 이 잎은 둘일까,
　하나가 되기로 마음먹은?

이 시의 원본 원고가 남아 있는데, 종이 아래쪽에 한 쌍의 은행나무 잎
이 매혹적으로 교차한 형태로 붙어 있다. 그러나 안타깝게도 괴테의 은
행나무는 남아 있지 않다.

　은행나무는 진화적인 의미에서도 교차점에 있다. 은행나무는 분명히
원시적인 식물이며, 생명의 나무에서 아래쪽에 끼워지지만, 과연 어디
에 끼워지며 가장 가까운 친척은 누구일까 하는 의문은 남아 있다. 다양
한 증거들을 통해서 몇몇 후보가 제시되어 있다. 수나무의 정자가 헤엄
쳐가서 암나무의 밑씨를 수정시킨다는 것은 1896년 도쿄 식물원의 히
라세 사쿠고로가 밝혀냈다. 그때부터 일본에서 과학적 식물학이 시작되
었다고 할 수 있다. 편모 "꼬리"가 달린 은행나무 정자가 헤엄친다는 발
견은 지금까지도 도쿄 식물원의 명판에 새겨져 있지만, 내가 가보았을
때 사람들은 예쁜 벚꽃 구경에 바빠서 이 명판은 거의 쳐다보지도 않고
지나쳤다. 그런 수정방식은 분명히 원시적이며, 편모가 달린 정자는 공
룡시대를 살아남은 소철류(蘇鐵類, cycad)라는 또다른 식물집단의 정자
와 비슷하다. 소철류는 강인하며, 화분에 흔히 심는다. 오래 살고 강하
며, 도시에서도 잘 견디기 때문이다. 소철류와 은행나무류는 1억 년 전
에는 훨씬 더 다양했고, 처음에는 이들 둘의 유연관계가 가깝다고 가정
하는 것이 타당해 보였을 것이다. 소철류와 은행나무는 침엽수 및 네타
속(*Gnetum*)이라는 흥미로운 식물들과 더불어 겉씨식물을 이룬다. 즉 수

정되지 않은 상태의 "씨"가 그대로 드러나 있는 식물이라는 뜻이다. 그러나 2009년에 겉씨식물의 연구현황을 개괄했던 저우지안은 은행나무가 초기 침엽수, 그리고 더욱 오래된 석탄기의 코르다이테스(*Cordaites*)와 함께 살았다는, 즉 숲 자체의 여명기까지 거슬러올라간다는 다른 이론을 선호했다. 답은 연구자가 화석을 포함하여 이 모든 식물들의 목질, 생식기관, 꽃가루, 발생의 특징을 어떻게 해석하고 종합하느냐에 따라서 달라진다. 자료가 불완전하기 때문이다. 전문가들이 이 갖가지 특징들에 대해서 같은 견해를 표방하는 일은 드물며, 해석이 달라지면 그려내는 진화도도 달라진다. 바로 이런 상황에서 분자서열로부터 얻은 새로운 증거가 구원자로 등장한다. 그러나 분자 증거라고 명명백백한 것은 아니다. 1997년 한 일본 연구자가 은행나무와 소철이 가깝다는 이론을 재확인하는 증거를 많이 찾아냈지만, 다른 분자연구 자료들은 은행나무를 원시 침엽수와 더 가깝다고 보았다. 어느 면에서는 이런 모호한 결과들이 중간 형태로서의 은행나무가 중요하고 독특한 위치에 있음을 지적하고 있다. 왜 표지판이 보이면, 단순히 두 갈래길을 가리킨다고 읽는지에 대해서 의문을 제기하면서 말이다. 이 기이한 생존자가 원시적인 특징들을 고스란히 많이 간직한 채, 둘 이상의 진화계통에서 특징들을 빌려옴으로써 더욱 혼란스럽게 보이는 것일 수도 있다. 2억8,000년 이상 전에 일어난 사건들을 이해하는 일이 더 쉬워지기를 기대할 수는 없을 것이다. 미해결 수수께끼는 이 고대의 나무가 가진 매력의 일부로서 늘 남아 있을 것이다.

소철류도 중생대의 성공한 생존자이다. 나는 말레이시아와 오스트레일리아의 우림에서 소철류를 본 적이 있다. 숲 바닥에서 번성하고 있었다. 소철류는 굳이 특별한 탐사에 나서지 않더라도 찾아볼 수 있다. 비록 아프리카 종의 상당수는 야생에서 보기 어렵지만 말이다. 내가 본 소철류는 대부분 내 키만 하거나 더 작지만, 오랜 세월을 살면서 장엄한 나무 형태를 이루는 종도 있다. 소철류는 열대의 많은 지역에 퍼져 있으며, 많은 종은 가뭄에도 잘 견딘다. 대개 줄기 하나로 자라기 때문에, 언뜻 보면 야자나무 같고 야자나무처럼 줄기 끝의 생장점에서 잎들이 나오지만 야자나무와는 다르다. 잎은 사시사철 푸르고 짙은 녹색이며, 길이가 1미터 남짓에 소엽으로 갈라져 있다. 만지면 단단하고 다소 날카로우며 그다지 좋은 느낌이 아니기 때문에, 나무고사리와 비슷하다는 생각은 금방 가신다. 은행나무처럼 소철류도 암수딴그루이며, 씨로 번식한다. 소철류의 구과는 줄기 꼭대기 한가운데에 달리는데, 잎과 구조가 전혀 딴판이다. 언뜻 보면 파인애플과 비슷하다. 따라서 종이 존속하려면, 암나무와 수나무가 적어도 한 그루씩 있어야 한다. 실제로 엔케팔라르토스 우디(*Encephalartos woodii*)라는 종은 현재 수컷만 남아 있어서 멸종할 운명이다. 멋진 식물인데, 정말로 안타까운 일이다. 원산지인 남아프리카 나탈 야생에서는 더 이상 찾아볼 수 없으며, 남아 있는 것은 모두 한 개체에서 얻은 클론이다. 예전에는 바람을 통해서 꽃가루받이를 한다고 여겼지만, 곤충이 매개할 수도 있다. 소철류는 바구미가 있을 때 씨를 더 많이 맺는 듯하기 때문이다. 소철류가 독성이 강하다는 사실은 과거에 초식동물로부터 자신을 보호할 필요가 있었음을 시사한다. 소철류는 사람을 죽일 수도 있는 강한 신경독을 가지고 있다. 소철류를 몰래 야금야금 뜯어 먹으려는 동물이 있다고 상상하기는 어렵지만, 놀랍게도 많은 애완동물들이 그렇게 뜯어 먹다가 중독되고는 한다. 소철류를 식용으로 삼을 수 있다는 것을 알면 더 놀랄 것이다. 씨를 잘 다져서 특별한 방법으로 독소를 우려내면 된다. 이 방법으로 만든 가루는 맛이 순하며 그저 순수한 녹말이지만, 고생대 말에 처음 진화한 것을 맛본다는 생각을 하면 흡족한 기분이 든다.

　　"쥐라기 세계"를 재구성한 책과 영화를 보면, 공룡들이 무대 한가운데에서 활보할 때 배경에 소철류가 두드러져 보인다. 은행나무와 침엽수도 곁다리로 등장할 수 있다. 여기서 멸종한 베네티테스(bennettites)라는 식물집단도 언급할 필요가 있겠다. 소철류와 매우 비슷하게 생긴 식물이다. 비록 현재 일부 식물학자들은 생식기관을 토대로 그들이 개화식물과 더 가깝다고 보지만 말이다. 베네티테스에는 화려한 꽃차례와 비슷해 보이는 것이 달린다. 비록 각 꽃에 해당하는 것의 구조를 보면 현생 개화식물의 꽃과 전혀 다르지만 말이다. 지금은 그것이 평행진화의 사례라고 본다. 이 식물들이 초식공룡들에게 먹이를 제공하려고 했다면, 그것이야말로 큰일이었을 것이다. 이들의 잎을 씹는 것은 낡은 주간지를 씹는 것과 비슷하지 않았을까? 그 초식동물들은 셀룰로오스를 소화시키려면 적절한 세균의 도움을 받아야 했을 것이고, 동시에 흡수한 많은 양의 알칼로이드를 해독하는 수단도 갖추어야 했을 것이다. 중생대에는 풀이라는 것이 없었고, 오늘날 동물들이 뜯기에 알맞은 관목류도 백악기 말에나 등장했다. 그러니 이때는 가죽질의 튼튼한 잎을 가진 오래 사는 강인한 식물들의 시대였다. 은행나무 씨 같은 커다란 종자가 대형 동물의 창자를 통과시킴으로써 씨를 퍼뜨리는 산포전략으로 진화한 적응형질이라는 주장이 있다. 현재 열대우림에서도 비슷한 수단이 쓰인다. 커다란 씨가 새로운 생존기회를 얻으려면 멀리 운반할 수단이 필요하다. 지금도 소철류 종자를 감싸고 있는 얇은 "껍질"은 사실상 터질 때까지 발아를 억제한다. 이 특징이 공룡의 위장에 머물러 있을 때를 대처하기 위해서 진화한 것일 수 있다고 생각하면 흥미롭다. 진화적으로 볼 때, 사라진 세계의 기억은 지우기가 불가능한 모양이다.

침엽수 쪽에서는 중국 중부 허베이성(河北省)의 외진 골짜기가 말 그대로 살아 있는 화석이 숨어 있는 곳이다. 이 나무는 1941년에 교토 대학교의 미키 시게루 교수가 일본의 화석으로 처음 기재했는데, 2년 뒤에 야생에서 멀쩡히 살아 있는 상태로 발견되었다.* 바로 메타세쿼이

* 이 발견과 재배종으로 도입된 과정은 복잡하다. 자세한 내용은 진슈앙 마(馬金雙)의

낙엽성 침엽수 메타세쿼이아의 화석(왼쪽)과 현생 잎(오른쪽). 중국에서는 수천 그루가 야생에서 자라고 있다.

아(*Metasequoia glyptostroboides*)라는 매혹적이고 우아한 낙엽성 침엽수로서, 유럽과 미국 식물원의 습한 곳들에 흔히 심어져 있다. 봄에 잎이 막 피어날 때면, 마치 가지 전체에서 연한 녹색의 깃털이 피어나는 듯하다. 메타세쿼이아 화석은 퇴적층에서 널리 발견되며, 가장 오래된 것은 약 1억 년 전으로 거슬러올라간다. 이 침엽수는 한때 북반구에 널리 분포했다. 이 식물은 백악기 말에 공룡을 비롯한 많은 생물들을 전멸시킨 사건에 거의 영향을 받지 않았다. 그 사건 뒤에 유달리 기후가 따뜻했을 때에는 멀리 북쪽의 그린란드까지 퍼지기도 했다. 그곳에서는 어두컴컴한 겨울에 자랄 수 없었을 것이므로, 낙엽을 떨구는 습성은 어쩌면 그곳에서 생겼을지도 모른다. 일본에서는 약 160만 년 전의 "젊은" 화석도 발견되었다. 이 나무의 분포범위는 지난 약 1,000만 년 사이에 줄어든 것이 분명하다.

글을 참조하라. *Harvard Papers in Botany*, 8 (2003)

현재 중국 중앙의 마지막 피신처에는 약 4,000그루만이 야생상태로 남아 있다. 또 허난성(河南省)에도 동떨어진 집단이 있는데, 거대한 한 그루는 "파오무 나무(Paomu tree)"라고 불린다. 높이가 44미터에 달하는 장엄한 나무로서 수령이 300-400년은 된 듯하다. 이 나무는 세부구조가 화석과 가장 가깝다고 한다. 중국 개체군이 정말로 야생상태의 마지막 집단인지, 아니면 마지막 빙하기 이후에 일본에서 다시 들어온 것인지를 놓고 현재 논쟁이 벌어지고 있다. 2000년에 분자서열을 이용하여 메타세쿼이아가 속한 과—측백나무를 비롯한 몇몇 침엽수—를 분석한 연구 결과가 나왔다. 한 가지 흥미로운 점은 그 집단에서 가장 원시적인 종류가 내가 야생 은행나무를 찾으려고 서둘러 길을 가다가 지나친 나무였다는 것이다. 바로 빳빳한 짙은 녹색의 넓은잎삼나무였다. 좀더 자세히 살펴볼 걸 하는 생각이 들었다. 메타세쿼이아보다 지질시대를 더 깊이 들어간 듯한 침엽수이니 말이다. 중국의 산맥은 타임캡슐과 비슷하다.

나는 중생대의 또다른 생존자인 남양삼나무속(*Araucaria*)의 칠레 삼나무(Monkey puzzle tree)를 볼 때면 늘 묘지를 떠올린다. 어릴 때 살던 집 근처의 빅토리아 시대 묘지에 그 나무가 높이 침울하게 서 있었기 때문이다. 그 나무는 습한 오후에만 눈에 띄었다. 흔들리는 가지나 칙칙한 색깔이 왠지 그곳에 잘 어울리는 듯했고, 나는 그 뒤로 그것이 함축한 죽음의 이미지를 머릿속에서 지우기 위해서 꽤 애써야 했다. 남양삼나무는 침울한 겉씨식물이라는 이미지였다. 그 평가는 부당할 뿐만 아니라, 그 큰 속의 나무들이 다양한 모습을 하고 있다는 점을 인정하지 않는 것이다. 그들 중에는 대단히 활기차 보이는 종류도 있다. 오스트레일리아 삼나무(Norfolk Island pine, *A. heterophylla*)는 기하학적으로 층층이 솟은 나무이다. 나는 시드니 맨리 해변의 산책길을 지키듯이 늘어서 있는, 소나무가 아니면서 소나무라는 영어 이름(pine)이 붙은 이 나무들을

볼 때면 기분이 좋다.* 남양삼나무(Moreton Bay pine, *A. cunninghamii*)
는 높이 솟은 줄기 끝에서만 가지들이 무더기로 뻗은 모습이 불꽃놀이를
떠올리게 한다. 가지들은 남양삼나무과 특유의 비늘처럼 생긴 잎으로
전체가 뒤덮여 있다. 오래된 줄기는 코끼리 다리처럼 울퉁불퉁하고 주름
이 진다. 울적한 칠레 삼나무(*A. araucana*)는 원산지인 칠레 안데스 산맥
의 비탈에서 장엄한 모습을 띠며, 중생대의 모습과 같은 숲을 이루고
있다. 남양삼나무속에는 19종이 있으며, 남반구 전역에 흩어져 있다. 은
행나무처럼 남양삼나무류도 대부분 암수딴그루이다. 녹색 파인애플처
럼 보이는 독특한 모양의 커다랗고 둥근 암구과는 대개 나무 꼭대기의
가지들 위에만 얹혀 있으며, 더 홀쭉하고 때로 잎이 붙어 있기도 한 수구
과는 수나무의 전체에 달린다. 남아메리카 원주민들에게 남양삼나무 씨
는 중요한 식량이었다. 남양삼나무속의 다양성이 가장 높은 곳은 뉴칼레
도니아 섬이다. 13종의 고유종이 있다. 그밖의 지역에서는 지역마다 섬
마다 다른 종이 사는 경향이 있으며, 각 종은 나름의 환경에 맞게 진화한
듯하다. 일부 종은 우림에서 잘 자라고 있으므로, 그 서식지에서 개화식
물(속씨식물)과 경쟁할 수 있었던 것이다. 예전에는 그곳에서 속씨식물
이 겉씨식물을 대체했다고 보았다. 지금쯤 독자는 남아메리카-오스트
레일리아 분포라는 개념이 친숙하게 느껴질 것이다. 그 땅에는 지금도
고대 곤드와나의 지도가 새겨져 있기 때문이다. 그런 분포를 보이는 이
유는 이 나무들이 현재 떨어져 있는 남반구 대륙들이 하나로 합쳐져 있
던 시대까지 거슬러올라가기 때문이다(제2장의 나한송 숲을 떠올려보
라). 이 사례에서는 이야기가 좀더 복잡하다. 중생대에 남양삼나무속이
나 그 가까운 친척들은 북반구에서도 살고 있었기 때문이다. 남양삼나무
과(Araucariacea) 자체는 2억 년 이상 전의 트라이아스기까지 거슬러올

---

* 영어 이름에는 으레 "소나무(pine)"라는 단어가 들어가지만, 이 나무는 겉씨식물이라는
점에서만 소나무와 같으며, 소나무속(*Pinus*)의 진짜 소나무와는 유연관계가 멀다.

라간다. 나는 포부가 넘치던 젊은 고생물학자 시절에 잉글랜드 북부 요크셔의 쥐라기 지층에서 남양삼나무속 화석을 한두 점 채집했었다. 메타세쿼이아와 달리, 남양삼나무류는 6,500만 년 전 대량멸종 때에 큰 피해를 입었고, 북반구의 종들은 살아남지 못했다. 최근의 분자연구들은 남반구에서 지난 6,000만 년 사이에 여러 종이 진화했을 수 있지만, 그래도 고대 곤드와나의 특징이 여전히 남아 있음을 시사한다.

남양삼나무 이야기의 가장 놀라운 결말은 1994년에 탐험가 데이비드 노블이 발견한 올레미 삼나무(Wollemi pine)이다. 이 소규모의 나무 무리는 오스트레일리아 뉴사우스웨일스의 외진 골짜기에서 자란다. 계곡으로 아주 잘 보호되어 있어서 그곳에 가려면 위에서 밧줄을 타고 내려가야 한다. 이 나무는 (당연하게도) 올레미아속(*Wollemia*)이라는 새로운 속임이 드러났다. 이 고대 생존자들 중 상당수는 비교적 아담하지만, 올레미 나무 중 가장 큰, 킹빌리(King Billy)라는 이름이 붙은 나무는 높이가 40미터로 추정된다. 그런 거대한 나무가 20세기가 저물 무렵까지 발견되지 않았다니 도무지 납득이 가지 않을 것이다. 그 발견은 자연히 흥분을 불러일으켰고, 즉시 "공룡 나무"가 발견되었다고 언론에 앞다투어 실렸다. 언뜻 보면 뾰족한 잎이 남양삼나무과의 또다른 종류인 카우리삼나무(*Agathis*)와 비슷해 보인다. 카우리삼나무도 곤드와나에서 유래한 침엽수로, 나는 뉴질랜드에서 유조동물을 사냥할 때 그 나무를 본 적이 있다. 그러나 성숙한 올레미 삼나무는 그 어떤 나무와도 다른 독특한 껍질을 가지고 있다. 대개 "거품이 묻은 듯한(bubbly)"이라는 표현을 쓰지만, 나는 살진 꿀벌들로 완전히 뒤덮였다는 표현을 선호한다. 구과는 둥글고 가지 끝에 달리는 반면, 홀쭉한 수구과는 아래쪽으로 매달려 있다. 나는 이 책을 준비할 때 외진 올레미 삼나무 서식지도 현장 답사지로 넣고 싶었다. 그러나 그곳에 가려면 갖가지 장비를 마련해야 하는 문제도 있을 뿐 아니라, 현재 그곳은 엄격하게 보호되어 있다. 그 나무들은 은밀한 피신처에 가능한 한 방해하지 않고 두는 것이 최선일 것이다. 비록 그곳에 가지는 못했지만, 분명히 언급할 가치가 있다. 지금은 영국의 몇몇 화원에서 올레미 삼나무의 묘목을 구입할 수 있다. 그 희귀한 나무는 곧 흔하게 볼 수 있을 것이다.

올레미아를 더 조사하자, 이 나무가 예전에는 훨씬 더 널리 퍼져 있었음이 드러났다. 올레미아의 수구과는 매우 독특한 꽃가루를 만든다. 놀라울지 모르겠지만, 미세한 꽃가루는 일단 퇴적물 속에 갇히면 오래 남는 화석이 된다. 꽃가루 화석은 적절한 화학적 처리를 거치면 쉽게 떼어낼 수 있으며, 그런 뒤 전자 현미경으로 상세히 연구할 수 있다. 1965년 화분학자(palynologist, 꽃가루 전문가)인 해리스는 미세한 과립으로 뒤덮인 새로운 꽃가루를 발견하고 딜위니테스(*Dilwynites*)라는 이름을 붙였다. 어떤 식물이 딜위니테스를 만들었는지는 알아낼 수 없었다. 사실 고식물학에서는 흔한 일이다. 꽃가루는 멀리 넓게 퍼지며, 원래 식물이 있던 곳으로부터 까마득히 멀리까지 날아갈 때도 있다. 모체식물이 무엇인지 모르는 상태에서 꽃가루에 이름을 붙이는 일도 매우 흔하다. 딜위니테스 화석은 오스트레일리아의 몇몇 지역뿐 아니라 뉴질랜드에서도 발견된다. 그 분포가 옛 곤드와나의 특징을 드러내는 지역과 일치했다. 마침내 올레미아가 발견되고 그 식물의 생활사를 조사한 과학자들은 딜위니테스가 바로 올레미아의 꽃가루라는 것을 알고 깜짝 놀랐다. 그 나무는 한때 남반구 대륙들 전체에서 자랐던 것이 분명했다. 딜위니테스의 화석 기록은 적어도 9,000만 년 전, 공룡시대로 거슬러올라간다. 지난 몇 년 사이에 올레미아속, 남양삼나무속, 카우리삼나무속을 포함하는 과 전체를 대상으로 분자서열 분석이 이루어졌다. 그 결과, 또 하나의 퍼즐 조각이 맞추어졌다. 2005년에 나온 연구 결과는 올레미아속이 현생 남양삼나무과 식물들 중에서 가장 원시적임을 보여주었다. 즉 킹빌리 같은 나무는 칠레 삼나무와 그 동료들보다 한참 앞서 출현했을 수 있었다. 이제 오스트레일리아의 생존자들이 더 고대의 산물로 보이기 시작한다. 분자연구는 또 한 가지 특이한 사실을 밝혀냈다. 조사한 올레미아 나무들의 유전체가 모두 매우 비슷해 보였다. 즉, 그들은 사실상 클론이었다. 그 말은 올레미아 개체군이 어느 시점에 멸종하기 직전까지 줄어들었다는 의미이다. 운 좋은 개체 몇 그루만 겨우 살아남았던 것이다. 오스트레일리아의 고위도 지역은 플라이스토세 빙하기가 오갈 때 기후위기를 겪었다는 것이 밝혀져 있다. 코알라곰과 태즈메이니아 주머니곰 같은 동물들은 유전체에 그런 위기를 겪은 흔적을 아직도 가지고 있다. 이제 그 숨겨진 골짜기가 마치 기적처럼 보인다. 고대의 나무 한 그루가 힘든 시기에 살아남을 수 있을 만큼 수분을 가진 그곳으로 피신하는 데에 성공했으니 말이다. 그리고 그것의 뒤늦은 발견은 인류에게 메시지를 전한다. 무자비하게 개척하고 서식지를 파괴함으로써 호랑이 같이 기품 있는 종을 유전적으로 막다른 골목에 몰아넣고 있는 우리 종에게 말이다. 이따금 내가 고생물학자들이 하는 유형의 과학적 연구를 물리학 같은 "경성(hard)"과학에 맞서 정당화해야 하는 상황이 벌어진다. 그쪽의 도도한 무리는 우리의 과학이 "그저 이야기를 풀어내는 것"일 뿐이라고 비하할 수 있다. 그러나 내가 보기에, 올레미아의 이야기만큼 지질학, 식물학, 고생물학, 분자생물학을 탁월하게 결합시킨 이야기는 없다. 수백만 달러짜리 원자파괴 장치를 동원하여 진리를 밝혀내는 것은 아닐지라도, 이 과거의 전령이 가진 본질적인 매력을 어찌 거부할 수 있겠는가? 혹은 그것이 생물학적으로 다양한 행성을 유지해야 하는 지금의 현안과 관련이 있음을 어찌 부정할 수 있겠는가?

남반구를 가로질러 나미비아로 가면, 무자비할 만큼 메마른 사막이 나온다. 그곳은 커다란 잎 두 개로 천 년이 넘게 살아갈 수 있는 한 식물의 고향이다. 웰위치아 미라빌리스(*Welwitschia mirabilis*)라는 식물로서, "mirabilis"는 "marvellous(경이로운)"와 같은 뜻이다. 이 식물은 실제로 경이롭다. 속명은 19세기에 이 식물을 발견한 독일 식물학자 벨비치(Welwitsch)의 이름을 땄다. 웰위치아는 자기 서식지에서는 드물지 않다. 비록 세계의 다른 곳에서는 발견된 적이 없지만 말이다. 웰위치아는 자신의 속, 과, 목에서 유일한 종이므로, 그 앞에서는 지구의 다른 어떤 생물도 "유일하다"는 주장을 할 수 없다. 여기서 명확히 밝힐 것이 하나 있다. 나는 그곳을 가보지 않았다. 그러나 나는 2009년 질리언 프랜스 경이 그곳을 특별 순례지로 삼아서 다녀왔을 때, 그에게 꼬치꼬치 캐물었다. 큐 식물원장을 역임했던 그는 내 눈을 대신하고도 남을 믿을 만한 인물이다. 오랜 세월을 사는 동안 웰위치아는 목질의 짧은 줄기를 만들며, 물을 머금기 위해서 원뿌리가 상당히 발달한다. 가죽질의 잎 두 장은 줄기 끝에서 나오며, 짙은 녹색의 결코 멈추지 않는 컨베이어 벨트처럼 계속 자란다. 때로는 끝이 몇 개의 소엽으로 갈라지기도 하며, 오래 되면 마치 모래 위를 기어다니는 어떤 기이하고 거대한 불가사리처럼 보인다. 길이가 2-3미터쯤 자라면, 잎 끝이 마모되어 말리면서 헤져서 마치 회색 구레나룻처럼 된다. 따라서 식물이 자라고 광합성을 하려면 중앙에서 잎이 계속 자라나오는 수밖에 없다. 사막에서는 밤에 기온이 급감하면서 잎에 이슬방울이 맺힌다. 이렇게 빈약한 수분으로도 웰위치아는 충분히 살아갈 수 있다. "생존자"라는 별명이 붙을 자격이 있는 생물을 꼽으라면 웰위치아야말로 그렇다. 나는 한 화석 나무의 밑동 옆에서 자라는 회백색의 웰위치아를 찍은 사진을 본 적이 있다. 화석과 현생 생존자 중 어느 쪽이 더 오래된 것일까 궁금증이 일었다. 그렇게 가까이 붙어 있으니 시적인 상징처럼 보였다.

웰위치아는 암수딴그루이다(이제 이 개념에 익숙해졌을 것이다). 암그루는 번식할 때가 되면 넓은 줄기 한가운데 전체에서 생식기관을 삐죽 내민다. 마치 울퉁불퉁한 녹색 손가락을 무수히 치켜올린 듯하다. 암구과는 언뜻 보면 꽃으로 착각할 수 있다. 수구과도 거의 꽃처럼 생겼다. 웰위치아는 더 평범해 보이는 먼 친척인 네타속(*Gnetum*)과 네타목(Gnetophyta)으로 함께 묶인다.* 앞서 소철류처럼 생긴 멸종한 베네티테스(예전에는 베네티테스목으로 따로 분류했다)를 언급했는데, 공룡시대에 살던 이 식물도 지금은 대개 네타목으로 한데 묶인다. 예전에는 씨를 맺는 그런 식물들이 겉씨식물과 개화식물(속씨식물)의 중간쯤에 걸쳐 있다고 보았지만, 그들이 어디에 속하는지는 늘 논란거리였다. 예를 들면, 네타속의 몇몇 종은 대개 사람들에게 열대 덩굴식물 같은 전형적인 개화식물을 연상시킨다. 잎이 전형적인 침엽수의 바늘잎이나 비늘잎과는 전혀 다르게 생겼다. 또 물관이나 세부구조를 보면, 개화식물을 연상시킨다. 개화식물이 웰위치아나 네타속 같은 식물에서 진화했다는 이론은 그다지 받아들여지지 않지만, 몇몇 식물학자들은 네타목과 속씨식물이 공통 조상의 후손이라고 본다. 이 말은 둘이 같은 자연분류군으로 묶인다는 뜻이다. 반면에 많은(아마 지금은 훨씬 더 많은) 연구자들은 네타목이 겉씨식물에 속한다는 견해를 선호한다. 침엽수와 한통속이지만 별도의 집단이라고 말이다. 그렇다면 이 신기한 식물들과 진짜 개화식물들이 닮아 보이는 것은 서로 별개의 진화경로를 따라 나아가서 비슷한 형태를 갖추었다는 의미가 될 것이다. 진화사에서는 흔한 현상이다. 워싱턴의 스미스소니언 박물관에서 화석을 연구하는 나의 동료 콘래드 라반데이라는 중생대에 종자식물의 꽃가루를 옮기는 곤충들에게서도 수렴진화가 나타난다고 본다. 당시에는 밑들이(scorpion fly)라는 곤충집단이 현재의 꿀벌과 딱정벌레가 맡는 역할을 대신했다. 곤충의 꽃가루받이가 개화식물의 진화와 별도로 진화했음을 의미한다.

---

* 네타목에는 마황속(*Ephedra*)이라는 세 번째 현생 속이 있다. 딱히 잎이라고 할 만한 것이 달려 있지 않은 그저 가느다란 막대기 같은 광합성을 하는 녹색 줄기가 관목처럼 모여 있는 형태이다. 나는 미국 서부의 반사막에서 일할 때, 마황류 덤불을 종종 마주쳤다. 그 지역에서는 모르몬 티(Mormon tea)라고 부른다. 네타목에서 가장 널리 퍼진 속이며, 웰위치아처럼 메마른 서식지에서 살아간다. DNA 연구 결과들은 대부분 마황류도 그 집단에서 가장 원시적이라고 말한다.

오늘날 곤충이 웰위치아의 수정을 돕는다는 흥미로운 주장이 있다. 곤충은 웰위치아의 생식기관에서 분비되는 달콤한 화학물질에 끌리는 듯하다. 이 시점에서 DNA 서열 분석을 통해서 얻은 자료가 끼어들어서 웰위치아(그리고 친구들)와 개화식물 및 침엽수(그리고 다른 겉씨식물)의 관계 문제에서 나름의 중재를 하지 않을까 기대할지도 모르겠다. 증거들은 대부분 개화식물과의 관계가 다소 약하다고 말하며, 네타목이 속씨식물과 비슷한 특징을 가진 겉씨식물이라는 개념을 지지한다. 그러나 분자 증거라고 명명백백한 것은 아니다. 이쯤에서 독자는 이 답이 어느 쪽이냐 하는 것이 과연 그렇게 중요한지 궁금증이 일지도 모르겠다. 그러나 오늘날 개화식물이 다른 모든 집단들보다 수가 훨씬 더 많아서 식물계를 지배하고 있으므로, 개화식물의 기원 문제는 우리의 현대 생물세계를 빚어낸 사건들을 파악하는 데에 대단히 중요하다. 웰위치아와 친척들의 관계가 어떻게 판가름 나든 간에, 이 식물과 친척들이 적어도 2억 년 전, 종자식물들의 주요 집단들이 생물학적 개성을 가지기 시작한 때로 거슬러올라간다는 것을 의심하는 사람은 아무도 없다. 생존자들 중 가장 독특한 종의 조상은 사막 서식지에 자리를 잡고 어느 누구도 대신할 수 없는 생태지위를 조성했을 것이 분명하다. 그들의 가죽질 잎은 가뭄과 불을 견뎌냈고 백악기가 끝날 때 대량멸종을 일으킨 사건도 목격했다. 상황이 좋지 않아지면 강인한 웰위치아는 모래 속에 웅크린 채 이슬을 기다렸을 것이다.

웰위치아는 진화의 나무의 꼭대기에 자리한 제왕에게로, 즉 개화식물(속씨식물)에게로 우리를 데려간다. 꽃은 허약하다. "풀은 시들고 꽃은 진다."("이사야서", 40:7) 그러니 꽃이 화석으로 남는다는 것 자체가 놀라운 일이다. 특히 꽃이 비교적 드물었던 초창기에 말이다. 퇴적암은 때로 가장 덧없이 사라지는 얇은 생물막까지도 보존한다. 분해가 시작되기 전에 아주 빨리 퇴적층에 가두기만 하면 말이다. 꽃 화석은 오간자

(organza)와 같이 섬세한 갈색 종잇장처럼 짓눌린 꽃을 보여준다. 그렇게 보존된 꽃 화석이 백악기 초부터 나타난다고 알려져 있다. 포르투갈에서는 약 1억2,000만 년 전의 수련 꽃이 발견되었다. 이 수련 꽃은 현생 종과 구조는 비슷하지만, 훨씬 더 작다. 오늘날 많은 연못에 우아하게 피는 거의 가식적이라고 할 화려한 수련 꽃은 그 뒤로 오랜 세월에 걸쳐 발달한 것이다. 중국에서는 더욱 오래된 꽃(*Archaefructus*)이 발견되었는데, 처음에는 쥐라기의 것이라고 했지만 지금은 백악기 초의 것임이 밝혀졌다. 이 화석은 가장 가까운 현생 친척이 누구인가를 놓고 열띤 논쟁을 불러일으켰는데, 가장 냉정히 평가하면 수련류(수련목)와 유연관계가 있는 듯하다. 초기 꽃이 이미 그렇게 널리 퍼져 있었다는 사실은 우리가 아직 모르는 더 이전의 역사가 있었음을 시사한다. 민물에 쌓임으로써 암석에 보존될 기회가 많은 수생식물 집단이 가장 흔한 화석이라는 사실은 그리 놀랍지 않을 것이다. 암석에 전혀 기록을 남기지 못한 생물학적 보물들이 백악기의 산맥에 있었을지 누가 알겠는가? 설령 꽃이 보존되지 않았더라도, 속씨식물은 앞서 말한 딜위니테스와 마찬가지로 독특한 꽃가루를 통해서 자신이 존재했음을 드러낸다. 내가 학생이었을 때 케임브리지 대학교의 노먼 휴스 연구진은 백악기의 꽃을 알려주는 그런 단서들을 파악하고 있었다. 30년 전만 해도 잎이나 꽃화석보다 꽃가루라는 미시 증거가 훨씬 더 많았다. 백악기에 걸쳐 꽃가루의 종류가 증가했으므로, 꽃의 다양성 증가가 공룡이 아직 가장 큰 육지동물이었던 시대에 일어났다는 점은 명백하다. 지층을 더 많이 살펴볼수록, 더 많은 화석(주로 잎)이 발견되어 초기 속씨식물의 목록에 추가된다. 속씨식물이 두 주요 집단으로 나뉜 사건도 백악기에 일어났다고 여겨진다. "쌍떡잎식물"은 씨에서 나와서 땅 위로 삐죽 내미는 떡잎이 두 개로서, 떡잎은 성숙한 잎과 달리 녹색의 작은 달걀 모양이다. 우리에게 친숙한 정원의 꽃들 중 상당수, 그리고 과일과 나무는 거의

전부 쌍떡잎식물이다. "외떡잎식물"은 떡잎이 하나뿐이며, 백합, 난초, 사초가 여기에 속한다. 이들은 나중에 한 가지 혁신을 이룸으로써 모든 식물들 중에서 생태학적으로 동물의 복지에 가장 중요한 역할을 하게 된다. 바로 풀을 만든 것이다. 개화식물은 "지배 파충류"가 멸종하기 한참 전에 크게 적응방산(適應放散)을 이루었으며, 백악기 말의 사건은 오늘날 나머지 식물들을 모두 합친 것보다 더 다양하고 가지각색인 개화식물에는 비교적 적은 영향을 미쳤던 듯하다.

분자서열 혁명이 가장 큰 충격을 준 곳은 개화식물의 과들 사이의 관계를 파악하는 분야였다. "혁명"이라는 말이 남용되고 있다면, 엄청나게 다양한 속씨식물들을 진화의 역사를 보여주는 하나의 계통수로 합리적으로 정리하고자 하는 분야에서야말로 그렇다. 어떻게 분류할 수 있을지를 놓고 이런저런 혁명적인 주장들이 나오고 있으니 말이다. 이것은 길버트 화이트 목사가 『셀번의 자연사(The Natural History of Selborne)』(1789)에서 자연계를 분류하고자 하면서 내놓은 체계의 현대적 판본이다. 일찍이 18세기에 스웨덴의 린네가 주로 꽃의 생식기관을 토대로 시작한 식물분류 연구의 정점이기도 하다. 생식기관을 토대로 했기 때문에 당시의 조신한 귀부인들은 식물분류가 숙녀가 할 일이 아니라고 생각했다. 식물분류는 계속해서 점점 더 다듬어질 뿐, 영구히 끝나지 않을 과제이기도 하다. 분자연구를 토대로 속씨식물을 분류한 최초의 중요한 연구를 살펴보고자 한다면, 마크 체이스(현재 큐 식물원에 있다)가 40명 이상의 동료들과 함께 1993년에 발표한 논문을 살펴보아야 한다. 내가 아는 한 그것은 위원회를 통해서 과학이 실제로 이루어질 수 있음을 보여준 최고의 사례이다. 수많은 온갖 식물들로부터 얻은 자료를 많은 연구자들이 공유하면서 조사한 뒤, 적절한 컴퓨터 프로그램을 통해서 그 정보에 가장 들어맞는 계통수를 찾아내는 엄청난 작업이다. 그 협력 모델은 온갖 DNA 조각에서 얻은 서열을 다른 생물 분자들로부터 얻은 자료와 결합하면서 새천년에도 계속 가동되고 있다. 여기에서는 이 연구를 자세히 설명할 수 없으니, 속씨식물의 계통연구 현황을 잘 보여주는 웹사이트를 소개하고 넘어가기로 하자.* 이제 나의 목적에 걸맞게, 식물의 진화를 보여주는 이 커다란 그림에서 현생 개화식물들 중 가장 밑바닥에 놓이는 것, 즉 생명의 나무 아래쪽에서 나온 생존자를 찾아보기로 하자. 그것은 암보렐라 트리코포다(*Amborella trichopoda*)로, 뉴칼레도니아 섬의 고유종이다. 앞서 말했듯이 뉴칼레도니아 섬은 남양삼나무류가 가장 다양한 곳이기도 하다. 암보렐라는 상록관목이며, 솔직히 말하면 별로 볼품이 없다. 웰위치아처럼, 백악기의 전령이 좀더 화려하다고 예상했을지도 모르겠다. 야생에서 이 꽃의 선구자는 삼림 파괴와 채광의 위협에 시달리고 있지만, 발견된 이래로 여러 식물원에 심어졌다(나는 하와이에서도 보았다). 암보렐라는 가장자리가 톱니 모양인 길쭉한 잎들이 엇갈려 가지에 붙어 있는 모습이며, 열대와 아열대의 다른 여러 식물들과 별 다를 바가 없다. 작은 노란 꽃 몇 개가 모여서 나며, 암수딴그루이다. 정원에서 자라는 많은 식물들이 그렇겠지만, 암보렐라는 꽃잎과 꽃받침이 구분되지 않는다. 꽃 자체는 작은 잎처럼 생긴 것들(꽃덮개)이 나선형으로 배열되어 있어서 알아볼 수 있다. 길이가 1센티미터에도 미치지 못하는 작고 붉은 장과가 열리며, 안에는 씨가 한 개 들어 있다. 관목형태의 거의 모든 개화식물과 달리, 암보렐라는 물을 운반하는 물관이 없다. 나무들이 시들지 않고 햇빛을 향해서 높이 수관(樹冠)을 펼칠 수 있는 것은 물관으로부터 물을 공급받기 때문이다. 이런 점들을 염두에 두고 보면, 암보렐라는 정말로 원시적인 듯하다. 이 식물은 암보렐라목이라는 독자적인 목이 할당되어왔지만, 다른 기이한 생존자인 웰위치아처럼 유별나지는 않다. 암보렐라의 화석은 발견된 적이 없다. 화석이 있는 수련이 속씨식물의 분류체계에서 암보렐라 근처에 놓인다는 것이 그

---

* http://www.mobot.org/mobot/research/apweb/

나마 위안이 된다. 물론 수련(water lily)은 백합(lily)이 아니다. 백합은 "외떡잎식물"이다. 수련은 목련속(*Magnolia*)과 거리가 멀지 않다. 목련 속의 매혹적인 나무들은 한때 가장 원시적인 식물이라고 여겨졌고, 암보 렐라처럼 수술들이 나선형으로 배열되어 있다. 목련속은 속씨식물의 선 구자에 해당하는 화석들 중에도 있다. 나는 중국의 산자락에서 가장 엷 은 분홍색을 띤 화사한 흰 꽃이 만발한 함박꽃나무(*Magnolia sieboldii*) 를 보았다. 가지 사이에 마치 하얀 비둘기들이 떼를 지어 앉아 있는 듯했 다. 딱정벌레가 꽃가루받이를 하며, 꽃은 달콤한 분비물로 곤충을 유혹 한다. 벌과 나비의 진화보다 앞서 등장한 체계이다. 은행나무는 산비탈 을 좀더 올라간 곳에서 자랐다. 생존자들의 분포양상은 식물의 역사의 많은 부분을 지도처럼 보여준다. 습한 숲 속을 잠시 산책하는 동안에 우리는 꽃들을 통해서 데본기를 지나서 백악기로 나아갈 수도 있다. 역 사는 많은 녹색의 기념물을 남겼다.

암보렐라는 많은 답을 알고 있다. 개화식물의 다양화는 우리 행성의 생명을 가장 풍요롭게 만드는 출발점이 되었다. 우리는 어떤 창의력이 정점에 이르렀다는 의미로 문명이나 문화의 "개화(開花, flowering)"라 는 말을 쓰며, 그 비유는 적절하다. 꽃이 기본적으로 꽃가루의 유전정보 를 전달하여 교차수분이 이루어지도록 돕는 단순한 기구라면, 그 단순 한 주제의 무수한 변주는 끝없는 경이의 원천이 된다. 우리는 꽃이 진화 하기 전에도 곤충이 꽃가루를 운반하는 일을 했을 수 있다는 것을 앞에 서 살펴보았지만, 꽃이 출현했을 때 발명의 상호발전이 촉발되었다. 꽃 들은 꽃가루 매개자를 끌어들이기 위해서 서로 경쟁하고 꽃가루 매개자 들은 점점 더 헌신적인 존재가 되어갔다. 그 어떤 화려한 색깔도 지나치 다고 할 수 없었고, 아무리 유혹적인 향기도 넘치지 않았다. 파리를 꾀 고 싶은 식물은 썩은 고기 냄새를 개발했다. 요정을 꾀는 천국의 향기를 풍기는 것도 있었다. 요정은 늘 나비 날개를 달고 있으니까. 더 단조롭게 표현하면, 화석 기록은 백악기 말의 대량멸종 이후에 나비와 벌이 폭발적으로 진화했다고 말한다. 더 따뜻한 위도에서 속씨식물이 (대체로 침엽수를 비롯한) 겉씨식물을 대체한 시기이기도 했다. 비록 캐나다를 횡단한 사람이라면 겨울이 가장 혹독한 곳에서는 여전히 침엽수가 지배한다는 것을 알겠지만 말이다. 꽃은 어느 한 특정한 종을 통해서 꽃가루받이가 이루어지도록 점점 더 "맞춤 설계되었다." 긴 꽃부리가 달린 통 모양의 꽃은 그에 걸맞은 긴 혀를 가진 꽃가루 매개자에게 맞도록 진화했다. 밤에 창백한 색을 띠고 거역할 수 없는 냄새를 풍기는 꽃은 나방과 박쥐를 끌어들인 반면, 벌새는 태양이 빛날 때 벌이나 꽃등에를 흉내내도록 진화했다. 찰스 다윈의 가장 유명한 저서 중에는 난초들이 스스로 고른 꽃가루 매개자를 꾀기 위해서 쓰는 별난 속임수를 다룬 것도 있다. 난초는 동물이 고안할 수 있는 그 어떤 것보다도 더 환상적인, 휘어지고 얼룩덜룩하고 반질반질한 꽃을 진화시켰다. 척박한 땅이나 나무에 붙어 사는 식물은 빈약한 양분을 보충하기 위해서 벌레잡이 통을 고안했다. "공진화(共進化, co-evolution)"라는 다소 밋밋한 용어는 그런 야생의 창의력을 제대로 표현하지 못하는 듯하다. 아마도 이쯤에서 리처드 도킨스는 이 모든 것이 자연선택을 통해서 나왔다고 우리에게 상기시킬 법한데, 그 말은 교향곡이 음으로 이루어졌다고 말하는 것과 비슷하다. 그 말은 분명 사실이지만, 생물들이 서로 얽히면서 빚어내는 복잡다단한 모습을 대할 때의 전율을 제대로 표현하지 못한다. 일부 개화식물은 공진화라는 세계를 등지고, 제꽃가루받이를 하거나 바람을 통해서 꽃가루받이를 하는 쪽으로 돌아섰다. 마이오세부터 풀이 평원을 뒤덮었고, 덕분에 수많은 우제류(偶蹄類)와 반추동물이 위쪽의 나뭇잎을 뜯어 먹는 대신에 발치에서 계속 재생되는 풀을 뜯어 먹으면서 살아갈 수 있었다. 한편 바다로 돌아가서 듀공에게 먹이를 제공한 풀도 있었다. 생활사는 사막에서 비가 내린 뒤 며칠 사이에 꽃을 피우는 형태부터,

참나무 숲처럼 천 년 동안 버티면서 울퉁불퉁 험상궂은 모습으로 인류의 온갖 혁명이 출몰하는 광경을 지켜보는 형태까지 다양해졌다. 씨가 퍼지는 방식도 산들바람에 실어보내거나 꼬투리에서 힘차게 발사하거나 맛있는 과일 안에 숨겨두거나 하는 식으로 다양해졌다. 선인장은 굵은 줄기에 물을 저장하는 방법을 써서 미국의 반사막에 정착할 수 있었다. 아프리카의 대극속(Euphorbia)도 비슷하게 혹독한 조건에 맞서 독자적으로 거의 똑같은 형태로 진화했다. 둘은 짧게 꽃이 필 때만 자신들이 속씨식물이며, 조상이 서로 다르다는 것을 드러낸다.

　빅토리아 시대 사람들은 꽃을 감정의 전달수단으로 삼았고, 붉은 장미의 "꽃말"이 사랑인 것은 여전히 남아 있는 당시의 잔재이다. 성경은 꽃에 도덕적 의미를 부여했다. "들꽃이 어떻게 자라는가 살펴보아라.……그러나 온갖 영화를 누린 솔로몬도 이 꽃 한 송이만큼 화려하게 차려입지 못하였다."("마태 복음", 6:28) 우아한 백합은 나중에 아르누보 운동의 상징이 되고, 정연한 국화는 일본 왕실의 상징으로 쓰인다. 속씨식물은 인간의 거의 모든 목적에 동원될 수 있는 듯하다. 찰스 다윈도 『종의 기원(The Origin of Species)』(1859)의 끝부분에 쓴 유명한 대목에서 꽃을 인용했다. 그는 식물로 "뒤엉킨 둑"을 공통으로 기원하여 진화와 자연선택의 상호작용에 좌우되는 수많은 생물들이 뒤엉켜서 살아가는 경이로운 세계를 요약하고 있다고 생각했다. 우리가 아는 식물이 모두 우산이끼 비슷한 것에서 나올 수 있었다고 생각하면 정말로 경이롭다. 현재 얌전하게 또는 화려하게 각자의 녹색 삶을 살아가는 종들이 지금까지 진화한 단계들 중 상당수를 고스란히 기록하고 있다는 것도 또 하나의 경이이다. "모든 인생은 한낱 풀포기, 그 영화는 들에 핀 꽃과 같다"("이사야서", 40:6)는 말은 옳을지 모른다. 그러나 각 개체의 삶이 짧다는 것이 중요한 것은 아니다. 우리가 알아듣기만 한다면, 꽃의 언어는 초록빛을 띤 모든 존재들을 하나로 엮는 영속하는 계통의 이야기를 들려준다.

7

어류와 도롱뇽

브리즈번 군기지에서 북쪽으로 도로를 달리다 보니, 글래스하우스 산맥이 눈앞에 펼쳐진다. 화산이 남긴 고립된 봉우리들이다. 우림 위쪽으로 원뿔 모양의 봉우리들이 삐죽 솟아 있다. 헐벗은 봉우리들이 주변의 무성한 숲과 선명하게 대비된다. 분출이 끝날 때 분화구를 막은 단단한 암석으로 이루어진 "플러그(plug)"일 것이다. 퀸즐랜드 선샤인 해변 쪽으로는 군데군데 잘 정돈된 개발구역들이 보인다. 신흥 부유층이 방해받지 않고 일할 수 있도록 설계된 곳들이다. 더 내륙으로는 소도시 말레니가 있다. 말레니는 블랙올 산맥의 한 산등성이에 있는데, 페인트로 칠한 저층 목조건물들로 이루어진 산뜻한 곳으로서 옛 히피족의 흔적이 반쯤 남아 있다. 말레니에서는 양쪽으로 바다와 숲이 우거진 골짜기가 한눈에 내려다보인다. 우리는 골짜기 쪽으로 향한다. 그쪽에 폐어(lungfish)가 있기 때문이다. 계곡 바닥까지는 좁은 포장도로가 나 있으며, 웨일스 보더랜드처럼 영국의 풍요로운 지역에 옮겨놓아도 전혀 이상하지 않을 듯한 낙농자들이 길가에 늘어서 있다. 그러나 독특한 남양삼나무 종이 눈에 띄고 소들이 짙은 색의 커다란 잎이 달린 무화과류 그늘에서 쉬고 있는 모습을 보니, 영국과 다른 점이 뚜렷해진다. 피터 카인드는 메리

강 상류 쪽을 보여준다. 폐어가 숨어 있는 곳이다. 우리는 척추동물, 즉 등뼈를 가진 동물에 속한 위대한 생존자를 찾는 중이다. 우리의 진화계보를 따라서 조상들이 수중생활에서 벗어난 시점까지 올라갔을 때 만날 수 있는 동물이다.

이 특별한 폐어의 한 종인 오스트레일리아 폐어(*Neoceratodus forsteri*)가 살고 있는 유일한 장소가 퀸즐랜드이다. 얼마 되지 않는 현생 폐어 중에 오스트레일리아 폐어가 가장 원시적인 형태로 여겨진다. 최근 10년 동안 폐어를 대상으로 많은 연구가 이루어졌다. 그 전까지 폐어는 수억 년 동안 해온 그대로 그저 돌아다니면서 자기 일에 바빴다. 여기에는 폐어가 살 만한 곳이 꽤 많으며, 버넷 강과 메리 강의 집수구역이 이들의 주요 피신처이다. 버넷 강 집수구역에서 폐어 2만 마리에게 인식표를 붙인 적이 있었는데, 재포획률이 낮은 것으로 보아서 야생 개체군의 규모가 꽤 큰 듯하다. 그렇다고 폐어가 인간의 간섭으로부터 안전하다는 의미는 아니다. 퀸즐랜드에서 브리즈번 후배지의 농촌인구가 증가했기 때문에 물 수요가 계속 늘었고, 메리 강이 수원(水源)으로 적합하다고 여겨지는 듯하다. 2006년, 메리 강에 댐을 건설하여 장래의 물 부족을 해결하고자 트래버스턴 횡단 댐 건설계획이 마련되었다. 계획당국은 물이 더 많아지면 폐어에게 이로울 것이라고 굳게 믿은 모양이다. 그러나 댐을 건설하기에 앞서 폐어에게 필요한 것이 무엇인지 더 조사할 필요가 있었다. 피터 카인드는 폐어 개체를 추적하여 폐어가 강을 어떻게 돌아다니는지, 산란지에는 언제 어떻게 가는지를 살펴본 연구진의 일원이었다. 산란지 중에는 접근이 매우 어려운 곳도 있었고, 폐어가 걸어서 가기도 했기 때문에 공중에서 추적할 수 있는 무선 인식표를 부착했다. 또 관심을 가져야 할 다른 어종들도 있었다. 메리 강 대구는 폐어보다 더 수가 적고, 요릿감으로는 더 좋다. 아마 두 종 모두 보전이 필요했을 것이다. 그래서 우리는 코넌데일 근처 메리 강에 있는 전형적인 폐어

서식지를 가보기로 했다. 우리는 다리에서 고개를 내밀어 하천을 내려다보았다. 나사말속(Vallisneria)의 물풀들이 군데군데 무리지어서 얕은 물의 진흙 바닥 위로 띠처럼 길게 잎을 늘어뜨린 채 초록색으로 뒤덮고 있다. 폐어가 알을 낳기 좋아하는 곳이다. 폐어는 수심 약 10센티미터의 산소가 풍부한 물에서 한 번에 알을 몇 개씩 물풀줄기에 붙여놓는다. 알은 몇 층으로 이루어져 있는데, 맨 바깥층은 물풀에 달라붙기 좋도록 끈적하다. 수컷들은 서로 경쟁하면서 이리[魚白]를 분비하여 갓 낳은 알을 수정시킨다. 댐은 폐어가 선호하는 서식지를 철저히 파괴할 것이다. 피터는 폐어가 대체로 강의 특정한 구역에 애착을 가지고 그 안을 돌아다닌다는 것을 발견했다. 물에 잠긴 통나무 밑의 안전한 곳은 낮에 쉬기에 알맞은 곳일 수 있다. 이들은 대개 어스름에 활동하는 습성이 있기 때문이다. 산란지로 가장 좋은 물풀이 넓게 우거진 곳은 해마다 달라지기 때문에, 폐어도 그런 곳을 찾아다녀야 하며, 본거지에서 멀리까지 갈 수도 있다. 이들을 금붕어처럼 그냥 연못에 가두어둘 수는 없다. 폐어는 먹이를 가리지 않는 편이다. 다 자라면 물풀을 한 움큼씩 뜯어 먹으며, 심지어 진흙을 입에 넣고 민물고둥이나 "새우"를 골라서 원래 부수는 데에 알맞게 생긴 이빨로 부수어 먹는다. 소화가 되지 않는 것들은 그대로 배설된다. 밋밋한 생활방식이지만, 삶이 본래 그런 것이다. 하류 쪽으로 강줄기를 따라서 프랑스의 화가 코로의 그림처럼 가냘파 보이는, 검은 줄기에 깃털처럼 잎이 수북한 목마황(she-oak)이 늘어서 있다. 폐어의 모습이라도 보고자 했지만, 수위가 너무 높아서 사적인 만남을 가지려면 좀더 기다려야 할 성싶다. 최근 몇 주일 동안 폭우가 내렸다. 메리 강에 그런 어류판 므두셀라가 살 만한 특이한 점은 전혀 찾아볼 수 없지만, 동물들은 우리가 생각하는 것보다 취향이 훨씬 더 까다로우니 뭔가 특이한 점이 있을지도 모른다.

댐으로 막아서 저수지를 만든다는 계획은 우리의 먼 과거와 연관된 가장 중요한 현생 종들 중 하나의 복지 측면에는 좋은 생각이 아님이 분명했다. 폐어에게는 다행스럽게도 오스트레일리아 폐어 연구의 일인자 진 조스가 그들의 대변자로 나섰다. 진은 퀸즐랜드 주지사로부터 생태에 관심이 많은 팝스타에 이르기까지 다방면으로 로비를 벌였다. 그녀는 전 세계의 어류학 교수들로부터 지지성명도 이끌어냈다. 어류의 육지진출 과정을 연구하는 웁살라 대학교의 페르 알베리 교수는 오스트레일리아 폐어가 진화사의 이 중요한 단계를 이해하는 데에 더할 나위 없이 중요한 보물이라고 선언했다. 정치가들은 으레 쓰는 으름장과 고함을 무기로 삼아서 댐을 건설하는 쪽으로 결정이 이루어지도록 애썼다. 댐이 착공되는 것은 거의 시간 문제였다. 정부는 수몰지역의 몇몇 농장까지 이미 매입한 상태였다. 메리 강 유역의 주민들은 자신들이 이전까지 당연시했던 냉수성 어류와의 친밀감을 새삼 깨달으면서 항의집회에 참석했다. 마침내 2009년 트래버스턴 댐 계획은 폐기되었다. 정부는 매입한 농장을 원래 소유자에게 원가에 되팔겠다고 제안했다. 설령 메리 강 유역의 야바 크릭에 폐어가 없다고 할지라도, 멋진 시골이 미래 세대를 위해서 보호된 셈이다.

이 미로처럼 얽힌 정치적 과정을 헤치고 나아가다 보니, 사람들은 폐어의 생물학에 관해서 많은 것을 알게 되었다. 폐어는 이 책에 실린 여느 생존자 못지않게 놀라운 존재임이 드러났다. 우선 그들은 오래 산다. 야생에서 50년까지 사는 것은 확실하다. 이 글을 쓰는 현재 80년을 산 폐어가 생포되기도 했다. 무게가 30킬로그램에 달하는 거대한 녀석이다. 육지로 나오니 무게 때문에 잡은 사람의 두 팔 사이에 축 늘어져 있다. 폐어는 대개 20년쯤 자라면, 길이가 1미터에, 몸무게가 12킬로그램쯤 되며, 암컷이 수컷보다 더 크다. 꼬리는 몸 뒤쪽을 감싸는 일종의 노처럼 생겼고, 두 쌍의 지느러미는 기이하게 다리를 연상시킨다. 앞쪽 한 쌍은 한가운데에 살집이 있어서 불룩하다. 폐어는 실제로 폐가 있으며, 그것이 생존의 열쇠일지도 모른다. 뜨거운 여름에 메리 강은 전혀 다른 곳으로 변한다. 때로는 용존산소 농도가 낮아지기도 하며, 그러면 폐어는 물 밖으로 나와서 공기를 마신다. 피터 카인드는 그들이 헐떡거리는 소리가 들린다고 말한다. 이 능력 덕분에 이 고대 어류는 용존산소에 전적으로 의지하는 더 최근에 진화한 경쟁자들보다 우위에 있을지 모른다. 오스트레일리아 폐어는 응급상황에 대처하는 이 능력 덕분에 힘든 시기를 견딜 수 있다. 또한 그들은 (알을 낳을 때처럼) 바쁜 시기에는 부족한 산소를 보충하기 위해서 공기호흡을 한다. 그들은 알을 낳을 때면 몇 분마다 수면으로 올라온다. 알은 다른 대다수 어류 종의 알에 비해서 크며, 지름이 1센티미터에 달한다. 알에는 노른자위가 있어서 부화한 새끼는 며칠 동안 먹이를 먹지 않아도 된다. 먹이 사냥을 시작할 때면, 바늘 같은 작은 이빨로 작은 먹이를 잡아먹는다. 이 미성숙한 이빨은 서서히 변해서 고둥의 껍데기를 부수는 성체의 이빨이 된다. 성체는 커다란 비늘들이 겹쳐져 있다는 점이 큰 특징이며, 다른 여러 고대 어류들도 같은 특징을 가지고 있다. 몸집이 커질 때 비늘의 가장자리도 조금씩 자라지만, "생장 띠"가 극히 미세해서 나이를 가늠할 믿을 만한 지표로 쓸 수는 없다. 뼈가 굳지 않기 때문에, 폐어는 만져보면 기이할 정도로 유연한 느낌을 준다. 폐어는 색각(色覺)이 있기는 하지만, 시력이 그다지 뛰어나지는 않다. 비교적 탁한 물에 살기 때문에, 머리의 특수한 기관을 이용하여 진흙 바닥에서 일어나는 움직임을 간파한다. 이 기관은 상어의 "로렌치니 기관(ampullae of Lorenzini)"과 비교된다. 내부기관을 보면, 진정한 위장이라고 할 만한 것은 없지만, 먹이가 오랜 기간 머물도록 나선형으로 길게 말린 창자가 있다. 폐어에게는 모든 일이 느릿느릿 진행되는 듯하다. 세월아 네월아 하면서 말이다.

진 조스는 시드니의 맥쿼리 대학교에서 수십 년 동안 폐어를 연구했다. 지금은 은퇴했지만, 자신이 좋아하는 동물 이야기를 할 때면 세월이 무색할 만큼 열정적인 모습을 보인다. 이야기할 때면 이따금 오스트레일리아인의 특징인 것처럼 보이는 요란한 웃음을 터뜨리면서 말이다. 그녀는 옥상에 폐어를 키운다. 그녀를 따라서 생물학과 옥상에 있는 커다란 원형수조로 간다. 짙은 올리브색을 띤 다 자란 폐어들이 많이 있다. 마침내 그녀가 키우는 폐어 한 마리를 안아도 좋다는 허락을 얻는다. 놀라울 만큼 미끈거리고 꽉 찬 듯하면서도 동시에 작은 콩이 가득한 자루를 든 것처럼 신기하게 형태가 없는 느낌이다. 폐어는 빠져나가려고 꿈틀거리지만, 뼈가 없으니 전혀 아프지 않다. 이런 신기한 생물을 난생 처음으로 만져보았기 때문에, 되돌려놓으면서도 전혀 유감스러운 마음이 들지 않는다. 진은 정부와 싸우지 않는 시간에는 이 어류 마라톤 챔피언의 구조와 발달을 연구해왔다. 오스트레일리아 폐어는 먼 옛날 어류가 물을 떠날 당시의 장소와 아마도 가장 가까울 현재 환경에 살고 있다. 그 점을 보여주겠다는 듯이, 그녀는 폐어를 위로 향하게 들고서 입속에서 "코로 변할 준비가 된" 한 쌍의 콧구멍을 보여준다. 역설적이게도 폐어는 일이 분명히 그렇게 단순하지는 않았다는 점도 시사한다. 오스트레일리아 폐어가 발견되었을 때, 약 2억2,000만 년 전의 지층에서 발견된 케라토두스(Ceratodus)라는 화석이 널리 알려져 있었다. 현생 오스트레일리아 폐어(Neoceratodus)의 학명에서 "네오(neo)"는 그저 "새로운(new)"이라는 뜻이며, 그것은 그런 동물학적 나사로를 처음 접한 이들이 보였을 법한 반응이다. 진은 1993년 이래로 맥쿼리 교정에 있는 두 군데 커다란 연못에서 번식 프로그램을 진행해왔다. 비록 지금은 이 연구 자체의 장래를 걱정하고 있지만 말이다. 이 물고기들을 야생으로 돌려보내야 할지도 모른다. 폐어는 생후 15년이 되어야 성적으로 성숙해진다. 그 점에서는 우리와 비슷하다. 성숙기간이 길다는 것은 댐이든 다른 어떤 원인으로든 간에 야생에서 대량으로 전멸하면, 개체수가 회복되는 데에 오랜 시간이 걸린다는 의미이다. 진은 퀸즐랜드에 이 종이 생존한 이유가 어느 정도는 메리 강의 특별한 생태적 "창문"에 해당하는 곳에서 살기 때문이라고 본다. 즉 악어가 사는 곳보다 남쪽이면서, 여름에 일시적으로 물이 말라붙을 만큼 기온이 높아지는 곳이기 때문이라고 말이다. 그런 계절에는 폐가 생존에 핵심적인 역할을 한다.

오스트레일리아 폐어의 배아발생 과정은 척추동물의 진화의 역사를 알려줄 단서를 제공한다. 폐어는 실러캔스와 더불어 육기어류(肉鰭魚類, Sarcopterygia)라는 어류집단(강[綱])으로 분류된다. 육기어류(육질의 지느러미를 가진 어류라는 뜻/역주)는 내가 미끈거리는 폐어를 들었을 때 알아차린 것처럼 살집이 있는 신기한 지느러미를 가지고 있다. 육기어류는 경골어류의 한 강이다. 경골어류에는 육기어강 외에 조기어강(Actinopterygii)도 있다. 조기어류(條鰭魚類)는 농어와 청어처럼 빗살무늬 지느러미를 가지고 있으며, 약 2만5,000종으로 이루어져 있어서 지구의 척추동물 다양성 중 큰 부분을 차지한다. 네 발 달린 육지동물(사지류)이 오늘날 훨씬 덜 눈에 띄는 이전 집단의 한 구성원에게서 유래했다는 것은 분명하다. 지느러미는 다리가 되어 육지를 걸었다. 따라서 폐어가 어떻게 발달하는지를 연구하면, 우리 자신의 발달과 유연관계를 상세히 알게 될 가능성이 높다. 진과 동료들은 오스트레일리아 폐어의 수정란이 발달할 때 배아에서 신경능(길게 산등성이처럼 솟아오른 부위. 그 안쪽에 신경이 될 세포들이 있다/역주)의 세포집단들이 성체의 해부구조 중 각기 어느 부위로 발달하는지를 연구해왔다. 그렇게 해서 "발생 예정도(fate map)"가 작성된다. 발생 예정도는 양서류를 비롯한 많은 육상 척추동물에게서 배아의 특정 부위에 있는 세포가 서로 비슷한(즉 "보존된") 종류의 세포와 근육으로 발달한다는 것을 보여준다. 이렇게 발달하는 양상은 조절 유전자들의 통제를 받는다. 조절 유전자는 건축가의 구상에 따라서 건축물을 짓는 과정을 지휘하는 현장 관리자와 비슷하다. 조절이 잘못되면, 병리학적 증상을 가진 성체가 된다. 그때까지 살아 있다면 말이다. 그런 연구가 현재의 유전자 기능이상 및 줄기세포 연구와 관련이 있다는 것은 분명하다. 그러니 헐떡거리는 거무스름한 커다란 물고기가 살아서 자신의 이야기를 들려준다는 사실에 감사해야 할 이유가 있는 셈이다.

나는 오스트레일리아 폐어를 조금 길게 다루는 쪽을 택했다. 이제 왜 실러캔스(*Latimeria chalumnae*)의 고향으로 가지 않고 있는지를 설명할 필요가 있겠다. 이 크고 굼떠 보이는 물고기는 살아 있는 화석의 대표적인 사례로 여겨진다. 오그던 내시는 "이제 실러캔스를 보라/우리의 유일한 살아 있는 화석을"이라고 씀으로써 그 오해를 널리 영속시키는 역할을 했다.

『오래된 네 다리(*Old Fourlegs*)』(1956)와 『시간 속에 갇힌 물고기(*A Fish Caught in Time*)』(1997)라는 두 책은 실러캔스가 어떤 의미가 있는지를 잘 요약하고 있다. 살아 있는 화석 중에 지면을 통해서 그토록 상세히 다루어진 사례는 실러캔스뿐이다. 앞의 책은 실러캔스가 일반 어류와 육지에 사는 사지류 사이의 "중간 형태"로서 중요하다는 점을 강조했다. 뒤의 책은 실러캔스가 공룡시대부터 살아온 놀라운 생존자임을 역설했다. 어떤 식으로 해석하든 간에, 실러캔스는 분명히 희귀한 존재이며, 수심이 꽤 깊은 곳에 살기 때문에 찾을 수 있다고 장담할 수가 없다. 코모로 제도 주변의 해역에서 가장 많이 살 텐데, 이 글을 쓰는 현재 그곳은 정치적으로 불안한 상태이다. 아무튼 특수한 잠수장비 없이는 실러캔스를 찾기가 불가능하다. 대신에 나는 쉬운 길을 택하기로 했다. 나는 런던 자연사 박물관의 유리관에 들어 있는 실러캔스를 보러 갔다. 훨씬 더 안전한 방법이다. 유리관에 보존된 모든 표본이 그렇듯이, 실러캔스도 다소 우울한 분위기를 풍긴다. 두툼하게 살이 꽉 찬 듯하며, 거친 비늘로 덮여 있고 군데군데 하얀 반점이 있는 파란색 물고기이다. 등의 지느러미가 신기하게 죽 이어져서 만들어낸 두꺼운 꼬리를 가지고 있으며, 일반 물고기에 비해서 지느러미가 다소 많다는 느낌을 준다. 오스트레일리아 폐어보다 몇 개 더 있으며, 등에도 더 많다. 오스트레일리아 폐어처럼 실러캔스의 지느러미도 살집이 있으며(그래서 "네 다리"), 지느러미 안의 뼈의 구조도 독특하다. 내가 이 책에서 다룬 다른 여러 생물들과 달리, 실러캔스는 우리의 인간 중심주의 성향을 자극하는 듯하다("다리"가 있기 때문임이 분명하다). 실러캔스가 발견되었을 때 그렇게 야단법석을 떤 것도 그 때문일지 모른다.

1938년에 실러캔스가 발견될 수 있었던 것은 남아프리카 이스트 런던 박물관의 젊은 큐레이터였던 마거릿 코트니-래티머 덕분이었다. 그녀는 동네 어민에게서 이상한 물고기가 있다는 말을 듣고 가서 보자마자 그것이 특별하다는 것을 알아차렸다. 그녀는 표본을 오래 보존할 수 있도록 포르말린을 적신 두 겹의 침대보로 감쌌다. 어류학자인 J. L. B. 스미스가 와서 확인하려면 시간이 걸리기 때문이었다. 그 물고기는 스미스에게 명성을 안겨주었지만, 마거릿 코트니-래티머(Latimer)도 그녀의 이름이 라티메리아(*Latimeria*)라는 속명으로 남음으로써 불멸성을 얻었다. 라틴어로 바꾼 그 이름은 생물 다양성 이야기에 영구히 한 자리를 차지하게 되었다. 스미스는 실러캔스의 가장 가까운 친척이 백악기 지층에서 발견된 화석임을 알아차렸다. 즉, 그 네 다리의 조상은 공룡 및 암모나이트와 같은 시대를 살았으며, 그 후손은 세상이 완전히 달라지는 동안 바다에 숨어 지냈다. 살아 있는 화석이라고 불릴 만한 것이 있다면, 실러캔스가 바로 그것이었다. 머리의 골판과 몸의 두꺼운 비늘조차도 사라진 옛 시대에서 온 것처럼 보였다. 그 기준 표본은 박제사의 손을 거쳐서 잘 보존되어 지금도 이스트 런던 박물관에 보관되어 있다. 나는 『일러스트레이티드 런던 뉴스(*Illustrated London News*)』에 실린 그 발견소식을 전하는 기사의 제목이 특히 마음에 든다. "50,000,000년 만의 최고의 어류 이야기." 현대의 지질시대 지식에 따르면, 거기에다가

20,000,000년을 더해야 한다. 다행히도 래티머의 물고기는 실러캔스들 중 첫 번째로 발견된 사례에 불과했다. 지금은 실러캔스가 아프리카 동부해안과 외곽 섬들에 꽤 널리 분포해 있음이 밝혀졌다. 또 인도네시아 해역에서도 잡힌 적이 있는데, 현재 이 새로운 서식지가 라티메리아속에 두 번째 종이 있음을 뜻하는지를 놓고 논쟁이 벌어지고 있다. 대표적인 "살아 있는 화석"이 전에 생각했던 것만큼 희귀하지 않다는 사실은 분명히 희소식이다. 비록 여전히 찾기는 어렵지만 말이다.

코모로 제도의 해역에서 살아 있는 실러캔스를 찍은 영상을 보면, 이전에 생각했었던 것만큼 그들이 심해에 사는 것은 아님을 알 수 있다. 그들은 유리관에 든 빳빳해 보이는 표본에서 느껴지는 것보다 훨씬 더 우아하게 물속을 돌아다닌다. 다리 같은 지느러미(원한다면, 지느러미 같은 다리라고 해도 좋다)를 휘저어서 이쪽저쪽으로 효율적으로 방향을 튼다. 놀라운 점은 그들이 머리를 아래로 하고 수직으로 선 채로 살고 싶어하는 듯하다는 것이다. 그들의 머리에는 특수한 기관이 있는데, 퇴적물 안에서 벌레들이 움직이면서 내는 미세한 진동에 예민하게 반응할지도 모른다. 아마도 오스트레일리아 폐어의 머리에 있는 것과 같은 세포집단일 것이다. 그 신기한 자세는 사냥기술일 가능성이 높다. 그리고 실러캔스가 오래 생존한 것으로 볼 때, 그 전문기술은 효과가 좋은 것이 분명하다.

실러캔스는 비교적 적은 수의 큰 알을 낳는다. 실러캔스는 원주민들에게 식용으로 그다지 인기가 없으며, 아마 이 점도 이 종이 그토록 오래 살아남는 데에 한몫했을 것이다. 여기에서 또다른 오래된 생존자인 철갑상어의 알 이야기를 하지 않을 수 없다.* 가장 값비싼 음식인 벨루

---

* 철갑상어속(Acipenser)과 그 친척들로 이루어진 철갑상어류는 현생 경골어류 중 가장 원시적인 부류에 속하며, 몇 종은 오랜 시간에 걸쳐 자라서 몸집이 매우 커지기도 한다. 뼈대는 주로 연골로 되어 있으며, 몸은 경린(硬鱗, bony scute)이라는 독특한 비늘로 덮여 있다. 비록 널리 분포하기는 해도, 야생에서 철갑상어를 만나기란 쉽지 않다.

가 캐비어 말이다. 화석 실러캔스와 그 친척들의 권위자는 런던 자연사 박물관의 내 예전 동료이자 나와 이름이 비슷한 피터 포리이다(그와 비슷한 이름으로 나는 여러 해 동안 꽤 혜택을 보았다. 아름다운 삽화가 실린 피터의 훌륭한 논문을 사람들이 내가 쓴 것인 것처럼 착각했으니까). 그는 가장 오래된 실러캔스 화석에 자신의 이름을 붙임으로써 명성을 떨치고 있다. 오스트레일리아에서 발견된 4억1,000만 년 된 표본인데, 최근인 2006년에 에오악티니스티아 포레이(*Eoactinistia foreyi*)라고 기재가 이루어졌다. 등뼈를 가진 동물이 물을 벗어나서 뭍으로 올라오기 바로 직전, 식물들이 앞서 진출하여 조성한 새로운 서식지가 이용 가능해진 시기이다. 실러캔스의 사례는 이 이야기의 출발점이었던 투구게와 비교하고픈 유혹을 느끼게 한다. 실러캔스는 멈추어 있지 않았다. 흥미로운 원시적인 특징들을 간직하면서도 계속 진화했다. 그래서 오그던 내시의 짧은 시의 끝부분은 틀렸다. 자연에 전혀 변하지 않은 채로 남아 있는 것은 없기 때문이다.

오래된 실러캔스, 전혀 변하지 않아
오래되었는지 모르네

"오래된 네 다리" 이야기도 전에 생각했던 것과 결코 똑같지 않다. 원래의 이야기가 제아무리 호소력이 있다고 할지라도, 지금은 그 물고기의 친척이 뭉툭한 유사 다리로 육지로 기어올라와서 최초의 육상사지류로 나아가는 일종의 징검다리가 되었다고 믿는 과학자는 거의 없다. 현재의 분석 자료들은 폐어 집단이 현생 육상 척추동물과 유연관계가 더 가깝다고 말한다. 그것이 바로 이 장을 폐어로 시작한 이유이다. 나의 고어류학자 동료들은 뼈대구조를 자세히 분석하여 얻은 증거로 폐어

이 책의 개정판이 나온다면 잡아볼 수도 있겠다.

개념을 옹호했다. 그들은 실러캔스와 그 친척들에 비해서, 폐어 화석과 사지류가 진화적으로 더 나중에 출현한 특징들을 공통적으로 가지고 있음을 보여주었다. (10년 뒤에야 나왔지만) 나중에 분자 증거도 이 결론을 지지했다. 그러니 대표적인 살아 있는 화석인 실러캔스는 예전에 생각했던 것처럼 진화의 중앙역에 있었던 것이 아닌 듯하다. 대신에 폐어 가계도의 출발점과 가까운 곳에 놓인 고대 어류들 중 하나가 민물에서 진흙이 깔린 강기슭으로 올라가는 중요한 걸음을 내딛었다. 싱가포르에서 나는 맹그로브 아래의 축축한 진흙 위에서 지느러미로 힘차게 뛰는 말뚝망둥어라는 작은 물고기를 보았다. 이들을 찍은 동영상이 육지로의 첫 걸음이 어떻게 내딛어졌는가를 시사하면서 텔레비전에서 이따금 방영된다. 그러나 최초의 사지류 및 어류의 형태를 한 그 친척들의 화석이 모두 폐어 성체에 상응할 만한 비교적 큰 동물들인 듯하므로, 육지로의 첫 걸음은 훨씬 더 무거웠을 것이라고 상상할 수 있다. 팔짝팔짝 뛰기보다는 바닥을 긁으며 느릿느릿 걷는 쪽이었다고 말이다. 어쨌거나 이 작은 첫 걸음은 그 뒤의 모든 생명을 위한 거대한 첫 걸음이 되었다. 걸음이 더 우아해지기까지는 오랜 시간이 걸렸다. 심지어 오늘날에도 영원(蠑蚖, newt)의 걸음이 과연 우아한지 의구심이 들 수 있다. 일단 육지로 올라오자, 등뼈를 가진 동물들에게 새로운 기회의 장이 무수히 열렸다. 생명의 나무에 달린 가장 튼튼한 가지들 중 하나가 첫 잔가지를 뻗은 셈이었다. 그 일이 언제 이루어졌을까? 몇 년 전까지 나는 그것이 약 3억8,000만 년 전 데본기라고 자신 있게 주장했다. 그 시점에서 적당한 "조상" 어류가 최초로 의심할 여지가 없으며 비교적 잘 알려진 육상 사지류를 낳았다. 그린란드와 캐나다 북극지방의 몇몇 지역들에서 나온 화석들이 그 점을 입증했다. 2010년, 이전에 추정한 것보다 적어도 천만 년 전에 육상사지류가 고대의 모래밭을 둔중하게 걸어갔음을 보여주는 화석 발자국이 폴란드의 데본기 지층에서 발견되었다는 기사가 『네이처』에 실렸다. 그것이 사실로 드러난다면, 연대표에 중요한 수정이 이루어지는 셈이다. 우리는 생명의 나무의 다른 곳들에서 때로 첫 걸음이 거의 알려져 있지 않으며, 전이가 그보다 더 앞서 더 불분명하게 일어났을 수도 있음을 시사하는 사례들을 살펴보았다. 최초의 육상식물의 출현도 그런 사례이다. 아마 사지류의 기원도 비슷한 사례임이 드러날지 모른다. 고생물학의 가장 좋은 점 중 하나는 뜻밖의 새로운 발견이 여전히 일어나고 있다는 것이다. 사람들이 더 이상 살펴보지 않는 날이 더 이상 새로운 것이 발견되지 않는 날이리라.

생물권의 역사에서 가장 중요한 생물학적 문턱 중 하나로 이 장을 시작했으므로, 우리는 생명의 나무의 위로 올라갈지, 아니면 아래로 향해서 척추동물이 시작되는 지점으로 향할지 선택할 수 있다. 우리가 어디에서 기원했는지를 아는 것이 중요하므로, 먼저 아래로 가보자. 이번에도 현생 동물은 더 이전 역사의 흔적을 간직하고 있다. 폐어보다 더 이전, "오래된 네 다리"보다 더 이전의 역사를 말이다. 지금까지 말한 등뼈를 가진 동물들은 모두 한 가지 공통점이 있다. 지극히 명백해서 처음에는 혁신이라고 생각하지도 못했던 공통 특징이다. 바로 턱이 있다는 것이다. 학술용어로 말하면, 그들은 유악류(有顎類, gnathostome)이다. 턱은 진화과정에서 낚아채고 물고 씹고 걸러내고 비벼대고 구슬리는 일을 하면서 계속 존재해왔다. 그러나 턱이 없던 시대도 있었다. 생각해보면, 턱은 위턱과 아래턱이 관절로 이어져 있고 조화롭게 움직이는 복잡한 기구이다. 물고기의 턱도 마찬가지이다. 턱을 만들려면 진화가 일어나야 한다. 어류의 역사는 그 일이 일어나기 이전까지 거슬러올라간다. 따라서 우리는 칠성장어를 찾을 필요가 있다.

때로는 제시간에 제자리에 있기가 불가능할 수 있다. 이전에 발트 해 연안국가들의 식당에서는 아직 칠성장어 요리를 맛볼 수 있다는 말을

들은 적이 있다. 나는 리투아니아어 자체가 생존자임을 알고 있었고, 두 유물이 어떤 식으로든 한자리에 모여 있으니, 나의 목적에 안성맞춤이라고 느꼈다. 언어의 역사와 생명의 역사는 유사성이 있으므로, 조사할 가치가 있어 보였다.

리투아니아 수도 빌뉴스의 구시가지는 성벽으로 둘러싸여 있으며, 화려한 장식의 로마가톨릭 성당이 가득한 신기하고 사랑스러운 도시이다. 발트 해 연안의 표준이 된, 경외심을 자아내지만 진지하기 그지없는 건물들과는 전혀 딴판이다. 리투아니아는 프로테스탄트 바다에 떠 있는 로마가톨릭 섬이기 때문이다. 이 나라는 마찬가지로 대부분의 주민이 가톨릭인 폴란드에 수세기 동안 합병되어 있었고, 예전의 귀족들은 양쪽 나라에 모두 영지를 가지고 있었다. 빌뉴스의 도로들 중 상당수는 (이 도시의 초창기에 조성되었을) 깊이 뻗은 아치 길로 들어가는 입구였음이 분명한 안뜰과 접하고 있다. 그래서 다음 모퉁이를 돌면 놀라운 광경이 나타나지 않을까 하는 기분 좋은 기대감을 불러일으킨다. 지금의 시민들은 억압받던 소련 시절을 떠올릴 때면 혐오감을 드러낸다. 네리스 강에 놓인 다리를 건너면 나오는 쾌적한 예술가 지구를 비롯하여 많은 옛 지역들이 쇠락했다. 예술가 지구는 최근에 독립공화국임을 선포했다. 공산주의 시대가 남긴 주요 유산은 성벽 외곽의 스탈린식 콘크리트 주거단지이다. 예전의 소련에 속한 다른 도시들에서도 똑같은 건물들이 도시에 황폐한 분위기를 자아낸다. 그러니 최근에 수도를 말끔하게 정비했다고 리투아니아인들이 뿌듯해하는 것도 당연하다. 영국인의 귀에는 그들의 말이 어느 지역의 것인지 짐작하기가 힘들어서 신기하게 들린다. 내가 아는 리투아니아인의 이름은 페트루스와 게디미나스인데, 거의 로마인의 이름처럼 느껴진다. 그러나 거리에서 들리는 말소리는 언뜻 슬라브어라는 인상을 주었다가 곧이어 지중해 어딘가의 말처럼 느껴진다. 코르시카어인가? 아니, 웨일스어 같기도 한데? 이렇게 모호한 데에는 이유가 있다. 리투아니아어가 이 모든 언어들보다 더 오래된 근원에서 나왔기 때문이다. 한 언어학 교수는 내게 이렇게 말했다. "산스크리트어가 어떻게 들리는지 알고 싶다면, 리투아니아어를 들으면됩니다!" 과장이 약간 섞였을지도 모르지만, 리투아니아어는 고전어, 현대 로망스어(이탈리아어, 스페인어, 프랑스어 등), 켈트어, 게르만어, 슬라브어, 기타 남아 있거나 사라진 여러 소수언어를 포괄하는 집합인 인도유럽어족의 뿌리에서 나온 일종의 생존자이다. 이 모든 언어들은 인류문화의 거대한 부분을 이룬다. 인도 아대륙에서 기원한 "조어(祖語)"와 그 언어를 쓰던 민족은 서쪽으로 진출하며 갈라져서 각 지역의 "종", 즉 지금의 현대 언어를 낳았다. 아마 그 부족들 중 북쪽 발트 해 연안으로 밀려난 이들은 고립되는 바람에 원래 언어에서 가장 덜 변한 언어를 가지게 되었을 것이다. 그들은 울창한 삼림지대 안에서 단순한 삶을 이어갔다. 물론 전혀 변하지 않는 것은 없으며, 언어는 대개 시간이 흐르면서 다른 것보다 더 빨리 변하므로, 리투아니아어가 사실상 산스크리트어라는 점에는 의문의 여지가 없다. 그러나 이 살아남은 문화적 특징과, 앞서 투구게와 유조동물을 다룰 때 말한 생존자들의 형태학적 특징 사이에는 흥미로운 유사점이 있다. 불변인 것은 결코 없지만, 진화 계통수의 깊은 곳에서 나와 살아남은 것은 늘 어떤 정보를 간직하고 있다. 언어도 생물처럼 진화 계통수가 있다. 칠성장어는 음소(音素)가 기이할 만큼 오래 살아남은 이 땅에 속할 만한 동물 같다.

칠성장어는 리투아니아어로 "네게(nege)"라고 한다. 나는 빌뉴스의 비탈진 자갈 포장길을 돌아다니면서 식당마다 들러서 그 원시적인 어류가 차림표에 있는지 물었다. 나는 거의 모든 식당에서 어리둥절한 표정을 접했다. 내가 런던을 돌아다니면서 식당마다 독수리 요리가 나오는지를 묻는 리투아니아인이 된 것이 아닐까 하는 의구심이 들었다. 나는 점점 더 기가 꺾였다. 그러다가 마침내 영어를 꽤 잘하는 식당주인을 만나서 설명을 들을 수 있었다. 그는 어깨를 크게 으쓱하면서 말했다. "우리 할아버지 때는 네게가 흔했지만……지금은 먹는 사람이 아무도 없어요." 그 말을 듣자, 내가 상상한 초기 어류와 언어학의 결혼이 파탄 난 것처럼 여겨졌다. 나는 한 세대나 늦게 찾아온 것이었다. 그러나 발트 해에 더 가까운 이웃나라 라트비아에서는 아직 네게를 먹는다.

결국 나는 집에서 훨씬 더 가까운 곳에서 칠성장어를 찾아냈다. 사실 한때 내가 살던 곳이었다. 잉글랜드 버크셔의 박스퍼드라는 작은 마을이다. 램본이라는 하천이 마을 한가운데로 흐른다. 그곳의 이엉을 인 옛날 시골집에서 살던 어린 시절에는 우리 집 뜰 끝에 있는 작은 강에 유럽다묵장어(*Lampetra planeri*)가 산다는 생각은 아예 하지도 않았다. 50년이 지났음에도 마을은 그다지 변하지 않았다. 좀더 산뜻해졌고, 이엉도 끝자락을 앞머리 치듯이 단정하게 잘랐다. 백악 지형에 흐르는 하천답게 램본은 예전처럼 맑다. 빠르게 흐르는 깨끗하고 얕은 물에 풍성한 녹색 머리카락 다발처럼 물풀들이 흔들거린다. 어느 사냥터지기가 잉글랜드 남부에서 가장 차가운 물이라고 한 말이 떠오른다. 백악기의 새하얀 석회암인 백악 깊숙한 곳에서 솟는 샘이 수원이다. 나의 부친은 램본에서 제물낚시로 송어를 잡았는데, 나는 그때 이후로 그만큼 맛있는 송어를 먹어본 적이 없다. 자세히 보려고 다리 너머로 고개를 내밀자마자 송어 한 마리가 재빨리 달아난다. 환경청은 강의 다묵장어 현황조사를 지원하고 있으며, 내가 살던 곳에서 수백 미터 떨어진 박스퍼드도 그중 한 곳이다. 나는 그것을 하나의 전조로 받아들일 수 있었다. 조사는 전기충격으로 고기를 잡는 방식을 쓰는데, 우아한 제물낚시에 비하면 투박하기 그지없다. 전극을 물에 넣으면 물고기는 거부하지 못하고 양전극 쪽으로 헤엄친다. 물론 그것은 개체수 조사에 이상적인 방법이다. 지역 야생생물 담당 공무원 4명이 방수복을 입고 이 장비를 다룬다. 20분이 지나기 전에 길이가 12센티미터쯤 될 듯한 길쭉한 관 모양의 작은

A Fatal Case of Lampreycitis. A.D. 1135.

Henry I. died at St. Denis, in Normandy, after an illness of seven days, brought on by eating an excess of lampreys.

다묵장어 치사사건 ─ 다묵장어 탐식의 결과!

물고기 한 마리가 한쪽 전극으로 헤엄쳐온다. 구슬처럼 둥근 작은 눈이 보인다. 앞쪽 끝이 밑으로 조금 굽어 있는 듯하며, 턱이 있다는 징후는 전혀 없다. 바로 다묵장어이다.

　다묵장어는 중세에 가정에서 즐겨 먹은 음식이었다. 식탁에 오르는 요리의 가짓수로 자신의 부를 평가하는 부유한 귀족에게 다묵장어의 기름지고 강한 맛이 와닿았던 것이 분명하다. 정복왕 윌리엄의 넷째 아들인 국왕 헨리 1세는 1135년 12월 1일 노르망디에서 사망했는데, 으레 "다묵장어 과식" 때문이라고 말한다. 얼마나 많이 먹었길래 과식이라는 것인지는 기록에 없다.

　글로스터 시는 다묵장어로 유명했으며, 군주에게 다묵장어 파이를 제공하라는 요구를 받고 있었다. 1977년 당시 영국 여왕의 즉위 25주년을 축하하는 자리에 그런 파이가 보내졌다. 여왕이 20파운드짜리 파이를 과식했는지 여부는 기록에 없다. 현 여왕의 이름의 근원이었던 초대 엘리자베스 여왕 이후로 오랫동안 다묵장어는 가정에서 즐겨 먹는 요리였다. 새뮤얼 존슨 박사는 『시인들의 생애(*Lives of the Poets*)』에서 1744년 한 유명한 시인의 죽음에 관해서 이렇게 적었다. "몇몇 친구들은 포프의 죽음이 은 냄비 때문이라고 했다. 조리한 다묵장어를 거기에 데워 먹기를 즐겼다고 말이다." 알렉산더 포프가 다묵장어의 또다른 효능이라고 하는 것에 관심이 있었는지는 판단하기 어렵다. 다묵장어는 성욕을 부추긴다고 했다. 다묵장어와 성욕을 어떻게 연관지었을까 하는 온갖 가능성을 생각해보던 중에 단순한 프로이트적 설명이 떠오른다. 해양 칠성장어의 크기와 모양 때문이 아닐까? 존 게이는 "젊은 숙녀에게, 다묵장어를"이라는 시에서 다묵장어의 이 효능을 희화화했다.

그런데 왜 다묵장어를 보내셨나요? 저런, 망측해라!
그것은 처녀의 피를 끓어오르게 한다네.
열다섯 처녀에게 딱 맞는 선물이지!
예순다섯까지 싱숭생숭할 테니까.

칠성장어류는 턱이 없는 물고기(무악어류)이지만, 이빨까지 없는 것은 아니다. 이빨은 하나의 원을 이루면서 배열되어 있으며, 먹이인 물고기(턱을 가진)에 입으로 달라붙어 마구 갉아댄다. 척추동물 계통수의 바닥 근처에 놓인 생물이 무성한 수관(樹冠) 쪽에 놓인 더 위쪽의 동물들에게 일종의 복수를 하는 셈이다. 칠성장어류는 연어에게 달라붙어 말라비틀어질 때까지 빨아댈 수도 있다. 수가 많으면 어장을 황폐화시킬 수도 있다. 최근에 북아메리카의 오대호에서 이들이 불어나서 거의 전염병 수준의 피해를 일으켰다. 대체로 몸집이 큰 종은 뱀장어처럼 보인다. 그러나 뱀장어는 경골어류이며, 칠성장어와 결코 가까운 관계가 아니다. 칠성장어류는 몇 종이 있으며, 바다칠성장어(*Petromyzon*)가 가장 크다. 그보다 작은 칠성장어속(*Lampetra*)의 종들은 바다와 강을 오가거나 민물에서만 살며, 영국 서부에 사는 것들도 여기에 속한다. 내가 램본 강에서 낚은 작은 유럽다묵장어는 사실상 기생생활을 버린 종이며, 성체는 오직 번식만 한다. 나머지 종들은 기생생활을 하는데, 낚아올린 큼직한 물고기의 옆구리에 달라붙어 꿈틀거리는 이 검은 기생생물을 보면 혐오감이 절로 치솟는다. 마치 히에로니무스 보스의 그림에 나오는 악마처럼, 뻔뻔스럽게 커 보인다. 칠성장어의 등줄기를 따라서 신경계가 지나는 주된 통로인 척삭(notochord)이 놓여 있다. 칠성장어, 폐어, 사자, 당신과 나("고등한" 척추동물도 배아 때 척삭을 가지고 있다) 등 우리 모두가 속한 척삭동물문(Chordata)이라는 이름은 바로 여기에서 유래한다. 우리가 먹는 부위는 근육으로 이루어진 긴 몸통이다. 라트비아의 한 요리사는 척삭을 통째로 떼어내어 별미로 내놓는다고 명성이 자자하지만 말이다. 칠성장어의 머리 쪽은 척추동물의 역사를 생각할 때 가장 놀라운 부위이다. 머리의 양 옆으로 7쌍의 구멍이 줄지어 나 있다. 아가미로 물을 보내는 구멍이다. "아가미구멍(gill slit)"이라고 하며, 갓 잡은 칠성장어를 보면 동그란 검은 구멍이 난 것처럼 보인다. 칠성장어를 유럽에서는 흔히 "아홉눈이(nine eyes)"라고 부르는데, 아가미구멍 7개에 눈구멍과 콧구멍을 더하면 9개가 된다는 뜻이다. 해부학적으로는 가당치 않지만, 무슨 의미인지는 미루어 짐작할 수 있다. "아홉눈이"에서 네 다리를 거쳐 두 다리로 나아가는 것이 인류에게로 이어지는 척삭동물의 역사를 가장 단순하게 묘사한 그림일 것이다. 바다칠성장어의 생활사는 연어의 생활사와 비슷하다. 생애의 첫 기간은 알에서 깨어난 강에서 살다가 바다로 가서 성장한 뒤에 강으로 돌아와서 알을 낳고 죽는다. 유생(ammocoete)은 연한 색깔의 작은 지푸라기 같으며,

강의 진흙 바닥에서 먹이를 걸러 먹으면서 약 4년 동안 지낸다.

　유조동물처럼, 턱 없는 물고기도 수억 년 전에는 지금보다 훨씬 더 다양했다. 일부 과학자들은 칠성장어류가 더 원시적인 매끄러운 친척 기생생물인, 척추조차 없는 먹장어류(Myxine)와 더불어 고대의 퇴화한 생존자들이라고 본다. 사악한 기생습성을 통해서 멸종을 피한 종류라고 말이다. 스코틀랜드와 애팔래치아 산맥 같은 몇몇 지역에서는 실루리아기 말과 데본기 초의 암석을 잘 골라서 쪼개기만 하면, 온갖 다양한 무악어류의 화석을 얻을 수 있다. 그들 중에 기생생물은 없다. 아마 그들은 조류를 뜯어 먹었거나 작은 무척추동물을 먹었을 것이다. 이 멸종한 턱 없는 동물들 중 상당수는 머리가 뼈로 된 덮개로 덮여 있었다. 눈구멍을 빼고 말이다. 스코틀랜드에서 나온 두갑류(頭甲類)에 속한 케팔라스피스 리엘리(Cephalaspis lyellii)라는 화석을 보면 어류의 일종임을 즉시 알아차릴 수 있다. 뼈로 뒤덮인 머리방패와 어류 특유의 근육질 몸통에 채찍 같은 고리가 붙어 있기 때문이다. 이 종은 지질학의 몇 가지 기본 원리를 확립했고, 찰스 다윈에게 지질시대를 파악할 능력을 제공한 선구적인 지질학자 찰스 라이엘의 이름을 땄다. 시간, 기나긴 시간은 진화의 메커니즘이 무엇인가를 빚어내는 데에 필수적인 요소이다. 다윈과 라이엘은 뼈라는 구멍이 많은 신기한 조직이 스코틀랜드의 이 초기 턱 없는 물고기에게 이미 있었음을 알아보았을 것이다. 뼈는 수산화인회석(calcium hydroxyapatite)으로 이루어져 있다. 인산(물론 인 원소를 함유한다)이 들어 있으며, 척삭동물 특유의 조직이다. 뼈는 모든 척삭동물이 공통 조상에서 유래했음을 입증하는 독특한 증거이다. 뼈는 우리의 내부 골조를 이룬다. 더 정확히 말하면, 우리를 떠받친다.* 최초의 뼈는

---

* 뼈를 만드는 능력이 손상된 불완전뼈형성증이라는 유전병에 걸리면 몸이 무너진다. 9세기의 바이킹 왕이었던 뼈 없는 이바르(Ivar the Boneless)가 바로 그랬다. 그는 방패에 실린 채 전쟁터를 돌아다녔는데, 그 무엇도 그의 흉악한 본성을 억제할 수는 없었던 듯하다.

캄브리아기 말, 약 5억 년 전에 출현한 듯하며, 따라서 뼈의 발명은 생명의 나무에서 아래쪽 가지에 끼워진다. 뼈가 없었다면, 어떤 폐어도 육지로 첫 걸음을 내딛지 못했을 것이다. 진화의 역사에 깨물기를 도입한 이빨도 없었을 것이다. 무악어류 화석은 뼈가 더 취약한 머리를 보호하는 외부 덮개로 출발했음을 시사한다. 뼈가 튼튼한 등뼈를 만들고, 우리가 짐승, 가금, 어류와 동족임을 알아볼 수 있는 표지인 뼈대, 즉 피부 밑의 머리뼈를 제공한 것은 더 나중의 일이었다. 그러니 우리는 척추동물로 이어지는 진화의 나무의 가지를 따라서 더 이전 시대까지 거슬러 올라가야 할지도 모르겠다.

완족동물인 개맛(163쪽 참조)을 채집한 개펄로부터 바다 쪽으로 더 들어가면, 창고기(*Branchiostoma*)가 아직 많이 살고 있다. 나의 학창시절에는 그것을 앰피옥서스(amphioxus)라고 했기 때문에(지금은 "lancelet"을 더 많이 쓴다/역주) 나는 지금도 습관적으로 그렇게 부른다. 그것은 크기와 모양이 꼭 버드나무 잎 같고, 납작하고 투명하며, 딱히 물고기 형태라고는 할 수 없는 작은 동물이다. 쌓인 모래 속에 몸을 파묻고 머리만 삐죽 내민 채 살아간다. 작은 촉수들과 칠성장어의 것과 약간 비슷하게 줄지어 난 "아가미구멍"을 이용하여 흐르는 물에서 미세한 먹이 알갱이를 걸러 먹는다. 지느러미도, 뼈대도, 뇌라고 할 만한 것도 없다. 그러나 꼬리가 있으며 등을 따라서 척삭이 뻗어 있다. 몸을 따라서 옆으로 근육들이 한 덩어리씩 배열되어 있다는 점은 무악어류와 비슷하다. 2008년에 창고기의 미토콘드리아 DNA의 서열이 분석됨으로써 내가 어렸을 때 생물학 선생님이 했던 말이 옳았음이 확인되었다. 선생님은 앰피옥서스가 척추동물과 유연관계가 있다고 했다. 창고기는 거의 모든 것을 생략하고 반쯤 스케치하다가 만 척추동물의 청사진과 비슷하다. 그것은 칠성장어의 성체보다는 유생과 더 비슷하다. 칠성장어 유생도 머리끝에 촉수가 달려 있고 먹이를 걸러 먹는다. 창고기는 몇 가지 자신

만의 특징도 가지고 있다. 무엇보다도 번식체계가 무악어류와 다르며, 척삭이 머리까지 뻗어 있다.* 물론 진화는 이 단순한 생물이라고 해서 변하지 않은 채 있도록 두지 않았다. 자연선택은 크든 작든 모든 생물에게 적용되기 때문이다. 이 동물이 선구적인 위치에 놓인다는 사실은 중국 청지앙(澄江)의 캄브리아기 동물군(제2장 참조)에서 창고기의 친척 화석이 발견됨으로써 극적으로 확인되었다. 밀로쿤밍기아 펭지아오아(*Myllokunmingia fengjiaoa*)라는 우아하지 못한 이름이 붙은 이 화석이 창고기의 초기 형태임은 의심의 여지가 없다. 마치 이 작은 동물을 인쇄업자가 조심스럽게 셰일 표면에 대고 찍은 듯하다. 옆구리를 따라 늘어선 근육 덩어리들까지 보인다. 따라서 돌에 찍힌 이 길쭉한 몸은 척추동물의 계보를 5억2,500만 년 전으로 끌어올린다. 우리는 연체동물이나 완족동물, 절지동물의 궤적 못지않게 우리 자신의 궤적도 멀리까지 추적했다. 길쭉한 은빛 조각 같은 물고기에서 출발하여 우리는 삼엽충이나 고둥과 다른 길을 걸어왔다. 육지로, 티라노사우루스 렉스로, 「뉴욕 타임스(*New York Times*)」로 이어진 길을 말이다.

우리는 우리의 가장 오래된 친척들이 턱이 없었다가 턱이 생기는 쪽으로 진화했다는 것을 안다. 턱 없는 어류와 그 친척들의 아가미를 지탱하던 아가미궁의 변형과정을 연구함으로써 알게 된 사실이다. 아가미궁의 해부학적 기본 구성요소들이 재조립되어 움직일 수 있는 부위가 되었다. 턱의 버팀대와 지렛대가 된 것이다. 이 비교해부학 연구를 해낸 영웅들 중 한 사람은 에리크 스텐시오(1891-1984)라는 스웨덴인이었다. 그는 1920-1930년대에 세심하게 엄청난 연구를 함으로써 이 분야에서 현대적인 이해의 토대를 닦았다. 나는 스톡홀름에 있는 스웨덴 자연사 박물관에서 매우 늙고 야윈, 자그마한 몸집의 그를 만난 적이 있다. 그

---

* 그래서 창고기가 속한 집단의 학명은 두삭동물아문(Cephalochordata)이다. 케팔로스(cephalos)는 그리스어로 "머리"를 뜻한다.

런 유명한 인물이 아직까지 연구를 하고 있다는 사실에 내가 놀란 표정으로 그를 쳐다보자, 그는 익살스럽게 나를 흘겼다. 그리고 호탕하게 웃으며 말했다. "아하, 지금 살아 있는 화석을 보고 있다 이거구만." 나라면 스텐시오에게 "살아 있는 전설"이라는 말을 붙였을 것이다. 턱은 활모양의 뼈 두 개가 만든다. 턱 자체를 이루는 하악궁(mandibular arch)과 하악궁을 지탱하는 역할을 하는 설골궁(hyoid arch)이 그렇다. 최초의 유악어류인 극어류(acanthodii)라는 가시 달린 상어처럼 생긴 멸종한 집단은 여전히 아가미궁과 대체로 비슷한 설골궁을 가지고 있었다. 따라서 턱을 만드는 데에 쓰인 두 궁은 한꺼번에 변형된 것이 아니라 여러 단계를 거쳐서 조금씩 변형된 듯하다. 지금은 생물이 발생할 때 유전자들이 어떤 식으로 발현되는지를 연구할 수 있으며, 그럼으로써 복잡한 기관이 어떻게 조립되는지를 밝혀낼 수 있다. 역사를 들여다보는 창문인 셈이다. 그리하여 동물학자들은 유전자를 통해서 고전적인 19세기의 발생학 연구로 돌아가서 칠성장어의 신경능에 있는 세포로부터 궁의 구조가 어떻게 발달하는지를 살펴보고 있다. 진 조스와 동료들이 폐어를 대상으로 연구한 바로 그 부위이다. 발생 초기에 유전자가 발현되는 양상은 4억4,000만 년 전에 일어난 진화사건들을 규명하는 데에 기여한다. 또 오늘날 유전적 원인으로 시달리는 환자들의 증상을 이해하는 데에도 도움을 줄 수 있다. 우리 몸은 여전히 고대의 명령문들을 해독하고 있다. 먼 과거를 이해하는 것이 미래를 이해하는 데에 도움을 줄 수 있다니 놀랍지 않은가? 이런 문제들을 연구하는 이들은 모두 칠성장어가 살아남은 데에 감사해야 한다. 칠성장어는 단순한 호기심의 대상이 아니라 먼 과거를 밝혀내고 미래의 치료제를 개발하는 데에 도움을 줄 뜻밖의 열쇠이기 때문이다.

상어가 턱의 화신이라는 점은 굳이 말할 필요가 없다. 끝없이 움직이는 컨베이어 벨트에 실려서 계속 공급되는 (대단히 효율적이고) 무시무시한 이빨을 갖춘 해양 포식자인 상어는 바다의 오랜 생존자들 중 하나이기도 하다. 상어를 보기 위해서 따로 여행을 갈 필요는 없었다. 나는 산호초에서 작은 상어들 사이로 걸어다니기도 했고, 갈라파고스 제도에서는 상어들 위에서 헤엄을 치기도 했다. 사실 갈라파고스에서 헤엄을 칠 때는 조금 불안하기는 했다. 안내인이 상어들은 오직 다른 물고기에게만 관심이 있으니 안심하라고 말했지만 말이다. 상어는 해양 먹이사슬의 책임자로서 살아남았다. 육지에서 공룡은 같은 지위를 내놓고 사라졌지만, 상어는 아니었다. 상어는 작고 굶주린 종류부터 할리우드의 과장법에 어울릴 만한 거대한 것까지 다양하다. 메갈로돈(*Carcharodon megalodon*)은 상어들 중 가장 큰 포식자로서, 약 150만 년 전까지 살았다. 지질시계로 볼 때 비교적 최근까지 살아 있었던 셈이다. 길이가 20미터로서, 백상아리조차 그 앞에서는 왜소해 보였을 것이다. 현생 상어들 중 가장 큰 고래상어는 나중에 플랑크톤을 먹는 평화로운 동물로 진화했다. 상어는 강한 이빨로 연체동물의 단단한 껍데기를 순식간에 부수는 가오리류와 유연관계가 있다. 고생대에 상어와 그 친척들은 더 다양했다. 몇 종류는 민물로 진출하기도 했고, 이빨처럼 생긴 "비늘"로 온몸이 뒤덮인 종류도 있었다. 상어 화석은 대개 턱이나 이빨만 남아 있다. 뼈대의 나머지 부분은 뼈로 이루어져 있지 않기 때문이다. 대신에 튼튼한 연골이 상어의 몸이 기계공학적으로 움직일 수 있도록 하며, 그런 물렁뼈에는 퇴적암에 보존될 만한 물질이 들어 있지 않다. 그러나 연골은 폐어가 출현하기 이전의 먼 옛날부터 지금까지 상어가 지질시대의 온갖 사건들을 헤치고 힘차게 나아갈 수 있도록 했을 만큼 튼튼하다. 인류는 몇몇 상어종을 전멸시키려고 하고 있다. 그들의 지느러미에 맛을 들였기 때문이다. 조업자들은 지느러미만 잘라낸 상어를 산 채로 바다에 내던진다. 이 필수 안정장치가 잘린 상어는 빙빙 돌면서 무력하게 심해로 가라앉아 죽고 만다. 나는 우리 종이 부끄럽다. 그런 짓을 하라고 진화가 두 발로 걸으면서 그토록 뻐기는 우리 종을 빚어냈을까? 4억 년 동안 바다의 제왕으로 군림한 상어가 그런 수치스러운 꼴을 당해야만 할까?

고대의 바다와 폐어로부터 진화의 나무의 육상 가지 쪽으로 옮겨가면, 마음이 조금 편해질지도 모르겠다. 이것은 물에서 서서히 자유로워지는 이야기이다. 양서류는 번식할 때 물로 돌아가야 한다. 알을 물속에 낳아야 하며 유생이 물에서 자라기 때문이다. 파충류는 마르지 않도록 보호하는 두꺼운 막으로 둘러싸이고 노른자위가 든 좀더 큰 알을 낳는다. 이 "유양막류"(有羊膜類 : 배아에 양막이 있는 동물/역주)의 알은 품기에 알맞은 곳에 놓기만 하면, 민물로 다시 돌아갈 필요가 없다. 부화한 새끼는 성체의 축소판이며, 세상으로 나아갈 준비를 한 상태이다. 일부 진화한 파충류, 특히 일부 뱀은 전체 과정을 한 단계 더 진행하여 작은 새끼를 낳는다. 파충류와 양서류는 수생생활의 유산을 아직 간직하고 있다. 체내 대사과정을 통해서 체온을 조절하고 유지하는 일을 못하기 때문이다. 그들은 냉혈동물, 즉 변온동물(poikilotherm)이다. 개구리와 두꺼비는 추운 날씨에는 활동을 중지하고 숨는다. 도마뱀은 추운 날씨에는 아침에 햇볕을 쬐어야 활동할 수 있다. 제대로 활동할 수 있을 만큼 체온이 오른 뒤에는 매우 빠른 속도로 움직일 수 있다. 이 기본적으로 느린 신체기구의 한 가지 장점은 파충류와 양서류가 먹이를 덜 그리고 덜 자주 먹어도 된다는 것이다. 사실 악어는 몇 달 동안 굶어도 견딜 수 있다. 반면에 온혈동물은 규칙적으로 식사를 해야 한다.

여기에서 생명의 나무의 밑동에서부터 살아남은 현생 양서류 종을 예로 들 수 없어 안타깝다. 잃어버린 주요 생존자인 셈이다. 우리에게 친숙한 올챙이 모양의 유생과 섬세한 피부를 가진 오늘날의 양서류는 모두 사지류가 물 밖으로 나온 지 한참 뒤에 출현한, 한 공통 조상의 후손이다. 그들의 대부분은 2억5,000만 년 전 페름기 말의 대량멸종 이후에 진화했다. 지금까지 그들의 "조상" 화석이라고 주장된 것은 2억9,000만 년 된 페름기 지층에서 나온 한 점뿐이다. 이 모든 개구리, 두꺼비, 영원, 도룡뇽, 그밖의 친척들이 모여서 진양서아강(Lissamphibia)을 이룬다. 화석으로만 알려진 더 오래된 양서류의 분류는 복잡하며 아직 미해결 상태이다. 전문가들 사이의 많은 전문적인 주장들이 담겨 있으니, 여기에서는 그 문제를 다루지 않겠다. 사실 일부에서는 화석 양서류가 후대의 양서류보다는 배룡류(杯龍類)와 유연관계가 더 가깝다고 본다. 그것은 고생물학자들 사이의 "뼈 전쟁"이며, 괜히 끼어들었다가는 선의의 피해자가 될 수도 있다. 그래서 나는 약간 속임수를 쓰겠다. 나는 미국 친구들이 현생 왕도룡뇽(*Andrias*)을 보면서 떠올리는 초기 사지류의 "모습"을 짧게 언급하고자 한다. 그것은 초기 양서류의 일원이 아닐지도 모르지만, 비슷한 것을 떠올리게 하려는 설득력 있는 시도이다. 우선 그 동물은 거대하다. 왕도룡뇽 중에는 몸길이가 사람 키만 한 것도 있다. 맨 처음 진화한 것은 운무림의 개구리처럼 작고 섬세한 양서류가 아니었다. 그리고 그 도룡뇽은 육중한 것에 짓눌린 것처럼 납작한 모습이다. 웃음을 띤 넓적한 입을 가진 납작하고 거대한 괴물이다. 꽁무니에는 지느러미라고 보아도 될 만한 것이 달려 있다. 사실 어느 정도 훈련을 받은 이의 눈에는 데본기 초에 그린란드를 쿵쿵거리며 돌아다닌 이크티오스테가(*Ichthyostega*), 아칸토스테가(*Acanthostega*) 혹은 "뼈 전쟁" 이전에 미치류(labyrinthodont)라고 불렀던 석탄기의 생물들 중 하나를 재구성한 것과 대체로 비슷해 보인다. 다리는 돌아다니는 데에 부적합해 보인다. 일종의 고장 난 로봇 다리처럼 삐져나와 있다. 한마디로 비효율적인 위원회가 이것저것 엮어서 내놓은 시제품 같은 육상동물이다. 그것이 소중한 존재임은 분명하다. 세부적으로 보면, 그것은 일반적인 "조상"의 형태가 결코 아님을 입증하는 기이한 특징들을 가지고 있다. 예를 들면, 그것은 폐뿐 아니라 수생생활에 적응한 형질인 아가미구멍도 가지고 있다. 그것은 공포영화에 등장할 법한 이름을 가진, 새까맣고 주름이 많은 동물인 북아메리카의 헬벤더(hellbender, *Cryptobranchus*)와 유연관계가 있다. 낚시꾼은 기대한 살진 송어 대신에 이 괴물이 꿈틀거리며 물 밖으로 나오면 놀라서 뒷걸음질을 친다. 이 동물은 크고 작은 하천에서 갑각류를 먹으며 잘살고 있다. 비록 극동에 사는 종은 야생에서 심한 서식지 파괴의 압력에 시달리고 있지만 말이다. 중국의 왕도롱뇽은 포획된 상태에서 75년을 살 수 있으므로, 오스트레일리아 폐어처럼 세월아 네월아 하면서 살아가는 셈이다.

파충류 생존자를 찾는 데에는 그런 편법을 쓸 필요가 없다. 2억 년 전 트라이아스기 이래로, 투아타라(*Sphenodon*)는 변하지 않은 것처럼 보인다. 투아타라는 이 책에서 다룬 몇몇 생물들과 함께 뉴질랜드에서 버텨왔다. 그러나 쥐와 여우 같은 최근에 들어온 포식자들과 경쟁하면, 번성하지 못한다. 그래서 뉴질랜드의 섬들에 그들이 생존할 수 있도록 개체수를 늘려왔다. 투아타라를 찾기 위해서 나는 웰링턴 앞바다의 솜즈 섬(마오리족 말로는 마티우[Matiu] 섬)에 들른다. 데이즈 만 바로 앞에 작은 뾰루지처럼 솟은 섬이다. 솜즈 섬은 크기는 작지만 다채로운 역사를 간직하고 있으며, 데이비드 맥길은 『비밀의 섬(*Island of Secrets*)』에서 그것을 상세히 다루었다. 섬은 19세기에 이민 후보자들을 위한 검역소로 쓰였고, 많은 이들이 그곳에서 죽었다. 섬에는 그들의 이름이 적힌 슬픈 기념비가 서 있다. 아이들의 이름도 있다. 뉴질랜드에 도착할 때 이미 앓고 있던 아이들이었을 것이다. 이 삭막한 명단에는 그저 "아서, 17개월 아기"라고만 적혀 있다. 사망 기록으로 판단할 때, 1873-1875년은 끔찍한 시기였던 것이 틀림없다. 격리는 다른 사람들의 생존을 보장했다. 솜즈에서 조금 떨어진 (마오리족 말로) 모코푸나(Mokopuna)라는 작은 섬에는 한 "중국인 나환자"가 격리된 채 살았다. 그는 1904년 사망

할 때까지 매일 밧줄을 통해서 전달되는 바구니의 보급품으로 살았다(결국 그는 그저 결핵에 걸렸을 뿐임이 밝혀졌다). 제1차 세계대전이 터졌을 때, 뉴질랜드에 살던 독일인들은 체포되어 솜즈로 쫓겨났다. 수용소 소장으로 임명된 두걸드 매더슨 소령은 악평이 자자한 인물들을 경비원으로 채용했다. 웰링턴의 한 수사관은 월간지 『존 불스 레지스터(John Bull's Register)』에 "모을 수 있는 최악의 집단이었다"라고 했다. 수용소는 분명 잔인하게 운영되었지만, 1918년 7월 30일에 재소자 4명이 석유 드럼통 3개로 만든 조악한 뗏목을 타고 탈출했을 때, 같은 월간지에는 이렇게 적혔다. "독일인은 교활하고 영리한 동물이며……원하는 목표를 이룰 때까지 결코 멈추지 않을 것이다." 섬은 1919년 독감이 대유행할 때 다시 한 번 검역소로 쓰였다. 제2차 세계대전 때는 독일령 사모아의 나치 광신자, 공산주의 "선동가", 불운한 일본인 등 잡다한 무리가 섬을 차지했다. 헤르만 슈미트는 뉴질랜드 나치당을 폭로하는 데에 기여한 공산주의자였지만, 오클랜드 나치 클럽의 회장인 요나탄 블룸하르트, 그리고 "자기 차 앞에 나치 깃발을 드리우고 운전함으로써 이목을 끈" 회계 담당자와 함께 무차별적으로 수감되었다. 한 진취적인 재소자는 파우아(Paua, 전복류) 껍데기로 장신구를 만드는 수지맞는 사업을 시작했다. 그렇게 만들어진 제품은 오늘날 모든 관광기념품 가게에서 볼 수 있다. 그러니 솜즈가 또다른 탈주자들을 받아들인 것도 타당해 보인다. 비록 과거로부터 온 탈주자들이지만 말이다. 바로 투아타라이다.

페리를 타고 도착하자, 당국이 우리 짐을 샅샅이 뒤져 밀항한 쥐가 있는지 조사한다. 내 짐에는 분명히 없었다. 관리인 롭 스톤이 섬 가장자리를 따라서 나 있는 길로 우리를 안내한다. 길은 관목 사이로 이리저리 굽어 있다. 우리 아래쪽의 해안절벽 위에 관목들이 무성하게 엉켜 자라고 있다. 코프로스마속(Coprosma), 피토스포룸속(Pittosporum), 헤베속(Hebe)의 식물을 알아볼 수 있다. 헤베속은 영국의 정원에 흔히 심는 것이기도 하다. 투아타라는 틀림없이 여기 어딘가에 숨어 있다. 내가 찾아낼 수만 있다면 말이다. 덤불은 토종 새들이 숨을 곳을 많이 제공하며, 솜즈 섬에는 고대 파충류뿐 아니라 붉은머리앵무라는 희귀한 종도 보존하기 위해서 풀어놓았다. 지질학적으로 더 최근에 나온 파충류들도 곳곳에 보인다. 작은 녹색 도마뱀들이 길섶에서 햇볕을 쬐거나 낙엽 사이로 돌아다니면서 닥치는 대로 파리를 잡고 있다. 날카로운 눈의 이 우아한 달리기 선수에게서 냉혈동물의 둔함 따위는 전혀 찾아볼 수 없다. 가장 굶주린 포유동물의 발톱까지도 피할 수 있을 것이 분명하다. 투아타라를 섬에 들여오기 전에 해로운 온혈동물들을 다 없애야 했기 때문에 지금은 섬에 포유동물이 없지만 말이다. 앞서 시도했다가 실패를 한 전력이 있었지만, 1999년에 들여온 파충류 무리는 잘 정착했다. 투아타라속은 두 종인데, 이곳에 도입된 것은 더 희귀한 종이다. 쿡 해협에 있는 사우스 브라더스 섬에서 들여온 투아타라인 "토미"는 원래 몸집이 자랄 만큼 다 자란 듯했다. 그러나 돌아다닐 공간이 더 많은 솜즈 섬에 온 지 몇 년이 지나지 않아서 더 길어지고 더 무거워졌다. 투아타라의 수명은 100세가 넘는 것이 틀림없다. 음악에 비교하면, 도마뱀의 삶은 빠르고 활기차게(allegro con brio)인 반면, 투아타라의 삶은 느리게(lento)이다. 그래도 지금 내 눈을 피할 만큼은 빠른 것이 분명하다.

길은 이리저리 굽으면서 위로 올라간다. 우리의 탐색대상은 코빼기도 보이지 않지만, 롭 스톤은 걱정하지 않는다. 투아타라는 규칙적인 생활을 하는 습성이 있으며, 투아타라가 늘 지나다니는 곳이 곧 나올 것이라고 한다. 정말이다! 투아타라 한 마리가 통나무 위에 앉아 있다. 사람이 가까이 오든 말든 개의치 않는다. 마치 트라이아스기로부터 막 걸어나와서 쉬고 있는 듯하다. 길이가 75센티미터쯤 되어서 어느 모로 보아도 작지 않다. 등을 따라서 들쭉날쭉 볏이 뚜렷이 나 있다. 투아타라라는 이름은 마오리족 말로 그 볏을 뜻한다. 이 졸고 있는 파충류는 대체로 조금 늘어진 피부의 회색 도마뱀과 비슷한 모습이다. 그러나 겉모습이 비슷하다고 실제로도 가까운 것은 아니다. 투아타라는 우리에게 더 친숙한 파충류와 먼 친척일 뿐이다. 우리 눈앞의 투아타라는 꽤 시간이 흘러도 별다른 움직임을 보이지 않는다. 사실 매우 긴 시간 동안 아무 행동도 하지 않는다. 적어도 다리라도 하나 들어올리거나 해서 자신이 살아 있음을 알려주기를 바라는 심정이 된다. 그러나 투아타라는 지질 시대를 통과하는 듯이 꼼짝하지 않고 앉아 있다. 투아타라는 밤에 더 활발하게 움직이며, 꼽등이의 친척인 웨타(*weta*)라는 매우 크고 즙이 많은 날지 못하는 곤충을 찾아다닌다. 나는 그들이 먹고 남긴 증거인 흉측한 가시가 나 있는 버려진 웨타 다리를 하나 찾아낸다. 투아타라 수컷은 영토를 지키면서 입을 쩍 벌리고 등의 가시를 바짝 세워서 경쟁자를 위협하여 쫓아낸다. 2억 년 전 은행나무 아래에서도 같은 일이 일어났을 것이라고 상상해도 무리는 아닐 것이다. 경쟁심은 온혈동물 구애자만의 특징이 아니며, 판게아만큼이나 오래된 것이다. 투아타라의 이빨은 원시적이다. 그저 턱뼈가 웃자란 것에 불과하다. 게다가 빠지고 다시 나는 것이 아니기 때문에, 살면서 서서히 닳아서 뭉툭해진다. 늙은 투아타라는 90대 노인처럼 좀더 부드러운 것을 먹으며 살아가야 한다. 주로 지렁이나 민달팽이로 때워야 한다. 투아타라의 "이빨"은 아래턱에 한 줄, 위턱에 두 줄로 난다. 아래윗니는 빈틈없이 맞물린다. 뼈대의 다른 많은 특징들은 이 기이한 파충류가 진화의 나무에서 도마뱀과 뱀보다 더 아래쪽에 끼워지며, 결국은 그들과 공통 조상을 가진다는 사실을 시사한다. 머리뼈 양 옆에 나 있는 한 쌍의 커다란 구멍은 투아타라가 도마뱀과 뱀뿐 아니라, 더 폭넓게 어룡 같은 멸종한 "해양 도마뱀", 공룡, 악어, 익룡과 유연관계가 있음을 시사한다. 이 구멍을 창(窓)이라고 한다. 말 그대로 "창문(window)"을 뜻하는 라틴어 "fenestra"에서 나온 용어이다.

실제로 뼈에 난 창문처럼 보인다.* 알에서 갓 나온 새끼는 이마 한가운데에 송과안(pineal eye)이라는 "제3의 눈"을 가지고 있는데, 아마도 또 하나의 원시적인 특징인 듯하다. 투아타라는 원시 파충류의 한 모델로 잘못 여겨지기도 했다. 타임머신을 타고 현재로 온 듯한 생물이라고 말이다. 그러나 2억 년 전에는 몇몇 과에 속한 다른 다양한 친척들도 살았으며, 그중에는 뱀을 더 닮은 것도 있었다. 고대의 호수에 산 종류도 있었을 것이다. 이들은 옛도마뱀목(Sphenodontia)을 이루며, 그중에 투아타라만이 살아남았다. 이 유일한 생존자가 뉴질랜드를 비롯하여 고대 초대륙 곤드와나의 다른 잔재들에 살고 있다는 것은 아마 우연이 아닐 것이다. 아마 그런 섬들에 격리됨으로써 투아타라는 경쟁을 피할 수 있었을지 모른다. 뉴질랜드는 솜즈 섬의 확대판이었을 것이다. 덕분에 투아타라는 특유의 뒤뚱거리는 걸음으로 더 젊은 세계로 느릿느릿 들어올 수 있었다.

그렇게 수월하게 해결된다면 오죽 좋을까? 앞서 살펴보았듯이 변화하지 않고 남아 있는 것은 결코 없으며, 투아타라도 더 미묘한 방식으로 변화를 거쳐왔다. 8,000년 전의 것이라고 알려진 투아타라의 뼈에서 얻은 DNA를 분석한 연구 결과가 2008년에 발표되었다. 수천 년에 걸친 변화속도를 분자 수준에서 추정할 수 있게 된 것이다. 연구 결과, 투아타라 유전체의 변화속도는 다른 여러 생물들의 고유한 변화속도보다 더 빠르다는 것이 드러났다. 이 동물이 바깥 세계에 보여주는 모습에 변화가 없다고 해서 가장 근본적인 수준에서도 변화가 일어나지 않았다는 의미는 결코 아니었다. 둔감한 겉모습 안쪽에서는 생명의 나무에서 더

---

* 이 구조를 기준으로 삼아서 이러한 파충류들을 "이궁류(二弓類, diapsid : 아치 모양이 두 개, 즉 구멍이 두 개)"로 분류하며, 머리뼈에 구멍이 없는 종류는 "무궁류(無弓類, anapsid)"라고 한다. 거북, 바다거북, 오래 전에 멸종한 메조사우루스(mesosaurs) 같은 해양동물들은 전통적으로 무궁류로 분류해왔다. 그러나 최근의 분자연구 자료는 바다거북이 이궁류 조상으로부터 이차적으로 파생되었음을 시사한다. 이것이 맞다면, 바다거북의 무궁류 머리뼈는 평행진화의 사례가 된다.

위쪽에 자리한 동물들만큼, 아니 그보다 더 빠르게 유전자 서열이 변하고 있었다. 투아타라가 파충류들 중에서 대사율이 가장 낮고, 최적 체온이 섭씨 16-21도로 가장 "냉혈동물"임에도 그렇다. 이것이 바로 그들이 밤에 사냥을 다닐 수 있는 이유이다. 이들이 어류가 되지 않기 위해서 몸을 덥히고 있다고 말할 수도 있을 법하다. 더 길게 투아타라의 미래를 생각하면, 인간의 간섭 덕분에 지금 모든 섬들로부터 동떨어진 섬으로 옮겨진 것이 더 안전할지 모른다. 그들이 그냥 전멸하도록 방치하는 것은 단순히 부당한 차원을 넘어선다. 그것은 인내의 가치를 모욕하는 일이 될 것이다. 뉴질랜드 빅토리아 대학교의 생물학자들은 이 역전의 용사를 위협할 요인이 또 하나 있음을 보여주었다. 바로 성비가 온도에 따라서 달라진다는 점이었다. 발생단계에 있는 알의 온도가 21도를 넘으면 수컷만 나온다는 것이 밝혀졌다. 수백만 년에 걸쳐서 뉴질랜드는 온갖 기후변화를 겪었을 것이고, 그 시기에 투아타라는 다른 위도로 옮겨가거나 산맥을 오르내리거나 하면서 적절한 기온대를 택하여 후손을 이어갈 수 있었다. 지구 온난화가 현실이 되면, 솜즈 섬처럼 작은 바윗덩이에 불과한 섬에서는 그런 조치를 취할 수 없을지 모른다. 100세를 넘은 마지막 남은 투아타라 수컷들이 암컷 한 마리 없는 불모지에서 무의미한 영토경쟁을 벌이면서 겨루고 있는 광경을 상상할 수 있겠는가?

고생물학자들이 파충류라고 보는 최초의 화석은 약 3억1,800만 년 전 석탄기에 출현했다. 투아타라의 먼 재종사촌들이 투구게의 초기 친척들이 썩어가는 식생 밑에서 쪼르르 돌아다니고 개펄을 가로지르면서 남긴 발자국 화석이다. 석탄 숲이 자라는 습하고 더운 습지에서 굽이치며 나온 물이 흘러드는 곳이다. 멀리 위쪽에는 거대한 잠자리들이 후페르지아의 나무만 한 친척들을 스쳐지나가거나, 쇠뜨기나 종자고사리에 앉아 쉬고 있다. 캐나다 노바스코샤의 펀디 만에 있는 해안절벽에는 발자국과 화석이 모두 보존되어 있다. 지금보다 대기의 산소농도가 높았기 때문에, 고대의 숲에 불길이 일면 맹렬하게 타올랐다. 그럴 때 속이 빈 나무 그루터기는 달아나던 척추동물들에게 잠시나마 열기를 피할 피신 처를 제공했다가, 곧 그들의 무덤이자 기록보관소가 되었다. 그런 초기 파충류에서 현생 친척까지 나아가는 것은 시공간을 가로지르는 기나긴 여정이다. 힐로노무스(*Hylonomus*) 같은 동물의 화석이 대체로 도마뱀 (혹은 투아타라)처럼 보인다면, 그것은 그저 도마뱀처럼 생긴 형태가 아 마도 (오늘날 솜즈 섬의 작은 도마뱀처럼) 곤충을 비롯한 무척추동물들 을 사냥하는 파충류에게 보편적인 대안이었기 때문일 것이다. 최초의 파충류는 더 진화한 현생 파충류의 뼈대에 있는 특징들을 많이 가지고 있지 않다. 알을 낳는 이 동물들*은 육지에서 번성하면서 방산진화를 통해서 다양한 생태지위를 차지했고, 이윽고 하늘로도 올라갔다. 일부 는 "지배 파충류"가 된 반면, 바다로 돌아간 종류도 있었다. 많은 파충류 는 6,500만 년 전 백악기 말의 대량멸종 때 살아남지 못했다. 그러나 소수의 집단은 내려오는 그 무시무시한 쇠창살 사이를 빠져나와서 제3 기로 들어섰으며, 오늘날까지 살아남았다. 최근 들어 조금 당혹스럽게 도 동물과 헤엄치려는 열풍이 불고 있다. 휴가 때 돌아오는 내 친구들은 함박웃음을 지으며, "돌고래와 헤엄쳤다"거나 "상어와 헤엄쳤다"고 말 하면서 흡족해한다. 더 멀리 여행한 이들은 백상아리나 푸른발부비새와 헤엄친다. 거의 벌거벗고 헤엄을 칠 수도 있다. 그것은 타락하기 이전,

---

* 좀더 엄격한 동료들은 이 시점에서 내가 현대 동물학에서는 파충류를 자연집단으로 보지 않는다는 말을 하기를 기대할 것이다. 파충류의 한 집단은 포유류를 낳았고, 또 한 집단은 조류를 낳았다. 다음 장에서 다루겠지만, 포유류와 조류는 각각 공통 조상에 서 유래한 자연집단이다. 이 말은 생명의 나무에서 파충류라는 가지의 집합은 줄기와 이어지는 가지들 중 일부가 "잘려나갔다"는 의미이다. 그래서 그들은 완전한 모습이 아니다. 그들은 양막이 있는 알을 낳고 털도 깃털도 없으며 온혈이 아니라는 일반적인 특징을 가진다는 점에서 한 집단에 속한다(그러나 뒤에서 말하겠지만, 이 특징은 더 이상 사실이 아닐 수도 있다). 따라서 까다롭게 굴자면, 우리는 파충류를 말할 때 반드 시 "파충류들"이라고 불러야 할 법하다. 그러나 얼마 전 스티븐 J. 굴드가 지적했듯이, 거의 모든 사람들이 그 용어가 어떤 의미인지 나름의 타당한 개념을 가지고 있으므로, 줏대를 잃지 말도록 하자!

동물들과 직접 교감하던 상상 속의 에덴으로 돌아감을 의미할 수도 있다. 모든 척추동물이 평등하게 살아가는 낙원에서 더럽혀지지 않은 채 벌거벗고 돌아다닐 수 있던 시대로 말이다. 나도 하와이에서 바다거북과 함께 헤엄을 칠 때 이런 원초적인 전율을 어느 정도 느꼈다. 그러나 솔직히 말하면, 나는 아침식사로 해조류를 뜯어 먹고 있던 바다거북이 근처에서 맴도는 이 유달리 진화한 포유동물(잠수실력은 엉망인)에게 과연 조금이라도 관심을 가졌을지 의심스럽다. 나는 바다거북이 검은 화산암 모래로 된 해변으로 힘겹게 몸을 끌고 올라와서 고생스럽게 구멍을 파고 햇살 아래에 부화할 가죽질 알을 낳는 모습도 지켜보았다. 이 바다거북의 먼 조상도 아마 1억 년 전에 비슷한 의식을 치렀을 것이다. 알에서 나온 작은 새끼는 이미 축소판 바다거북이다. 이들에게 나약한 육아단계는 없다. 이들은 포식자인 새들을 피해서 바다로 달아나야 한다. 먼 옛날 손쉬운 먹잇감을 찾는 작은(그리고 아마 깃털이 났을) 공룡들을 피해서 달아났듯이 말이다. 일단 바다에 들어가면, 이들은 지느러미발로 유아하게 헤엄치면서 험악한 기회주의자로 가득한 세상에서 비교적 여유로운 부류에 편입된다.

이 현생 파충류들은 백악기 말, 멸종을 피해 달아난 존재들이기도 하다. 오스트리아의 빈 자연사 박물관에는 멸종한 바다거북인 아르켈론 (*Archelon*)의 거대한 화석이 전시되어 있다. 공룡의 시대에 전성기를 누렸을 동물이다. 전시실은 오스트리아-헝가리 제국의 말년에 세워진 건물인데, 거대한 여상(女像)기둥들이 떠받치고 있는 화려한 천장에다가 벽화로 가득한 방에 화석을 가져다놓았다는 것은 그 화석에 어떤 특별한 점이 있어서였을 것이다. 아르켈론은 지금까지 존재했던 바다거북들 중 가장 컸으며, 길이가 4미터까지 자랐다. 그러니 관람객들의 걸음을 멈추게 할 만하다. 뼈대는 언뜻 보면 뒤집힌 배의 늑재(肋材) 같은 일종의 고고학 유물처럼 보인다. 그러다가 관람객은 활짝 펼쳐진 지느러미

발과 거대한 머리뼈를 보고서 생물의 잔해임이 분명하다는 것을 알아
차린다. 투아타라와 그 친척들과 달리, 아르켈론의 머리뼈에는 "창"의
흔적이 전혀 없다. 뼈대의 갈비뼈는 융합되어 갑옷, 즉 등딱지와 배딱
지를 만든다. 아르켈론은 현생 장수거북과 유연관계가 있다. 장수거북
의 껍데기는 완전히 단단하지는 않지만 뼈가 받치고 있어서, 이 질긴
유기물 갑옷은 중세 보병이 쓰던 가죽방패와 비슷한 기능을 할 수 있다.
다른 바다거북들은 친척인 육지거북처럼, 성체가 되면 갑옷의 거의 전
체가 골질이 되어서 거의 난공불락이 된다. 적어도 인류가 미식가 기질
을 발휘하여 창의성을 그쪽으로 펼치기 전까지는 그랬다. 인류는 남아
메리카 본토에서 커다란 육지거북을 전멸시켰다. 아예 천연 냄비에 담
겨 나오는 요리의 가치를 이해한 탓에 말이다. 대형 육지거북과 많은
바다거북은 한 세기가 넘게 살기 때문에, 천연 식품저장고를 금방금방
다시 채울 만큼 빠르게 세대교체가 일어나지 않는다. 그런 종은 사라질
운명이었다.

갑옷의 진화는 독특한 문제를 제기하는 것처럼 보일 수 있다. 반쯤
되다 만 바다거북이 있을까? 2008년 중국 구이저우성(貴州省)의 트라
이아스기 지층에서 발견된 오돈토켈리스 세미테스타케아(*Odontochelys
semitestacea*)는 이 의문을 푸는 데에 큰 진전을 이루게 했다. 이 놀라운
화석은 배딱지가 먼저 진화했음을 보여준다. 즉, 등딱지보다 배 쪽의 갑
옷이 먼저 출현했다. 아마도 먼 바다를 돌아다니는 사지류는 아래쪽에
서 오는 상어의 공격에 더 취약했던 듯하다. 진화적 변화의 추진력은
사냥꾼과 사냥감 사이의 군비경쟁일 가능성이 높으며, 자연에서는 먹잇
감 후보를 입질하지 않고 지나치는 법이 없다. 자연에 공짜 점심 같은
것은 결코 없으며, 만약 당신이 거대한 육지거북이 우글거리는 원양 섬
에 처음 도착한 인간이라면 이야기가 달라지겠지만, 설사 그럴지라도
식사거리는 금방 동나기 마련이다. 위에 말한 화석의 종명인 "세미테스

타케아"는 "껍데기로 반쯤 덮였다"는 뜻이며, 속명의 "오돈토"는 이빨이 있음을 가리킨다. 현생 바다거북은 모두 이빨을 잃었고, 대신 각질의 부리가 있다. 바다거북과 육지거북이 더 전형적인 형태의 파충류 조상에게서 진화했다면, 우리는 그들의 초기 형태에 이빨이 있었다고 예상할 것이며, 이 화석은 실제로 그렇다는 것을 보여준다. 일부 과학계에서는 무엇의 조상을 발견했다고 주장하면 식상해한다. 지나고 나면, 그저 중간 형태의 화석들을 놓고 오만한 주장을 펼쳤음이 드러날 때가 너무나 많았기 때문이다. 그러나 오돈토켈리스는 정말로 딱 맞는 시대에 딱 맞는 중간 형질들을 고루 가진 듯한 화석이다. 창조론자들은 자신들이 내세우는, 이른바 설명 불가능한 것의 목록에서 바다거북의 기원 문제를 삭제해야 할 것이다.

"악어와 함께 헤엄치기"는 그다지 혹할 만한 제안이 아니다. 오스트레일리아에서는 더욱 그렇다. 나의 동료들은 노턴 테리토리에서 지질조사를 하다가 굶주린 바다악어가 달려드는 바람에 나 살려라 하고 도망친 일화를 들려준다. 현생 파충류들 중 가장 큰 포식자라는 명성에 걸맞게, 악어에게는 온갖 유혈이 낭자한 이야기가 따라붙는다. 그러나 최근의 한 연구는 악어가 냉혈동물 친척들 중에서 유달리 육아에 관심을 쏟는 것이 더 섬세한 감정을 가지고 있다는 증거라고 지적한다. 어미 악어는 부화한 새끼들이 물로 오도록 돕고, 일종의 "보육실"에서 보호한다. 악어류 — 앨리게이터, 크로커다일, 가비알 — 는 모두 "파충류 시대"의 생존자들이다. 현생 종들은 백악기의 어느 시기에 살았던, 따라서 아르켈론과 거의 같은 시대를 살았던 공통 조상의 후손이다. 그러나 악어류와 유연관계가 있는 몇몇 조상 집단들은 트라이아스기까지 거슬러올라가므로, 악어류는 투아타라 및 바다거북과 더불어 당시 크게 늘어났던 파충류 다양성의 일부였을 것이다. 살아남은 파충류들은 번성하려면 세계의 온난한 지역의 열기를 필요로 하지만, 악어는 파충류의 특성을 장점으로 바꾸었다. 그들은 좀처럼 먹지 않지만, 잡는 것은 무엇이든 다 삼킬 수 있으므로, 잠자코 때를 기다릴 수 있다. 그들은 수명이 길며, 생애의 많은 시간을 일종의 무활동 경계태세로 보낸다. 기다리면서 말이다. 악어의 턱은 힘이 엄청나다. 눈과 콧구멍이 위쪽에 붙어 있기 때문에, 그들은 강이나 후미에서 안전하게 납작 엎드린 채, 세상을 내다볼 수 있다. 이빨을 드러낸 채로 웃음을 머금은 듯한 기이한 표정은 사실 먹이를 물면 결코 놓치지 않도록 설계된 것이다. 크로커다일은 다른 무엇보다도, 입을 다물고 있을 때에도 아랫니가 보인다는 점에서 앨리게이터와 구별된다. 루이스 캐럴은 나일 크로커다일(Nile crocodile)을 묘사할 때 이 차이를 이용했다.

아주 즐거운 듯 빙긋 웃으면서
아주 교묘하게 발톱을 뻗지요,
그리고 부드럽게 미소짓는 턱으로
작은 물고기들을 맞이한답니다!

크로커다일과 앨리게이터는 공룡과 함께 살았다. 그 공격적이면서도 가장 혁신적인 거대 파충류들이 경쟁하던 다른 많은 파충류를 내몰고 육지를 지배하던 시절에도 말이다. 현생 악어류 중 가장 원시적인 것은 가비알이다. 인도 가비알(*Gavialis gangeticus*)은 크로커다일보다 주둥이가 훨씬 더 홀쭉하며 물고기를 먹고 사는데, 현재 멸종위기에 처해 있다. 최근의 분자연구는 이 동물이 또다른 매우 희귀한 파충류인 말레이 가비알(*Tomistoma*)과 유연관계가 있음을 시사한다. 말레이 가비알은 보르네오와 수마트라의 오지에 산다. 말레이 가비알은 비교적 최근까지도 말레이 반도와 인도차이나에 더 널리 분포했으며, 중국 남부의 화석 친척들과도 가깝다. 더 진화한 친척들과 달리, 말레이 가비알은 육아에 관심이 없다. 새끼들은 바다거북 새끼들처럼 그저 운에 맡겨진다. 공룡이 마른 땅을 활보하고 다닐 때에도 진흙 덮인 강기슭과 습지는 아마 언제나 악어들의 관할구역이었을 것이다. 그들은 지금은 아프리카에서 야생 짐승을 잡고 오스트레일리아에서는 캥거루를 잡아먹는다. 한때 작은 공룡을 잡아챘듯이 말이다. 그들의 커다란 턱은 자기 일을 아주 잘해왔다.

덤불 속은 아마 이전부터 뱀의 관할구역이었을 것이다. 뱀도 백악기에 화석이 있는 파충류 집단으로서, 경쟁하던 많은 동물들이 제거된 백악기 말의 힘든 시기를 기어서 헤쳐나왔다. 백악기의 해성층에서 발견된 잘 보존된 초기 뱀 화석(*Pachyophis*)은 그들 중 일부가 곧 바다로 돌아갔음을 입증한다. 이 동물의 굵은 갈비뼈는 육상 조상으로부터 비교적 빠르게 파생된 것임을 입증하기 때문이다. 뱀은 공룡들이 사라진 제3기 초에 포유동물과 더불어 크게 다양해졌다. 털이 난 많은 동물들(영장류를 포함하여)이 유전적으로 뱀을 두려워한다는 증거가 있다. 어쨌거나 이 독특한 파충류는 당신의 뜨거운 몸을 휘감아 질식시키거나 당신을 중독시킨 뒤, 턱을 벌려서 통째로 삼킬 수 있다. 이브가 자신의 유전적 명령을 따랐다면, 에덴 동산에서 쉿쉿 소리를 내는 그 유혹자로부터 1킬로미터 이상 달아났을 것이다. 그러나 공정하게 말하면, 뱀아목(Serpentes)의 동물들이 모두 독을 가진 것은 아니다. 현생 뱀들의 진화적 관계는 아직 논란이 분분하지만, 많은 전문가들은 장님뱀하목(Scolecophida)이라는 지렁이처럼 생긴 눈먼 뱀 집단이 가장 원시적인 현생 뱀이라고 본다. 그들은 통나무와 낙엽 더미 밑에서 작은 동물을 먹고 사는 무해한 존재이다. 눈먼 뱀은 남아메리카와 오스트레일리아를 비롯하여 거의 전 세계 열대와 아열대에 분포한다. 이제는 익숙한 이야기일 텐데, 그것은 그들이 고대 "초대륙" 판게아 때에 이미 존재했을 수 있음을 시사한다. 도마뱀과 뱀이 투아타라를 더 아래쪽에 포함하고 있는 주요 가지로부터 갈라져나왔으므로, 대륙들이 아직 하나로 붙어 있었을 때 이 동물들이 기원했다는 것이 논리적으로 보인다.

나는 이 책을 쓰기 위해서 굳이 뱀을 찾으러 특별한 여행을 할 필요가 없었다. 다년간 사막 기후에서 조사를 했기 때문에, 나는 런던의 트래블러스 클럽에서 술잔을 기울이며 동료들을 지루하게 만들 만큼 뱀을 만난 이야기들을 줄줄 읊을 수 있다. 한번은 오만의 후크프 사막 한가운데에서 석판을 들어올렸는데, 회색 독사가 똬리를 틀고 앉아 있었다. 다행히도 뱀은 내 다리를 무는 대신에 모래 위로 빠르게 멀어졌다. 오스트레일리아의 내륙 한가운데에서는 화석을 살피면서 층층이 난 바위턱을 한 단씩 오르고 있었는데, 몸을 끌어올리는 순간 자신의 은밀한 장소에서 똬리를 틀고 있는 커다란 오스트레일리아 왕갈색뱀(king brown snake)과 눈이 마주쳤다. 나는 숨죽인 겁쟁이가 되어 소리 없이 다시 내려갔다. 네바다에서는 체리 크릭 산맥을 오르고 있었는데, 동료가 이제는 "방울뱀"이 살지 않는 높이까지 올라왔으니 안심해도 된다고 말해주었다. 거의 그 말이 끝나자마자, 바짝 마른 마라카스나 콩을 흔들어대는 듯한 기이한 소리가 들렸다. 서부방울뱀(western rattlesnake)이 활동에 나서기 위해서 통나무 위에서 햇볕을 쬐며 꼬리 끝을 흔들어대고 있었다. 그 순간 우리는 아무 생각도 할 수 없었다. 아주 기이하게도, 그런 순간에 나는 다리를 버리고 물결치는 근육으로 대체한 진화과정의 창의성에 놀라워한 적이 없었다. 또한 백악기 말에 뱀이 악어목과 함께 대량멸종을 피한 이유를 생각하지도 않았다. 그 생존자가 손에 닿을 만큼 가까이 있다는 사실과 어서 빠져나가야 한다는 생각뿐이었다.

8

피 속의 열기

설탕껌나무(*Eucalyptus cladocalyx*)는 수많은 연녹색 파라솔들이 층층이 펼쳐진 듯이 잎들이 군데군데 무리지어 난 형태의 수관(樹冠)을 가진 최고로 아름다운 나무이다. 로키 강을 따라서 뻗어 있는 경관은 상쾌하고 햇빛이 가득하다. 유칼립투스의 잎은 태양에 도전하지 않고 매달린 채 흔들거리기 때문이다. 그래서 이 나무의 그늘은 늘 얼룩덜룩하다. 유칼립투스 숲은 성기며, 숲 바닥에는 허리 높이로 관목이 자란다. 가시투성이 크리스마스 덤불나무(*Bursaria spinosa*)는 설탕껌나무의 빈약한 그늘을 이용한다. 3월이 되면 층층이 난 꽃차례 사이의 가는 가지들을 따라서 작은 달걀 모양의 연두색 잎들이 피지만, 건기에는 죽은 막대기 더미처럼 보인다. 근처에는 음침해 보이는 축 늘어진 나무들이 잎이 전혀 없는 가느다란 가지를 달고 있다. 이곳 토종인 오스트레일리아 벚나무(*Exocarpos cupressiformis*)로, 유칼립투스의 뿌리에 기생한다. 네타속(227쪽 참조)처럼, 이 식물도 잎을 버리고 녹색 잔가지에서 직접 광합성을 한다. 자연사학자라면 이 캥거루 섬에 얼마나 다양한 유칼립투스가 자라는지를 파악해보려고 애쓸 것이 분명하지만, 대개 실패한다. 유칼립투스는 오스트레일리아의 원주민들만큼이나 다양하게 진화한 식물이다. 설탕껌나무는 가장 쉽게 알아볼 수 있는 한 종류에 불과하다. 강둑을 따라서 연한 회색과 흰색이 섞인 줄기와 유달리 좁은 잎을 가진 분홍껌나무(*Eucalyptus fasciculosa*)도 자라고 있다. 유칼립투스를 구분하려고 하다 보면, 어느 관찰자든 간에 줄기껍질의 질감과 색깔에 민감해진다. 유칼립투스의 줄기는 종에 따라서 매끄럽거나 골이 지거나 얼룩덜룩하거나 벗겨지거나 누더기 같으며, 하얗게 윤이 나는 것부터 칙칙한 회색을 띤 것까지 다양하다. 이런 특징들이 미묘하게 조합되어 나타나는 사례도 매우 많다. 캥거루 섬의 강에서 조금 떨어진 덤불숲은 2007년 대화재 때 불탔다. 까맣게 탄 바짝 마른 장대들은 모두 예전 덤불숲의 잔해이다. 그러나 또 한 부류의 유칼립투스인 관목성 맬리나무는 덩이뿌리로부터 쉽사리 재생함으로써 이런 상황에 알맞도록 적응해 있다. 불이 난 지 3년이 지난 지금, 탁 트인 덤불숲은 맬리나무 밑동 주위에서 새로 자란 녹색의 잎 더미와 그 사이사이에서 자란 국화류 덤불로 이루어져 있으며, 병 닦는 솔처럼 보이는 노란 꽃이 빽빽하게 달린 반크시아(*Banksia*) 관목도 이따금 보인다. 잔디나무(grass tree, *Xanthorrhoea*)의 빽빽하게 모여서 나는 가시 같은 잎들도 불길에 살아남았다. 지금은 커다란 검은 부지깽이처럼 각 개체의 한가운데에서 때로 사람 키보다 더 높이 검은 꽃차례가 솟아 있다. 이들은 예전에 "흑인 소년"이라고 불렸는데, 그럴 만한 이유가 있어서 지금은 "야카(yacca)"라고 한다. 이 성긴 덤불숲은 그다지 아름답지는 않지만, 재생의 장엄함을, 불과 운명에 맞선 불굴의 인내력을 드러낸다. 이곳은 특별한 서식지로, 놀라운 생존자를 발견할 수 있는 곳이다.

나는 애들레이드 남쪽의 플레리 반도 너머, 즉 사우스 오스트레일리아 해안에서 얼마 떨어지지 않은 곳에 자리한 캥거루 섬에 와 있다. 지중해의 작은 섬만 하며, 포식자가 들어와서 영향을 끼치지 못하게 격리시켜서 생물들을 보호하고 있다. 이름에 걸맞게 뛰어다니는 왈라비와 캥거루를 흔히 볼 수 있다. 불행히도 도로 옆에 쓰러져 죽어가는 왈라비와 캥거루가 더 많이 눈에 띈다. 그들은 밤에 도로를 분간하지 못하기 때문이다. 섬 안쪽에서는 농사를 짓고 있는데, 작은 포도원들에서 쉬라즈(Shiraz) 품종의 좋은 적포도주가 생산되며, 양을 키우는 곳도 있다. 서쪽 끝에는 플린더스 체이스 국립공원이 있으며, 그곳에서 장엄한 유칼립투스 나무들 사이로 로키 강이 흐른다. 이곳의 몇몇 지역은 대화재를 모면했다. 위대한 탐험가 매슈 플린더스의 이름은 사우스 오스트레일리아의 공원과 산맥을 비롯하여 여러 곳에 붙어 있다. 캥거루 섬에서는 그를 찬미하는 매력적인 직원들이 있는, 그러나 책은 거의 없는 신설 탐방객 안내소에 그의 이름이 붙어 있다. 우리는 안내소에서 덤불숲으로 이어지는 길을 따라간다. 곧 맬리나무 덤불숲이 재생되는 곳이 나온다. 드문드문 살아남은 커다란 나무들 사이사이에 관목들이 무성하게 새순을 내밀고 있다. 종소리와 휘파람소리가 줄곧 우리를 따라다닌다. 부드럽게 굽은 부리를 가진 꿀빨이새들(honeyeaters)이 가지 사이를 날아다니면서 지저귄다. 어딘가에는 그들의 마른 목을 축여줄 꽃이 피는 유칼립투스 종이 늘 있다. 날은 무덥다. 걷고 있자니, 마치 꿈결에 걷는 듯한 기분이 든다. 그리스의 어느 섬에서 산길을 헤맬 때 느꼈던 바로 그 기분이다. 무슨 일이든 일어날 수 있을 듯한 느낌. 실제로 무슨 일이 일어난다. 가시두더지(바늘두더지)가 보란 듯이 우리 앞을 가로질러서 달려간다. 이번에는 아주 쉽게 일이 풀리나 보다. 우리가 야생에서 찾고자 한 특별한 대상이 바로 이 동물이니 말이다. 산책을 나온 나이 든, 그러나 활기찬 신사와 마주치듯이 그렇게 우연히 우리는 가시두더지와 마주쳤다. 첫 인상은, 끝이 좀더 연한 색을 띤 연갈색의 가시들이 박힌 길쭉한 살아 있는 공 같다. 몸집은 의외로 크다. 언뜻 보기에는 비슷한 유럽의 고슴도치보다 훨씬 더 크다. 가시투성이 공에서 기이하게 작은 검은 코가 삐죽 튀어나와 있다. 누군가가 앞에 담배를 꽂아놓은 듯하다. 딱히 인간 침입자에게 겁을 먹은 것이라고는 할 수 없지만, 가시두더지는 우리를 알아차리자 잎이 날카로운 풀 더미 쪽으로 날쌔게 달려가서 그 속에 깊이 머리를 파묻는다. 마치 감상하라는 듯이, 가시가 박힌 꽁무니가 우리를 향해 있다. 가시들은 최대한 바짝 세워져 있는 듯하며, 불량스러운 펑크족의 머리처럼 보인다. 이 동물을 건드리려고 나서는 사람은 없다. 가시두더지는 우리를 멈추게 했다는 데에 지극히 만족한 듯하다. 잠시 동안, 가시두더지에게는 아무 일도 일어나지 않는다. 우리는 다시 길을 간다. 주위가 다시 조용해지면, 가시두더지는 지렁이, 개미, 흰개미, 딱정벌레 같은 무척추동물 먹이를 찾아나설 것이 틀림없다. 냄새를 맡을 예민한 코가 있다면 덤불에서 많은 먹이를 찾을 수 있다. 가시두더지는 흔히 "가시개미핥기"라고도 하는데, 그 이름은 이 동물의 식성을 제대로 표현하지 못한다. 가시두더지는 캥거루 섬의 서부에 아주 흔하다는 것이 드러난다. 길을 가면서 대여섯 차례 가시두더지를 목격한다. 내 길을 가겠다는 듯이 어슬렁거리며 길섶을 따라가는 녀석도 있다. 그러나 완벽한 사진을 찍겠다고 사진기를 들이대면 한결같이 반쯤 몸을 숨기는 자세를 취한다. 조금 허탈하다. 고슴도치는 말을 더 잘 듣는데 말이다.

가시두더지는 포유동물이지만, 특별한 포유동물이다. 우리처럼 새끼에게 젖을 먹이는 것은 맞다. 짧은 만남을 토대로 얼마나 지능이 뛰어난지 판단하기는 어렵지만, 온혈동물이고 자기보호 본능이 있다는 것은 분명하다. 또 가시두더지는 알을 낳는 극소수의 포유동물에 속한다. 새끼는 발생 초기단계에서 태어나며, 생물임을 겨우 알아볼 수 있는 매우 작고 꿈틀거리는 존재에 불과하다. 유대류도 미완성 상태의 작은 새끼를 낳기는 하지만, 가시두더지는 캥거루, 웜뱃, 주머니쥐처럼 새끼를 키우는 데에 쓰이는 잘 발달한 주머니가 없다. 또 젖을 분비할 때 외에는 젖샘도 아예 없다. 반면에 고슴도치는 자궁과 젖샘을 가진 전형적인 태반류이며, 새끼는 매우 작은 고슴도치 같은 모습을 하고 있다. 고슴도치와 가시두더지의 비슷한 모습은 대체로 비슷한 생활방식 — 무척추동물을 계속 찾아다니는 생활방식 — 에 알맞게 평행진화를 한 좋은 사례이다. 그러나 자세히 보면, 가시두더지와 고슴도치의 "주둥이"는 구조가 전혀 딴판이다. 가시두더지는 오리너구리(*Ornithorhynchus*)와 더불어 단공류(單孔類)라는 알을 낳는 포유류에 속한다. 가시두더지는 뉴기니와 오스트레일리아에 4종이 사는데, 그중 긴코가시두더지(*Zaglossus*) 3종은 뉴기니에 살고, 짧은코가시두더지(*Tachyglossus*) 1종은 캥거루 섬과 오스트레일리아와 뉴질랜드에 널리 퍼져 있다. 가장 늦게 발견된 종은 뉴기니의 고지대에 사는데, 1961년에 발견되어 자글로수스 아텐보로우기(*Zaglossus attenboroughi*)라는 이름이 붙었다. 유명한 자연사학자인 데이비드 애튼버러(Attenborough)의 이름을 딴 것이다. 그러니 단공류는 전 세계에서 오직 5종뿐이다. 참으로 특별한 포유류가 아닐 수 없다.

　나는 "가시개미핥기"에 관해서 더 많이 알고자, 페기 리스밀러를 찾아갔다. 페기는 오랜 세월 짧은코가시두더지를 연구해왔다. 캥거루 섬의 펠리컨 석호(Pelican Lagoon)가 주된 연구 대상지이다. 그곳에 가시두더지를 위한 보호구역을 조성했다. 나는 연구자들이 자신이 잘 아는 동물에게 일종의 소유욕에 가까운 애정을 드러내는 것을 본다. 동물을 더 자세히 살펴볼수록 흥미로운 새로운 점들이 계속 드러나기 때문일 수 있다. 소크라테스의 유명한 구절을 조금 왜곡하여 말하면, "조사되지 않는 생명은 살 가치가 없다(the unexamined life is not worth living)." (원래는 "반성하지 않는 삶은 살 가치가 없다"이다/역주) 모든 생명은 조사할 가치가 있으며, 더 깊이 조사할수록 더욱 가치가 드러난다고 정당하게 말할 수 있다. 가시두더지는 거의 모든 점이 놀라움의 대상이다. 페기는 은근슬쩍 대화상대를 놀라게 하는 것을 좋아한다. 그녀는 자료철에서 구멍이 4개 난 가시두더지의 음경 사진을 쓱 꺼내 보여준다. 그녀는 의기양양한 태도로 묻는다. "이것이 뭐라고 생각하세요?" 분홍색을 띤 물컹물컹한 작은 거시기처럼 보인다. 가시두더지는 총배설강(總排泄腔)으로 오줌을 누며, 음경은 총배설강의 한쪽에 붙어 있다. 가시두더지의 해부구조는 거의 모든 면에서 마찬가지로 기이하며, 원시적이라고 해석될 수 있는 특징도 많다. 예를 들면, 어깨의 뼈들은 유달리 파충류의 특징을 간직하고 있다. 또 가시두더지의 턱은 관절로 연결되어 있지 않으며, 아래턱은 받침대 두 개로 된 독특한 구조이다. 입천장에는 거친 연골이 격자처럼 배열되어 있어서 혀로 먹이를 입천장에 대고 짓눌러 토막을 낸다. 가시 자체는 털이 변형된 것이며, 계속 빠지고 새로 난다. 가시두더지는 시력이 나쁘지만 청력이 뛰어나다. 비록 포유동물의 귀라고 할 만한 것은 아니지만 말이다. 가시두더지는 커다란 귓구멍이 있을 뿐이며, 구멍 주위의 가시를 움직여 소리를 모아서 증폭시킨다. 바스락거리며 움직이는 곤충을 찾아내는 데에 유용하다. 체온은 포유류 중에서 가장 낮은 섭씨 31-33도이다. 가시두더지가 파충류 상태로부터 "데워지고" 있는 과정에서 멈추었다고 주장해도 그리 과장이 아닐 것이다. 대다수의 포유류와 달리, 가시두더지는 헐떡거리지도 땀을 흘리지도 않기 때문에 과열에 취약하다. 때로는 날씨가 너무 더워지면 동굴 속으로 피신하여, 몇 개월 동안 활동을 멈춘 상태로 지낼 수도 있다. 가시개미핥기는 50년까지 살 수 있다. 식충동물치고는 매우 긴 수명이다. 대조적으로 나의 정원에 사는 포유동물인 땃쥐는 1년 안에 생활사를 끝낼 수도 있다. 가시두더지의 발톱은 계속 자라나므로 먹이를 잡는 데에 유용하지만, 결국은 노화하여 뿔처럼 딱딱해진다. 배설물은 갈색이고 마른 원통 모양이며, 미세한 점액막으로 덮여 있다. 따라서 이 동물은 체내수분을 결코 낭비하지 않는다.

　가시두더지는 번식 면에서도 독특하다. 겨울에 수컷들은 암컷을 쫓아다니기 시작한다. 암컷 한 마리의 뒤를 구혼자들이 줄지어 따라다닌다. 대개 서너 마리가 따라붙지만, 폐기는 11마리까지 본 적이 있다고 한다.

암컷은 3년마다 알을 하나씩 낳으며, 어미는 새끼가 깨어나올 때까지 약 열흘 동안 알을 품고 다닌다. 갓 부화한 새끼는 몸무게가 약 0.3그램에 불과하며, 거의 아무것도 하지 못한다. 콧구멍도 열려 있지 않아서 피부를 통해서 호흡을 한다. 이 작은 새끼는 작은 앞발로 어미의 배에 매달리며, 어미의 부드러운 뱃살은 늘어나서 새끼가 들어갈 일종의 "유사 주머니(pseudopouch)"를 만든다. 5-6일이 지나면 새끼의 콧구멍이 열린다. 새끼에게 자극을 받아, 젖판은 이미 활동을 시작한 상태이다. 약 120개의 미세한 구멍에서 젖이 흘러나온다. 젖에는 영양분이 가득해서 새끼는 금방 자란다. 35일쯤 지나면, 복숭아처럼 온몸이 가느다란 털로 뒤덮여서 포유동물이라는 징표를 드러내기 시작한다(우리는 털을 보고 모든 포유동물이 사해동포임을 안다). 약 50일이 되어 새끼가 어미 품을 벗어날 수 있으면, 어미는 새끼가 머물 굴을 판다. 굴의 길이는 2미터가 될 때도 있다. 어미는 굴을 떠날 때마다 입구를 막는다. 그러면 포식자도 사람도 찾기 어렵다. 어미가 5일에 한 번 찾아와서 겨우 2시간씩 굴에 머무르는 것을 볼 때, 젖에 영양분이 풍부한 것이 틀림없다. 새끼가 자라면 젖도 변한다. 처음에는 물처럼 멀겋다가 점점 더 진해져 영양 덩어리가 된다.* 이 단계의 새끼는 매우 귀여워서 "퍼글(puggle)" 이라는 애칭으로 불린다. 어미가 찾아온 다음에는 정말로 통통해진다. 한 번 젖을 먹으면 몸무게가 30퍼센트까지 불어날 수 있다. 새끼는 이 생활을 7개월 동안 한다. 그 사이에 털은 가시로 변한다. 그런 뒤에야 새끼는 홀로 살아갈 준비를 한다.

짧은코가시두더지는 가장 집중적으로 연구되는 종이다. 그러나 각 개체에 인식표를 붙여서 장기간 연구가 이루어지는 곳은 캥거루 섬뿐이다. 젊은 개체는 40킬로미터까지 이동하는 것으로 밝혀졌다. 적어도 단

---

* 페기는 이 영양가 많은 젖이 식사장애 같은 것을 치료하는 "처방전"으로 쓰일 수도 있는 흥미로운 연구대상이라고 알려준다.

공룡치고는 모험심이 매우 강한 동물이다. 뉴기니의 긴코가시두더지 종들은 연구가 훨씬 덜 되어 있으며, 적어도 두 종은 "멸종위기"에 처해 있다. 그들의 알이나 새끼를 본 사람이 아무도 없다. 과연 누가 그들의 퍼글을 연구하고 그들이 야생에서 생존할 수 있도록 도울까? 그런 경이로운 동물은 보호할 가치가 있다.

나는 알을 낳는 포유동물의 사례로 가시두더지를 택하고 찾아갔지만, 가시두더지의 친척으로서 우리에게 더 친숙한 오리너구리를 찾으려는 노력도 했다. 오리너구리도 마찬가지로 굴을 파고 살아간다. 로키 강을 따라서 더 내려가면 오리너구리가 좋아하는 서식지가 나온다. 깊은 물 웅덩이가 있는 곳으로, 주위에 식생이 우거져서 잘 보호되어 있는 덕분에 오리너구리가 안심하고 살아갈 수 있다. 오리너구리는 주로 물이 정체되는 강둑의 부드러운 흙에 새끼를 키울 구멍을 판다. 물갈퀴가 난 발로 물을 차면서 민감한 부리를 탐침이자 덫으로 삼아서 갑각류를 비롯한 무척추동물을 뒤쫓는다. 안타깝게도 나는 캥거루 섬에서 이 놀라운 생물을 찾아내는 데에 실패했다. 충분히 오래 기다리지 않았기 때문일지도 모른다. 나는 몇 년 전 비슷한 목적을 가지고, 애들레이드 근처의 워러웡 보호구역에 들른 적이 있다. 그곳은 포식자, 특히 집고양이(*Felis domestica*)를 막기 위해서 높은 울타리로 둘러싸여 있다. 그곳의 설립자인 존 웜즐리는 데이비 크로켓(Davy Crokett : 19세기 미국의 정치가이자 개척자로서 민간에서 영웅 대접을 받는 인물/역주)처럼, 고양이 털가죽으로 만든 모자를 즐겨 쓰는 쾌활하고 바람둥이 기질이 넘치는 오스트레일리아인이다. 그의 모자는 끝이 뒤로 길게 늘어져 있었고, 모두 회색 고양이털로 만들어졌다. 그는 유럽에서 들어온 것들에 반대한다면서 격렬한 태도로 열변을 토했다. 웜즐리는 우리가 좋아하는 밤사냥꾼인 고양이가 토착 유대류 집단에 재앙을 일으켰다고 주장했다. 그의 보호구역 안에서 유대류는 다시금 번성하고 있었다. 어스름이 깔릴 무렵에 곳곳에서 나타난, 귀여운 페이드멜론(pademelon), 베통(bettong), 쥐캥거루(potoroo)가 그의 말이 옳음을 입증했다. 이 동물들에게 사람이 먹이를 주고 있다는 사실도 지적해야겠다. 그러니 야생에서보다 개체수가 훨씬 더 많다고 주장할 수도 있다. 워러웡이 인위적이든 아니든 간에, 오스트레일리아에 도입된 포식자들이 재앙을 일으켰다는 데에는 의문의 여지가 없다. 유칼립투스 숲에 난 길을 따라서 야간 탐방에 나선 우리는 마침내 오리너구리가 즐겨 찾도록 고안된 연못에 이르렀다. 안내인은 몇 명 되지 않는 우리에게 아무 소리도 내지 말라고 신호를 보냈다. 어둠 속에서 몇 분 동안 우리의 숨소리만 들리다가 멀리 연못 저편에서 "찰싹" 소리가 났다. "오리너구리일 거예요." 안내인은 자신 있게 속삭였다. 모두가 새까만 수면 저편을 응시했다. 그러나 헤엄치는 너구리가 일으켰을지 모를 잔물결만 가까스로 알아볼 수 있을 뿐이었다. 어둠 속이라서 도무지 알아보기가 어려웠다. 살아 있는 오리너구리를 보려면, 차라리 시드니 항 아래쪽에 자리한 시드니 아쿠아리움이 훨씬 더 낫다. 그곳에는 인위적으로 일으킨 물살 속에서 신나게 자기 일을 하는 오리너구리를 관람할 수 있도록 낮과 밤을 바꾼 전시용 수조가 있다. 오리너구리는 다재다능한 부리로 먹이를 찾으면서 납작한 꼬리로 날쌔게 이쪽저쪽으로 방향을 튼다. 마지못해 수족관에서 살고 있다는 기미는 전혀 없다. 물범처럼 날렵해 보인다.

　오리너구리와 가시두더지는 매우 달라 보인다. 분명히 아주 오래 전에 공통 조상에서 갈라졌을 것이다. 사실 오리너구리는 지구의 다른 모든 포유동물과 지극히 다르기 때문에, 그것만 가지고도 수천만 년 동안 독자적인 역사를 거쳐왔다고 주장할 수 있다. 가시두더지와 달리, 북반구에는 생태학적으로 오리너구리에 대응하는 존재가 없다. 오리너구리와 가시두더지는 신기한 공통점이 하나 있다. 오리너구리 수컷은 뒷발에 독을 가진 며느리발톱이 있다. 따라서 조심해서 다루어야 한다. 며느리발톱에 찔리면 몹시 아프다. 암컷도 며느리발톱이 있지만, 독을 분비하는 체계는 발달하지 않았다. 가시두더지의 암수도 똑같은 양상을 띤다. 포유동물들 중에 이 특이한 부속지를 가진 종류는 이 둘뿐이며, 게다가 알을 낳는 습성까지 비슷하기 때문에, (비록 성체에게서 많은 차이점이 나타난다고 하더라도) 더 깊이 들어가면 현생 두 단공류는 유연관계가 있어 보인다. 화석 기록은 이 문제에서 결정적인 도움을 주지 못한다. 오스트레일리아에서 약 2,000만 년 전의 거대한 오리너구리 화석이 발견되었으나, 이 유명한 화석은 오리너구리의 전형적인 특징들을 이미 모두 갖춘 상태였다. 그 외에 감질나는 부분 화석들이 몇 점 발견되면서 논란을 불러일으켰다. 오스트레일리아에서 발견된 1억 년 된 테이놀로포스(*Teinolophos*)라는 화석을 재조사한 연구자들은 2008년에 그것이 가시두더지보다는 바늘두더지와 유연관계가 더 깊다는 평가를 내놓았다. 그 결과, 두 동물이 갈라진 시기는 훨씬 더 이전으로 올라갔다. 그러나 으레 그렇듯이, 모든 사람들이 이 해석에 동의하는 것은 아니다. 그보다 앞서 분자 증거를 토대로 오리너구리 조상이 가시두더지와 갈라진 시기는 최대로 잡아도 8,000만 년 전이라는 추정 값이 나왔었다. 테이놀로포스를 해석한 결과가 옳다면, 단공류 집단 전체는 훨씬 더 오래되었어야 한다. 그러니 이 책에서 한 자리를 차지할 만하다.

가시두더지와 그 친척들의 기나긴 역사를 보면서 나는 한 가지 합리적인 결론을 내려야 할 듯하다. 아주 초기의 포유류 화석은 비교적 드물다고 말이다. 그러나 그들이 공룡과 함께 살았다는 점, 같은 시대를 살던 그 거대한 파충류의 눈에 띄지 않게 덤불 속에서 쪼르르 돌아다니면서 곤충을 먹던 작은 동물이었다는 점은 현재 의심의 여지가 없다. 6,500만 년 전 백악기 말에 거대한 공룡들이 사라진 뒤에야 그들은 단역을 벗어나서, 포식자 혹은 초식동물로서 가장 극적인 드라마의 주연을 맡을 수 있었다. 그들은 대단히 빠르게 그 일을 해냈다. 진화적 "대폭발"이 또

한 차례 일어난 시기였다. 그러나 초기 포유동물의 생김새는 내 정원의 땃쥐와 그다지 다르지 않았다. 주둥이가 긴 작은 땃쥐는 사실 고대의 계통을 드러낸다. 식충동물의 화석은 이빨만 남아 있을 때가 많지만, 다행히 이빨은 많은 정보를 알려준다. 포유류의 이빨은 앞니나 어금니처럼 서로 다른 기능에 맞게 분화해 있으며, 그것은 대다수의 파충류에게는 없는 특징이다. 초기 포유류 중에도 더 온전한 모습이 알려진 것이 극소수 있다. 여기서 2억 년 이상 전, 트라이아스기로 올라가서 길이가 10센티미터에 불과한 화석 동물인 메가조스트로돈(*Megazostrodon*)을 언급하지 않을 수 없다. 불행히도 털은 화석으로 잘 남지 않기 때문에, 이 유용한 단열수단의 기원은 아직 오리무중이다. 온혈대사 방식이 발달할 때 함께 진화했을지도 모른다. 온혈이 더 많은 먹이를 필요로 한다면, 당시에는 먹이가 풍부했을 것이다. 즉 식물이나 썩어가는 나무, 혹은 파충류 배설물을 먹는 통통한 곤충들 말이다. 숲에 꽃이 출현했을 때 새로운 생활방식을 택한 새로운 곤충들이 출현했고, 식충동물들은 새로운 먹이를 발견했다. 그 모든 것은 되먹임되어 생물세계를 더욱 풍요롭게 했다. 포유류는 출현할 때를 기다리고 있었다.

이 시나리오를 생각할 때 고려할 흥미로운 문제들이 있다. 널리 받아들여지고 있는 것처럼 포유류가 "포유류형 파충류"(수궁류[獸弓類]) 중 하나에서 진화했다면, 그 포유류 조상은 거의 모든 파충류가 그렇듯이 알을 낳았을 것이 분명하다. 오늘날에는 현생 포유류 수천 종들 중에서 단공류만이 알을 낳는다. 따라서 상식적으로 볼 때 단공류는 단순히 1억 년 동안의 생존자가 아니라 포유류의 진화단계에서 태반류의 자궁도 유대류의 주머니도 아직 진화하지 않은 시점으로, 거의 확실히 2억 년 전의 어느 시기까지로 거슬러올라간다는 것을 시사한다. 그리고 우리의 오스트레일리아 동물은 생명의 나무에서 더욱 아래쪽에 끼워진다. 다른 포유류는 세월에 따라서 변해왔지만, 가시두더지와 오리너구리는 고대의 생활방식을 유지했다. 이 말이 옳다면, 그들의 초기 역사를 알려줄 화석 기록에 더 큰 누락 부분이 있는 셈이다. 고대 역사를 살펴보는 또 다른 방법이 있다. 바로 유전체 서열을 통해서이다. 2008년 워싱턴 대학교의 리처드 윌슨을 비롯한 많은 연구자들은 오리너구리 유전체가 정말로 "파충류와 포유류의 특징을 흥미롭게 조합한" 것임을 보여주었다. 오리너구리 유전체는 우리 유전체 크기의 3분의 2 정도이며, 성염색체가 무려 10개나 된다(인간을 포함한 대다수 포유류는 2개이다). 그중 X 염색체는 조류의 것과 비슷하다. 놀라울지 모르겠지만, 조류 또한 파충류의 후손임을 고려하면 그리 놀랄 일이 아니다. 오리너구리는 다른 포유동물들과 유전자의 80퍼센트가 같지만, 파충류와도 공유하는 유전자가 많다. 한 예로 독이 있는 신기한 발톱은 포유류보다는 파충류와 더 관련이 있는 듯하다(평론가의 발톱을 제외하면 말이다). 비록 연구자들은 오리너구리가 독을 독자적으로 "발명했다"고 주장하지만, 관여하는 유전자들은 파충류의 것과 동일한 듯하다. 오리너구리 유전체 중에 그들이 오늘날 최고의 지위에 오른 동물들— 물론 짖어대는 포유류— 의 초창기 때부터 살아온 영웅적인 생존자라는 개념을 반증하는 것은 없다.

가여운 오리너구리여! 오리너구리는 온갖 경멸 어린 말을 들어야 했다. 나는 오리너구리를 "자연의 장난"이라는 식으로 표현한 글들을 많이 보았고, 오리너구리를 사랑하는 존재는 그 어미밖에 없을 것이라는 말로 시작하는 글도 있었다. 18세기 영국 학계에 오리너구리가 처음 알려졌을 때, 새처럼 부리가 있고, 털이 나고, 물갈퀴가 달린 발을 가지고, 알까지 낳는 동물이 존재할 수 있다고 믿은 사람은 아무도 없었다고 한다. 오리너구리가 실재함을 입증한 기준 표본은 지금도 런던 자연사 박물관에 안전하게 보관되어 있다. 나는 오리너구리가 나름대로 아름답다고 본다. 물속에서 편하게 행동할 때는 더욱 그렇다. 가시두더지는 그런 대접을 받은 적이 없지만, 아무튼 그에 못지않게 놀라운 생존자일 것이다. 오스트레일리아의 다른 고유종 동물들 가운데 유대류의 화석도 중생대로 거슬러올라간다. 유대류는 태반류 포유동물에 비해서 "원시적"이라고 여겨지지만, 그들은 놀라울 만큼 다양한 동물로 진화했고, (화석 기록을 보면) 지질학적 시간으로 볼 때 비교적 최근에 그들이 훨씬 더 다양했음을 알 수 있다. 오스트레일리아 대륙에 격리된, 더할 나위 없이 좋은 조건에서 유대류 조상들은 육식성 캥거루, 유대류 "사자", 쿵쿵거리며 걷는 거대한 초식성 유대류를 낳았다.* 현재 살고 있는 유대류는 유대류 "생쥐"에서 오소리처럼 생긴 웜뱃과 곰처럼 생긴 코알라에 이르기까지 여전히 상당한 다양성을 보여준다. 캥거루와 왈라비는 지구에서 가장 잘 적응한 초식동물에 속하며, 길게 보면 가젤에 맞먹는다. 그런 풍부한 다양성을 보이는 생물을 원시적이라고 말할 수는 없다. 물론 웜뱃의 눈을 들여다볼 때, 번뜩이는 지성 같은 것은 엿볼 수 없다는 말을 덧붙여야겠지만 말이다.

가장 영리하다고 여겨지는 동물, 즉 호모 사피엔스의 조상은 어땠을까? 육식동물, 고래와 친척들, 대형 초식동물, 박쥐를 비롯하여 대다수의 포유동물은 공룡과 그들의 파충류 친척들이 백악기 말에 사라진 뒤에 주된 방산진화를 이루었다. 이 과정을 묘사할 때 "생태적 해방(ecological release)"과 같은 다소 과장된 용어가 쓰였지만, 실상은 포유류가 폭발적으로 분출한 진화적 창의성을 발휘하여 세계의 빈자리를 거의 다 메운 것이었다. 창의적인 발명은 그 뒤로 6,000만 년 동안 진행되었다가 멈추

---

* 대체로 맞기는 하지만, 곤드와나 대륙이 쪼개진 과정은 단순하지 않았으며, 오스트레일리아에 동물들이 살아온 역사도 내가 말한 것보다 복잡했다. 유대류는 수백만 년 전에 훨씬 더 널리 퍼져 있었다. 주머니쥐는 여전히 널리 퍼져 있는 유대류이며, 지금은 남아메리카에서 파나마 지협을 넘어 북아메리카로 퍼져나가서 멀리 버지니아까지 올라갔다. 왈라비가 갇힌 곳에서 탈출하여 유럽 곳곳에서 야생생활에 쉽게 적응한다는 점도 그들이 태반류 포유동물과 충분히 경쟁할 수 있음을 입증한다. 그러나 본토인 오스트레일리아에서 유럽의 포식자들과 만났을 때는 유대류의 많은 종이 사라지는 결과가 나타났다.

었다가 하면서 계속되었다. 판게아가 쪼개져 생긴 각 대륙에서 연달아 새로운 포유류 집단이 출현하면서 이어졌다. 우리의 진화적 친척들과 우리 자신이 속한 집단인 영장류는 이 방산진화가 이루어질 때 처음에는 거의 눈에 띄지 않는 존재였다. 이 집단이 백악기에 뿌리를 둔다는 것을 시사하는 약간의 화석들이 있으므로, 영장류는 결코 가장 최근에 출현한 포유류가 아니다. 나의 동료인 앨런 쿠퍼는 분자 증거를 토대로 영장류가 9,000만 년 전에 출현했을 수도 있다고 본다. 가장 원시적인 현생 영장류는 나무에 사는 소심하고 작은 야행성 동물이며, 과거에도 이와 마찬가지였다면 화석이 흔할 것이라고 기대할 수 없다. 앞에서도 몇 번 보았듯이, 진화적 분기가 일어난 지점에서 동물을 이 가지에 둘지 저 가지에 소속시킬지는 논란을 일으킨다. 영장류는 대개 두 주요 집단으로 나뉜다. 하나는 여우원숭이와 친척들로 이어지는 집단이고, 다른 하나는 원숭이, 유인원, 우리 자신으로 이어지는 진화의 가지이다. 대중의 관심이 주로 후자에 쏟아진다는 것은 굳이 말할 필요가 없으리라. 여우원숭이는 마다가스카르가 아프리카에서 갈라진 뒤로 고립된 상태에서 방산진화를 이루었다. 그곳의 많은 경이로운 종들은 현재 삼림 파괴와 인구 증가 때문에 미래가 불확실하다. 그들을 잃는다면 비극일 것이다.

그들의 아시아 친척인 로리스(loris)도 마찬가지로 위험에 처해 있다. 깊은 밤에 돌아다니는 데에 적응된 커다란 눈이 민간약재로 쓰인다는 점이 적잖이 한몫을 한다. 나는 우리 종의 학명에 사피엔스(슬기로운)라는 단어가 과연 붙어도 될지 종종 의구심이 든다. 영장류 가지에서는 현재 안경원숭이가 가장 밑동에 가까운 현생 동물이라고 여겨진다. 안경원숭이는 보르네오, 필리핀, 수마트라의 숲에 사는 매혹적인 작은 동물로서 여러 종이 있다. 화석은 그들이 한때는 훨씬 더 흔하고 널리 퍼져 있었으며, 4,000만 년 동안 거의 변하지 않았음을 보여준다. 따라서 그들도 분명히 생존자 목록에 들어간다. 잘 모르는 사람에게는 로리스

영장류 계통의 밑동에서 나온 매혹적인 생존자인 안경원숭이. 지금은 동남 아시아에만 남아 있다. 독일에서 발견된 이다(Ida)라는 화석도 전반적으로 비슷한 모습이다.

와 여우원숭이가 비슷해 보이며, 예전에 과학자들이 그들을 분류할 때 의견이 갈린 것도 놀랄 일이 아니다. 이 동물들은 모두 커다란 눈에 피아니스트의 손가락처럼 길고 섬세한 손가락을 가지고 있으며, 다소 귀여운 모습이다. 그러나 안경원숭이가 영장류 계통을 따라서 더 멀리 나아갔음을 보여주는 특징들도 있다. 안경원숭이는 원숭이 분기군의 다른 모든 종들과 여러 가지 공통점이 있는데, 그중 흥미로운 사례를 하나 꼽자면 비타민 C를 합성하는 능력을 잃었다는 것이다. 반면에 여우원숭이와 그 친척들은 지금도 비타민 C를 합성하고 있다. 이것은 우리 인간이 영장류 사촌들처럼, 건강을 유지하려면 과일을 먹어야 한다는 뜻이고, 이는 안경원숭이도 마찬가지이다. 사소해 보일지 모르겠지만, 이것은 사실 근본적인 생화학적 차이를 드러낸다. 그것은 진화가 취한 경로를 보여주는 안내판이다.

초기 영장류 화석의 분류가 논란거리라는 것은 놀랄 일은 아니다. 처음 공개되었을 때 많은 관심을 끈 4,700만 년 된 화석이 하나 있었다. 초기 영장류의 모습을 놀라울 정도로 온전히 보여준 다르위니우스 마실라이(*Darwinius masillae*)라는 화석이었다. 독일의 메셀(Messel)이라는 유명한 화석지에서 발굴되었다. 메셀은 수십 년째 세밀한 부분까지 보여주는 포유동물(박쥐도 포함하여) 화석뿐 아니라 색깔까지 보존된 곤충 화석을 비롯하여 놀라울 만큼 다양한 화석이 발견되는 곳이다. 비록 영장류 종 화석은 1983년 이래로 지속적으로 발견되었지만, 2009년에 공개된 표본은 온전할 뿐 아니라 아름답다는 점에서 특별했다(도판 66 참조). 매력적이고 사교적인 고생물학자 외른 후룸이 애쓴 끝에 오슬로에 있는 고생물학 박물관이 구입했다. 나는 2010년에 그것을 보러 갔다. 비록 페리파투스처럼 현재 살고 있는 생존자는 아니었지만, 나는 그것도 목록에 넣어야 한다고 느꼈다. 그것은 다른 유형의 생존자였다. 우리 자신의 초기 역사를 우리에게 말해주기 위해서 살아남은 거의 온전한 화석이었다. 오슬로 박물관은 멋진 식물원 한가운데 있으며, 튼튼하게 지어진 엄숙한 화강암 건물이다. 도착하니, 공룡 전시물 곁에 으레 있기 마련인 아이들이 떠드는 소리가 들린다. 공개된 공간 아래에는 큐레이터의 숨겨진 세상이 있다. 나 역시 그곳에 속해 있기 때문에 잘 아는 세계이다. 어룡의 석고 모형이 예전의 전시물들 옆에 뒤죽박죽 놓여 있는 곳이다. 먼지가 인다. 그러나 그곳에 있어야 할 먼지이다. 바로 세월의 먼지. 그리고 석판에 찍힌 다르위니우스는 마치 발견되기를 원한 것처럼, 산뜻하게 그곳에 놓여 있다. 나는 영장류학자가 아니지만, 아름다운 화석을 보면 한눈에 알아볼 수 있다. 훈련이 되지 않은 내 눈에는 갑작스러운 죽음과 매장에 놀라서 거의 움직이던 그 상태로 얼어붙은 원숭이처럼 보인다. 사라진 세계와 세월의 한순간을 고스란히 담은 상태로 말이다. 죽는 순간에 놀라서 우아한 손을 쫙 펼치고 있다. 이것이 설령 여우원숭이라고 할지라도, 독일에서 반경 약 1만7,000킬로미터 이내에는 그것의 현생 친척이 살고 있지 않다. 지질학적 시간에 걸쳐서 세상이 얼마나 변했는지를 잘 보여주는 사례이다.

외른은 사교적일 뿐 아니라, 설득력이 뛰어난 사업가이기도 하다. 그는 이 동물을 공식 발표할 때 기자회견을 열었고, 자연사를 대중에게 알리는 분야의 일인자인 데이비드 애튼버러 경의 목소리가 담긴 텔레비전 프로그램과 콜린 터지의 책『연결 고리(The Link)』도 기획했다. 기억하기 쉽도록 화석에는 이다(Ida)라는 짧고 멋진 이름을 붙였다. 결과는 대성공이었다. 외른은 이다를 과학연구를 위해서 개인 소유자로부터 구입하는 데에 필요한 거금을 모을 수 있었다. 그는 정치가들을 찾아가서 기부를 하지 않으면 난처한 기분이 들도록 압박을 가했다. 이다를 둘러싼 흥분은 이 화석이 진화의 나무에서 영장류 가지의 밑동에 자리한다는 주장에서 비롯된 것이었다. 그것은 이 화석이 우리 인류의 뿌리라는 말을 달리 표현한 것이다. 그것은 "연결 고리"였다. 알맞은 시간대에 있는 귀여운 화석 한 점이 진화가 진리임을 입증했다. 아니, 적어도 신문기사의 제목은 그랬다. 그러나 얼마 지나지 않아서 반론이 나왔다. 2009년 10월『네이처』에 조너선 페리가 미국인 동료들과 함께 쓴 글이었다. 그들은 이다가 인류의 조상이 아니라, 사실은 여우원숭이로 이어지는 "혈통"의 어딘가에 놓인 다소 친숙한 동물이며, 인류의 진화라는 서커스에서 그저 막간의 여흥거리일 뿐이라고 했다. 수많은 비슷한 영장류 화석들과 유연관계가 있고, 사실상 그것은 별것 아니라는 뜻이었다. 미국의 연구 결과는 이다의 뼈대(치아를 포함하여)를 유연관계가 있는 다른 영장류들의 특징과 비교한 분석을 토대로 했다. 이런 종류의 분기분석은 해당 종들에게서 공통적으로 진화한 특징을 토대로 유연관계를 파악하는 비교적 흔히 쓰이는 방법이다. 공통 형질을 파악한 자료를 컴퓨터에 입력하면, 컴퓨터는 여러 가지 배열을 조사하여 이윽고 형질 자료에 가장 잘 들어맞는 분기도, 즉 계통수를 "판단하여" 내놓는다. 그것이 입력한 형질들을 토대로 나온 최상의 종 배열이다. 지극히 뻔한 이야기처럼 들린다. 그러나 우리는 생명의 나무에서 큰 가지의 아래쪽에 놓이는 생물이 때로 상충되는 형질들을 함께 가진다는 점도 안다. 전혀 다른 생물들로 이어지는 인접한 가지의 생물들이 가진 것과 매우 비슷한 형질인, 조상의 "잔재"를 가지기도 한다. 한편으로, 특정한 집단의 나중 구성원들에게 전형적으로 나타나는 형질들은 아직 출현하지 않았을 수도 있다. 표범에게 반점이 없고 물범에게 지느러미발이 없던 시기도 있었다. 또 해석을 그저 모호하게 하는 형질들도 있다. 분기도를 붙들고 씨름한 과학자라면 누구나 분기도가 경험에 따라서, 연구자에 따라서, 달라진다는 것을 안다. 내가 외른 후룸에게 미국 연구진의 분기도 이야기를 하자 그는 다소 격하게 코웃음을 치더니, 형질들을 "올바로" 평가하여 입력한 새로운 분석 결과는 원래의 해석을 지지한다고 말했다. "두고 보자고요." 이 결투는 이제 겨우 1회전을 끝냈을 뿐이며, 나는 결과가 어찌될지 예측하지 않으련다. 내가 말할 수 있는 것은 이다가 생명의 나무의 어디에 끼워지든 간에, 이것이 고대 동물이든 영장류 역사의 뿌리 근처로부터 살아남은 현생 구성원이든 간에, 우리가 우리 자신과 연관짓기 좋아하는 커다란 뇌를 가지고 있지는 않다는 것이다. 그것은 틀림없이 우리의 가까운 친척인 대형 유인원과 침팬지만이 가진 자산이다. 대뇌의 팽창은 나중에 획득한 특징이었다. 그러나 납작하면서 앞을 향한 얼굴, 아주 예민한 눈, 유용한 손가락은 이미 갖추어져 있었다. 그저 커다란 뇌가 출현할 시기만 기다리면 되었다.

포유동물은 체온 조절이 중요했다. 덕분에 모든 것을 빠르게 할 수 있었다. 해가 진 뒤에도 활동할 수 있도록 먹이를 몸속에서 태우는 일은 대사 측면에서 볼 때 비용이 많이 들었지만, 그 덕분에 많은 새로운 활동을 할 수 있었다. 야행성 습관은 많은 포유류 종에게 전형적인 것이며, 그럼으로써 그들은 사막에서 살 수도 있고, 낮에 포식자를 피해 숨어 있다가 밤에 바쁘게 돌아다닐 수도 있다. 털가죽과 많은 에너지 섭취 덕분에 그들은 북극지방까지 진출할 수 있었다. 더 많이 더 꾸준히 활동하다 보니, 자연스럽게 신경도 더 복잡해졌다. 사냥하는 자와 사냥당하는 자, 포식자와 먹이 사이의 오래된 "군비경쟁"도 진화를 가속시켰다. 이빨은 더 분화했다. 물거나 씹는 이빨, 천천히 씹어 분쇄하는 이빨, 섬세하게 갉아대는 이빨 등이 출현했다. 더 날쌔고 더 영리한 개체가 성공을 거두었다. 더 민감하고 더 날쌘 가젤은 번식할 때까지 살아남고 다음 날도 잎을 뜯어 먹을 수 있었다. 동료들과 협력할 수 있는 사냥꾼은 더 큰 먹이를 더 효율적으로 잡을 수 있었다. 씰룩거리는 코와 수염은 더욱 예민해졌다. 더 커진 뇌는 더 빠르게 새로운 공격이나 방어의 전략을 내놓았다. 그리고 그 결과는 되먹임되어 더욱 큰 뇌의 발달을 가져왔다. 많은 작은 포유동물은 "빠르게 살고 일찍 죽는" 쪽을 택했다. 반면에 코끼리처럼 정반대 경로를 택한 동물들도 있었다. 고래 같은 포유동물은 3억 년 전의 먼 조상이 떠나온 바다로 돌아갔다. 또다른 포유류 집단인 박쥐는 하늘로 나아갔다. 포유류는 파충류 선배들이 비운 모든 생태지위를 차지하면서 거의 모든 곳으로 퍼졌다. 비판적인 과학자를 만족시킬 완벽하게 객관적인 척도는 아마 없겠지만, 나는 먹이사슬의 꼭대기를 보면 올리고세의 생물세계가 페름기의 세계보다 대체로 더 영리했다고 확신한다. 피 속의 열기는 명석함을 낳았다. 그러나 포유류만 그런 것이 아니었다. 체내의 화로를 활용하는 기술을 터득한 동물이 또 있었다. 그들은 털이 난 모험가들과 함께 번성했다. 그들은 날카로운 눈과 빈틈없이 경계하는 뇌를 가지고 있었다. 바로 조류였다.

따라서 우리는 조류 생존자를 찾아서 떠나야 한다. 에콰도르 안데스 산맥의 동편으로 화산암이 풍화하여 생긴 가파른 비탈에 무성한 운무림이 펼쳐져 있다. 탄다야파 계곡 위쪽을 뒤덮은 운무림은 장관을 이룬다. 이 민도(Mindo) 운무림은 원시림처럼 보이지만, 이 오지에도 좋은 목재를 얻으려는 벌목꾼들이 길을 내놓았다. 나는 키토 북쪽의 세계에서 가장 다양한 조류가 살고 있을 지역에 와 있다. 나무들이 가파른 비탈에서 자라기 때문에 위에서 임관(林冠) 전체를 볼 수 있다. 숲이 어떻게 "일하는지"를 이해하는 데에는 더 동쪽의 드넓은 아마존 유역보다 이곳이 더 낫다. 아마존 유역의 임관은 까마득히 솟은 나무 위로 올라가지 않고서는 볼 수 없는 숨겨진 세계이다. 이른 아침에 민도에서는 멀리 겹겹이 뻗어 있는 녹색의 원뿔형 산봉우리들이 뚜렷이 보인다. 이 시간에는 숲 자체가 구름처럼 보인다. 나무들의 수관(樹冠)이 부풀거나 주름진 모습으로 비탈을 따라 이어지면서 마치 뭉게구름처럼 보인다. 굵은 손가락을 펼친 듯한 잎을 왕관처럼 이고 있는 케크로피아속(Cecropia) 나무가 은빛 구름처럼 보이면서 가장 눈에 띈다. 이어서 연하고 진한 열두 가지 녹색을 띠면서 둔덕이나 베개 모양으로 굽이치는 수관들이 눈에 들어오고, 이따금 화사한 구름도 보인다. 꽃을 피운 나무가 있는 곳이다. 알록달록한 노란 꽃이 핀 데이지 나무이거나 화려한 분홍 꽃을 터뜨린 모르는 종일 수도 있다. 오후가 되니, 진짜 구름이 하얀 연기처럼 계곡 위로 피어올랐다가 합쳐진다. 그러면서 알아차릴 수 없을 만큼 서서히 어둑해지기 시작한다. 어느 순간 차갑고 습한 안개가 나를 에워싼다. 주위 풍경이 사라지고, 99퍼센트의 습도가 이곳의 모든 생물들을 편안하게 만든다. 고사리와 우산이끼는 마치 석탄기로 돌아간 듯하다. 축축 드리운 리아나(liana : 칡처럼 굵은 덩굴 줄기를 뻗는 식물들을 가리키는 말로 주로 열대에 사는 종류를 뜻한다/역주) 덩굴들이 어슴푸레한 빛에 극적인 효과를 발휘하면서 나무가 윤곽으로밖에 보이지 않는다. 숲은 스펀지 역할을 한다. 미세한 물방울들을 닥치는 대로 빨아들여서 무성하게 자라난다. 집요한 벌목꾼들이 나무를 벤 곳에는 바위들이 구르면서 화산 응회암과 재가 풍화되어 만들어진 진흙과 부드러운 흙이 드러나 있다. 숲을 재생시키는 토대이다. 숨겨진 빈터로부터 새들이 끝없이 펼쳐진 나무들 사이에서 먹이를 먹으며 행복하게 춤을 추고 있음을 알려주는 갖가지 지저귀는 소리가 들려온다.

이곳은 리아나와 착생식물(着生植物)의 세계이다. 나무줄기마다 기어오르는 식물이 칭칭 감고 있고, 그 위에 또다른 식물이 붙어 자란다. 뿌리가 붙을 수 있는 곳마다 소중한 생명이 붙어 자란다. 착생식물은 햇빛과 물로 살면서, 가장 가느다란 가지에까지 매달려 있다. 이른바 스페인 이끼(Spanish moss : 수염틸란드시아라는 원예식물로 재배된다/역주)가 곳곳을 회색 거미줄처럼 뒤덮으면서 무성하게 자란다. 일부 착생식물에는 걸맞지 않게 화려한 꽃이 달려 있다. 술이 달린 듯이 화려하고 선명한 난초는 한눈에 알아볼 수 있다. 초롱꽃과에 속한 착생식물도 있고, 푸크시아(Fuchsia)의 친척인 것도 있고, 잎들이 독특한 로제트(rosette : 민들레 잎처럼 배열된 것/역주) 모양으로 나는 브로멜리아드(bromeliad)도 있다. 진달래과에 속한 종류도 있을 것이다. 나 같은 자연사학자에게 꽃은 언제나 기쁨의 원천이다. 종이 얼마나 많은지, 나에게 낯선 종이 얼마나 되는지를 셀 수조차 없다. 나는 많은 착생식물의 꽃이 긴 통 모양을 하고 있음을 알아차린다. 그것은 통 길이에 맞는 긴 혀를 가진 특별한 동물이 꽃가루받이를 한다는 것을 시사한다. 나방이거나 벌새, 아니면 박쥐일 수도 있다. 이 운무림에는 수십 종의 벌새가 산다. 그들은 무지개색으로 빛나는 거대한 벌처럼 윙윙거린다. 나는 벌새들이 밝은 빨간 꽃을 선호한다는 것을 안다. 더 짙은 색깔의 꽃에는 아마 어둑할 때 박쥐가 찾아올 것이다. 천남성과(天南星科)의 일부 종은 썩은 고기 냄새를 풍겨서 파리를 꾄다. 리아나는 식물학적으로 종류가 다양하다. 높은 가지에서 끈이나 밧줄처럼 매달려 있는 리아나를 볼 때는 그런 습성을 가진 식물이 그토록 다양하다고는 상상하지 못할 것이다. 나무 위로 높이 기어올라가는 대나무도 있고, 화분에 흔히 심는 천남성과 식물인 친숙한 필로덴드론(*Philodendron*), 후추과의 식물, 심지어 기어오르는 양치류(*Diplopterygium bancrofti*)도 있다. 자연의 경제에서 어떤 할 일이 있다면, 많은 후보자들이 활발하게 달려들어 그 일을 하는 듯하다. 자연은 진공을 싫어할지 모르지만, 에콰도르에서는 진공이 생기기만 하면 금방 터질 듯이 가득 들어찬다. 나무가 얼마나 다양한지 살펴보려고 하면 곧 당혹감이 인다. 아직 쓰러지지 않은 늙은 나무 몇 그루가 보인다. "상그레 데 그라도(Sangre de Grado)"도 있다(용의 피라는 뜻이다). 이 나무는 크로톤속(*Croton*)에 속한다. 붉은 수액이 황색포도상구균에 효과가 있다고 해서 그런 이름이 붙었다. 웨티니아속(*Wettinia*) 같은 야자나무도 높이 솟아 있다. 안내인은 이들을 구분하려면 열매를 보아야 한다고 말한다. 은색의 거대한 손을 활짝 펼친 듯한 잎이 달린 케크로피아속 나무들은 2차림에 전형적으로 나타나는데, 거대하게 자란 늙은 나무가 쓰러진 곳에서 자라난다. 멜라스토마(*Melastoma*)의 줄기는 마치 갈색 종이로 대충 감싼 듯하다. 줄기껍질이 계속 벗겨지면서 착생식물까지 떨군다. 어떤 나무종이 어디 있는지는 대개 길에 떨어진 낯선 꽃을 보고 찾아낸다. 그런 꽃은 수관에서 무슨 일이 일어나는지를 말해줄 유일한 단서가 된다. 꽃은 나무에 어떤 생물학적 꼬리표가 붙어 있는지를 알려준다. 그와 달리, 잎만 보고서는 어떤 종인지 알기 어려울 때가 많다. 운무림에는 물방울을 모으는 데에 효율적인 끝이 뾰족한, 비슷한 모양의 단순한 잎을 가진 나무들이 워낙 많기 때문에, 잎만 보고서는 어느 종의 친척인지 알 수 없다. 나무 사이로 이리저리 흐릿하게 나 있는 길을 걷다 보면, 벌목한 곳마다 이런 잎을 가진 커피과의 관목과 풀이 자라고 있다. 종마다 꽃이 전혀 다르다. 곤잘라구니아(*Gonzalagunia*)는 털처럼 보이는 꽃차례를 피우며, 팔리코우레아(*Palicourea*)는 여러 갈래로 나뉜 꽃차례에 통 모양의 꽃들이 피며 녹색 장과가 열린다. 프시코트리아(Psychotria)는 칙칙한 작은 녹색의 꽃과 열매가 달린다. 나는 무성하게 피는 수많은 꽃들 중에서 몇 가지만 더듬더듬 주워섬기는 중이다. 분류학을 공부한지라 내면에서는 어떤 종인지 구분하고 이름을 말하라고 압력을 주지만, 어디를 둘러보아도 종류가 너무 많다. 어둑한 구석에는 이 책에서 말한 더 인내력이 강한 생존자들이 숨어 있다. 축축한 둑에서 우산이끼와 처녀이끼가 자라고, 아무도 발을 딛지 않은 곳에서 부처손이 자라고 있다. 모두가 이곳 어딘가에 있다. 내가 찾을 수만 있다면 말이다.

조류도 이 법칙의 예외는 아니다. 나는 한 새를 찾는 중이다. 바로 티나무(tinamou)이다. 운무림은 조류 관찰자들에게 유명한 곳이다. 새를 관찰하려고 마음을 먹은 사람이라면 지구의 다른 어느 곳보다도 이곳에서 짧은 시간에 더 많은 종을 찾아낼 수 있다. 그러나 새는 식물보다 연구하기가 훨씬 더 어렵다. 그들은 덤불이나 수관에 숨어 있으며, 대부분 은밀하게 행동할 뿐 아니라, 희귀한 종도 많다. 벌새는 꿀을 놓고 꾈 수 있기 때문에 쉽게 숲에서 끌어낼 수 있다. 나는 그들의 긴 혀를 가까이에서 볼 수 있으며, 그들의 "꽃가루받이 서비스"에 대한 보답으로 그들만 꿀을 먹을 수 있도록 긴 꽃이 진화한 과정을 쉽게 상상할 수 있다. 무성한 잎에 숨어 있는 새들은 대부분 눈보다는 귀로 더 쉽게 알아낼 수 있다. 특히 이른 아침이면 비탈에 구슬픈 피리 소리, 부엉부엉 소리, 떨리는 소리, 꿰뚫는 듯한 휘파람소리가 가득하다. 소리가 정확히 어디에서 나는지 알아차리기는 어렵다. 내 쌍안경에 새의 날개깃과 탁치는 꼬리가 언뜻 들어온다. 풍금조의 선명한 파란색이 한순간 보이기도 하고, 아메리카 딱새(tyrant flycatcher)가 날아가는 모습이 잠깐 비치기도 한다. 아메리카 딱새는 대개 숨어 있다. 나는 소리만 듣고 몇몇 독특한 종을 알아보는 법을 배운다. 덤불 속에 숨어 있는 스필먼의 타파쿨로(Spillman's tapaculo)는 길게 치르르르 하는 소리를 낸다. 이 작은 갈색 새는 약 0.5초 동안 내 눈에 잠깐 띄었다. 그러니 스필먼이 누구인 지는 몰라도 뛰어난 관찰자였던 것이 분명하다. 나는 숲 속에서 다시금 무한한 다양성에 압도되는 기분을 느낀다. "새는 끼리끼리 모인다(유유 상종[類類相從])"라는 옛 격언은 운무림 거주자들에게는 적용되지 않는 다. 오히려 매우 많은 종들이 떼를 지어 모일 만큼 개체수가 많지 않아 서 여기 몇 마리, 저기 몇 마리 하는 식으로 무성한 잎과 덤불 속에 흩어 져 있다. 나의 안내인인 젊은 미국인 조엘이 새소리와 이름을 연결하는 것을 도와준다. 내 귀가 좀더 음악에 조예가 있다면 좋으련만. 내 눈에 새가 **보인다면** 그것은 순전히 운이 좋아서이지만, 아무튼 그럴 때마다 나는 전율을 느낀다. 얼룩덜룩한 포투쏙독새(potoo) 한 마리가 나무의 일부인 척 죽은 나무에 꼼짝하지 않고 앉아 있는 모습이 운 좋게 눈에 띈다. 과일을 먹는 데에 알맞은 커다란 부리를 가진 우아한 왕부리오색 조(toucan barbet)는 어디에 있을지 더 예측하기 쉽다. 나는 웨이터를 부 르듯이 새를 불러낼 수는 없다. 새를 관찰하는 가장 좋은 방법은 실제로 웨이터가 **되는** 것이다. 그런 뒤 아주 오랜 시간을 대기하는 것이다. 그 러다가 여생을 기다려야 하는 것은 아닐까!

나의 생존자 "쇼핑 목록"의 상위에는 갈색가슴 티나무(tawny-breasted tinamou)가 있다. 덤불 깊은 곳에서 울려나오는 감미로운 이중의 부엉 부엉 하는 소리가 나의 사냥감이 내는 것일까? 조엘은 그 소리가 맞다 고 말해준다. 그러나 그 음악가를 찾으려는 시도는 실패한다. 덤불이 너 무 **빽빽하여** 뚫고 들어갈 수가 없다. 리즐리와 그린필드가 쓴 결정판이 라고 할 안내서 『에콰도르의 새(*Birds of Ecuador*)』에는 티나무가 "눈보 다 귀를 통해서 더 자주 접하는" 새라고 적혀 있다. 나는 내 욕망의 대상 을 귀로 들었을지는 몰라도 쌍안경으로 포착하는 데에는 실패했다. 정 글 길을 따라서 돌아오는 길에 중간 크기의 갈색 새가 덤불에서 불쑥 튀어나와서 우리의 앞길로 펄쩍거리며 나아간다. 가능성이 없음에도 저

새가 내가 찾는 새였으면 한다. 조엘은 아니라고 말한다. 큰 앤트피타(giant antpitta)란다. 가슴이 얼룩덜룩하고 다리가 길고 억센 부리에 통통하며 조금 도도해 보이는 새이다. 잘 날지 않고 땅에서 사는 새임이 분명하다. 베이스캠프로 돌아와서 동료 손님인 네덜란드인에게 그 이야기를 하니, 펄쩍 뛰면서 낙심한 표정을 짓는다. 그는 큰 앤트피타를 한 번이라도 보기 위해서 며칠 동안 기다리고 있었는데, 그 새는 희귀하고 잘 나다니지 않아서 계속 찾는 데에 실패했다고 한다. 나는 그에게 갈색가슴 티나무를 보았는지 차마 물어볼 수가 없었다. 우리 둘 다 각자가 찾는 새의 서식지에 관해서 많은 것을 알고 있었지만, 야생에서 그 종을 관찰하려다가는 실망만 거듭하게 된다는 것을 터득했다. 뭐, 그래도 나는 소리라도 들었으니까.

티나무는 현생 조류 중에 가장 원시적인 새임이 거의 확실하다. 수십 종이 있으며, 모두 남아메리카에 산다. 티나무는 땅에서 살며, 과시하기보다는 조심스럽게 행동한다. 이런 식으로 살아가기를 택한 몇몇 새들처럼, 이들도 깃털이 영국 시골 신사의 트위드 양복과 비슷한 색깔이다. 밤갈색에 얼룩이 있고 이따금 부드러운 회색도 섞여 있다. 정글에서는 배경에 녹아들어 열정적인 조류 관찰자의 쌍안경에도 보이지 않을 것이라고 쉽게 상상할 수 있다. 위협을 받으면 그들은 슬그머니 달아나서 낙엽 더미 속이나 오래된 나무의 밑동에 난 구멍으로 들어가서 꼼짝하지 않는다. 그들은 똑같이 통통하고 거의 땅딸막한 호로새(guinea fowl)와 약간 비슷해 보이지만, 조류의 진화 계통수에서 유연관계는 가깝지 않다. 호로새처럼, 티나무도 땅에서 싹, 씨, 곤충, 작은 달팽이를 쪼아 먹는다. 이들은 식성 면에서 절묘할 만큼 까다로운 벌새의 정반대편에 놓이며, 무엇이든 잘 먹는다. 알은 어느 알보다 더 반질거린다. 색깔은 종에 따라서 파란색, 녹색, 노란색, 초콜릿색 등 다양하다. 알은 땅 위에 다소 억지로 만든 듯한 얕은 둥지에 낳으며, 수컷이 알을 품는다. 새끼는 거의 부화하자마자 뛰어다닐 수 있다. 티나무는 날 수 있지만 마지못해하면서 날며, 위협을 받으면 매우 빨리 날아오를 수 있는 호로새와 달리 잘 날지 못한다. 티나무는 몸집에 비해서 심장이 작기 때문에 오래 달릴 수 없다. 이 생존자들이 생명의 나무의 더 높은 곳에서 나온 더 화려한 동료들과 함께 드러나지 않게 계속 살고 있는 것을 보니 기쁘기 한량없다. 다양한 생명으로 충만한 이 우림을 결코 잊지 못할 것이다.

조류의 진화에서 티나무가 특별한 위치에 있다는 것은 현대 분자분석 기술이 입증하기 오래 전부터 알려져 있었다. 찰스 다윈의 옹호자인 토머스 헨리 헉슬리는 일찍이 1860년대에 남아메리카의 이 조류가 타조, 에뮤, 화식조, 키위를 포함하여 대체로 날지 못하는 커다란 새 집단과 유연관계가 있다고 주장했다. 이들은 하늘을 포기한 깃털 달린 두 발 동물이다. 비록 그들 중 일부는 그 점을 보충하기 위해서 무지막지하게 달리지만 말이다. 하늘을 나는 모든 새들이 흉골에 용골 돌기가 있는 반면, 이들은 없다. 용골 돌기는 닭의 두툼한 앞가슴을 세로로 나누는 납작한 칼날 같은 뼈이다. 타조 등 이 날지 못하는 새들을 통틀어 주금류(走禽類)라고 하며, 이륙할 필요가 없으니 강한 가슴 근육도, 그 근육이 붙을 뼈도 필요하지 않다. 그들의 날개는 위축되어서 비행 이외의 다른 목적에 쓰인다. 대조적으로 티나무는 날 수 있고 용골 돌기를 가지고 있다. 그러나 그들은 입천장의 뼈의 구조가 독특하고 원시적이라는 점에서 주금류와 공통점이 있다. 티나무와 주금류는 치조상목(齒鳥上目, Palaeognatha)이라는 더 큰 집단으로 묶인다. "오래된 턱"이라는 뜻의 고대 그리스어에서 나온 용어이다. 이들의 머리 구조가 어떤 의미인지를 놓고 20세기에 학계 조류학자들 사이에서 많은 논쟁이 벌어졌다. 앨런 페두시아 교수를 비롯한 몇몇 학자들은 이 특징이 두 차례 이상 진화했을 수도 있다고 주장했다. 다른 학자들은 원시적인 특징들을 가진 것이 분류와 무관하다고 주장했다. 그러다가 이 새들의 관계에 대한 독자적인 중재방안이 나왔다. 분자서열의 유사성, 특히 미토콘드리아 유전체를 토대로 한 계통수였다. 2000년 이후로 몇 가지 분석이 나왔으며, 그것들은 티나무와 주금류를 한 집단으로 묶는다. 알껍데기의 세부 구조 연구도 그렇다고 말한다. 형태를 토대로 하든 유전자를 토대로 하든 간에 거의 모든 분석은 티나무가 생명의 나무의 아래쪽 가지에서 출현했다고 말한다. 이 밋밋한 새들은 조류의 역사의 가장 깊은 곳에 뿌리를 둔다. 그러나 주금류 내에서도 날지 못하는 새들의 관계를 놓고 몇 가지 판본이 경쟁한다. 키위가 생명의 나무의 높은 곳에서 출현했다는 분석도 있고, 아래쪽에서 출현했다는 결과도 있다. 독특한 "코"는 말할 것도 없고 날개를 완전히 잃고 깃털도 변형된 키위는 궁극적으로 어디에 끼워지든 간에 오랜 기간 독자적인 경로로 진화한 것이 분명하다.

티나무가 조류의 진화의 나무에서 뿌리 가까이에 놓인다고 보면, 조류의 진화의 일부분을 눈앞에 그려볼 수 있다. 첫째, 키위와 에뮤, 그 친척들의 비행능력 상실은 **이차적으로** 진화한 특징이라고 추론할 수 있다. 새는 원래 날았으며, 나중에야 두 다리로 평원을 돌아다녔다. 티나무는 키위나 에뮤보다 초기 새를 더 잘 대변한다. 일단 비행능력을 상실하면, 비행과 관련된 무거운 근육은 더 이상 필요하지 않으며, 흉골도 줄어든다. 그 결과로 나온 날지 못하는 큰 새는 강인한 동물이다. 에뮤는 작은 뇌의 통제를 받으며 육중한 다리로 지탱되는 깃털 달린 위장이라고 해도 과언이 아니다. 에뮤가 당신의 샌드위치를 원한다면, 그 것을 낚아채서 달아날 것이고, 에뮤는 당신이 숫자 퍼즐을 맞추는 것을 도울 수가 없다. 둘째, 티나무는 독특한, 그러나 정교하지는 않은 소리를 낸다. 음악은 새다움을 정의하는 한 특징인 듯하다. 그 뒤의 진화는 이 재능을 갈고 닦아서 나무에 앉은 명금류(鳴禽類)의 경이로울 만큼 정교한 음악을 빚어냈다. 이것은 새의 조상도 일종의 음악적 소리를 냈던 것이 아닐까 하는 궁금증을 낳는다. 셋째, 일부 멸종한 주금류도 이 이야기에 들어맞는다. 앞에서 뉴질랜드의 유조동물을 이야기할 때 모아를 잠깐 언급했었다. 모아는 거대하고 위엄 있는, 날지 못하는 커다란 새의 결정판이었다. 그렇다고 해서 그런 특징들이 전멸을 막아주지는 못했다. 특히 인류의 손 앞에서는 불가항력이었다. 마다가스카르의 코끼리새(Aepyornis)도 비슷한 운명을 맞이했다. 최대 17세기 중반까지 잘살고 있다고 기록되었지만 말이다. 코끼리새는 육중한 타조와 비슷했으며, 사람보다 키가 더 컸다. 내가 일하는 런던 자연사 박물관에는 초창기에 연 전시회의 표본들 중 극소수가 남아 있는데, 그중 하나가 전 세계에서 모은 새의 알이다. 가장 작은 것부터 가장 큰 것까지 전시가 이루어졌다. 가장 작은 알은 내가 운무림에서 본 벌새들 중 하나의 것이다. 가장 큰 것은 부피가 달걀 150개에 해당하는데, 코끼리새의 알이다. 어린이들은 이 괴물 앞에서 믿지 못하겠다는 표정을 짓는다. 원주가 1미터가 되니, 한 가족과 친척들이 모여 한 끼 식사를 하기에 충분했을 것이다. 이 새가 한 세기 더 넘게 살아남았다면, 어떤 상업적 가능성이 열렸을지 상상해보라! 안타깝게도 코끼리새는 오룩스(제9장 참조)와 마찬가지로, 나의 이야기에서 "가까스로 놓친 생물"이 되었다.*

멸종의 한 상징인 도도(dodo)는 마다가스카르의 코끼리새만큼 오랫동안 모리셔스 섬에서 생존했던 날지 못하는 새였다. 언뜻 보면 도도도 주금류로 여길 만하다. 거대한 부리를 가진 종류가 다른 왜소한 형태라고 말이다. 도도의 온전한 표본이 있는 박물관은 없다. 도도 개체군이 야생에서 빠르게 줄어들 무렵에, 영구 보관소로서의 박물관이라는 개념은 아직 유아기에 있었다. 도도의 표본을 채집할 생각을 한 사람은 아무

---

* 여기서 최근(2010)에 발표된 분자연구 결과를 언급하지 않을 수 없다. 주금류가 몇 차례에 걸쳐서 따로따로 비행능력을 잃었을 수 있다는 것이다. 몇몇 새는 공룡이 멸종한 뒤에 경쟁과 위험이 사라진 데에 자극을 받아서 독자적으로 땅에 사는 습성을 획득했을지도 모른다. 따라서 비록 티나무가 밑동 근처에 있는 것은 분명할지라도, 조류의 계통수가 다시금 그려질 수 있을 가능성은 여전히 남아 있다.

멸종한 도도는 모리셔스 섬의 상징이 되었다. 모리셔스 호텔의 재떨이에 그려진 도도 그림.

도 없었다. 런던 자연사 박물관에 전시된 표본은 사실 가짜이다. 많은 박물관에 비슷하게 재구성한 전시물들은 얀 사베리(1651) 등이 그린 그 림에 토대를 둔 것들이었다. 식탁에 올릴 칠면조처럼 아주 살진 모습의 새였다. 최근에는 사로잡혀 키워지면서 부자연스럽게 포동포동해진 새 를 토대로 한 그림일 수도 있다는 연구 결과가 나왔다. 실제로는 더 홀 쭉한 새였을 가능성이 높다. 과학에는 다행스럽게도, 옥스퍼드 대학교 박물관에 미라가 된 도도의 머리가 살아남았다. 이 표본은 존 트레이즈 캔트가 17세기에 템스 강 남쪽, 런던 램버스 자치구에 만든 이른바 "방 주"에 넣기 위해서 구한 것이었다. 그것을 영국 최초의 공공박물관으로 보아야 한다는 주장도 있다. 트레이즈캔트의 수집품은 나중에 일라이어 스 애시몰이 옥스퍼드 대학교 박물관을 위해서 수집한 물품의 일부가 되었고, 덕분에 도도의 머리 미라도 살아남아서 자신의 이야기를 전할 수 있게 되었다. 이 표본에 보존된 DNA를 연구한 최근의 자료는 도도가 주금류가 아니라 사실은 비둘기과와 유연관계가 있다고 입증했다. 즉, 도도는 날지 못하는 거대한 비둘기였다. 그리고 진화적으로는 곁가지였다. 도도는 오랜 기간 섬 서식지에 격리된 탓에 비행의 필요성을 잃은 새의 또 하나의 사례이다. 그리고 그 멸종한 새의 옥스퍼드 표본은 박물관이 중요함을 예증하는 더할 나위 없는 역사적 사례이다.

도도는 흥미롭기는 하지만, 이야기가 곁가지로 흐른 셈이다. 그보다는 티나무가 조류의 진화의 주된 줄기에 명백히 더 가까이 놓인다. 화석 새인 시조새(*Archaeopteryx*)는 쥐라기 말(1억4,600만 년 전)의 것이므로 현재 독일에 속하는 따뜻한 석회질 석호를 가로지른 오래 전에 멸종한 새의 마지막 비행과 티나무를 연결하는 끈이 분명히 있다. 그리고 그 석호는 투구게가 후대를 위해서 갇힌 바로 그곳이다(34쪽 참조). 이 "최초의 새" 화석은 지금까지 10여 점이 발견되었는데, 깃털과 엉성하게 발달한 용골 돌기, 파충류 조상에게서 유래한 이빨을 가지고 있다. 최근에 머리뼈 속을 컴퓨터 단층 촬영해보니, 그 화석이 조류와 비슷한 뇌를 가지고 있었음이 드러났다. 그리고 시조새가 새처럼 생기고 새처럼 날았다고 한다면, 그것은 분명히 새였다. 비록 효율적으로 잘 날았을 것 같지는 않지만 말이다. 신기하게도 한때는 시조새를 새로 분류하는 데에 중요한 특징으로 간주되었던 깃털은 이제 더 이상 그렇게 중요하게 간주되지 않는다. 최근 수십 년 사이에 깃털을 가진 다양한 공룡이 발견되었다. 특히 중국에서였다. 그들을 기술하기 위해서 "공룡새(dinobird)"라는 멋없는 용어도 만들어졌다. 그들의 깃털은 원래 비행이 아니라 단열용이었고, 장식용으로도 쓰였을 가능성이 매우 높다. 나는 조숙하게 줄무늬와 얼룩무늬 깃털로 치장하고 날쌔게 달리는 작은 공룡들이 싸움닭들처럼 겨루는 모습을 즐겨 상상한다. 브리스톨 대학교가 새롭게 재구성한 모습은 깃털 달린 공룡이 정말로 화려한 색깔을 띠고 있었음을 입증한다. 이 모든 새로운 발견들은 조류가 비교적 팔이 길었던 가벼운 수각류(獸脚類) 공룡에서 유래했다는 개념을 강화하는 역할을 했다. 20년 전 내가 처음 이 이론에 관해서 글을 쓸 무렵에는 논란이 분분했지만, 지금은 거의 그쪽으로 굳어졌다. 과학의 발전은 그런 것이다. 진화는 대개 그런 식으로 이루어진다. 즉, 한 목적을 위해서 출현한 특징이 전혀 다른 용도로 전용되는 것이다. 그리고 깃털은 진화에서 두 차례 이상 출현했을 것 같지 않다. 깃털은 매우 복잡한 구조라서 자연의 한순간의 변덕으로 창안될 수 있는 것이 아니다. 실험 모델링은 사지 전체에 깃털이 달린 가벼운 공룡이 효율적인 활공자였음을 시사한다. 즉 진정한 비행을 향한 중간단계에 해당한다. 따라서 (진화에서 마찬가지로 흔한) 괴팍해 보이는 경로를 택함으로써 여러 새는 이차적으로 비행능력을 잃었다. 그래서 현재 타조는 선조들이 했던 식으로 다시금 땅 위를 활보하며, 에뮤의 각질 발은 알로사우루스의 발 못지않게 볼품없는 발자국을 남긴다. 조류는 파충류 친척들을 좌절시킨 사건인 6,500만 년 전 백악기 말의 대량멸종에서 살아남았다. 따라서 공룡은 전멸한 것이 아니다. 그저 날아서 달아났을 뿐이다. 혹은 걸어서 달아났거나.

　시조새에서 현대의 조류로 나아가는 여정은 여전히 길다. 현생 조류는 공룡의 후손집단으로서 깃털이 있으며, 무엇보다도 높은 체온과 2심방 2심실로 된 심장이 특징이다. 그들은 현재 가장 성공한 육상 척추동물이라고 주장할 수 있다. 아무튼 명금류(참새목)만 해도 포유류 중 가장 다양한 집단인 설치류보다 종이 2배나 더 많다. 온혈은 털이 난 동물과 깃털이 난 동물을 하나로 묶는 특징이며, 그것이 바로 그 둘이 이 장에서 함께 다루어지는 이유이다. 현생 조류와 유연관계를 보이는 조류 화석은 백악기까지 이어지므로, 우리는 현생 조류의 조상이 대형 공룡들이 경관을 쿵쿵 짓밟고 다닐 때 나무 사이로 날아다녔다고 확신할 수 있다. 조류 전체는 생존자이다. 치조상목의 새는 약 1억 년 전에 나머지 조류와 갈라졌다고 여겨지므로, 티나무의 소리를 들을 때 우리는 진정으로 고대의 역사를 엿듣는 것이다. 주금류는 남아메리카(레아), 아프리카(타조), 마다가스카르(코끼리새), 뉴질랜드(모아), 오스트랄라시아(에뮤, 화식조)에 살기 때문에, 그들의 분포는 옛 곤드와나 대륙을 말해준다. 이 책의 다른 몇몇 생존자들처럼, 그들도 예전 세계가 쪼개지기 이전 시대에 뿌리를 두고 있으며, 쪼개져서 움직이는 대륙을 타고 현재의 위치로 이동했다. 시조새와 현생 조류상의 기원 사이에는 수천 년이라는 간격이 있다. 백악기의 그 기간 동안 수많은 종류의 새들이 번성하다가 후손을 남기지 못하고 사라졌다. 대양 서식지에 정착하는 데에 성공한 헤스페로르니스(*Hesperornis*) 같은 큰 이빨을 가진 새들은 잠수하여 물고기를 잡는 쪽으로 분화했고 비행능력을 잃었다. 그들은 전반적으로 부비새류(gannet)를 닮았으며, 부비새류처럼 물속에서 물고기를 잡으며 살았다. 대양에서 살았기 때문에, 헤스페로르니스의 화석이 고대 새들 중에서 흔한 편에 속한다고 해도 놀랄 일은 아니다. 펭귄이 미래의 언젠가 지층에 덜컥 갇혔다가 타르그 행성에서 마침내 지구에 도달한 외계인 고생물학자의 눈에 띈다고 상상해보라. 퇴적물은 해양동물을 기꺼이 받아들여 영구히 보전한다.

에난티오르니스아강(Enantiornithine)은 상황이 다르다. 그들도 대부분 이빨이 있는 조류이며, 날개를 구부릴 수 있지만, 많은 종들은 몇 개의 뼈만이 알려져 있을 뿐이다. 그들은 참새만 한 작은 것부터 독수리처럼 큰 포식자에 이르기까지 몸집이 다양하다. 바다에 사는 것도 있었고, 숲, 강어귀, 연못에 사는 것도 있었다. 그들을 묘사하기 위해서 이 학명을 쓰니 기쁘다. 런던 자연사 박물관의 나의 동료 시릴 워커가 만든 용어이기 때문이다. 그는 어깨뼈와 오훼골(烏喙骨)의 독특한 연결방식이 이 집단을 정의하는 특징임을 알았다. 시릴은 헤스페로르니스처럼 멸종한 자연사학자 부류에 속했다. 그는 주로 독학을 했기 때문에 관습에 얽매이지 않았다. 시릴은 다른 많은 과학자들이 간과한 단편적인 화석들을 연구하여 자신의 결론을 이끌어냈다. 에난티오르니스아강이 대단히 다양했다는 사실은 공룡이 육상 생물권을 지배하던 시기에 조류가 이미 진화하여 대단히 다양한 삶을 살았음을 입증한다. 조류는 포유류보다 앞섰고, 포유류는 공룡이 멸종한 뒤에야 모이 쪼는 순서(pecking order)의 더 상위단계로 올라설 수 있었다. 사실 모이 쪼는 순서라는 말은 아마 부적절할 것이다. 순서를 강요할 부리가 아예 없으니, 사실상 쪼는 순서라는 것도 있을 수 없다고 주장할 수 있다.

깃털 달린 공룡이 새처럼 노래할 수 있었을까? 백악기 경관에 그들의 노래가 울려퍼졌다는 생각은 매혹적이며, 그들의 조숙한 깃털에 걸맞은 목소리를 상상할 수도 있다. 안타깝지만 실제로 그랬을 것 같지는 않다. 티나무의 소리는 음악적이기는 해도 단순하다. 물론 종마다 소리가 다르므로, 분명히 유용하다. 명금류의 복잡한 선율을 이루는 노래는 기관의 아래쪽에서 복잡한 음악을 만드는 기관인 울대가 정교해진 것과 긴밀하게 연관이 있는 후대의 진화적 특징일 가능성이 높다. 지저귐도 속귀에 그것을 듣고 해석하는 수용체가 있어야 하므로, 속귀 구조가 복잡한지 여부가 정교한 노래를 들을 수 있는지를 시사한다. 시조새의 속귀를 컴퓨터 단층 촬영하여 얻은 모형을 보면, 파충류의 귀보다는 새의 속귀 구조를 더 닮았지만, 진짜 가수인 참새목(명금류)의 더 복잡한 속귀 구조에는 결코 미치지 못한다. 새의 조상이 단순한 소리를 냈을 가능성은 있지만, 아침의 합창은 없었을 것이다. 그렇다고 백악기에 음악이 아예 없었다는 말은 아니다. 현생 참새목에서 가장 원시적인 종류는 "뉴질랜드 굴뚝새"이다. 그중에서 흰배뉴질랜드 굴뚝새(rifleman bird)는 잘 날지 못하는데도 남섬과 북섬 양쪽에서 비교적 흔하다. 그 친척들 중 몇 종은 인간이 도착한 이후로 멸종했으며, 덤불뉴질랜드 굴뚝새(bush wren) 한 종은 비교적 최근인 1972년에 마지막 개체가 숨을 거두었다. 흰배뉴질랜드 굴뚝새는 조심성이 많은 작은 새로, 녹색이나 갈색을 띠고 있다. 아마 그래서 영국에서 온 정착민들이 이 새를 "굴뚝새"라고 불렀을 것이다. 사실 이 새는 유럽의 굴뚝새와 유연관계가 가깝지 않다. 유조동물이나 투아타라처럼, 이 새도 뉴질랜드의 생존자 중 하나이다. 나는 뉴질랜드의 토착림을 걸을 때 내 발에 낙엽이 밟히면서 작은 곤충들이 뛰쳐나오는 바람에, 뒤따라 이 매혹적인 작은 새가 튀어나오는 것을 잠깐 본 적이 있다. 이 새의 짧게 찌르르 우는 소리를 크게 음악적이라고 할 수는 없을 것이다. 일부 전문가는 뉴질랜드 굴뚝새가 참새목 진화 계통수의 바닥에 놓이는 것이 그들이 주금류처럼 곤드와나에서 기원했음을 시사한다고 믿는다. 이 이론에 따르면, 뉴질랜드 굴뚝새는 약 8,000만 년 전 곤드와나 초대륙이 쪼개질 때 일종의 피신처가 된 그 섬에 실려 있었을 것이다. 그것은 백악기 때 이미 참새목이 공룡과 함께 살고 있었음을 의미한다. 반면에 다른 전문가들은 5,000만 년 이전의 지층에서는 참새목의 화석이 발견되지 않고 있다는 점을 그 집단이 더 나중에 기원했다는 증거로 본다. 공룡이 멸종한 지 한참 뒤에 기원했다는 것이다. 그러나 작은 새는 뼈가 허약해서 화석이 언제나 드물며, 찾기가 어렵다고 반박할 수도 있다. 아마 과학자들이 "유망한 화석층"을 아직 찾아내지 못했기 때문일 수도 있다. 일찍 기원했다는 이론이 옳다면, 작은 명금류는 공룡이 아래에서 나뭇잎을 뜯거나 싸우고 있을 때 나무 꼭대기에서 돌아다니고 있었을 것이다. 새들은 역사상 최초로 새벽을 음악으로 환영하면서, 가장 큰 육상동물들을 깨워서 평원을 돌아다니게 했을 것이다. 나는 후대 고생물학자들이 지질 망치로 이 상상을 역사로 만드는 행운을 얻기를 바란다.

9

섬과 얼음

지금 우리는 생명의 나무의 꼭대기에 다가가고 있다. 약 10만 년 전, 한 호미닌 조상의 집단에서 우리 종이 출현한 시기로 말이다. 이 책에서 언급한 다른 시대와 마찬가지로, 다사다난한 시대였다. 심한 빙하기가 찾아와서 많은 동물들이 얼어붙는 기후가 부과한 새로운 도전과제에 대처하기 위해서 진화해야 했던 시기였다. 얼음의 직접적인 영향을 받지 않은 채, 수천 년 동안 고립된 세계 곳곳의 섬에서 진화는 창조작업을 계속했다. 이런 오염되지 않은 에덴 동산에서 경이로운 종들이 출현했다. 그러나 지금 인류는 한때 동떨어져 있던 이 모든 곳들을 침입했다. 그래서 지구의 겉모습을 바꾸면서 새로운 땅을 찾는 인간의 유례없는 침략에 대처하는 동물들의 또다른 생존 이야기를 하지 않을 수 없다.

마요르카 섬의 유서 깊은 도시 라스팔마스의 지중해 연안에는 아파트와 호텔이 끝없이 펼쳐져 있다. 5-6층짜리 건물마다 산들바람을 느끼며 멋진 바다 전경을 보기 위해서 발코니가 달려 있다. 그 결과 바다에서 보면, 발코니와 테라스의 벽이 끝없이 이어지면서 이따금 금송(金松)이 몇 그루 서 있는 역설적인 경관이 펼쳐진다. 사이사이에는 요트가 가득 들어서 있는 작은 만이 있고, 뒤쪽으로는 술집들이 있다. 꽃이 만발한 해변의 별장지대 같다. 화려한 구역도 있고 저속함으로 악명이 높은 구역도 있다. 거의 1분마다 항공기가 더 많은 이들을 데리고 온다. 마요르카의 더 옛 모습이 드러나는 시골길로 들어서자 왠지 갑갑하던 마음이 풀린다. 드넓은 풍경에 작은 풍차의 안타까운 잔해가 점점이 보인다. 곡식을 빻는 용도가 아니라 물을 끌어올리는 데에 쓰이던 것들이었다. 지금은 기계가 더 효율적으로 그 일을 하고 있다. 적어도 당분간은 말이다. 경관은 주로 석회암이다. 오래된 건물들은 석회암으로 지어졌고, 자연환경과 잘 어울린다. 섬 중앙은 평지로서 경작이 이루어지고 있지만, 요트나 햄버거에 밀려서 농업은 더 이상 경제의 주요 요소가 아니다. 반세기 전에는 농민이 12만5,000명이었지만, 지금은 1만 명도 되지 않는다. 섬은 초기 여행자들에게는 전혀 다르게 보였던 것이 분명하다. 부자들의 파티에서 칵테일을 마시며 빈둥거리던 트림이라는 사람이 쓰고 동네에서 인쇄한 얇은 책 『트림의 마요르카 안내서(*Trim's Majorca Guide*)』 (1954)에는 부르주아의 리조트로 몰려가는 수상쩍으면서 다소 별난 군중의 모습이 묘사되어 있다. 트림은 우리에게 즐거움을 선사하지만, 나는 그것이 산업화한 관광이 등장하기 이전의 시골 경제를 언뜻 보여주는 날조물이 아닐까 하는 의심이 든다. 트림은 아몬드가 "농부의 친구"라고 말한다. "1년에 한 차례 장대로 가지를 두드려서 아몬드를 떨어낸다. 떨어진 아몬드를 모아 집으로 가져온다. 이것이 아몬드 농사이다." 그는 또 이렇게 말한다. "마요르카에는 올리브나무도 많다. 1년에 한 차례 올리브나무로 가서 장대로 가지를 쳐서 올리브를 떨군다. 마요르카에는 길쭉한 콩이 열리는 나무인 알가로바(algarroba)도 자라는데, 1년에 한 차례 장대로 가지를 쳐서 콩을 떨군다." 아몬드, 올리브, 알가로바는 지금도 난다. 엉성하게 돌벽으로 둘러싼 밭이 곳곳에 흩어져 있다. 나는 그것들을 재배하려면 트림이 말한 것보다는 훨씬 더 정성을 쏟아야 하지 않을까 생각한다. 모두가 차를 모는 현재, 노새는 사라지고 없다. 오늘날 평원에서 가장 기름진 땅에서는 유럽 시장에 내다팔 감자를 키우고 있지만, 소규모 포도원에서는 아직 지역 특산 포도주를 빚고 있다. 섬은 과거 수세기보다 지난 50년 사이에 더 많이 변했다. 이 농사도 조금 짓고 저 농사도 조금 짓는 농부들은 아마 살아 있는 화석으로 간주되고 있을 것이다.

섬의 북쪽 끝에는 긴 산맥인 시에라 데 트라몬타나가 놓여 있다. 몇 군데 명승지를 빼고 아직 사람의 발길이 거의 닿지 않은 험한 산악지대이다. 이리저리 급격하게 굽은 도로는 향긋한 토종 소나무 숲을 지나서 고개에 이른다. 멀리 산비탈에 버려진 땅이 보인다. 농민들이 다른 곳으로 떠났기 때문이다. 오래된 올리브 과수원이 아직 남아 있다. 속이 비거나 쪼개지거나 비틀리거나 심하게 굽은 나무들이 많지만, 그래도 여전히 왕성하게 작은 회녹색 잎을 피워서 수관(樹冠)을 만들고 있다. 이들은 이곳에서 오랫동안 버텨왔다. 길을 넓힐 때 베어졌어도, 회색 그루터기는 새로운 싹을 낸다. 뿌리는 한없이 깊이 내려간다. 캐럽 나무(Carob tree) — 트림의 알가로바— 는 갈라진 더 큰 잎으로 훨씬 더 빽빽한 수관을 형성하므로, 행인의 머리 위에 울퉁불퉁하게 매달려 있는 길쭉한 꼬투리에 든 콩을 만들 뿐 아니라 그늘을 드리운다는 점에서도 환영을 받는다. 소나무 숲으로 들어가는 보도가 시작되는 지점에 우거진 석회질 토양에서 잘 자라는 히스(Erica carnea) 덤불은 지질이 어떤지를 증언한다. 많은 식물들은 초식동물을 물리치기 위해서 가시를 가지고 있으며, 메마른 비탈에 자라는 사철가시나무(holly oak)는 밝은 햇빛에 거의 검게 보인다. 한 특이한 암석층이 산맥의 남쪽 경관의 대부분을 차지하는 거대한 노란 절벽을 이루고 있다. 절벽 위에는 중세에 성채와 수도원이 자리했다. 큰 도로 저편에 보이는 유츠 수도원에서는 회색 석회암이 풍화되어 부식되고 홈이 파인 뾰족한 탑들이 겨울비가 억수처럼 퍼붓는다는 점을 입증하고 있다. 물은 급류를 이루며 산맥 아래로 빠르게 흘러내리는데, 물줄기는 5월이 되면 완전히 말라붙는다. 흘러내린 빗물은 이윽고 땅속으로 모두 스며든다. 지하로 스며든 물은 결국 평원에 이르고, 그곳에서 퍼올려서 얼음으로 만들어져 트림의 칵테일에 들어간다.

그러나 시에라 데 트라몬타나에는 물이 체류하는 곳이 몇 군데 있다. 하천 바닥이 석회암 암반일 때에만 이런 일이 일어날 수 있다. 소중한 흐르는 물이 지하로 스며나가는 갈라진 틈과 연결부위가 없는 유달리 큰 암반이 있는 곳이다. 천연 연못이 만들어지려면, 하천 바닥이 깊어져서 돌개구멍이 형성되고, 위에 암반이 튀어나와서 어느 정도 그늘을 드리워 증발속도를 늦추면 더 좋다. 대개 바위가 움푹한 곳에 갇혔다가 겨울비에 물살을 따라 계속 돌면서 바닥을 깎아내는 곳에서만 그런 돌개구멍이 생긴다. 이런 물웅덩이는 지중해의 큰 섬 안에 영구히 젖어 있는 작은 섬이라고 할 수 있다. 그리고 살아 있는 화석인 마요르카 산 파두꺼비(*Alytes muletensis*)에게 서식지를 제공하기도 한다.

이번에는 살아 있는 화석이라는 용어를 사용하는 데에 어떤 전제조건을 깔 필요가 전혀 없다. 이 특별한 두꺼비종은 실제로 현생 동물이 발견되기 전에 화석에 먼저 학명이 붙여졌기 때문이다. 원래 1977년 J. 산체스와 R. 아드로베르가 마요르카의 소예르 근처 물레타 동굴에서 발견한 뼈를 토대로 기재했다. 양의 친척인 미오트라구스(*Myotragus*)라는 기이한 동물(멸종했다)의 뼈 화석이 유달리 많이 발견된 곳이었다. 그런데 과거에 채집하여 박물관에 소장된 현생 두꺼비 표본들과 비교하니, 그 "화석"이 5,000년 전 함께 살던 포유동물들이 멸종할 때 살아남아서 그 은밀한 장소에서 살아가고 있다는 것이 분명해졌다. 그리고 1979년, 그들은 야생에서 재발견되었다. 나는 그 두꺼비가 미오트라구스와 같은 운명을 맞이하기 전에 만나보아야 했다.

사무엘 피냐는 마요르카 출신으로서, 그의 아버지는 섬의 야생버섯

요리 전문가로 유명했다. 사무엘은 이 두꺼비를 박사논문 주제로 삼고 연구 중이다. 이 두꺼비는 멸종위기에 처한 "적색 목록"에 들어 있는 종으로서 철저히 보호를 받고 있다. 이 책에 언급한 모든 사람들처럼, 그도 금전적인 이득보다는 연구대상에 대한 열정 때문에 연구를 하며, 낮에는 환경 공무원으로 근무하면서 두꺼비들이 살고 있는 서식지를 꾸준히 지켜본다. 그는 매우 건장하다. 두꺼비의 외진 은신처를 찾아내려면, 가파른 석회암 비탈을 늘 오르내려야 하기 때문이다. 나보다 체격이 훨씬 더 좋은 것은 틀림없다. 트라몬타나 자락의 한 전통 농장이 그런 서식지 중 한 곳을 찾아가는 관문이 된다. 잘 살아남은 듯한 이 농장도 실상은 그렇지 않다. 지주가 생태에 관심이 있는 스위스 은행가이기 때문이다. 아무튼 캐럽 나무 밑 주변을 신나게 파헤치는 돼지 몇 마리, 돌벽으로 둘러싸인 밭에서 건초를 우물거리는 말, 옹이투성이 올리브나무를 보니, 기분이 좋다. 사무엘은 농부와 옛 마요르카 말로 내가 알아들을 수 없는 이야기를 잠깐 나눈다. 6월이라서 예상대로 하천 바닥이 완전히 말랐다. 우리는 하천 바닥을 따라서 산비탈로 향한다. 가장자리를 따라서 작은 깃털 먼지떨이처럼 하얀 꽃들이 핀 도금양 덤불이 군데군데 늘어서 있다. 그들의 깊은 뿌리는 분명히 어떤 숨겨진 수원(水原)에 닿아 있을 것이다. "급류"의 바닥을 이루는 연한 석회암 돌들은 크고 둥글다. 물이 잠시 격렬하게 흐를 때면 그럴 것 같지 않은 커다란 돌까지 들려서 구르고 이리저리 부딪히면서 모서리가 둥글게 깎일 것이다. 곧 우리는 바위 위를 이리저리 건너뛰어야 하는 처지가 된다. 그런 뒤 골짜기가 좁아지면서 오르막이 시작된다. 우리의 안내자는 좁은 골의 한쪽에서 반대편으로 능숙하게 뛰고 바위가 튀어나온 부위를 잡고 하면서 빠르게 올라간다. 뒤따르는 이들은 꽤 꼴사납게 실수를 저지르지만, 헐떡거리고 미끄러지고 하면서 어떻게든 그에게 따라붙는다. 석회암 지형은 발을 디딜 만한 틈새와 균열로 가득해서 등반가에게 비교적 우호

적이다. 참으로 다행이다. 오르는 도중에 사무엘이 비탈에 마치 방석처럼 붙어 자라는 흥미로운 토착식물을 가리킨다. 바위에서 아주 작은 야자나무가 불쑥 솟아난 듯하다. 오르막길이 한없이 이어지는 것 같다. 커다란 까마귀들이 다가와서 시신이라도 생기면 쪼아 먹겠다는 듯이 쳐다본다. 그때 사무엘이 멈추고, 귀를 기울이라는 신호를 보낸다.

금속조각이 수면에 떨어지면서 내는 듯한, 특이하게 "짤그랑거리는" 소리가 들린다. 이 음악적 소리는 타악기를 두드리는 음으로 몇 차례 조금 연속적으로 이어지면서 마치 어떤 별난 현대음악처럼 들린다. "페레레트(ferreret)예요." 사무엘이 말한다. 산파두꺼비의 이 지역 이름이다. 대장장이라는 뜻인데, 페레레트가 반복하여 내는 소리가 모루를 두드리는 소리 같아서 그런 것임을 쉽게 상상할 수 있다. 갑자기 소리의 근원지인 연못이 바로 눈앞에 나타난다. 연못은 지름이 몇 미터에 불과하고 그다지 깊지도 않으며, 작은 골짜기 안에 들어 있다. 이 메마른 높은 산 위에서 물이 고여 녹색 연못을 만들고 있는 것을 보니 놀랍다. 우리가 와 있어도 짤그랑거리는 듯한 소리는 계속된다. 아무튼 개골거리는 소리는 결코 아니다. 연못 속을 들여다보니, 놀라운 광경이 눈앞에 펼쳐진다. 상상할 수 있는 가장 큰 올챙이들이 헤엄치고 있다. 내 엄지손가락보다 긴 것도 있다. 상대적으로 앙상해 보이는 꼬리가 올챙이답게 좌우로 움직이면서 커다랗고 불룩한 머리를 앞으로 밀어낸다. 올챙이들은 연못 가장자리에 뒤덮인 조류와 세균을 뜯어 먹느라고 바쁜 모습이다. 가장 큰 한두 마리는 수면에서 공기를 "빨아 마시는" 듯하다. 그 외에는 매우 크고 검은 수서곤충들만이 보이며, 그들은 규칙적으로 연못 수면으로 올라와서 공기 방울에 새로 산소를 넣는다. 그러면 한 번에 최대 3분까지 잠수할 수 있다. 이 곤충은 포식자이며, 우리는 곧 연못 바닥에 놓여 있는 죽은 올챙이에게 무슨 일이 벌어진 것인지 명확히 알아차린다. 굶주린 수서곤충과 싸워서 진 것이다. 시체들은 싸워서 여기저기 물어뜯긴 모습이었다. 이 작은 연못은 자체의 생산자, 초식동물, 포식자를 가진 축소판 생태계, 상상할 수 있는 가장 작은 세계이다.

사무엘은 페레레트 성체가 숨어 있는 어두컴컴한 틈새를 찾아내기 위해서 위쪽이 튀어나온 바위 밑의 틈새를 들쑤시며 돌아다닌다. 성체는 길이가 몇 센티미터에 불과하다. 아주 커다란 올챙이에 걸맞지 않게 작아 보인다. 적어도 영국에 사는 두꺼비(*Bufo bufo*)의 생활사에 익숙한 사람에게는 말이다. 또 매우 귀엽다. 사무엘의 손바닥에 앉아 있는 매우 작은 녀석을 보니, 노란색과 갈색으로 온몸이 얼룩덜룩하고 참새의 발처럼 섬세한 발가락이 눈에 띈다. 놀라는 한편으로 체념한 듯이 보인다. 두꺼비의 무늬는 사람의 얼굴처럼 개체마다 독특하며, 사무엘은 각 두꺼비의 무게를 잰 뒤 사진을 찍어서 개체별로 추적하는 연구도 하고 있다. 녀석의 몸무게는 2-3그램에 불과하며, 두꺼비 신상 파일에 기록된다. 그런 연구를 통해서 두꺼비가 얼마나 오래 사는지 알아낼 수 있고, 그들이 존속하는 데에 주된 위협이 되는 요인들을 찾아낼 수 있을 것이다. 암수는 모습이 매우 비슷하지만, 눈 뒤쪽에 있는 진동을 감지하는 기관인 고막은 수컷이 좀더 크다. 성체는 낮에 열기를 피해서 시원한 돌 틈에 숨어 있다가 어스름이 깔릴 때 나와서 곤충과 쥐며느리를 잡아먹는다. 이 두꺼비의 이름에 붙은 "산파(midwife)"라는 말은 포식자로부터 지키기 위해서 부화할 때까지 수컷이 알을 몸에 업고 다닌다는 사실에서 나왔다. "아내(wife)"가 아니라 남편이 업고 다닌다는 점에서 잘못 붙은 이름이지만 말이다! 유럽 본토의 산파두꺼비 종은 알을 50개까지 운반하지만, 마요르카 종은 매우 큰 알을 많아야 12개쯤 업고 다니며, 기간은 2-3주일 동안이다. 수컷은 낮에 돌 틈에 안전하게 숨어 있다가, 어스름이 깔릴 때면 소중한 짐을 지닌 채 연못으로 돌아온다. 이 특별한 육아 덕분에 그들은 비교적 알을 적게 낳으면서도 생존기회를 높일 수 있다. 이윽고 올챙이는 아빠의 보호에서 벗어나서 작은 수생세계로 나아간다. 사무엘은 성체가 4년 이상 살지 못한다는 것을 입증했다. 그는 2년째가 번식에 대단히 중요한 시기라는 것도 밝혀냈다. 대다수의 개체는 그 정도까지 살기 때문이다. 그러나 일부 올챙이는 2년 동안 산다. 올챙이가 큰 것도 어느 정도는 그 때문임이 분명하다. 작은 연못에서 조류를 뜯어 먹고 사니, 자라는 데에 시간이 걸릴 것이다. 따라서 그들은 많은 알을 낳고 작은 두꺼비를 한꺼번에 쏟아내는 유럽 본토의 종과는 다른 식으로 진화한 듯하다. 한 연못에 갈매기 한 마리가 빠져 죽었는데, 올챙이들이 달려들어 뜯어 먹었다. 그들은 금세 엄청난 크기로 자랐다. 나이 든 올챙이는 7월 말에 성체로 탈바꿈하며, 조금 더 자란 뒤에 짝을 유혹하기 위해서 짤그랑거리는 소리를 내기 시작한다. 우리가 살펴보고 있는 연못은 페레레트가 200마리쯤 살아갈 수 있는 듯하다. 사무엘은 다른 연못을 8군데 더 연구하고 있으며, 모두 시에라 데 트라몬타나에 있다. 현재 산파두꺼비는 이 산맥에만 남아 있다. 원래 페레레트는 11개 연못에만 있었는데, 새로운 연못에 풀어놓아서 지금은 약 35군데 연못에 살고 있다. 올챙이와 성체의 비율은 약 10 대 1이다. 사망은 주로 탈바꿈을 하고 나서 성체가 번식할 기회를 얻기 전에 일어난다. 총 개체수는 약 3,000-4,000마리로서, 영국의 큰 시골마을의 인구와 비슷하다. 종이 생존할 만큼 많은 수가 아니다.

그리고 페레레트에게는 적이 있다. 가장 무자비한 적은 유럽 유혈목이(viperine snake)로서, 로마인이 마요르카에 들여왔다. 이 뱀은 물속에 숨어 있기를 좋아하며, 페레레트가 가득한 산 속의 연못을 발견하면 파괴작업이 끝날 때까지 몇 년 동안 죽치고 있다. 사무엘은 뱀이 연못으로 들어오면 올챙이들은 꿈틀거림을 멈추고 바닥으로 가라앉는다고 말한다. 그러나 그렇게 한다고 해서 목숨을 구할 수 있는 것은 아니다. 이 두꺼비 성체는 이베리아 반도의 친척과 달리, 피부에서 역겨운 맛을 풍기지 않는다. 다행히 각 연못은 서로 멀리 떨어져 있으며 뱀조차도 찾기가 힘들다. 그러나 그 점도 문제가 될지 모른다. 최근에 유전조사를 해 보니, 한 급류에 속한 페레레트 개체군들은 서로 유연관계가 있지만, 다른 급류에 속한 개체군들과는 유전적 교환이 거의 일어나지 않는 것으로 드러났다. 일부 물웅덩이(pool)는 말 그대로 유전자 풀(gene pool)이다. 그런 근친교배로 감염이나 해로운 돌연변이에 더 취약해질 수 있다.

가장 좋은 의도로 이루어진 인간의 개입이 뜻하지 않게 피해를 입히기도 했다. 페레레트가 야생에서 발견된 직후에, 희귀한 종을 보존하는 곳으로 유명한 영국의 저지 동물원에서 그들을 포획하여 번식시키려는 계획이 마련되었다. 계획은 성공했고, 그렇게 번식시킨 두꺼비들은 다시 야생으로 돌려보냈다. 그러나 그 결과, 뜻하지 않게 개구리와 두꺼비의 얇은 피부를 공격하는 역겨운 키트리드(chytrid fungus)까지 마요르카에 도입되었다. 이 곰팡이는 전 세계에서 취약한 양서류 종을 대규모로 전멸시키는 원인으로 지목되어왔다. 저지 동물원을 탓할 수는 없다. 그 곰팡이가 발견된 것은 복원 프로그램이 끝난 지 한참 뒤인 1998년이니까. 다행히 야생에서 페레레트는 서로 동떨어져 분포했기 때문에, 키트리드는 자연개체군 사이에서 널리 퍼질 수 없었고, 감염된 채 재도입된 두 개체군 중 하나는 살아남았다. 이 역사는, 자연에 개입할 때는 아무리 신중을 기해도 부족하지 않다는 중요한 교훈을 전해준다.

화석 증거는 이들이 전에는 발레아레스 제도의 다른 섬들에도 더 널리 분포했음을 시사한다. 현재의 분포범위는 크게 줄어든 것이다. 이베리아 반도에는 다른 3종의 산파두꺼비가 있다. 발레아레스 제도와 본토의 격리는 지브롤터 해협이 생기고 지중해가 현재의 모습을 어느 정도 갖춘 약 500만 년 전에 일어났다. 훨씬 더 최근인 플라이스토세 빙하기가 절정에 달했을 때 해수면이 다시 낮아지면서, 제도는 다시 육지와 연결되었다. 오랜 격리상태에서 발레아레스 제도는 독자적인 세계가 되어 있었다. 다른 토착 동물 종들도 진화했다. 땃쥐류, 겨울잠쥐류, 미오트라구스류가 그랬다. 그중에서 페레레트와 몇몇 독특한 발레아레스 도마뱀만이 살아남았다.

　내가 작은 페레레트를 다소 상세히 다룬 것은 그것이 가장 현학적인 의미의 살아 있는 화석이기 때문이 아니라, 섬에서 비교적 격리된 채 진화한 모든 종의 상징이기 때문이다. 페레레트는 본토의 친척 중 하나에서 유래했으며, 그것이 해수면이 솟아오를 때 막 생긴 발레아레스 제도에 고립된 뒤에 일어난 일이었다는 점은 분명하다. 이 두꺼비의 몇몇 특징은 그것이 포식자가 거의 없는 새로운 터전에서 다소 안전하게 살았음을 시사한다. (친척들에게는 있는) 물었을 때 불쾌한 맛을 내는 물질을 분비하는 피하샘을 잃었고, 알에 노른자위가 매우 적으며, 커다란 올챙이로 오래 산다는 점이 그렇다. 모든 생물들이 그렇듯이, 산파두꺼비는 자기 환경에 맞게 진화했으며, 그 전략은 유럽 유혈목이가 들어오기 전까지 잘 먹혔다. 섬의 몇몇 새도 잡을 수 있을 때에는 페레레트를 잡아먹었을 것이 분명하지만, 이 뱀이야말로 전문가였다. 인간이 땅을 경작하고 물을 뽑아 씀에 따라서 페레레트가 살아갈 만한 서식지는 점점 더 줄어들었고, 이윽고 시에라 데 트라몬타나만 남았다. 그저 화석으로만 남았을 가능성도 매우 높았으나 페레레트는 생존자이다. 지금까지는 말이다.

　페레레트 이야기의 골자는 전 세계의 수많은 섬에서 얼마든지 재현될 수 있다. 섬이 동떨어져 있을수록 고립된 역사도 더 길고, 더 많은 고유종이 진화할 것이다. 섬의 크기와 그 안에 "들어갈" 수 있는 종의 수는 비례한다. 간단히 말하면, 섬이 클수록 더 많은 종이 살 수 있다. 갈라파고스와 하와이 같은 외진 화산섬에서는 바람을 타거나 떠다니는 통나무에 실려 헐벗은 섬에 도착한 개척자 종들에 따라서 그 뒤에 어떤 일이 벌어질지가 정해졌다. 진화는 무엇이든 간에 손에 들어오는 재료를 가지고 일했다. 하와이에서는 흔한 초파리가 수십 종의 별난 고유종을 낳았다. 다윈 이후로 과학자들은 갈라파고스의 고유종 핀치들이 채택한 다양한 생활방식을 보면서 경이로움을 느꼈다. 겉보기에는 흔한 참새와 별 다를 바 없는 작은 갈색 새들인 그 핀치류는 모두 한 개척자 조상으로부터 진화했다. 그러나 그들은 메마른 기후나 (아마도 흔한) 먹이자원의 변동이라는 구체적인 도전과제에 대처하면서 섬마다 서로 다르게 진화했다. 피터 그랜트와 로즈메리 그랜트 부부는 영국에는 차 마실 만큼의 시간만 내어 잠깐씩 방문할 뿐, 프린스턴 대학교에 본거지를 두고 평생에 걸쳐서 이 변화를 추적했다. 그들은 한 핀치가 최근에 앉아 있는 바닷새의 가슴을 쪼아서, 피를 통해서 중요한 단백질을 섭취하는 법을 터득했다는 연구 결과를 내놓았다. 섬은 정말로 특별한 곳이다.

그러나 섬은 취약하기도 하다. 격리된 채 진화한 종은 고양이나 쥐나 무성한 잡초가 일상적으로 가하는 위협을 접하지 못했다. 갈라파고스 제도의 몇몇 섬들은 이미 키니네 덤불과 외래종 검은딸기로 뒤덮여서 훼손되었다. 낯선 자들이 자연의 진화실험을 망친 것이다. 아마도 약 2,000년 전일 텐데, 모험심 많은 폴리네시아인들이 하와이에 도착했을 때, 섬의 원초적인 생물 다양성은 영구히 훼손되었다. 토종 꿀새(honeycreeper)의 황금빛 깃털은 곧 대추장의 화려한 겉옷을 만드는 데에 쓰였다. 더 나중에 온 쥐들은 땅에 알을 낳는 날지 못하는 하와이 토종 새들을 모두 전멸시켰다. 그러자 일부 사람들이 잘못된 지식을 토대로 쥐를 잡겠다고 몽구스(mongoos)를 들여왔고, 몽구스는 토착생물들에게 이빨을 들이댔다. 외래종 나무들이 천천히 자라는 토종 나무숲을 대체했다. 격리된 상태에서 진화가 빚어낸 것들 중 상당수는 바깥 세계와 연결되었을 때 자연선택의 작용으로 파괴되었다. 내가 마요르카에 관해서 서술한 내용이 하와이에서는 더 엄청난 규모로 일어났다.

일부 과학자들은 이런 멸종 이야기를 하면 어깨를 으쓱하면서 "안타깝지만 어쩔 수 없는 일"이라는 투로 대꾸한다. 늦든 빠르든 간에 그 일은 일어나기 마련이며, 섬에서는 그런 일이 일어날 것이라고 예상해야 한다는 것이다. 세계에서 두 번째로 큰 피지 장수하늘소를 놓고 왜 슬퍼해야 하는가? 결국 멸종한다고 해도 아무도 모를 텐데? 그리고 그말은 사실이다. 태평양의 어느 섬에서 한 종이 사라진다고 해도, 나머지 세계에는 별 영향이 없다. 아시아의 생태계가 위협받는 것도 아니고, 아프리카 대륙의 섬세한 생태학적 균형에 영향을 미치는 것도 아니다. 화석 기록은 많은 섬의 종들이 장기적으로 살아남을 가능성이 언제나 적다고 말해준다. 미오트라구스와 그 마요르카 동료들을 생각해보라. 그러니 몇 종이 더 사라진다고 해도 별 일이야 있겠는가? 누가 신경이나 쓰겠는가?

그런 어리석은 반론의 답은 페레레트의 이야기에 들어 있다. 페레레트는 단순한 통계 자료가 아니다. 그것은 나름의 흥미롭고 독특한 이야기를 간직하고 있다. 나는 마요르카에 가기 전에는 그 이야기를 알지 못했으며, 당신도 이 책을 읽기 전에는 몰랐을 가능성이 높다. 나는 자연의 자기 장소에서 진화한 모든 생물들이 우리에게 그런 이야기를 들려준다고 주장하겠다. 우리가 그들을 알기만 한다면 말이다. 에드워드 윌슨의 "바이오필리아(biophilia)" 개념은 우리 존재의 깊은 현실일 수 있는 (그렇지 않다고 보는 이들도 있다) 인류 종과 자연계의 타고난 결속을 상정한다. "인류가 다른 살아 있는 생물들보다 훨씬 더 고상하기 때문이 아니라, 다른 생물들이 생명이라는 개념 자체를 고양시킨다는 것을 알기 때문에 인류는 숭고하다"는 그의 말에 반대하지는 않는다. 그러나 나는 한 종의 중요성이 우리 인류가 그것에 어떻게 반응하느냐에 따라서 달라진다는 개념에는 공감하지 않는다. 그것은 자연이 이 특정한 호미닌의 관찰을 통해서만 유효하다는 견해에 동조하는 듯하기 때문이다. 생물은 자기만의 독특한 이야기를 할 자격이 있으며, 전기(傳記, **biography**)라는 용어가 이미 인간의 전용물이 된 것이 아니라면, 나는 그 용어를 문자

그대로 쓰고 싶다. 우리는 멸종이 다른 생태계에 끼칠 "손상"을 통해서 종의 가치를 판단하지 않는다. 우리는 30억 년이 넘는 진화의 산물들을 공리주의 목록으로 서열화할 수 없다. 생물세계의 풍성함은 생물권의 가장 경이로운 특징이며, 아무리 시시하고 사실상 외딴 섬에 동떨어진 것이라고 할지라도 한 생물에게는 이야기할 가치가 있다.

리처드 도킨스는 신작 『지상 최대의 쇼(The Greatest Show on Earth)』에서 섬에 관한 한 가지 강력한 주장을 펼친다. 그는 지표면 전체를 섬들로 이루어진 쪽모이 세공으로 볼 수 있다고 말한다. 예를 들면, 한 산맥이 깊고도 넓은 계곡을 통해서 다른 산맥들로부터 격리되어 있다면, 이 지형은 거기에 사는 생물들에게는 건널 수 없는 대양과 같을 것이다. 어떤 의미에서 각 산맥은 섬이다. 나는 이미 유조동물과 투아타라의 생존을 기술할 때 뉴질랜드 산악지대를 일종의 거대한 고립된 섬이라고 말했었다. 비슷한 방식으로 산맥은 두 개의 커다란 땅덩어리를 나누는 역할을 할 수도 있다. 히말라야 산맥이 인도 아대륙을 아시아의 나머지 지역과 격리시키는 것처럼, 혹은 피레네 산맥이 이베리아 반도와 유럽을 격리시키는 것처럼 말이다. 따라서 경계가 한정된 지역은 (매우 큰) 섬이라고 생각할 수 있다. 종이 그 뒤에 진화하여 이런 아대륙 "섬"의 전형적인 고유종이 된다는 것은 분명한 사실이다. 예를 들면, 이베리아 반도에는 산파개구리 3종뿐만 아니라 고유의 조류, 파충류, 식물류가 있다. 그것은 좋은 지적이지만, 사실 **대양** 섬의 동식물이 가진 특성을 제대로 보여주지 못하는 단점도 있다. 대양 섬의 생물이 큰 본토 지역에서 진화한 생물과 만날 때, 진정한 섬의 종은 늘 최악의 결과를 맞이하는 듯하다. 뒤집어 말하면, 나는 처음에 작은 대양 섬에서 진화했다가 나중에 가장 가까운 본토로 가서 그곳 거주자들과 경쟁하여 이기고 주요 정착자가 된 종의 사례를 결코 찾을 수가 없다. 그러나 인간과 접촉하여 사라진 섬 동식물의 목록은 도도로부터 시작하여 끝없이 이어지며, 지금도 계속되고 있다. 왕립협회에서 조류보호를 위해서 내는 잡지에는 거의 매호마다 몇몇 화려한 색깔을 띤 섬 고유종 조류를 존속시키는 일에 후원해달라고 호소하는 글이 실린다. 날지 못하는 뜸부기(비록 화려한 색깔은 아니지만)를 비롯하여 땅에 사는 새들은 집고양이에게 특히 잡히기 쉽다는 것이 명백한 한편, 많은 명금류와 작은 앵무류는 일반 참새를 비롯하여 섬으로 들어오는 공격적인 침입자에게 적응할 수가 없는 듯하다. 섬의 곤충조차도 식물상의 변화로 굶거나 사라질 위험에 처할 수 있다. 그리고 우리는 뉴질랜드의 고유종을 보호하기 위해서 무엇을 하고 있을까? 우리는 그들을 섬에서 멀리 떨어진 더 작은 섬으로 보낸다. 근본적인 원인이 명백함에도 불구하고, 이런 섬 종의 전멸을 인류의 팽창에 따른 "부수적인 피해"로 치부하는 것은 진화의 경이를 정당하게 평가하지 못한다고 본다. 페레레트 이야기는 운 좋은 생물들 중 하나를 다룬다. 기록되고 가치를 부여받은 생물들의 목록에 한 자리를 차지한 동물 말이다. 아무도 서글퍼하지 않은 채, **생명의 역사**에서 사라진 생물은 얼마나 더 많을까?

산 속 피신처에 있는 페레레트를 떠나기 전에 또 한 가지 놀라운 점을 살펴보자. 페레레트는 생명의 나무에서 아주 높이 달린 잔가지에서 기원했을지도 모른다. 발레아레스 제도가 지질학적으로 최근에 격리되기 이전까지는 없었기 때문이다. 페레레트는 무당개구리과(일부 문헌은 산파두꺼비과라고 따로 분류한다)의 일원이다. 무당개구리과(Discoglossidae)는 아주 오래된 집단이다. 이 동물은 두꺼비라는 올바른 이름으로조차 불리지 않지만, 개구리와 두꺼비가 공통 조상에게서 갈라진 지점에 가까이 놓여 있으며, 대다수의 전문가들은 이 동물이 양쪽 가지 중 개구리 쪽의 가지에 붙는다고 생각하는 듯하다. 원반(disc) 모양의 혀(glossus)를 가진 이 양서류 집단의 화석은 1억5,000만 년 전 쥐라기까지 거슬러올라간다. 페레레트의 조상에 속한 올챙이는 공룡이 걸어서 건너던 물웅덩이에서 자랐으며, 익룡의 먹이가 되기도 했을 것이다. 따라서 비록 페레레트가 높이 달린 잔가지에서 나왔다고 할지라도, 그것은 진화의 나무의 낮은 가지와 이어져 있다. 미래의 어느 시기에 전 세계 양서류에게 많은 비통함을 안겨준 키트리드가 유럽 본토와 아프리카 북부의 무당개구리(고대 "개구리") 친척들을 영구히 없앤다고 상상해보자. 그러면 수수하고 작은 페레레트는 솜즈 섬의 투아타라처럼 격리된 채 보호됨으로써 그 오래된 계통의 마지막 대변자가 될 것이다. 그것은 어느 모로 보나, 살아 있는 화석이다.

작은 섬이 영구 무덤이 된 사례가 훨씬 더 많다는 사실은 분명하다. 그중에 호모 플로레시엔시스(*Homo floresiensis*)보다 더 애절한 사례는 없다. 2004년 10월에 화석 한 점을 발견했다는 소식이 전 세계 언론에서 보도되었을 때, 처음에는 회의론이 만연했다. 인도네시아의 플로레스 섬에서 작은 인류의 유골이 발견된 것이었다. 그 작은 인류는 키가 약 1미터에 불과했다. 곧 언론에서는 그 화석에 "호빗(Hobbit)"이라는 이름을 붙여주었고, 그 즉시 가운데땅(톨킨의 소설 『반지의 제왕』에서 호빗 족이 사는 땅/역주)의 아담한 종족처럼 인식되었다. 한편 학술지 지면에서는 으레 그렇듯이, 열띤 논쟁이 벌어졌다. 일부 인류학자들은 유골이 병에 걸린 현생 인류의 것이라고 주장한 반면, 지금까지 발견되지 않은 인류의 친척이라는 개념을 옹호하는 측도 있었다. 더욱 놀라운 점은 발견된 지층을 볼 때, 유골이 지금으로부터 겨우 1만2,000년 전의 것이었다는 사실이었다. 우리 종이 4만 년 전이나 그보다 훨씬 더 전에 이미 오스트레일리아에 도달했으므로, 현생 인류와 이 작은 인류는 동시에 살았던 것이 분명했다. 플로레스 섬에서 점점 더 많은 화석이 발견되면서, 그 화석이 병에 걸린 현생 인류라는 주장은 더 이상 할 수 없게 되었다. 호빗은 많은 독특한 점들을 가지고 있었다. 상대적으로 크고 다소 편평한 발, 신기하게 원시적인 손목뼈 등이 그랬다. 이 작은

"인간"이 현생 인류와 전혀 별개의 계통으로 진화했다는 주장이 설득력 있어 보이기 시작했다. 우리 자신의 조상인 호모 에렉투스가 약 100만 년 전*에 아프리카를 떠나서 동쪽 자바로 이동했다는 것은 이미 명백히 밝혀졌으므로, 호모 플로레시엔시스가 그 초기 이주자들의 지류에서 기원했다는 설명도 가능했다. 초기 인류의 한 집단이 해수면 상승 때문에 플로레스 섬에 고립되었고, 시간이 흐르면서 독자적인 특징이 발달했다는 것이다. 페레레트처럼, 그들은 작아졌고 아마 더 무방비 상태가 되었을 것이다. 플로레스 섬에서는 80만 년 전의 석기까지 발견되었으므로, 호모 플로레시엔시스는 수만 년, 아니 수십만 년 동안 독자적인 역사를 유지했을 수 있다. 현생 인류가 처음 그 섬에 정착하기 전까지 말이다. 사실 지역신화에는 산에 사는 "작은 인간"의 이야기가 여전히 남아 있다. 아마도 덤불 은밀한 곳에 몸을 숨긴 채 눈을 동그랗게 뜨고서 자신들의 자리를 차지할 종을 초조하게 지켜보거나, 조악한 석기를 어설프게 휘두르거나, 그보다는 자신들이 아는 가장 안전하고 가장 접근할 수 없는 곳으로 겁에 질려서 달아났을 가능성이 더 높은 작은 인간들을 상상하려니, 묘하게 비극적인 분위기가 풍긴다. 페레레트와 달리, 우리는 이 작은 인류의 완전한 전기를 결코 읽을 수 없을 것이다. 거기에는 어떤 이야기가 실려 있었으며, 우리 자신의 역사에 어떤 장을 추가했을까?

내가 처음 고고학자라는 직업을 가지게 된 것은 또 하나의 매우 다른 섬에서 야외조사를 했을 때였다. 스발바르 군도의 가장 큰 섬인 스피츠베르겐 섬은 북극권의 한참 안쪽에 놓여 있으며, 중앙의 고도가 높은

---

* 조상 호모종의 "탈아프리카" 사건, 아니 사건들이 일어난 이주의 시점이 언제인지를 놓고 여전히 논란이 벌어지고 있다. 일부에서는 호모 에렉투스가 아프리카 대륙의 바깥으로 첫 이주를 한 것이 160만 년 전이라고 주장한다.

지역을 뒤덮은 만년빙이 거대한 빙하를 이루면서 바다를 향해서 흘러내리는 곳이었다. 나는 그곳에 노출된 고대 암석에서 삼엽충을 찾으며 차가운 바다와 발할포나라는 빙상 사이에서 야영을 하면서 몇 개월을 보냈다. 황량하게 솟아 있는 해변은 식생이 거의 발을 붙이지 못하는 듯했지만, 땅바닥을 자세히 살펴보면 지의류와 이끼가 군데군데 조금씩 자라고 있었고, 빈약하게 흙이 쌓인 오목한 곳에는 노란 북극양귀비와 자주색 범의귀도 모여서 자라고 있었다. 물론 그때만 든 생각은 아니었지만, 나는 생명이 거의 어디에서든 살아남을 능력을 가지고 있지 않을까 생각했다. 해마다 북극제비갈매기는 밤낮없이 비치는 햇빛에 플랑크톤과 갑각류가 왕성하게 불어나면서 짧게 폭발적으로 찬란한 생명활동이 벌어지는 여름의 풍족한 바다를 만끽하면서 텅 빈 해안에 둥지를 짓는다. 스피츠베르겐은 북극곰이 즐겨 찾는 서식지이다. 노르웨이어로는 이스비에른(isbjorn), 즉 얼음곰이라고 한다. 이 털북숭이 거대한 동물은 섬 주위의 부빙(浮氷)에 올라오는 물범을 주로 먹지만, 기회가 있으면 조류나 심지어 인간에게서도 단백질을 섭취한다. 북극곰은 고위도에서 생활하는 전문가, 강인한 집안의 가장 강인한 자로 유명하다. 나름의 매력을 가지고 있는데, 기후변화라는 맥락에서는 걱정스러운 종이다. 북극해의 얼음이 얇아지면, 북극곰이 먹이를 잡을 때 딛어야 하는 발판도 점점 위태로워진다. 북극곰은 단단한 "바닥"에서는 빠르게 이동할 수 있고, 꽁꽁 얼어붙은 물은 완벽하게 단단한 바닥이다. 비록 헤엄을 잘 치기는 하지만, 바다를 제집처럼 돌아다니는 물범 같은 먹이에게는 미치지 못한다. 얼음이 제대로 지탱하지 못하면, 북극곰은 허우적거린다. 굶주린 곰이나 새끼를 제대로 키우지 못하는 곰이 점점 더 늘어나고 있다. 한때 그랬던 것처럼 북극의 쓰레기장을 돌아다닐 수도 없다. 텔레비전 방송사 직원들이 10시 뉴스에 그들의 곤경을 내보내기 위해서 와 있다. 북극곰은 관심을 끌 만큼 사진을 잘 받는다.

캐나다 북극권 지역은 겨울의 낮은 기온과 계속되는 어둠이 만들어낸 또다른 유형의 섬이라고 할 수 있다. 남쪽의 더 따뜻한 기후대가 벽처럼 에워싼 세계 꼭대기에 있는 얼어붙을 듯한 오스트레일리아인 셈이다. 그곳에서 살아가는 법을 터득한 동식물들은 마치 저위도로 갈 길을 막는 바다에 갇혀 있는 것과 거의 다름없는, 특수한 생활조건에 갇혀 있다. 그러나 이 "섬"은 빠르게 변모할 수 있는 능력이 있다는 점에서 이 책에서 만난 다른 섬들과 다르다. 지난 200만 년 동안 그런 변화가 반복되어 일어났다. 북극의 빙모는 플라이스토세에 몇 차례 늘어났다가 줄어들었으며, 2만 년 전 마지막 최대 빙하기(Last Glacial Maximum, LGM) 때 가장 컸다. 당시 미국은 오하이오 강까지 거대한 빙상으로 뒤덮였고, 영국의 거의 전체와 유럽의 북부도 마찬가지로 두꺼운 얼음으로 뒤덮였다. 세계의 지붕은 영구히 얼어붙었다.* 이 무자비한 빙하 덩어리 위에서는 아무것도 살 수 없었다. 그러나 얼어붙은 황무지의 아시아 가장자리에서는 드넓고 추운 툰드라 습지와 초원이 그 환경에 적응한 종들이 행복하게 번성할 특별한 조건을 제공했다. 따라서 빙하기는 온대생물들이 편안히 지낼 만한 더 남쪽으로 그들을 내몰았을 뿐 아니라, 일부 생물들에게는 기회를 준 시기였다. 그러나 엄청난 양의 물이 빙상에 갇혔기 때문에 세계의 해수면은 대폭 낮아졌다. 그 결과, 마지막 최대 빙하기는 인도네시아 군도와 아시아 사이에 육지 다리가 형성되어 인류가 오스트레일리아까지 이주할 수 있었던 시기이기도 했다. 아마도 플로레스 섬의 작은 인류는 이때 처음으로 먹성 좋은 커다란 뇌를 가진 친척들과 맞닥뜨렸을 것이다. 냉혈동물인 파충류는 당연히 고위도에서는 살지 못했지만, 털을 만들 수 있는 동물들에게는 좋은 시절이었다. 매머드, 코뿔소, 동굴곰이 그랬다. 스피츠베르겐에서 텐트를 치고 지내본 사람

---

* 남극대륙과 남반구 각지에서도 대규모 빙상이 형성되었고, 그것도 마지막 최대 빙하기에 세계의 해수면이 낮아지는 데에 한몫을 했다.

이라면 알겠지만, 추운 기후에서 살아남는 일은 주로 체내의 대사 엔진에 연료가 될 음식을 충분히 먹고 최악의 추위를 막을 만큼 충분히 단열을 할 수 있느냐의 문제이다. 큰 몸집도 털가죽이 하는 일에 보탬이 된다. 표면적 대(對) 부피의 비율을 줄여주기 때문이다. 그래서 짧은얼굴곰(short-faced bear)과 매머드는 자기 동족들 중에서 몸집이 가장 큰 거인이 되었다. 같은 이유로 매머드는 프랑스의 한 슈퍼마켓 체인점의 상표가 되었다. 초대형 비버도 있었다. 시베리아에서 발견되는 엄청난 수의 털매머드 뼈는 빙하기 툰드라의 생산성을 말해준다. 북아메리카의 플라이스토세 "거대 동물상"은 나무늘보, 맥, 다이어울프, 검치류, 매머드, 매스토돈 등 더욱 다양했다. 얼어붙지 않은 곳에서는 동물들이 탁트인 초원이라는 풍요롭고 특별한 세계에 대처하면서 적응하고 진화했다. 생명의 나무에 비추어보면, 이 종들은 거의 모두 최근에 일어난 혁신의 산물들이었다. 인류와 마찬가지로, 플라이스토세의 많은 포유동물은 진화의 나무의 수관 꼭대기에 마지막으로 난 어린 가지의 끝에 달려 있었다. 유전적 카드의 거의 마지막 패라고 할 이 포유동물들은 기후변동의 시대에 대처했다. 북극여우처럼 가장 적응력이 뛰어난 동물이나 북극곰처럼 신참자임에도 잘 적응한 동물은 그 시대에 속하는지도 모른다. 지금 우리는 이 북극지방 전문가들이 모두 사라질 운명에 처해 있는지를 물어야 한다. 눈으로 뒤덮인 "섬"이 기후변화의 영향을 받아서 줄어들고 있기 때문이다.

나는 비록 멀리서이지만, 북극권의 "섬"에서 플라이스토세 빙하기의 생존자를 본 적이 있다. 바로 사향소(*Ovibos moschatus*)이다. 북아메리카에서 빙하가 가장 넓게 뒤덮었던 시대의 전령인 이 털북숭이 동물은 북극권 캐나다와 그린란드에 남아 있다. 지금은 과거에 살았던 러시아 북부의 타이미르 반도와 스발바르에도 도입해서 풀어놓았는데, 잘살고 있다. 멀리서 축축한 습지 위에 커다란 (움직이는 털뭉치처럼 보이는)

그 털북숭이 동물을 내가 본 곳이 바로 스발바르였다. 사향소는 실제로 는 소가 아니라, 양과 같은 과에 속한다. 앞에서 보면 육중하다는 인상 을 받으며, 실제로 앞쪽은 튼튼하지만, 몸집이 거대해 보이는 것은 대체 로 두툼하게 자라는 털 때문이다. 곁에서 볼 때, 방수작용이 되는 긴 털은 거의 땅까지 닿고 조금 지저분하다. 그러나 그 안에는 영하의 기온 에도 태연히 견딜 수 있는, 잔털이 매우 빽빽한 털가죽이 있다. 사향은 수컷의 성적 유인제이며, 사향소 암컷은 틀림없이 그 냄새를 좋아한다 (그 외의 다른 동물들과는 달리 말이다). 동물이 으레 그렇듯이, 사향소 는 약간 침울한 모습이다. 긴 얼굴에 하얀 주둥이 탓이기도 하지만, 축 처진 뿔도 그런 효과를 빚어낸다. 옛날 연극에 등장하는 "비밀 계획을 가진" 것이 분명한 프랑스인의 튀어나온 콧수염과 같은 모양이다. 사향 소는 곰에게 위협을 받으면 죽 늘어서서 튼튼한 방벽을 만든다. 그들은 역경에 대처하는 능력이 뛰어나다. 여름에는 풀과 골풀을 먹는다. 춥고 혹독한 기나긴 북극의 밤에는 갈라져 있는 튼튼한 발굽으로 단단히 쌓 인 눈을 헤치고 회색 지의류를 파내서 먹는다. 그린란드에서는 툴레 공 항 주변을 어슬렁거리면서 종이 봉지를 비롯하여, 튼튼한 이빨로 씹을 수 있는 것은 거의 무엇이든지 다 먹어치운다. 삼중으로 우울해 보일지 몰라도, 그들은 생존자이다. 고대의 존재처럼 보일지 몰라도, 그들은 이 책의 이야기에서는 신참이다. 그러나 그린란드 빙상이 녹는다면, 그들 이 살아남을 것이라고 생각하기는 어렵다. 그들의 수북한 털가죽은 더 따뜻한 세계에서는 거추장스러워 보인다.

플라이스토세의 대형 동물들 중 상당수는 이미 지구에서 영구히 사라 졌다. 그중 일부는 우리 조상들이 동굴 벽 깊숙이 숨겨진 곳에 그린 벽 화에서 볼 수 있다. 숯이나 시에나(sienna)로 그린 놀라운 솜씨의 이 벽 화들은 한 생물, 심지어 한 종의 특징을 잘 포착하고 있다. 그런 동굴의 입구는 지금은 다소 평범해 보일 수 있다. 석회암 지대의 깎아지른 골짜기의 절벽에 난 커다란 굴에 불과하니 말이다. 그러나 그 동굴은 타임캡슐을 제공한다. 벽화는 거의 언제나 미로처럼 얽힌 동굴 깊숙이 숨겨져 있으며, 그것은 원래 그린 이들이 그것에 주술적 의미를 부여했음을 입증한다. 이런 동굴들 중에는 현재 일반 관람을 막은 곳이 많다. 밀려드는 관람객을 맞이하기에는 그림이 극히 취약한 상태이기 때문이다. 도르도뉴 지방의 라스코 동굴 벽화는 검은곰팡이의 공격을 받아서 유명하고 놀라운 그림들 중 상당수가 훼손되었다. 그 곰팡이는 결코 벽화를 훼손할 의향이 없었던 관광객들의 입김을 통해서 들어온 것일 수 있다. 몇몇 유명한 동굴 벽화는 프랑스와 스페인을 가로지르는 피레네 산맥을 따라서 놓여 있다. 운 좋게도 나는 일반 관람이 제한되기 몇 년 전에 스페인 북부의 알타미라 동굴을 가본 적이 있다. 억제된 몇 개의 선으로 완벽하게 우아하게 그린 거대한 들소가 가득한 동굴 천장을 나는 결코 잊지 못할 것이다. 쉬는 모습뿐 아니라 움직이는 모습까지도 완벽하게 포착한 그림들이었다. 당시 전성기였던 오록스(*Bos primigenius*)라는 멋진 소는 모든 동굴 벽화에 등장한다. 이 종은 가축 소의 조상이라고 여겨진다. 인류에게 가장 유용한 동물의 다소 덥수룩하고 거대한 형태이다. 작은 손이 남긴 검고 붉은 얼룩이라고 볼 수 있는 것들은 이 마들렌기 예술가의 손이 가진 특징을 완벽하게 담고 있다. 프랑스 피레네 산맥에 있는 니오 동굴은 1만2,000년 전으로 시간여행을 하는 것이 아직 허용되는 얼마 되지 않는 동굴들 중 하나이다. 물론 관람은 엄격한 관리하에 이루어진다. 벽화는 극히 섬세하기 때문에 숨을 너무 많이 내쉬어도 망가질 수 있다. 동굴 벽화는 관람객들이 내뿜는 이산화탄소와 수분에 취약하다. 관람객은 한 번에 몇 명씩 어두운 산 내부로 들어가서 석순 더미를 지나 숨은 방에 도달한다. 우리 일행은 모두 동굴 안에서 숨을 너무 세게 내뿜지 않기 위해서 애썼다. 그러나 색다른 나들이를 위해서 부모와 함께 온 몇 명의 아이들은 그림을 비추기 위해서 쓰는 약한 적외선 등 때문에 겁에 질려 어둠 속에서 떠나갈 듯이 소리를 질렀다. 이쪽에는 막 질주하려는 자세를 고스란히 포착한 말 그림이 있고, 저쪽에는 근엄하게 선 들소가 있으며, 위쪽에는 멋지게 휘어진 긴 뿔을 가진 아이벡스가 있다. 이 그림들은 이 책에서 묘사한 생존자들과는 다른 종류의 생존자이다. 인간의 마음과 숙련된 손이 작용했으니 말이다. 어떤 의미에서 이 그림들은 화석이지만, 뼈나 껍데기나 호박보다 더 섬세하다. 세월 앞에 스러질 물감 얼룩에 불과하기 때문이다.

현재까지 살아남았는지를 기준으로 삼으면, 동굴 벽에 그려진 동물들의 대부분은 합격이다. 비록 간신히 살아남았지만 말이다. 유럽 들소는 더 나중의 중세에 유럽 국가들에서 서서히 사라졌고, 결국 야생에서는 폴란드의 옛 왕실림에 속한 마지막 피신처에만 남았다. 들소의 뿔은 마시는 잔으로 쓰였다. 더 전통적으로 재현한 리하르트 바그너의 오페라에 나오는 장면이 절로 떠오른다. 이 동물은 양질의 고기와 가죽도 제공했다. 제1차 세계대전이 끝난 뒤 몇 년이 지나자 남은 유럽 들소는 50마리에 불과했고, 모두 동물원에 살고 있었다. 더 계몽된 시대에 이르러, 남은 소수의 생존자들로부터 이 근사한 종을 세심하게 번식시켜서 건강한 개체군을 복원시켰고, 아주 최근에는 다시 야생에 풀어놓기도 했다. 프랑스어로는 르 부크탱(le bouquetin)이라고 하는 아이벡스(*Capra ibex*)가 들려줄 이야기도 그리 다르지 않다. 19세기 초에 아이벡스는 사냥으로 인해서 거의 멸종할 지경에 이르렀다. 르 부크탱은 적이 — 총을 들고 두 다리로 걷는 적조차도 — 거의 따라올 수 없는 곳까지 오를 수 있는 뛰어난 등반가이고, 드문드문 자라는 온갖 종류의 빈약한 식물만 먹고도 살아갈 수 있었던 덕분에 살아남았다. 야생마인 프셰발스키말(*Equus przewalskii*)은 중앙 아시아의 스텝 지역으로 피신한 덕에 간신히 멸종을 피했다. 때가 되자, 인류는 이 말을 거두어 개량했다. 그 결과, 전쟁의 특성과 역사의 경로가 바뀌었다. 물론 말의 형태도 바뀌었다. 말은 천 년 동안 전쟁에서 탈 것으로 선호되었다. 아마도 "야생형"은 당시에 군마로 쓰이지 않은 듯하지만, 그것은 살아남아서 자신의 이야기를 들려준다.

오록스는 그렇게 운이 좋지 못했다. 인류역사의 초기에 이 거대한 야생 소는 유럽과 아시아의 거의 전역에 퍼져 있었다. 그들은 틀림없이 늑대와 곰의 먹이가 되었을 것이고, 호모 사피엔스가 선호하는 사냥감이었을 것이다. 2010년 런던 왕립협회에 전시된 한 오록스 머리뼈 표본에는 이마에 거의 완벽한 솜씨로 손 돌도끼가 박혀 있다. 치명적인 타격을 입은 것이라기보다는 제물로 바쳐진 것처럼 보인다. 동굴 벽화의 오록스 그림들을 보면 경외심을 품고 그렸음이 엿보인다. 나팔처럼 휘어진 뿔에 근육질 허리를 가진 이 커다란 짐승은 맞서 싸울 상대가 되었을 것이 분명하다. 수천 년의 세월이 흐른 지금, 같은 지역인 스페인의 투우 애호가들도 소에게 그에 상응하는 존중심을 보인다. 나는 이베리아 반도에서 어느 기운찬 황소가 대단하다고 사람들이 떠드는 소리를 들었다. 나는 인간 남성들의 황소 찬미가 대단한 먹이를 찬미하기 위해서 어두운 동굴 속으로 기어들어가는 샤먼에게까지 이어진다고 생각하고픈 유혹을 느낀다. 지금도 최고의 싸움소는 오록스처럼 우아하게 굽은 뿔을 가지고 있는 듯하다. 가축 소는 약 1만 년 전, 중동이나 인도에서 가두어 기르면서 길들인 오록스에서 유래했지만, 야생 오록스도 잘 버텼다. 유럽 들소(혹은 늑대)처럼 오록스도 인간이 야생 숲을 베어 경작지로 만들고 습지의 물을 빼어 목초지로 만들면서 분포범위가 줄어들었다. 오록스는 영국에서는 로마인이 침략하기 오래 전에 사라졌을 것이다. 중세를 거치면서 오록스는 유럽 중부의 국가들에서도 서서히 사라졌고, 아마 독일의 외진 곳에만 남아 있었을 것이다. 훗날 그림 형제에게 늑대와 마법사 이야기를 들려주었을 법한 곳들이었다. 이번에도 폴란드의 왕실림은 이 마지막으로 남은 동물들의 피신처가 되었다. 그곳은 국왕의 소유였기 때문에 이 동물들은 어느 정도 보호를 받았다. 그러나 1564년의 공식 재고조사 서류에는 오록스가 38마리만 남아 있다고 기록되었으며, 마지막 개체는 1627년에 죽었다. 만약 이것을 알았다면, 윌리엄 셰익스피어는 살아 있는 오록스를 보러 갔을 수도 있다. 폴란드 국왕이 오록스 떼를 보호하는 데에 좀더 적극적이었다면, 우리는 동굴 벽에 능숙하게 그려진 스케치가 아니라 이 멋진 동물의 실물을 보고 감탄할 수 있었을 것이다. 오록스는 이 생존 이야기에서 간발의 차이로 만나지 못한 동물들 중 하나이다. 도도는 그보다 몇 년 더 살았다.

헤리퍼드(Hereford)와 프리지아(Friesian) 소 품종의 이 먼 조상을 "부활시키려는" 시도는 꾸준히 이루어졌다. 1920-1930년대에 독일의 하인츠 헤크와 루츠 헤크 형제는 현대 소를 선택적으로 "역교배"시켜서 오록스의 특징을 재현하려고 시도했다. 이 교배로 나온 후손들은 지금 동물보호 구역의 "희귀품종" 관에서 찾아볼 수 있다. 비록 몸집은 더 작지만, 그들은 오록스와 다소 비슷해 보인다. 당시 독일이 지금은 치욕스러워하는 개념인 우생학과 인종 "개량"의 중심지였다는 점을 생각하면, 아무리 오록스를 보고 싶어하는 사람이라도 역사를 되돌리려는 이런 시도에 오싹한 기분을 느낄 수밖에 없다. 원시적인 형태라고 주장되는 소들이 더 있다. 칠링엄(Chillingham) 소는 영국 북서부 노섬벌랜드의 비교적 외진 숲의 공원에서 적어도 1212년 그 공원이 울타리로 에워싸인 이래로 700년 넘게 살아왔다고 한다. 스코틀랜드 국경에 가까운 이 지역이 동부해안에서 서부해안까지 울창한 숲이 이어져 있던 시대에 살던 "야생 소"의 후손이라는 말도 있다. 이 소는 완전히 가축화되지 않았음을 시사하는 흥미로운 형질들을 간직하고 있다. 그들은 겨울에 소 사료를 먹기보다는 빈약한 식생을 찾아서 땅을 헤집으며, 암소는 홀로 떨어져서 새끼를 낳은 뒤에 황소가 다스리는 무리에 다시 받아들여져야만 돌아올 수 있다. 나는 차가운 아침 공기에 하얀 입김을 내뿜는 그들의 모습을 볼 때 독야청청한 자긍심을 엿본 것일까? 그저 그들이 타고난 위엄을 가지고 있으리라고 기대했기 때문에 그렇게 상상한 것이 아니었을까? 왜냐하면 칠링엄 소가 오록스의 직계후손이라는 주장에 불리한 몇 가지 사실들이 있기 때문이다. 우선 그들은 몸집이 너무 작고 또 흰색이다. 귀 안쪽이 붉은 개체도 있기는 하지만 말이다. 그리고 오록스가 영국에서 사라진 시기와 칠리엄 소가 출현했다는 중세 사이에는 시간 간격이 너무 길다. 오랜 세대에 걸친 수많은 기록 어디에서도 "갈색 칠링엄 소"가 있었다는 단서는 전혀 찾아볼 수 없다. 즉, 이 소는 오랫동안 격리된 탓에 야생의 습성을 일부 회복했을 수 있는, 가축 소의 한 품종인 듯하다. 중세에 "귀가 붉은 소"가 있었다는 기록들이 있으므로, 아마 이 품종이 한때는 더 널리 퍼져 있었을 수도 있다. 어쩌면 스페인의 사나운 소가 조상 소와 가장 가까울지도 모른다. 오록스를 부활시키려는 이런 시도들로부터 역사를 뒤집기보다는 역사를 만드는 쪽이 더 쉽다는 결론을 내리는 편이 더 합리적일지 모른다.

플라이스토세의 생존자들 중에는 사향소보다 눈에 훨씬 덜 띄지만, 기후과학자에게는 더 중요한 생물도 있다. 북극 빙상의 진퇴에 따라서 남북으로 이동하는 생물은 추위에 적응한 대형 포유동물만이 아니다. 들쥐에서 딱정벌레에 이르기까지 작은 생물들도 그렇게 한다. 식물도 기온이 춥거나 따뜻한 단계를 지날 때 기후 선호도에 따라서 극지방으로 다가가거나 멀어진다. 빙하 끝자락에 많이 있는 호수의 퇴적층에 일종의 화석 온도계처럼 꽃가루 기록을 남기면서 말이다. 빙하의 출현을 특수하게 적응한 추위 애호가의 진화 자극제로 다루었으니, 이것이 보편적인 현상은 아닐 수도 있음을 지적할 필요가 있다. 고곤충학의 대가인 버밍엄 대학교의 러셀 쿠프는 자신이 연구하는 딱정벌레에게서 뚜렷한 진화양상이 나타나지 **않는다**는 점을 역설해왔다. 딱정벌레가 죽으면 부드러운 부분은 썩어서 사라지지만 단단한 겉날개인 딱지날개가 남으므로, 비교적 화석이 풍부하다. 그는 빙하기의 딱정벌레 생존자들을 한 종이 아니라 한 무리씩 발견했다. 영국에서 플라이스토세 퇴적층에 흔하게 발견되는 딱정벌레는 오늘날에도 잘살고 있으며, 주로 추운 지역에서 산다. 예를 들면, 우스터셔의 빙하기 퇴적층에서 화석으로 많이 발견되는 한 딱정벌레는 현재 북극권 러시아의 콜라 반도에서 살고 있다. 쿠프는 쇠똥구리류와 같은 영국의 다른 화석 종들은 지금 몽골에서 행복하게 살고 있다는 것도 알아냈다. 딱정벌레는 진화하기보다는 이동하는 듯하다.

따라서 딱정벌레 화석은 과거의 온도계로 삼을 만하다. 현생 종의 기후 인내범위들을 종합하여 평균을 내면, 화석 종들이 원래 살았던 기온과 환경을 추정할 수 있다. 이 방법의 정확성에 몇몇 과학자들이 의문을 제기했지만, 대체로 안정한 동위원소 등 다른 방법을 통해서 얻은 결과와 잘 들어맞는다. 딱정벌레의 딱지날개는 현재의 베링 해협을 가로지르는 육지 다리를 통해서 알래스카와 시베리아가 연결된 시대의 이야기를 하는 한 가지 방법을 제공한다. 참 적절하게도 지금은 물에 잠긴 이 육교에는 베링기아(Beringia)라는 이름이 붙어 있다. 그것은 빙상이 합쳐져서 더 동쪽까지 뒤덮었을 때에도 얼음으로 덮이지 않은 스텝 경관을 유지한 중요한 통로가 되었다. 추위에 견디는 딱정벌레의 화석들은, 그 땅이 플라이스토세의 더 따뜻한 시기에 해수면이 다시 상승할 때마다 주기적으로 물에 잠기기는 했어도 이따금 해수면 위로 솟아 있었음을 보여주는 증거들을 제공한다. 육교가 드러날 때면, 대형 포유동물들은 그 통로를 건너 아시아에서 북아메리카로 (그런 뒤 남아메리카로) 갔다. 우리 종도 분명히 이 이주자들 중 하나였다. 약 2만2,000-1만1,000년 전 베링기아가 두 대륙 사이에 다리가 된 시기의 어느 때, 호모 사피엔스는 먹이 동물을 따라서 새로운 약속의 땅으로 향했다. 이 진출이 두 차례 이상 일어났는지는 아직 논란거리이다. 인류는 베링기아에 수천 년 동안 머물러 있다가 상황이 나아졌을 때 남쪽으로 향했을 수도 있다. 최근까지 많은 과학자들은 약 1만3,000년 전에 이루어진 진출이 정착으로 이어진 유일한 사건이라고 믿었다. 그로부터 이른바 클로비스(Clovis) 문화가 만든 잘 다듬은 석기들이 고고학 발굴지에서 널리 출토되기 시작했다는 것이다. 그러나 남북아메리카 거의 전체에 걸쳐서 인류가 훨씬 더 이전에 정착했음을 보여주는 유적들이 점점이 흩어져 있다고 주장하는 이들도 있다. 여기서는 모든 것이 논쟁의 대상인 듯하다.

지난 10년 사이에, 인류가 지금으로부터 1만3,000년도 더 전에 아메리카로 들어갔을 수 있다는 증거들이 서서히 쌓이고 있다. 2008년에 오리건의 동굴에서 발견되어 코프롤라이트(coprolite, 분석)라는 고상한 용어로 불리는 (인간 배설물이라고 여겨지는) 화석은 연대분석 결과 일반적으로 받아들여진 시간보다 약 1,500년 앞서 인류가 북아메리카에 들어왔음을 시사했다. 몇 년 전, 화석 배설물의 가능성이 인식되고 있을 때 에스케 빌레르슬레우는 옥스퍼드 대학교 동물학과의 박사후 연구원이었다.* 그런 물질에서 비교분석이 가능할 만큼 충분한 DNA를 얻을 수 있다는 주장이었다. 학생들로 가득한 연구실이 으레 그렇듯이, 배설물 화석을 연구하는 신기술로부터 무엇이 나올 수 있을지를 놓고 많은 노골적인 농담이 오갔다("똥밖에 더 나오겠어!"라는 연장선상에서 말이다). 그러나 그 방법은 먹히는 듯했다. 20세기에 멸종한 또 한 종인 태즈메이니아 "늑대", 즉 타일라신(thylacine)의 배설물이라고 추정되는 표본은 그 동물이 살아남아서 덤불에 숨어 잘 지냈음을 입증할지도 모른다. 안타깝게도 그 배설물은 태즈메이니아 주머니곰에게서 나온 것임이 드러났다. 빌레르슬레우가 코펜하겐 대학교를 빛낼 최연소 교수 중 한 명

---

* 1990년대 말과 2000년대의 첫 몇 년 동안, 그곳 동물학과에는 고대 생명분자 연구실이 있었다. 내가 그 학과에 방문교수로 가 있을 때는, 앨런 쿠퍼 교수가 그 연구실을 운영했다. 화석 DNA의 많은 선구적인 연구들이 그곳에서 이루어졌으나, 안타깝게도 그 연구실은 해체되었다. 비록 연구원들은 다른 곳으로 가서 잘나가고 있지만 말이다.

이 되었을 무렵에, 그런 비정통적인 배설물을 연구하는 일은 완벽하게 존중받는 과학기법이 되었다. 빌레르슬레우의 연구진은 시베리아의 영구 동토층에서 (아마도 매머드를 비롯한) 초식동물들이 매일 쏟아낸 배설물에서 나왔을 DNA를 채취했다. 그러니 베링기아와 관련된 새로운 연구 결과들에 코웃음을 친다면(코웃음이 절로 나올까 두렵다), 잘못일 것이다. 인류가 아메리카에 처음 정착한 시기가 언제이든 간에, 클로비스 문화가 출현한 직후에 그곳에서 번성했던 몸집이 큰 독특한 포유동물 종들 중 일부가 사라졌다. 그 문화는 1932년에 뉴멕시코에서 이들이 쓴 독특한 석기가 처음 발굴된 지점의 이름을 땄다. 부싯돌로 만든 얇은 날은 대단히 우아하며, 클로비스 생계에 매우 중요한 부분이었던 매머드를 잡는 데에 대단히 효율적이었을 것이 분명하다. 제레드 다이아몬드와 팀 플래너리 같은 몇몇 설득력 있는 과학자들은 클로비스인의 사냥기술이 발전한 시기가 플라이스토세의 많은 대형 포유류 종이 사라진 시기와 대체로 일치한다고 지적한다.

사라지지 않았다면, 이 대형 동물들은 생존자로서 우리의 이야기에서 한몫을 했을 텐데 말이다. 일부를 열거하면 이렇다. 긴뿔들소, 큰카피바라(giant capybara), 낙타, 말, 아메리카 동굴사자, 검치류, 털매머드, 아메리카 매스토돈, 다이어울프, 짧은얼굴곰, 몇 종의 땅나무늘보 등. 목록은 꽤 길다. 유럽 들소, 아이벡스, 오록스의 이야기를 이미 들었으므로, 인류 종이 지구의 다른 주민들에게도 그렇게 심각한 영향을 미쳤을 수 있음을 의심하는 것은 현명하지 않다. 북아메리카의 다양한 동물들이 멸종한 이유를 놓고 다른 설명들도 제시되었는데, 그중 가장 설득력 있는 것은 멸종시기가 영거 드라이어스(Younger Dryas[기원전 약 1만 2,800-1만1,500년])라는 기후가 급격히 나빠진 시기와 일치한다는 가설이다.* 기후가 급변한 결과, 생태계에 심각한 변화가 일어나서 사향소

---

* 이 시기에 담자리꽃나무(*Dryas octopetala*, 영국에서는 "mountain avens")라는 예쁜 흰

처럼 빈약한 먹이와 극도의 추위에서 살아남는 기술을 이미 터득한 동물들만이 남았을 것이다. 2008년에는 운석충돌이 이 기후위기를 일으켰을 수 있다는 주장이 나왔다. 즉 외계의 물질이 지구에 비극을 일으켰다는 쪽으로 방향을 돌린 셈이다. 2009년에 저명한 과학자들로 이루어진 한 위원회가 이 증거를 검토했는데, 부족하다는 판단을 내렸다. 고대 역사는 으레 그런 식이다. 처음에 생각했던 것보다 상황이 점점 더 복잡해지며, 어떤 설득력 있는 설명의 최종 증명은 내놓기 어렵다는 것이 드러난다. 인류가 멸종에 어떤 역할을 했는지를 고찰할 때만큼 이 문제가 더 절실히 와닿는 사례는 없다. 우리 과학자들이 좋아하든 싫어하든 간에, 우리의 설명은 인간의 미덕이나 악, 지혜나 어리석음에 관한 선입견과 뒤섞인다. 우리는 "원주민"이 자연환경과 조화롭게 살아간다는 견해를 가지고 있다. 그런 견해는 장 자크 루소의 "고상한 야만"이라는 개념으로 이어지는 지적 계보에 속한다. 아메리카 원주민 부족의 삶을 그린 「늑대와 춤을」이라는 1990년 영화는 이 맥락에 걸맞은 꼬리표를 원주민에게 붙여주었다. 그렇지 않았다면 우리는 아마도 그들을 클로비스인의 후손집단이라고 불러야 했을 것이다. 인류자연사의 이 판본에 따르면, 사냥을 할 때는 존중하는 마음을 가지고 하며, 적절한 춤과 의식으로 사냥감을 축성한다. 부족에게는 자연생태를 이루는 종 사이의 상호작용을 알아보는 지혜가 있다. "자연"상태의 인류 종은 근본적으로 자애롭고 자연과 조화를 이룬다. 이 견해는 인간이 다른 곳에서 저지른 멸종에 관한 견해(심지어 사실)와 심하게 모순된다. 마오리족의 선조들은 서기 1500년이 되기 직전에 뉴질랜드에서 거대한 모아를 확실히 멸종시켰다. 얼마 뒤에는 도도에게 같은 일이 일어났으며, 우리는 여기에 "고상한 야만" 따위는 전혀 없었음을 안다. 이스터 섬에서는 인류사회의 내부 붕괴가 섬 전체의 자연생태를 황폐화시키는 결과를 낳았고, 결국

꽃이 피는 내한성 식물의 꽃가루가 갑자기 증가했기 때문에, 이런 명칭이 붙었다.

은 사회까지 붕괴했다. 오스트레일리아에 처음 인류가 정착했을 때 큰 포유류가 멸종한 것은 인간의 치명적인 개입의 사례이며, 인간의 "과잉 살육"은 플라이스토세 이후 파나마의 남북에 있는 양쪽 아메리카 대륙에서 일어난 주요 멸종을 설명하는 강력한 이론이다. 이 목록에 실릴 사례는 전 세계에서 찾아볼 수 있다.

부족민들이 자기 환경의 현명한 청지기인지, 아니 청지기였는지, 오히려 무자비한 도살자였는지, 아니면 둘의 어떤 불편한 혼합체였는지를 묻는 것은 정당하다. 이것은 현재 일어나고 있는 멸종의 물결과도 분명히 연관성이 있다. 현재의 멸종추세는 기술이 뒷받침하고 능력이 증가했다는 점에서만 과거의 비슷한 살육과 다를 뿐, 인류 종이 "평소처럼" 행동한 또 하나의 사례일까?

이해하고도 남는 일이지만, 부족민들은 대개 「늑대와 춤을」에 나온 이미지로 스스로를 묘사하려고 열망한다. 1982년에 나온 컬트 영화 「코야아니스콰치(*Koyaanisqatsi*)」(호피족 말로 "균형 있는 삶"이라는 뜻)는 현대 산업기술의 폭력과 자연의 과정에 더 깊이 접촉하고 있는 부족이 이해하는 어떤 깊은 영적인 조화 사이의 대조적인 모습을 보여주고자 했다. 유럽인의 "정착" 이후로 그토록 많은 시련을 겪은 오스트레일리아의 원주민 부족 집단들은 험난한 환경에서 고대의 지식을 활용하여 생존하는 일종의 이상사회를 이야기한다. 여기서도 침입자들은 더 깊은 조화를 이해하지 못한다. 이 대조적인 모습은 오스트레일리아 원주민이 내륙의 드넓게 펼쳐진 오지를 어떤 식으로 바라보고 이해하는지를 허구를 섞어서 설명한 브루스 채트윈의 『노랫길(*The Songlines*)』에 상세히 다루어져 있다. 「워커바웃(*Walkabout*)」(1971) 이래로 많은 영화에서 되풀이하여 다룬 주제이기도 하다. 이 지점에서 인간을 비인간적으로 대한 인류의 역사와 자연을 대한 인류의 태도의 역사를 구분하는 것이 중요하다. 19세기에 북아메리카의 원주민인 "인디언" 부족이나 거의 같은 시기에 오스트레일리아의 원주민 부족을 대한 명예롭지 못한 역사를 살펴본 사람이라면 누구나 그런 역사가 있었음을 의심하지 못한다. 그러나 서구의 "문명"을 야만적으로 강요했던 것이 사실이라고 해서 그 자체가 토착집단에서는 인간과 자연 사이에 지극히 온화한 역사가 있었다는 증거가 되는 것은 아니다. 부족민들이 「늑대와 춤을」의 판본을 선호하는 이유는 충분히 이해할 수 있다. 그것은 명백한 부당행위의 목록에 도덕적 차원을 덧붙인다. 그것은 예를 들면, 토지나 사냥의 권리에 관한 정치적 목적에 전용될 수 있는 무엇이다. 그것은 "자연상태"를 감상적으로 이해하고 루소와 같은 식의 슬기로운 원시인이라는 원형을 무의식적으로 추종하는 이들에게 잘 먹힌다. 그러나 노래 제목에도 나와 있지 않은가? 반드시 그렇지는 않다고(It ain't necessarily so : 재즈 오페라 「포기와 베스」에 나오는 노래/역주). 인류가 고대의 지혜보다는 고대의 어리석음을 따른다고 생각하면 더욱 실망스러울 것이다. 클로비스 사냥꾼이 종을 멸종에 이를 때까지 뒤쫓을 수 있었다고 한다면, 그들의 후손이라고 그런 근시안을 가지지 말라는 법이 없지 않을까?

아마도 가장 가능성이 높은 멸종 시나리오는 제레드 다이아몬드가 2005년 저서 『문명의 붕괴(*Collapse*)』에서 그려낸 고대문명의 위기 및 몰락과 비슷할 것이다. 우리 종이 이주하면서 퍼지던 호시절에 인구는 늘었고, 모든 것이 풍족했다. 그러나 기후가 악화된 시기에는 많은 먹이 종을 지탱하는 환경의 능력이 줄어들었다. 땅은 인구과잉 상태가 되었다. 굶주린 사람들은 절망적이 되었고, 절망과 더불어 사회질서는 붕괴했다. 고기가 될 수 있는 것들은 모두 취약해졌다. 큰 동물들 중에서 그렇게 빚어진 절멸(絶滅)을 피해서 생존자가 될 가능성이 가장 높았던 종류는 아이벡스처럼 높은 곳을 수월하게 기어오를 수 있거나 사향소처럼 가장 극한지대에서도 생존할 수 있을 만큼 강인한 생물들이었다. 빠르든 늦든 간에 사냥꾼과 사냥감 양쪽 모두 개체군의 크기가 줄어들어서 땅은 생존한 종을 지탱할 수 있게 되었다. 그러나 일부 동물들은 그 힘든 시기를 헤쳐나가지 못했다. 예를 들면, 북아메리카에서는 거대한 나무늘보가 매우 취약했을 것이다. 고기를 제공할 수 있으면서 행동이 굼떴으니 말이다. 사실 카리브 해의 섬에서는 나중에 인간이 들어올 때까지 그들이 더 오래 살아 있었다는 증거가 있다. 그런 환경위기의 궁극적 원인은 거대한 빙상의 크기변화와 연관이 있을지도 모르며, 빙상의 크기는 거대한 화산의 폭발로 생긴 대기변화와 관련이 있을 때도 있다. 한 예로 7만4,000년 전 수마트라의 토바(Toba) 화산이 폭발한 것이 (인류 종이 가까스로 통과한) 인구가 급감한 "병목현상"을 일으킨 기후위기의 원인이라고 종종 인용된다. 각종 조건들이 어떻게 결합되었든 인류가 그 과정에 어떤 역할을 했든 간에, 현재의 대형 육상동물상이 수십만 년 전보다 빈약하다는 사실에는 변함이 없다. 진화적 생명의 나무의 꼭대기에 무성하게 뻗은 잔가지들 중 많은 것들이 잘려나갔다.

거대한 나무늘보와 오록스의 운명을 가까스로 피한 생존자 이야기로 이번 장을 끝내기로 하자. 이 이야기에서는 우리 종이 어떤 역할을 했는지가 어느 정도 상세히 알려져 있다. 아메리카 들소(*Bison bison*)는 유럽 들소의 가까운 친척이다. 흔히 "버펄로(buffalo)"라고 부르며 뉴욕 주에 같은 이름의 큰 도시가 있기도 하지만, 사실 버펄로는 구대륙의 물소를 가리키며 아메리카 들소와는 그리 가까운 관계가 아니다. 아메리카 들소의 조상은 다른 포유동물들과 함께 아시아에서 베링기아를 통해서 들어왔다. 그러나 일찍 멸종한 다른 많은 포유동물들과 달리, 아메리카 들소는 초원에서 풀을 뜯는 몸집 큰 초식동물로서 역사시대까지 살아남았다. 평원에서 들소는 수백만 마리로 불어났고, 라코타족, 수족, 샤이엔족과 같은 아메리카 원주민 부족들에게 식량, 옷, 보금자리를 제공했던 주된 원천이었다. 대서양 반대편에서 순록과 함께 살아가는 사미족처럼, 아메리카 원주민도 자신이 애호하는 동물과 긴밀한 생태학적 관계를 맺었으리라는 점에는 의심의 여지가 없다. 그러나 사냥은 그들의 생존에 대단히 중요했고, 그들은 들소를 절벽 위로 몰아서 뛰어내리게 유도하는 등 들소를 죽이는 다양하고 창의적인 방법을 개발했다. 이 큰 짐승을 존중하는 의식은 부족생활의 중요한 한 부분이었으며, 이 의식을 화려하게 치장한 근엄한 추장의 사진과 결부시킴으로써 타락하기 이전에 "붉은 인디언" 사회가 있었다는, 오늘날의 「늑대와 춤을」의 판본이 나온 것인지도 모른다. 그들의 전통적인 생계유지 방식은 이른바 "버펄로" 먹이종의 생존을 위협하지 않았다. 많은 포식자-먹이 관계가 그렇듯이, 그들도 동적 평형상태에 있었다. 들소와 인간 사이의 평형상태는 수세기 동안 이어지다가 총을 들고 말을 탄 유럽의 백인들이 들어오면서 사냥꾼 쪽으로 급격히 기울었다. 들소 사냥이 가속되기 시작했다. 1830년대에 미국 모피회사(American Fur Company)는 들소 가죽의 수요가 늘자 원주민 부족들에게 구슬과 무기를 주고 가죽을 받는 물물교환을 시작했다. 무기는 들소 살해를 더욱 가속시켰다. 시장의 힘이 평원 들소의 착취를 촉발했다고 말할 수도 있다. 코만치족은 한 해에 25만 마리의 들소를 죽였다. 남북전쟁 이후에 동쪽에서 백인들이 들어와 정착하면서 평원의 살육은 더욱 극심해졌다. 들소 떼가 줄어들자 전통적으로 그들에게 의지해서 살던 원주민들도 생계가 막막해졌다. 그래서 얼마 동안 워싱턴의 백인들은 들소 사냥을 "인디언 문제"의 해결책으로서 적극 장려하기도 했다. 사람들은 들소가 무한정 계속 나오는 것처럼 여겼던 것이 틀림없다. "그만!"이라고 외친 사람은 아무도 없었다. 게다가 서부에 새로 철도가 깔리자 값나가는 가죽을 신속하게 시장으로 운송할 수 있었다. 혀를 얻고자 들소를 사냥하기도 했다. 들소의 혀를 별미로 여겼기 때문이었다. 야만적이라는 생각이 들지도 모르겠지만, 지금도 비슷한 행위가 계속되고 있다. 앞서 별미요리 재료를 얻기 위해서 지느러미만 잘라내고 상어를 그냥 바다로 내동댕이쳐서 죽게 만든다는

"뼈마을"이라고도 불린 미시간 카본 웍스 지역에 높이 쌓인 머리뼈 더미. 뼈로도 돈을 벌던 시절에 아메리카 들소는 사냥으로 멸종 직전에 이르렀다. 뼈는 숯과 비료를 만드는 데에 쓰였다.

이야기를 하지 않았는가? 들소 고기는 값싸고 영양이 풍부했다. 들소의 뼈는 갈아서 비료로 쓸 수 있었다. 내가 본 가장 끔찍한 한 사진은 1870년대에 찍힌 것인데, 들소의 머리뼈 수천 개가 대저택보다 더 높게 산처럼 쌓여 있고, 모자를 쓴 두 신사가 그 옆에서 웃고 있는 사진이다. "황금 알을 낳는 거위를 죽이지 말라"는 개념 같은 것은, 이 섬뜩한 사진에서 찾아볼 수 없다. 오히려 사진은 마지막 한 마리까지 잡아 죽이라고 말하는 듯하다. 지금의 참다랑어가 그렇듯이, 어떤 동물이 희귀해질수록 가격은 더 치솟으며, 이 시장의 힘은 그 동물의 멸종을 더욱 재촉한다. 최후의 한 마리는 최고가에 이를 것이다. 들소 이야기에서 선한 인물은 결코 등장하지 않는다. 사우스 다코타의 제임스 필립이 없었다면 말이다. 그는 1880년대 초, 사냥당하기 직전의 작은 "버펄로" 무리를 구해서 보호했다. 19세기 말이 되자, 들소는 천 마리도 채 남지 않았다. 한때는 수천만 마리가 살고 있었는데 말이다. 1905년에 아메리카 들소 협회(American Bison Society)를 창설한 사람들은 이 종말로 치닫는 상황을 되돌릴 길을 모색했다. 그들이 검토한 방안 중에는 평원에서 가장 멀리 떨어진 곳에 있는 브롱크스 동물원의 들소들을 번식시켜서 자연보호 구역에 다시 풀어놓자는 계획도 있었다. 시어도어 루스벨트도 협회의 창립자들 중 한 명이었다. 그는 계속해서 미국의 자연보호 운동에 중요한 역할을 했다. 루스벨트 대통령은 다방면으로 활동했지만, 무엇보다도 사냥꾼이었다. 그는 종이 계속 생존하도록 해야만 그 동물을 사냥하는 스포츠도 계속될 수 있다고 주장했다. 역설적이게도, 총으로 살육되던 동물이 총 때문에 구원받은 셈이었다. 시장의 힘이 당연히 혜택을 준다고 주장하는 사람들은 서부를 개척하고 들소를 없앤, 그런 무정하다고 생각되는 요인들이 동물을 구하는 역할도 했다는 점을 떠올리고 싶을지도 모르겠다.

와이오밍 주의 옐로스톤에 살아남은 들소만이 진정한 야생집단이었다. 보호되어 있는 높은 산 속의 분지 안에 숨어 있던 무리였다. 가장 용감한 가죽 사냥꾼조차도 그 강인한 들소들을 마지막 피신처에서 내쫓는 데에는 실패했다. 다행히 너무 늦지 않게, 이곳에 남은 수십 마리를 보호하는 법적 조치가 이루어졌다. 나는 산자락에 아직 눈이 남아 있을 때 옐로스톤의 래머 밸리에서 들소 무리를 내려다본 적이 있다. 한때 대평원을 돌아다니던 엄청난 들소 무리의 모습이 한순간 떠올랐다. 수십 마리쯤 되는 이 거대한 초식동물 무리는 전혀 서두르는 기색 없이 넓은 계곡 바닥을 천천히 걷고 있었다. 이따금 육중한 머리를 치켜들고는 하지만, 주로 땅에 입을 댄 채 맛좋은 풀이나 다른 들소가 놓친 파릇파릇한 싹을 찾고 있었다. 뿔은 그런 힘센 동물에 걸맞지 않아 보인다. 방어수단이라기보다는 멋진 자전거 핸들처럼 보인다. 사향소처럼, 들소도 앞쪽에서 보면 육중한 근육 덩어리이다. 이 근육은 옐로스톤의 무자비한 겨울에 들소가 두껍게 쌓인 눈을 머리로 헤치고 빈약한 지의류와 풀을 찾아서 뜯어 먹을 때 진가를 발휘한다. 자연에서는 언제나 그렇듯이, 옐로스톤 공원 안의 들소의 수도 자연히 변동하지만, 무리의 건강을 유지하기 위해서는 일부를 추려낼 필요도 있다. 들소 몇 마리가 유럽에서 들여온 소를 통해서 브루셀라 병에 감염된 적이 있기 때문에, 이들이 공원 바깥으로 자유롭게 돌아다니다가 목축이 발달한 인접한 몬태나 주로 들어가도록 해서는 안 된다. 그래서 가능한 한 야생상태를 온전히 보전하는 한편, 농가의 이익을 보호하기 위해서 추려내기 및 면역접종과 관련된 복잡한 규정들이 마련되었다. 현실을 고려한 타협안인 셈이다. 그러니 여기서도 한번 잃어버린 과거를 진정으로 되돌린다는 것은 불가능해 보인다. 500킬로그램에 달하는 이 짐승들은 공원에서 과거의 인간 억압자들에게 묵묵히 복수를 하고 있다. 마치 일부러 교통의 흐름을 막는 듯이, 짜증날 만큼 느린 속도로 도로를 따라 죽 늘어서서 돌아다니니까 말이다. 그래도 공원을 찾는 방문객들은 생태학적 양식이 있는 이들이라서 결코 자동차 경음기를 빵빵거리지 않는다.

겨울에 들소들은 매끄러운 미생물 덩어리가 추위를 부정하며 형형색색으로 붙어서 자라는 뜨거운 온천지대로 피신한다. 봄에 옐로스톤이 처음 개방될 무렵에는 초대하듯이 새파랗게 물든 물웅덩이 가까이에서 아직 들소 몇 마리가 어슬렁거리고 있다. 서리 낀 이른 아침에 블랙샌드 베이슨에서 들소 암컷 한 마리가 새끼와 함께 내뿜는 입김이 솟아오르는 모습은 마치 그 너머 온천에서 휘말리며 피어오르는 증기처럼 보인다. 들소는 세균 매트 위로 걷지 말라는 모든 경고를 무시한다. 그들은 천 년 동안 이곳을 짓밟고 다녔으니까. 빈약한 풀과 지의류는 그런 큰 동물의 몸집을 유지하는 데에 별 도움이 되지 않을 것 같지만, 그들은 축축한 땅에서 뜯어 먹을 만한 것을 찾아낸다. 이 온천에서는 생명의 나무의 두 끝이 하나로 모인다. 물웅덩이 가장자리를 색깔로 물들이는 고세균, 세균, 조류는 생명과 지구가 젊었을 때, 땅이 헐벗었을 때, 주름 지고 움푹 들어간 표면에서 에너지를 자신을 복제하는 데에 쓰는 최초의 공동체가 출현한 시절을 이야기하고 있다. 이 생물들이라고 변하지 않은 것은 아니다. 지구의 생물들 중 **결코** 변하지 않은 채로 있는 것은 없다. 그러나 그들은 여전히 고대의 법칙에 따라서, 고대의 원천에서 필요한 것들을 그러모으면서 번식한다. 황은 먹이가 될 수 있고, 뜨거운 열은 생명의 모터를 돌릴 수 있다. 눈에 보이지 않는 들소의 위장 속에서는 다른 단세포 생물들이 식물 먹이를 소화함으로써 들소가 빈약한 먹이로도 살아갈 수 있도록 한다. 이 친절한 조력자가 없다면, 풀밭에 풀을 뜯는 들소떼는 없을 것이다. 빙하기의 마지막 잔재, 생명의 나무의 최근 싹들 중 하나는 삶을 지속할 수 없었을 것이다. 근엄한 들소와 보이지 않은 채 소화를 돕는 조력자는 둘 다 나름대로 생존자이다. 비록 전자는 역사의 경로가 잠시 비틀렸다면 쉽사리 끝장날 수 있었지만 말이다. 총질이 몇 번 더 일어났거나 자연적인 복원력이 조금만 미치지 못했다면, 나의 이야기에서 들소는 등장할 수 없었을 것이다.

나는 가장 단순한 원핵생물이 새끼를 데리고 온천 옆을 서성거리는 들소와 공통 조상을 가진다는 것을 입증하는 DNA의 이중나선을 생명의 나무를 짜면서 하나로 엮는 일종의 실뜨기라고 생각하기를 좋아한다. 옐로스톤 국립공원의 뜨거운 물웅덩이 주변에 있는 생물들은 모두 공통의 이야기를 엮어내는 가닥들이다. 누가 과자라도 떨어뜨릴까 판자 깔린 길을 주시하는 새까만 갈까마귀, 독한 가스와 추운 바람 속에서 살아가는 추레한 침엽수, 머뭇거리는 듯이 노란 꽃을 피운 데이지 사이의 빈 틈새를 채우는 초라한 이끼, 주변의 숲에서 토양에 활기를 불어넣는 수천 종류의 미생물들이 그렇다. 그러나 꼬인 혈통의 실을 통해서 하나로 엮였다고 해도, 이 생물들 하나하나는 여전히 나름의 전기(傳記)

를 가지고 있으며, 모든 전기는 내가 이 책에서 고른 생물들의 전기만큼 흥미로울 수 있다. 아무리 작은 개미라고 해도 우리의 관심을 끌 만한 이야기를 간직하고 있다. 찾기 힘든 미생물도, 뿌연 곰팡이도, 덧없이 스러지는 꽃도 마찬가지이다.

10

역경에 맞서는 생존자들

지역신문은 동네의 누군가가 100세가 되면 알릴 준비를 늘 하고 있다. 자식, 손자, 증손자에게 둘러싸인 채 웃고 있는 당사자의 사진과 함께 따뜻한 기사가 실린다. 기사는 예외 없이 장수의 비결이 무엇이냐는 질문으로 끝난다. 노인이 답을 가지고 있을 것이라고 예상하지만, 나오는 현명한 조언은 사람마다 모두 다르다. 어떤 노인은 술을 절대로 마시지 않고, 하루에 한 끼 식사를 하는 것이 장수의 비결이라고 말할 것이다. 다른 노인은 "무엇이든지 지나치지 않게 하는 것"이 비결이라고 자신 있게 알려줄 것이다. 인생을 너무 심각하게 살지 않는 것이 중요하다고 말하는 노인도 있을 것이다. 열심히 일하고 틈틈이 단어 맞추기 퍼즐로 머리가 굳지 않도록 하는 것이 좋다고 말하는 노인도 있을 것이다. 장수가 오직 운이 좋아서라거나 유전자가 좋아서라고 말하는 사람은 거의 없다. 심한 유혈전투에서 살아남은 노병들은 대개 야만적인 운명의 역할을 더 직시하는 편이다. 총알이 오른쪽이 아니라 왼쪽으로 향했다면 혹은 폭탄이 불발탄이 아니었다면, "저 세상으로 갔다"고 말이다. 전쟁은 생존의 무작위적인 측면을 더 두드러지게 한다. 그러나 일반적으로 개인이 가진 장점이라는 관점을 빼면, 생존에 관한 이야기를 하기가 어

346

렵다. 자수성가한 재계의 거물은 자신의 부가 운 때가 맞아서 이루어졌다기보다는 근면함과 명석함의 대가라고 보는 경향이 있다. 그러니 장수도 언제나 축하할 일이다. 설령 자축할 일은 아니라고 해도 말이다. "정말 굉장하지 않아요?" 어느 친척은 탄복하면서 외칠 것이다. 깊은 시간으로부터 살아남은 생존자를 기술할 때에도 비슷한 감탄사가 절로 나오기 마련이며, 생명의 나무라는 족보를 따지면 우리는 모두 친척이므로, 가시두더지나 투아타라를 설명할 때 똑같이 탄복하는 어투가 섞여드는 것이 당연하다.

　나는 장구한 세월을 거치면서 생명의 역사를 드러내는 이 모든 원핵생물, 동물, 식물을 "그저 운이 좋았다"라고 뭉뚱그려 말하고 넘어가기에는 뭔가 부족하다고 본다. 그들을 전적으로 적응력이 뛰어난 우수한 존재라고 묘사하는 것도 마찬가지로 실수일 것이다. "적자생존(適者生存)"이라는 말은 사실 결코 찰스 다윈의 것이 아니며, 1864년 다윈주의 경제학자 허버트 스펜서가 만든 것이다. 다윈은 1869년에 나온 『종의 기원』제5판에 그 용어를 채택했다. 그것이 자연선택과 잘못 결합되면서 오용된 사례가 여러 번 있다. 그 용어는 적자가 가장 오래 남는 생존자임이 틀림없다는 말로 변질되기 쉽다. 아무튼 생존자는 살아남고, 게다가 다른 대다수 생물들보다 훨씬 더 오래 살아남을 만큼 "적응해왔다." 여기서 다시 불가피하게 미묘한 가치판단이 스며든다. 이 시나리오에 따르면, 이 책의 동식물들은 올림픽 경기의 마지막 날에 비틀거리며 들어오는 마라톤 선수들과 다소 비슷할 것이다. 그러니 그들의 인내력에 탄복하지 않을 수 없다. 나는 운동선수에 관한 다른 비유를 더 좋아한다. 우리는 그들을 장애물을 하나하나 넘으면서 달리는 허들 선수로 생각해야 한다. 동료 경쟁자들은 설령 잠시 앞설 수는 있지만, 장애물 앞에서 넘어지고 쓰러진다. 이런 의미에서 적자는 결승점에 도달한 자를 말하며, 반드시 가장 빠른 자일 필요는 없다. 생존은 역사에 퇴짜를

맞으면서도 유전의 끈을 계속 이어가는 것이며, (운도 어떤 역할을 하겠지만) 견뎌내는 생물이 적절한 자질을 가지고 있지 않다면 운만으로는 소용이 없을 것이다. 그런 자질이 있다고 해서 그 동물이나 식물이 어떤 절대적인 의미에서 우수한 것은 아니지만, 그들은 중요한 시기에 생존을 보장하는 특징들을 가지고 있었다. 장애물을 넘는 데에 도움을 주는 무엇인가를 말이다. 그런 생존의 방해물 혹은 장애물은 고대의 대량멸종이나 해수면 변화, 대륙이동이나 빙하기일 수도 있었다. 모든 생물은 나름의 궤적을 그리며 역사를 헤쳐나간다. 그것이 바로 전기(傳記), 즉 자신만의 이야기이다. 플라이스토세 빙하기의 추위 속에 번성했지만 그 뒤로는 살아갈 수 없었던 동굴곰(Ursus spelaeus)의 이야기처럼 짧은 것도 있다. 혹은 대양 섬에서 잠시 번성했다가 자신의 고향과 함께 물에 잠긴 동물을 생각해보라. 대조적으로 일부 미생물은 수십억 년의 이야기를 간직하고 있다. 서로 다른 생물들의 궤도가 우연히 일치하거나 독자적으로 비슷한 이야기를 할 때면, 우리는 아마 어떤 패턴을 찾아낼 수 있을 것이다. 단지 행운이라고만 할 수 없는 것을 말이다.

나는 진화를 과거의 자취가 계속 지워지는 일종의 동시 발전으로 보는 시각에 때로 혐오감을 드러내왔다. 정치가들이 "우리는 변해야 한다. 너무 늦기 전에 새로운 해결책을 내놓아야 한다. 우리는 공룡이 되어서는 안 된다!"와 같은 말을 할 때, 이런 개념이 암묵적으로 들어 있다. 그러나 그와 정반대로, 우리는 거의 모든 곳에서 생명의 나무의 낮은 가지에서 살아남은 생물들로부터 과거의 각인을 볼 수 있었다. 진화는 다양한 생존자들 속에 자신의 지난 역사의 단서를 남겼으며, 나는 그 전기들 중 일부를 상세히 탐구했다. 리처드 도킨스가 말했듯이, 설령 화석 같은 것이 전혀 없다고 할지라도 우리는 진화의 결정적인 증거를 추적할 수 있다. 그것은 유전체에, 그리고 비교해부학과 현생 생물의 발달과정에 적혀 있기 때문이다. 이 말은 사실이지만, 한 가지 핵심을 놓치고 있기도 하다. 화석은 언제, 어떻게, 왜 어떤 역사가 일어났는지를 말해주는 증거를 제공한다. 비행보다 깃털이 먼저 출현했고, "공룡새" 같은 생물이 있었다는 증거를 내놓으니 더할 나위가 없지 않은가? 비록 둘 다 멸종했지만, 삼엽충이나 공룡의 화석이 없다면 세상은 더 빈약할 것이다. 나는 두 발로 걸은 초기 인류의 화석을 발견하는 것 외에, 인류의 선조가 커다란 뇌를 가지기 전에 직립하여 걸었다는 사실을 알아낼 방법은 없었다고 생각한다. 화석이 없었다면, 우리는 사지류 조상이 4억 년 전에 처음 육지로 올라왔다는 사실을 알지 못할 것이다. 나는 로마의 시인과 역사가가 쓴 설명만으로 고대 로마의 모습을 재구성할 수 있다고 보지만, 고고학 기록까지 있다면 얼마나 더 풍성하게 그려낼 수 있겠는가? 그러니 계속 땅을 파자! 내가 화석을 자주 언급하는 이유는 그저 내가 고생물학자이기 때문만이 아니라, 화석이 모든 생물의 이야기에 의미와 깊이를 더하기 때문이다. 그러나 나는 "살아 있는 화석"이라는 꼬리표를 너무 쉽게 붙이지 않도록 신중을 기했다. 진화가 과거를 지운다는 것은 틀린 말이지만, 기나긴 지질시대 내내 전혀 변하지 않은 채 남아 있는 생물이 없다는 말은 맞다. 투구게는 고대의 등딱지를 짊어지고 있을지 모르지만, 세월이 흐르면서 변화해왔다. 투아타라조차도, 모호하게 웃음을 머금은 듯한 얼굴은 당장 트라이아스기의 세상을 이야기할 것처럼 보일지 몰라도, 유전체 수준에서는 진화를 계속해왔다. 나는 살아 있는 화석이라는 용어를 화석으로 먼저 발견된 뒤에 살아 있다는 것이 발견된 극소수의 생물을 가리키는 지극히 직설적인 의미로만 쓴다. 페레레트, 오스트레일리아 폐어, 낙우송(落羽松), 실러캔스, 올레미 삼나무처럼 말이다. 그러나 악어류가 오랜 세월을 살아왔다고 해도 악어 같은 생물에 같은 용어를 쓴다면 옳지 않을 것이다. 극도로 오랜 세월 지구를 점유하고 있는 세균도 마찬가지이다. 이런 사례들은 생명의 나무의 낮은 가지들이 오래되었음에도 계속 새로운 싹과 잎을 낸다는 증거를 제공한다. 이 역동적인 지구에서 변하지 않는 것은 없다. 기후도, 생명도, 대양도, 대륙도 움직인다. 비록 서로 다른 박자에 맞추어 움직일지라도 말이다.

생존자들이 넘은 장애물은 이미 여러 차례 언급했지만, 분석은 하지 않았다. 그러니 가장 중요한 대량멸종 사건들을 여기에서 좀더 자세히 살펴보기로 하자. 이것은 지금까지 이야기의 요약본 역할도 한다. 더 오래 산 생존자들을 연결하는 생명의 실은 더 최근에 기원한 생물들의 것보다 이 사건들을 더 많이 관통할 것이 분명하다. 역사에서 흔히 그렇듯이, 오래된 사건일수록 더 모호해지는 경향이 있으며, 나는 선캄브리아대의 방대한 기간을 살펴보면 여전히 중요한 새로운 발견들이 나올 것이라고 확신한다. 재방문해야 할 최초의 위기는 24억 년 전의 "대산소화 사건"이다. 남세균이 대기에 산소를 상당한 농도로 방출했을 때, 산소가 없어야 번성하는 원핵생물들에게는 치명적인 효과를 미쳤을 것이 분명하다. 한때 지구를 소유했던 극한생물인 세균들은 온천과 지저분한 구석에서 버텼지만, 대기의 법칙은 영구히 변했고, 이윽고 산소호흡이 가능한 현대의 동식물이 주류로 부상했다. 가장 큰 그림에서 보면, 한 생물과 다른 생물의 상대적인 개체수 변화는 우리 행성의 역사에서 계통의 완전한 제거를 통한 멸종 못지않게 중요하다. 그리고 극단적인 기후변화가 일어난 시기가 있었다. "눈덩이 지구"가 생긴 때, 즉 6억5,000만 년 전 마리노아 빙하기(Marinoan glaciation) 때, 지구는 단단한 얼음층으로 둘러싸였다. 적어도 이 가설의 지지자들은 그렇게 믿고 있다. 이런 사건을 믿는 이들은 선캄브리아대에 지구가 몇 차례 더 "눈덩이"가 된 적이 있다고 보며, 그 말이 옳다면 주기적인 동결은 생명이 대처해야 할 위험요인이었다. 그러나 가장 혹독한 시나리오하에서도 화산이나 열수 분출구처럼 열기가 뿜어지는 곳 주변에 얼어붙지 않은 물의 섬은 틀림없이 있었을 것이고, 그런 곳은 생존자들에게 피신처를 제공했을 것이다. 당시 대부분의 생물이 작았다는 점을 생각하기를. 대왕판다가 이런 식으로 보전되었을 것 같지는 않다. 많은 과학자들은 눈덩이라는 극단적인 견해가 옳지 않다고 믿으며, 적도지역은 얼음이 없었을 것이라고(혹은 기껏해야 "질퍽한" 상태였을 것이라고) 본다. 이 시기에 저위도까지 얼음이 영향을 끼쳤을 것이라는 데에는 이견이 거의 없으며, 심각한 영향을 끼친 것은 분명하다. 그 얼어붙은 시기가 지난 뒤, 선캄브리아대 말에 뉴펀들랜드의 미스테이큰 포인트에서 설명한 에디아카라 동물상이 출현했다. 그곳에는 부드러운 몸을 가진, 그러나 분명히 어느 정도의 크기를 가진 생물들이 흩어져 있는 기이한 해저의 모습이 담겨 있다. 생명은 더 크게 자라 있었다. 이것은 흔적도 없이 사라졌을 수도 있는 한 편의 생물학적 드라마이다. 거기에는 해파리가 있었고, 아마 해면동물도 있었을 것이다. 그러나 에디아카라 동물들의 대부분은 여전히 다소 논란거리이며, 그 뒤의 생물들의 "조상"임을 확실히 알 수 있는 것은 없다. 안타깝게도 그들은 살아남지 못했다. 에디아카라기를 한 시대의 끝이라고 보는 것이 정확할지, 아니면 새로운 시대의 시작이라고 보아야 할지도 말하기 어렵다.

그 뒤의 캄브리아기에는 그런 모호함이 없다. 현대 생물학 세계의 특징이라고 할 것이 있다. 알든 모르든 간에, 우리 모두는 캄브리아기의 아이들이다. 우리는 척추동물과 무척추동물이 똑같이 우리 행성의 역사의 가장 창조적인 이 시기로 거슬러올라간다는 것을 살펴보았다. 몇몇 생물집단에서 포식자로부터 몸을 보호할 수 있게 해주고 강한 근육을 부착시킬 수 있는 단단한 껍데기가 처음 출현한 시기가 있었다. 그러나 중국의 청지앙(澄江)에서 "부드러운 몸을 가진" 동물들을 보존하기에 알맞은 지층이 발견되면서, 그 동물들이 껍데기를 가진 동물들만큼 다양하다는 것이 드러났다. 그러니 생명이 다양하게 번성한 것이 껍데기의 문제만은 아니었다. 이 책의 많은 동물들은 이 시점에서 무대에 등장했다. 연체동물, 절지동물, 완족동물, 음경벌레, 땅콩벌레, 유조동물, 환형동물(168쪽 참조), 반삭동물, 척삭동물이 그렇다. 그러나 에디아카라 동물들은 사라졌으므로, 선캄브리아대가 끝날 때 프랙탈을 응용한 듯한 이 수수께끼의 생물들과 그들의 기이한 동료들은 대량멸종을 겪은 것이 분명하다. 대다수의 고생물학자들은 화석 기록상 에디아카라의 신기한 동물들이 사라진 시점과 캄브리아기 형태들이 "폭발적으로" 출현한 시기 사이에 시간 지체가 있다는 데에 동의한다. 지층 기록이 잘 남아 있는 여러 지역들에서 바로 이 시기에 바다가 줄어들었다고 나오므로, 이 중요한 시기를 기록한 증거가 빠져 있다. 마틴 브레이저는 최근 저서 『다윈의 잃어버린 세계(*Darwin's Lost World*)』에서 시베리아의 레나 강 언저리의 지층에서 그런 "빠진 부분"을 발견한 이야기를 흥미롭게 설명한다. 지층이 완전히 보존되어 있는 곳은 중요한 시기에 혐기성 바닷물이 그곳에, 아니 적어도 가까이에 넓게 펼쳐져 있었다는 증거이다. "호흡하려면" 적당한 수준의 산소가 있어야 하는 동물들이 몰려 사는 대륙붕으로 이 치명적인 물이 용솟음친다. 이런 조건에서는 아주아주 오래된 세균들이 잠시나마 지배력을 다시 획득한다. 셰일은 검게 변한다. 다른 생물들은 죽는다. 아마도 이런 사건이 해양세계에서 카르니오디스쿠스와 그 친척들 같은 에디아카라 동물들을 없앴을지 모른다. 분명히 그 뒤의 캄브리아기(5억4,200만 년 전 이후)에는 산소농도가 더 높았다. 비록 같은 시대*의 더 나중에 대륙붕에 사는 동물들에게 스트레스를 주고 덜 온화한 환경에서 견딜 수 있도록 자극제가 된 산소위기들이 더 있기는 했지만 말이다. 소수의 삼엽충은 산소가 고갈된 바다의 주인이 되었다. 생명의 나무의 아래쪽에서 나온 생존자들은 이 위기들을 헤치고 계속 나아갔다는 점을 기억하자. 설령 화석으로 자신의 존재를 알리

---

* 캄브리아기 말의 이런 사건들 중 하나가 대량멸종을 일으켰다는 주장이 있지만, 나는 그 사건의 중요성이 과장된 것이라고 본다.

지 않았을 때에도 말이다.

오르도비스기 말이 되자, 북아프리카에 있던 당시의 남극점을 중심으로 다시 빙하가 형성되었다. 4억4,500만 년 전에 빙상이 다시 커졌고, 그에 따라서 해수면이 낮아지고 열대는 축소되었다. 나는 모로코의 안티아틀라스 산맥에서 고대의 빙상이 할퀸 지형의 꼭대기에 서보았다. 사방이 온통 메마른 사막뿐이었고, 하늘에서 어떤 새가 먹을거리를 찾아다니며 서글피 울었다. 나는 대륙이 기후대를 서서히 옮겨가면서, 세계의 겉모습을 서서히 바꾸며 얼마나 멀리 이동했는지를 떠올렸다. 오르도비스기 말의 지리학적 및 해양학적 조건은 빙상이 자라기에 딱 맞았으며, 세계는 극단적인 기후에 빠져들었다. 캄브리아기가 저문 이래로 많은 동물들이 번성했다. 빙상이 녹자, 세계의 대양에 또 한 번 저산소 위기가 찾아왔다. 몇몇 삼엽충 과들을 포함하여 훨씬 더 많은 무척추동물이 죽었다. 생존자들은 견뎌냈다. 위기가 지나자, 바다의 생명은 다시 불어났다. 고대의 대양은 산맥이 높아졌다가 침식되어 사라지면서 줄어들었다. 식물과 동물은 육지정착을 향한 중요한 이동을 했고, 생존자가 될 더 많은 생물들이 생명의 세계로 들어왔다. 그러나 오르도비스기 빙하작용으로부터 6,000만 년이 지난 뒤인 데본기 말에 다시 위기가 찾아왔고, 산호초와 훨씬 더 많은 삼엽충, 완족동물, 무악어류가 희생되었다. 최근의 연구는 이것이 처음에 생각했던 켈바서 사건(Kelwasser Event)이라는 단일한 사건이 아니라 몇 차례의 요동으로 이루어진 멸종 사건이라는 개념을 지지한다. 이번에도 대양 전체에 산소가 부족한 물이 퍼진 것이 해양생물이 받은 스트레스에 중요한 역할을 했다. 그리고 생존자들은 다시 장애물을 넘었다.

그러나 이 모든 위기는 2억5,000만 년 전 페름기 말에 일어난 대량멸종에 비하면 아무것도 아니었다. 이때는 육지와 바다의 생명이 모두 유린당했다. 석탄기와 페름기 초에는 양서류, 파충류, 투구게, 전갈, 많은

"하등한" 식물이 출현했다. 이들은 화석 기록으로 볼 때, 석탄 숲의 무더운 그늘에서 자랐다. 곤드와나의 한가운데 장기간 빙하작용이 일어났지만, 그것은 다른 기후대에 적응한 지역식물상을 빚어냄으로써 생물 다양성을 높이는 효과만 미쳤을 뿐이었다. 손꼽히는 연구자들 중 일부에 따르면 종의 90퍼센트가 멸종했다는데, 이 잠재적인 장거리 주자들은 그 위기 때 얼마나 많이 살아남았을까? 대륙들은 하나로 합쳐져 판게아라는 "초대륙"을 만들었다. 육지에 어떤 문제가 생기든 간에 일종의 재앙 제비뽑기를 하면서 모든 거주자들이 피해를 공유해야 했다. 중국의 지층에는 바다에서 일어난 당시의 비극이 상세하고 온전하게 기록되어 있다. 많은 연구자들은 시베리아 용암대지의 대규모 화산분출이 그 위기의 근접 원인이라고 생각한다. 아마 5억 년 전에 일어난 가장 큰 규모의 현무암 분출 때 지질학적으로 짧은 기간에 수백만 톤의 황과 이산화탄소가 대기에 뿜어졌을 것이다. 지금까지도 그 검은 용암대지는 서유럽만 한 면적을 차지하고 있다. 원래는 훨씬 더 넓었다. 판게아 안에서 이 화산 더미는 오늘날보다 훨씬 더 중앙에 놓여 있었다. 대기가 유독해지고 기후가 급속히 변한 것은 기체가 대량으로 분출된 결과 불가피한 것이었다. 프리드리히 엥겔스가 1844년 맨체스터의 오염된 공기를 보고 한 말이 생각난다. "공기가 너무 적어, 게다가 저런 공기라니!" 유독한 기체로 무력해진 세계였다. 한편 판게아 내륙에는 사막이 확산되었고, 모래언덕에서 살아갈 수 있는 것은 거의 없었다. 세균조차도 말이다. 육상생활은 벼랑 끝까지 내몰렸다. 상황이 좋지 않은 시기에 숨어 지낼 피신처도 더 줄어들었다. 바다에서는 산소농도가 낮은 무산소성 물이 거대한 판게아 초대륙 주변의 대륙붕까지 밀려들면서 잠시나마 지배권을 획득했다. 그런 상황에 대처할 수 있는 해양동물은 거의 없었다. 많은 암석의 단면에는 그 중요한 시기에 걸쳐서 화석 한 점조차 찾기 어려운 울적하게 만드는 셰일로 이루어진 "죽은" 구간이 있다. 화석을 남길 수 있는 동물들이 다시 돌아왔을 때, 그들은 슬프게도 다양성이 부족한 작은 것들이었다. 구세계로부터 살아남은 소수의 곧 사라질 연체동물과 아마 새로운 세계의 선구자가 될 빈약한 집단이었을 것이다. 생명에는 섬뜩한 일화로, 기회주의자 그리고 남의 괴멸 위에서 번성하는 미생물만이 적응한 시기였을 것이 분명하다. 이들은 견뎌냈지만, 고대세계의 많은 생물들은 고생대에서 중생대로(즉, 페름기에서 트라이아스기로) 넘어가지 못했다. 나의 삼엽충도 그랬다. 투아타라는 트라이아스기까지 거슬러올라가며, 현생 양서류도 그렇다. 그들의 고생대 조상과 무더운 석탄 숲은 연관이 있던 것이 분명하다. 그러나 현재 살고 있는 동물들의 기원은, 대규모 죽음으로 피폐해졌지만 새로운 출발점이 될 수 있을 만큼 튼튼한 생물학적 세계가 출현했을 때로 거슬러올라간다. 모든 시계를 다시 맞춘 사건이 일어난 시기였다. 페름기 말 사건을 비틀거리면서 헤치고 나온 생존자들 중 일부는 약 2억 년 전 트라이아스기 말에 다시 추려졌다. 이 대량멸종의 원인을 놓고 여전히 논란이 벌어지고 있지만, 사상자들 중에는 실루리아기 때부터 살아온 완족류와 바다나리류도 포함되어 있었다. 단 한 차례의 시련만 더 견뎌냈다면, 그들은 지금 우리 곁에 있을 것이다. 그들을 잃다니 슬프다. 그들을 방문할 수 있다면 얼마나 좋을까? 그 멸종사건은 공룡의 몇몇 잠재적 경쟁자들을 제거했고, 그 결과 모든 아이들이 좋아하는 "괴물"이 1억3,000만 년 넘게 패권을 유지할 수 있었다. 영화(movie)의 시대가 시작된 것이다. 스티븐 스필버그는 이제 작품활동을 시작할 수 있었다.

그것이 끝이 아니었다. 영원한 것은 없었다. 더껑이, 독, 공기를 먹고 살 수 있는 세균이 아닌 한 말이다. 다음 번 백악기 말에 일어난 대량멸종은 공룡을 지배자의 자리에서 제거했고, 중생대를 끝장냈다. 14년 전에 내가 책에서 이 사건을 다루었을 때*에는 멕시코 유카탄 반도에 거

---

* 나의 책 『생명 : 40억 년의 비밀』의 영국판 원제목은 "생명 : 비공인 전기(Life: An

대한 운석이 충돌한 것이 이 절멸이 일어난 중요한 이유 중 하나라는 이론을 의심하는 사람이 많았으나, 지금은 훨씬 줄어들었다. 대다수의 과학자들은 페름기 말 이후에 바다와 육지에서 가장 큰 대량멸종이 일어난 시점인 6,500만 년 전에 대규모 운석충돌이 있었음을 보여주는 화학적 흔적이 전 세계의 지층에 남아 있다는 점을 받아들인다. 여기에 일부 고생물학자는 현재의 인도 북서부, 즉 데칸 용암대지에서 드넓은 영역에 걸쳐서 분출한 방대한 현무암이 미친 영향도 덧붙이고자 한다. 어떤 원인들이 결합되었든 간에, 먼지가 지구를 뒤덮으면서 온통 암흑천지가 되었고, 대규모 산성비가 내리면서 덩굴의 잎이 시들고 바다가 중독되는 환경재앙이 일어났다. 먹이사슬은 붕괴했다. 초식공룡은 굶어 죽었고, 그들을 먹는 육식동물도 이어서 죽어나갔다. 바다에서는 단세포 플랑크톤의 수까지 급감했다. 암모나이트는 무척추동물 희생자들 중에서 그저 더 눈에 띄는 부류였을 뿐이다. 이 둘둘 말린 연체동물은 페름기 재앙을 겪으면서 이미 쇠퇴한 상태였다. 그들은 쥐라기 암석에 박혀서 고고학자에게 즐거움을 선사한다. 그들은 마침내 자신들에게는 너무 벅찬 장애물과 마주쳤다. 이윽고 지구가 이 외상에서 회복되자, 포유류와 조류는 유례없이 크게 번성할 수 있었다. 또 꽃들이 경관을 화사하게 빛냈고, 벌과 나비는 윙윙거리고 팔랑이면서 각자의 미래를 펼쳐나갔다. 모든 대량멸종은 궁극적으로 패자뿐 아니라 승자도 낳는다. 생명이 계속 나아가도록 돕는다. 플라이스토세에 마지막 빙하기를 가져온 160만 년 전의 기후악화도 그랬다. 빙상이 커지면서 고위도의 드넓은 지역을 뒤덮었다. 동식물은 밀려오는 빙하로부터 멀리 이주할 수 있으며, 실제로 그렇게 했다. 기후의 기울기가 유지되는 한, 멸종은 분명 불

Unauthorised Biography)"인데, 미국판의 제목은 "생명 : 40억 년에 걸친 지구 생명의 자연사(Life : The Natural History of the First Four Billion Years of Life on Earth)"이 다. 몇몇 생물들이 그렇듯이, 책의 제목도 대서양을 건너면 미묘하게 바뀐다.

가피한 것이 아니었다. 플라이스토세에는 기후요동과 빙상의 성쇠에 맞추어 남북으로 이동한 동물들의 이야기가 풍부하다. 추운 기후조건에 반응하여 진화함으로써, 때로 털로 뒤덮이거나 거대해지기도 한, 특수하게 적응한 다양한 포유동물들은 장기적으로 기후조건이 좋아지면 오히려 훨씬 더 취약해졌다. 그러나 약 2만 년 전 마지막 최대 빙하기가 오기 이전부터, 침팬지의 친척인 두 발로 걷는 동물은 이미 고향인 아프리카를 떠나서 전 세계로 기나긴 여행을 하고 있었다. 빙상에 물이 갇히자 해수면이 낮아지면서 이 침입자가 건널 다리가 형성되었다. 그의 종족은 시베리아 동부로부터 아메리카로 이동했다. 인구는 늘어났다. 그들은 추울 때 옷을 만들어 입고 미래를 계획하는 법을 터득했다. 가장 초창기에도 그들은 먹을 수 있는 포유류와 조류를 멸종에 이를 때까지 사냥했다. 터미네이터(Terminator)라고 불러도 마땅할 최초의 종이었다. 지금도 인류는 생물학자들이 으레 "6번째 대량멸종"*이라고 부르는 것을 일으키고 있으며, 그것이 멈추리라는 징후는 전혀 없다. 이 두 발로 걷는 동물의 특별한 적응도구 집합의 어딘가에 양심이라는 것도 함께 진화했다면, 그것이 자기 일을 제대로 하지 못하고 있다고 말해야 할 것이다.

　생명의 연속성을 단절시킨 그런 재앙의 목록을 죽 살펴보면, 기나긴 세월을 살아남은 생물이 있다는 것 자체가 놀랍게 여겨질지도 모른다. 재앙의 목록은 아직 끝나지 않았다. 최근에 갑작스러운 지구 온난화 사건이 메탄 하이드레이트(methane hydrate, 메탄 "얼음")와 관련이 있다는 증거를 찾아낸 연구 결과가 나오고 있다. 메탄 얼음은 정상적인 상황에서는 해양 퇴적층에 안전하게 격리되어 있다. 메탄은 기후변화를 일으키는 가장 효과적인 — 수명이 짧기는 하지만 — 기체이다. 현재 이

---

* 이것은 캄브리아기부터 계산한 것이므로, 오르도비스기 말의 대량멸종보다 앞서 일어난 선캄브리아대의 중요한 사건들은 고려하지 않는다.

얼음은 수심 약 300미터 이하에서 안정하지만, 더워지는 기후가 전환점, 즉 이른바 "티핑 포인트(tipping point)"를 넘어서면 우려할 속도로 녹으면서 지구 온난화를 가속시킬 것이다. 5번의 대량멸종을 설명하는 시나리오에도 비슷한 드라마가 삽입되어왔으며, 메탄 얼음은 다른 식으로는 설명이 불가능한 더 소규모의 멸종사건들을 설명하는 데에도 도움을 줄 수 있을지 모른다. 그리고 우리는 지각판들이 서로 떨어지거나 서로 가까이 다가가면서 지구의 표면이 계속 움직이고 있다는 점도 염두에 두어야 한다. 오스트레일리아 같은 섬 대륙은 홀로 있어왔다. 그러나 인도 아대륙은 판게아가 쪼개진 뒤 수백만 년 동안 홀로 지내다가 아시아와 결혼했다. 그 충돌로 북쪽에 있던 아시아 대륙이 밀리면서 히말라야 산맥이 솟아올랐다. 남극대륙이 언제나 지구의 끝에 있던 것은 아니며, 늘 두꺼운 얼음에 묻혀 있던 것도 아니다. 지금은 그 혹한의 땅에서 오래 생존할 수 있는 것은 특수하게 적응된 커다란 펭귄들뿐이지만, 그곳에서 포유동물들이 평범한 삶을 살아가던 시기도 있었다. 빙상이 자라면서 그들은 멸종했지만, 그것이 그들의 잘못은 아니었다. 그저 운이 나빴을 뿐이었다. 에드거 라이스 버로스가 『망각의 땅(*The Land that Time Forgot*)』(1918)에서 묘사한 것처럼, 생존자들의 방주, 즉 고대 동물들을 싣고 흘러간 땅이 있을지 모른다고 상상할 수 있던 시절도 있었다. 나는 그런 땅이 정말로 어딘가에 있기를 바라지만, 그런 곳은 없다. 대신에 우리는 격리가 진화적 창의력을 분출시켜서 고유종들을 낳는다는 것을 안다. 현재 자신의 섬에서 궁지에 몰려 있는 놀라운 영장류 무리인 마다가스카르의 여우원숭이나 오스트레일리아를 독특한 장소로 만든 캥거루와 왈라비를 생각해보라. 진화가 멈추는 일은 결코 없으며, 고스란히 보존된 과거세계 같은 것도 없고, 세월의 흐름에 콧방귀를 뀌면서 남아 있는 비밀장소도 없다. 샤크 만은 우연히 상황이 딱 들어맞아서, 기억할 수 없는 옛 시대와 비슷한 모습을 띠는 고대의 모조품일 뿐이다.

이제 생존자들에게로 돌아가서 그들이 대량멸종 사건들이라는 일련의 장애물을 어떻게 넘을 수 있었는지를 살펴보아야 할 때이다. 첫 번째 이유는 명확하다. 생존은 서식지의 내구성과 관련이 있다. 모든 생물들은 적응하고, 생계를 유지하고, 번식하는 곳이 있다. 자연에 있는 생태지위이다. 어떤 생태지위는 고도로 분화해 있다. 특정한 꽃의 꿀을 빨기 위해서 절묘한 형태로 진화한 에콰도르의 벌새와 그런 헌신적인 꽃가루 매개자만을 달래기 위해서 진화한 그 꽃이 떠오른다. 찰스 다윈이 1862년에 쓴 난초와 그 꽃가루 매개자 곤충 사이의 완벽한 공진화 사례는 또 어떤가? 그것은 두 생물이 수천 년에 걸쳐서 추는 정교한 파드되(pas de deux)이다. 그런 미묘한 균형이 깨지기 쉽다는 것은 상상이 갈 것이다. 예를 들어 한쪽 상대방의 개체수가 급감한다면, 동반자도 몰락할 것이다. 기후변화가 식생에 영향을 미친다고 해도, 똑같은 결과가 벌어질 수 있다. 이들은 극도로 협소한 생태지위의 사례이며, 운명이 그들의 앞길에 예기치 않은 것을 툭 던져놓는다면 그들이 얼마나 쉽게 몰락할지도 충분히 상상할 수 있다. 지구에 닥치는 주요 외상을 견디고 살아남으려면 힘든 시기를 헤치고 자연에서 생계를 계속 유지할 방법이 필요하다. 일부 식물은 씨를 이용하여 최악의 외상을 견디고 살아남을 수 있을지 모른다. 나쁜 상황이 지나간 뒤에 발아할 준비가 된 씨 말이다. 이집트 파라오와 함께 묻힌 씨가 지금까지도 발아능력이 있다는 것은 유명한 일화이다. 그러나 그런 대안을 가지지 못한 채, 생존하려면 공동 운명체인 적절한 서식지에 의존해야 하는 생물들도 있다. 미생물은 가장 문제가 덜하다. 크기가 작기 때문에 가장 작은 틈새조차 그들에게는 하나의 세계이기 때문이다. 상황이 나빠지면 그들은 늘 (그저 숨죽이고 번식속도를 늦춘다는) 대안을 간직하고 있다. 아무튼 그들은 단단한 바위 속에서 살아갈 수 있다. 세상에 불행이 가득할 때 번성하는 생물도 있다. 중독된 바다는 황을 좋아하는 세균에게는 먹이창고가 된다. 그들은 시생대 이후로 누리지 못했던 지배권을 다시 확립할 수 있다. 최초의 원핵 생물이 살아가던 세상을 자유 산소가 중독시켰을 때에도, 그들에게는 고대의 방식으로 계속 생활을 영위할 수 있는 뜨거운 황 온천이나 퀴퀴하고 미끈거리는 장소가 늘 있었다. 40억 년 전, 판구조라는 모터가 돌기 시작한 이래로 바다에는 중앙해령과 뜨겁거나 찬 물이 솟는 분출구가 늘 있었다. 운석충돌은 이 혐기성 미생물 중 상당수에게 일련의 새로운 기회를 제공했을 것이다. 아무튼 누군가에게는 독이 다른 누군가에게는 먹이이다. 그러니 우리는 초기 원핵생물이 생존했다고 해도 놀랄 필요가 없다. 장구한 역사를 가진 남세균도 마찬가지이다. 그들은 창턱에 둔 한 잔의 물속에서도, 바위에 생긴 극히 미세한 할퀸 자국에서도 살아갈 수 있다. 이 단순한 광합성 생물에게는 빛이 있는 곳이라면 어디든 살 수 있는 여지가 있다. 그들에게 서식지는 문제가 되지 않는다.

이제 생명의 나무의 위로 올라가서 좀더 큰 생물들을 만나보자. 몇몇 무척추동물의 생존이유를 살펴보는 일은 더 까다롭다. 예를 들면, 개맛은 완족동물 중에서 어떻게 그렇게 오랜 세월을 살고 있는 것일까? 홍콩의 신계에서 한 삽 가득 퍼낸 개펄 속에 그 오래된 동물이 놓여 있는 것을 보았을 때, 나는 오르도비스기에 가져다놓아도 어색하지 않을 표본이라고 느꼈다. 이 동물은 독특한 생물학적 특징들을 가지고 있으며, 그런 특징들은 서식지가 생존에 중요하다는 설명이 잘 들어맞음을 시사한다. 우선 개맛만 그런 것이 아니다. 개맛이 땅콩벌레와 함께 발견된다는 점을 떠올려보라. 청지앙의 화석 덕분에 우리는 땅콩벌레가 캄브리아기 초까지 거슬러올라간다는 것을 안다. 땅콩벌레는 껍데기가 없지만, 다른 면에서는 완족동물 못지않게 복잡한 동물이며, 마찬가지로 장기 생존자이다. 그들이 사는 곳보다 바다 쪽으로 조금 더 나아간 곳에는 마찬가지로 독특한 역사를 가진 원시적인 척삭동물인 창고기가 산다. 이제 고대의 조개인 솔레미아를 떠올려보라. 오스트레일리아 동부의

"스트래디"에서 만났다. 그 섬의 다른 곳에서는 내가 살펴본 퇴적물 속에 현생 개맛속에서 가장 큰 표본이 산다. 크기가 홍합만 하다. 그러니 여기에도 장기 생존자 한 쌍이 있다. 솔레미아는 황세균과 동반자 관계를 맺었으며, 다른 생물들이 거의 살 수 없는 극한지대에서 살아갈 수 있다. 아니 사실 그런 곳에서 살아야 한다. 새예동물(鰓曳動物), 즉 음경벌레도 비슷한 서식지에서 찾을 수 있다. 음경벌레는 지금보다 캄브리아기에 더 다양했던 집단이다. 그러니 서식지가 중요하다는 주장은 진화적 기원이 서로 다른 동물들의 수렴하는 전기들로 이어지는 셈이다. 어쩌면 이 독특한 서식지는 하나의 꾸러미로서 오르도비스기 말, 데본기, 가장 규모가 컸던 페름기 말, 그보다 더 작았던 트라이아스기 말, 마지막으로 백악기 말에 일어난 대량멸종을 통과하여 살아남았을 것이다. 모든 생존자들은 그 위기들을 통과했다. 오늘날 어떤 서식지에 한 생존자가 있다면 그것은 그저 운이 좋아서 그런 것일 수도 있지만, 어떤 서식지에 여러 생존자들이 있다면 그곳에서 수렴하는 전기들이 공통의 이야기를 들려줄 법하다. 여기서 군대에 비유하고 싶은 유혹을 느낀다. 어쩌면 이 서식지는 전선지하에 뚫린 굴과 비슷했을지 모른다. 당신이 어찌어찌하여 그 굴에 들어갈 권한을 가진 특수부대에 배속되었다면, 행운이 굴러들어온 것이다. 이것이 진화가 멈추었다는 의미는 아니라는 점을 다시 강조해야겠다. 즉, 오늘날에 사는 종들은 먼 과거에 살던 종들과 같지 않다. 설령 족보가 오래되었다고 할지라도, 유전자는 세월과 함께 움직였다.

이 서식지는 조간대의 낮은 쪽에 있으며, 모래 섞인 개펄 해안선의 아래쪽 얕은 조간대의 하부 서식지와 이어져 있다. 간단한 사고실험을 해보면, 이 서식지가 정말로 생존에 유리한 서식지일 수 있음이 드러난다. 대량멸종 시기에 되풀이해서 일어났듯이, 무산소 바다가 널리 확대되었을 때 조간대는 아마도 수면에서 여전히 산소를 공급받았을 것이라고 믿는 것이 합리적이다. 아무튼 바람이 불면서 해안에 물결을 일으켰을 것이다. 방금 말한 생물들은 모두 썰물 때는 퇴적물에 굴을 파고 숨고, 밀물에 잠겼을 때는 작은 알갱이를 걸러 먹는다. 그들은 거의 먹지 않고도 살아갈 수 있다. 지금도 일어나고 있는 일이지만, 수심이 얕은 곳에서 퇴적물의 산소가 고갈되면 이 굴 속에 숨은 동물들은 수면과 접촉함으로써 대처할 수 있었다. 솔레미아에게는 필요가 발명의 어머니가 되어서, 본래 수면 아래에 살던 황세균이 이 연체동물의 생활사에 참여하게 되었다. 더 "진화한" 생물이 출현할 때 생존자 중 일부를 밀어낼 것이라고 예상할 수도 있지만, 자연선택은 그런 식으로 작동하지 않는다. 대신에 내가 홍콩에서 보았듯이, 더 나중에 출현한 생물들은 장기 생존자들과 함께 같은 개펄에서 살았다. 새우, 고둥, 작은 물고기가 개맛, 땅콩벌레와 함께 말이다. 이 서식지는 복작거리며 살아가는 온갖 종류의 오래된 동물들로 이루어진 일종의 모음집이었다. 거기에는 특별한 이유가 있을지도 모른다. 많은 서식지는 가용 먹이의 양에 따라서 개체수가 엄격하게 제한된다. 그러나 개펄 같은 곳에서는 먹이가 제한요인이 아닐 수도 있다. 여과 섭식자의 입장에서는 밀물 때마다 혹은 인접한 육지에 폭풍이 들이닥칠 때마다 개펄로 풍부한 먹이가 유입되기 때문이다. 그보다는 살 공간을 찾는 것이 중요한 문제이다. 즉 구유에 먹이가 없는 것이 아니라, 외양간을 세울 곳을 마련하는 것이 문제이다. 따라서 자신의 굴을 마련할 수 있다면, 개맛은 나중에 도착한(지질학적으로 말해서) 새우 같은 후배들과 똑같은 조건에서 먹이경쟁을 할 수 있다. 이 서식지는 보수적인 경향의 생물들에게 좋은 장소로 여겨진다. 그 서식지가 살아남는다면, 거기에 사는 동물도 살아남을 것이다. 그 동물은 다른 많은 환경에 더 심각한 영향을 끼치는 대량멸종의 위력을 약화시키기에 딱 맞는 곳에 있다. 어떤 면에서 그것은 "적자생존"이지만, 장기적인 안전을 제공하는 딱 맞는 설계 명세서를 가진 "적자" 서식지의 생존이기도 하다. 개펄에서 버티는 자가 가장 오래 살아남는 자이다.

대다수의 동물들은 자기 서식지에 집착하지만, 기후변화가 일어나면 서식지 자체가 옮겨갈 수 있다. 생물도 선호하는 생태지위와 함께 새로운 장소로 자유롭게 옮겨가는 것이 당연하다. 다른 생물들은 수백만 년에 걸쳐 새로운 서식지로 들어가거나 새로운 서식지에 적응한다. 그런 서식지가 특히 분화해 있다면, 그 종은 생존자가 될 것이다. 거의 경쟁이 없는 특수한 생태지위를 차지하고 있기 때문이다. 전갈은 원래 수생 서식지에서 진화했다가 뜨겁고 건조한 환경에서 번성한 극소수 생물들 중 하나가 되었다. 그들은 틀림없이 우리 인간이 지옥에 떨어질 것이라고 여기지 않을까? 애완동물 상점에서 "시몽키(sea monkey)"라고 팔리는 작은 갑각류 — 아르테미아(Artemia)라는 짠 호수에 사는 새우 — 의 건조된 알은 소금사막에서 비가 내릴 때까지 무한정 그 상태로 존재할 수 있다. 비가 내리면 "살아나서" 빠르게 성숙한다.* 이들은 거의 전갈만큼이나 오래된 존재이다. 우리는 다른 생물들은 거의 살 수 없는 나미비아의 한 지역에만 있는 신기한 장수식물 웰위치아를 살펴보았다. 이 서식지가 남아 있는 한, 웰위치아도 그럴 것이다. 전갈과 마찬가지로, 유조동물도 해양생물로 시작했지만, 어느 시기에 이르자 그 집단의 육상 가지에서 유일한 생존자가 되었다. 척추동물 가지의 밑동에서부터 살아온 불쾌한 어류인 칠성장어와 먹장어에게도 같은 논리가 적용된다. 그들은 다른 어류에 기생하는 동물이다. 결코 남이 대신 차지할 수 없는 생태지위를 가지고 있다. 무악어류의 초기 구성원들이 기생동물이 아니라는 것은 분명하다. 그들은 퇴적물을 빨아들여서 작은 동물을 걸러 먹는 수생동물이 하는 일들 중 몇 가지를 하면서 살았다. 수생 생태계에서

---

* 긴꼬리투구새우(*Triops*)는 그에 필적하는 적응양상을 보이며, 화석 기록상 석탄기까지 올라가는 또다른 갑각류 생존자이다. 아르테미아와 긴꼬리투구새우는 창턱에 놓는 플라스틱 어항에서 키울 수 있다(배양기구까지 함께 판다). 따라서 이 고대 동물들을 찾아서 멀리 야외답사를 떠날 필요 없이, 집에서 편안히 만나볼 수 있다.

많은 경골어류 종이 그들을 대체했지만, 그들의 전문가 사촌들은 전 세계에서 계속 살아왔으며, 지금도 어업에 피해를 끼칠 만큼 번성하면서 잘살고 있다. 대량멸종 문제에서 그들의 유일한 관심사는 좋은 식사를 제공할 숙주가 충분히 살아남느냐 여부였다. 물론 숙주는 그만큼 살아남았다. 이 모든 생물들은 여전히 생계를 유지하는 각자의 방식을 이어가느냐에 따라서 생존이 달려 있고, 수억 년이 흐른 뒤에라도 그 사슬은 여전히 끊길 수 있다. 인류가 지금의 속도로 자연 서식지를 계속 파괴한다면, 세월과 격변이 하지 못한 그 일을 이룰 수 있을지도 모른다.

선호하는 서식지와 함께 세계를 이동하는 많은 종들을 떠올리는 데에 도움을 줄 대조적인 사례를 두 가지 들어보자. 첫 번째 시나리오는 커다란 땅덩어리에서 기후변화가 숲이나 초원 전체의 이동을 강요하여 새롭게 배치되도록 할 때 전개된다. 마지막 빙하기에 북반구의 온대림은 따뜻한 시기에는 북쪽으로 이동했다가, 빙하작용이 절정을 향해가며 빙원이 확장될 때에는 남쪽으로 이동했다. 적절한 지역이라면, 숲은 선호하는 기후대에 있기 위해서 산맥을 오르내릴 수도 있다. 어떤 변화가 유달리 빠르거나 극심할 때에만 적응할 시간이 없었다. 우리는 플라이스토세에 빙하가 툰드라에 특수한 혹한의 서식지를 만드는 데에 도움을 주기도 했다는 것을 살펴보았다. 추위에 적응한 전문가인 매머드와 그 포식자들을 먹여 살린 사초(莎草)가 무성한 초원을 말이다. 세계가 따뜻해졌을 때, 이 동물들은 갈 곳이 없었다. 추위에 적응된 포유동물이 더위에 살아남는 것보다 따뜻한 기후에 적응된 포유동물이 추위에 살아남는 것이 더 쉽다. 여기서도 행운은 공평하지 않았다. 추위에 적응한 작은 동물들은 아직 추위가 남아 있는 산맥에서 생태지위를 찾을 수 있었기 때문이다. 운과 유전자의 영향을 구분하려다가는 역사가 복잡해진다.

두 번째 시나리오는 판구조가 주된 영향요인일 때 펼쳐진다. 대륙은 생물학적 짐을 실은 채 이동한다. 혹은 대양 한가운데 화산섬이 출현하여 진화가 새로운 종을 그려낼 빈 석판(tabula rasa)이 생길 수도 있다. 이런 사례들에서는 일종의 우연이 주된 영향을 미친다. 생물 자체는 자신이 어디에서 멈추게 될지 "선택할" 수가 거의 없기 때문이다. 우리는 현재의 분포가 판게아라는 "초대륙"의 초기 역사를 증언하는 사례를 몇 가지 살펴보았다. 유조동물, 폐어, 칠레 삼나무, 주금류를 떠올려보라. 그런 생물은 훨씬 더 많으며, 각각은 나름의 이야기를 가지고 있다. 나는 거미강의 절복류(ricinulei)를 만나보고 싶었다. 거미도 진드기도 아니며, 현재 아프리카와 남아메리카에서 눈에 띄지 않게 사는 동물이다. 이 동물의 역사는 석탄기의 숲으로 거슬러올라간다. 또 나는 아프리카, 마다가스카르, 스리랑카에 사는 원시적인 선인장인 버들선인장(Rhipsalis)도 발견했어야 했다. 선인장은 현재 남북아메리카의 건조한 조건에서 살아가는 데에 전문가이지만, 그들은 원래 곤드와나의 축축한 숲에서 기원하지 않았던가? 그러니 우리가 알아야 할 것은 여전히 많다.

세계에는 생존자들이 이런저런 경로로 표착하는 곳들이 있다. 해류에 실려서 일부 해변으로 가치 있는 표류물이 밀려드는 것처럼 말이다. 종이 기후변화에 반응하여 이동하고, 본래의 서식지를 고수하고, 옛 환경이 계속 버팀으로써 변화를 피한 특수한 은신처에서 오늘날 발견되기도 한다는 것은 쉽게 생각할 수 있다. 몇몇 생존자가 함께 사는 것이 발견된다면 바로 그런 은신처임을 알 수 있다. 전기들의 또다른 합류 사례이다. 중국 중부에 그런 곳이 하나 있다. 안후이성(安徽省)의 황산(黃山)은 각양각색의 봉우리가 모인 곳으로서, 중국인에게 대단히 인기 있는 관광지이다. 산 밑에는 밀려드는 관광객들을 수용하기 위해서 새로운 고층 호텔의 숲이 자라고 있다. 위쪽의 경관은 고전적인 중국화의 원형이라고 할 수 있다. 아래쪽으로 안개가 자욱이 깔리고 그 위로 깎아지른 산들이 솟아 있고, 꼭대기에는 비틀린 소나무가 자라며, 사람은 거의 보이지 않는다. 모든 산은 화강암으로 이루어져 있지만, 내가 한번도 본

적이 없는 식으로 풍화된 화강암이다. 나는 영국 제도와 유럽에서 황무지를 이루는 밋밋하고 둥근 돌덩어리들이나 빙하에 깎인 곳이나 가파른 절벽과 장엄한 바위산에서 화강암을 많이 보았다. 화강암은 단단한 화성암으로서, 좀처럼 풍화되지 않는다. 그런데 황산에서는 한때 장엄한 바위덩어리였던 것이 풍화되어 여기저기 파여 있고, 바이에른의 무지막지하게 쌓은 성을 연상시키며 위태롭게 서 있는 바위기둥이 되어 있다. 그러나 그 기둥들도 점점 더 줄어들어서 멀리 안개 속으로 스러진다. 이 위도에서는 나무가 산꼭대기까지 자랄 수 있으며, 꼭대기에 자라는 나무들은 불규칙한 판을 쌓은 듯이 가지들을 층층이 뻗으면서 불가능한 각도로 기울어져 있다. 도저히 접근할 수 없는 바위 틈새까지도 박혀 있다. 옛날 중국 시인들은 황산의 절경에 취해서 며칠 동안 정신을 못 차렸다고 한다. 현재 이곳에는 관광객들을 산꼭대기까지 휙 실어나르는 케이블카가 설치되어 있으며, 가장 가파른 산등성이까지 포장한 길이 나 있다. 기이하게 매달려 자라는 유명한 나무들 중 하나를 배경으로 관광객 무리가 즐거운 표정으로 사진을 찍고 있다. 관광 안내인들은 확성기에 대고 자기가 맡은 사람들에게 서두르라고 소리친다. 리프트를 타고 오를 때, 나는 어떤 사라진 암석 덩어리의 마지막 잔재인, (이루 헤아릴 수 없는 세월에 걸쳐서 풍화되고 남은) 얹힌 화강암 바위 같은 특징들에 주목한다. 잉글랜드 서부의 콘월에 있는 화강암 바위산에서 비슷한 암석을 자주 보았다. 빙하기 때 빙하가 닿지 않았기 때문에, 오직 세월의 손길만으로 지형이 형성된 곳이다.

해발 1,800미터 높이에서 자라는 나무들은 편안해 보인다. 영국에서 볼 수 있는 나무들과 같은 속에 속하는 것들이기 때문에 더욱 그렇다. 물론 소나무 종류(*Pinus huangshanensis*)도 있지만, 떡갈나무류(*Quercus stewardii*), 너도밤나무(*Fagus engleriana*), 개암나무류(*Corylus*), 아일랜드 서부의 스트로베리나무(*Arbutus*)를 연상시키는 작은 관목인 중국 등

대꽃(*Enkianthus chinensis*)도 있다. 종은 다를지 몰라도, 유럽인에게 친숙한 식물상이다. 그러다가 산비탈의 야트막한 따뜻한 곳에서, 나는 (비록 정원에서만 보기는 했지만) 영국에서 익히 알고 있던 몇몇 나무들을 보고 놀라고 만다. 4월에 와서 다행이다. 이 작은 나무들이 꽃을 피우고 있으니까. 그렇지 않았다면 식생이 우거진 산비탈에서 모르고 지나쳤을 수도 있다. 목련류(*Magnolia*)는 내 정원에서와 똑같이 대담하게 커다란 연분홍 꽃을 피워서 자신을 과시한다. 이 야생에서는 멀리서 보니, 연한 색깔의 단정치 못한 소규모 새 무리가 가지 사이에 뒤엉켜 있는 듯하다. 산뜻한 관목인 풍년화류(*Hamamelis*)는 훨씬 눈에 덜 띄지만 그래도 즉시 알아볼 수 있다. 마치 밝은 구레나룻처럼, 헐벗은 가지를 노란 꽃들이 장식하고 있다. 더 높이 올라가니 이 나무들은 찾을 수가 없다. 목련과 풍년화는 꽃의 구조가 원시적이라는 점을 토대로 판단할 때 개화식물의 진화의 나무에서 매우 낮은 곳에 끼워지며, 이는 분자 증거를 통해서도 확인되었다. 그들은 거의 끝장날 뻔한 대량멸종을 헤쳐나온 백악기의 생존자들이다. 리프트 근처의 도로를 따라서 심어진 거대한 은행나무 몇 그루를 보니, 이 중생대 생존자들의 은신처가 그리 멀지 않다는 생각이 떠오른다. 근처 산비탈에서 자라는 넓은잎삼나무도 낙우송과의 조상과 가장 가까운 현생 나무로 여겨진다. 최근의 분자연구에 따르면 살아 있는 화석인 메타세쿼이아보다 더 원시적이라고 한다. 메타세쿼이아가 발견된 곳도 그리 멀지 않다. 그러고 나니, 이 나무들 전체가 중국 안후이성의 산비탈 아래쪽에서 공룡들이 조용히 활보하던 시대부터 함께 살아남은 것처럼 보이기 시작한다.* 서식지가 중요한 관건이므로,

---

* 목련과도 곤드와나의 역사를 보여주는 분포양상을 띤다. 미국 동부에도 풍년화가 있다. 그곳에서 나는 황산에서 본 것과 비슷한 생존 중인 식물상을 보았는데, 안타깝게도 개화기가 아니었다(이 지역은 가을이 방문하기에 가장 좋은 시기라고 한다). 거기에서도 다소 비슷한 생존 이야기가 펼쳐질지 모른다. 그 식물상은 기후가 요동칠 때 애팔래치아 산맥을 따라서 남쪽이나 북쪽으로, 혹은 산맥의 위나 아래로 자유롭게 이동했기 때문이다.

유서 깊은 적절한 서식지가 죽 이어져왔다고 결론을 내리는 것이 합리적인 듯하다. 물론 반드시 같은 지역일 필요는 없다. 이 식물상은 한때는 훨씬 더 널리 퍼져 있었기 때문이다. 그러나 이 특별한 장소에 모인 종들은 현재에 이르기까지 견뎌낼 수 있었고, 그들의 전기는 모두 하나로 합쳐졌다.

황산을 오르는 길목에 있는 작은 박물관에 들르니, 이 지역의 지질 역사를 어느 정도 알게 된다. 화강암은 중생대의 기나긴 세월 동안 뜨거운 마그마에서 흘러나온 것이었다. 따라서 이곳 산맥은 지금 그 위에 살고 있는 장수식물들과 거의 같은 시기에 지구 깊숙한 곳에서 탄생했으며, 그것이 침식된 잔해가 현재 지표면에 절경을 펼치고 있다. 식물들이 헤쳐나온 방대한 시간을 이해하려면, 이 화강암이 치솟았다가 그 거대한 덩어리가 서서히 침식되어 오늘날 우리가 보는 갈라지고 부서진 잔해가 되는 광경을 상상해보라. 백 년 동안 풍화가 이루어진다고 해도 표면이 그저 조금 거칠어질 뿐이다. 천 년 동안 풍화가 일어난다면 바위 표면에 희미한 주름이 몇 개 새겨질 것이다. 그러니 그렇게 완강하게 버티는 경관에 골짜기를 파고 산맥 전체를 조각하려면 얼마나 기나긴 세월이 흘렀을지 상상해보라. 그 사이에 시간이 느릿느릿 꾸준히 일을 함에 따라서, 기후변화가 반복되었고, 포유류가 진화했고, 세계지리도 바뀌었다. 우리의 고대 식물들은 토양이나 기온, 강수량이 알맞은 곳을 찾아서 북반구를 돌아다녔다. 이윽고 그들은 황산으로 가는 길을 찾아냈다. 그 뒤에 마지막 시련이 찾아왔다. 바로 플라이스토세 빙하기였다. 박물관에 있는 리쓰광(李四光, 1889-1971) 교수를 기념하는 비석에는 그가 황산 지역의 빙하의 특성을 파악했다고 적혀 있다. 리 교수가 공산당의 원로이기도 하므로, 아마 그의 견해에 반대하는 것은 현명하지 못한 일이었으리라. 기암괴석과 아찔한 절벽으로 가득한 이 절경은 어느 모로 보나 유럽과 북아메리카의 빙하작용을 겪은 화강암과 전혀 다르다. 사실 최근의 연구 결과는 이 먼 남쪽까지 빙상이 내려왔다는 것 자체에 의구심을 제기한다. 물론 설령 산꼭대기의 빙모에 이르기까지 죽 빙하로 뒤덮인 것은 아니라고 해도, 추운 기후가 들이닥치기는 했을 것이다. 살아남은 나무들은 계속 자라고 번식할 수 있을 만한 기후지역인 산 아래쪽으로 밀려내려왔다가, 나중에 다시 현재의 고도로 올라왔다. 이전 장에서 우리는 자신이 선호하는 추운 곳을 찾아서 반대방향으로 이동하여 결국 북극지방에 터를 잡은 빙하기 딱정벌레를 만났었다. 유일하게 인간은 기후를 계속 따라잡을 필요가 있을 때면 옷을 바꾸어 입음으로써 대처할 수 있다.

나는 역사의 조류에 따라 이리저리 오가면서 생존자들이 모이게 된 곳을 **시간 피난처**(time haven)라고 이름 붙이련다. 시간 피난처는 개별 종의 "레퓨지아"(refugia : 대륙 전체의 기후가 변할 때 비교적 변화가 적어 다른 곳에서는 멸종된 종이 살아 있는 지역/역주)의 집합이다. 수백만 년이 흐르는 동안 이 종들은 진화적으로 더 젊은 종들과 뒤섞이고 이웃이 되어 함께 살게 되었다. 시간 피난처는 서로 다른 생태계들이 다소 한정된 공간에 꾸려넣어질 수 있는 육지에서 가장 쉽게 알아볼 수 있다. 해양세계에서는 플랑크톤 유생을 통해서 새로운 곳으로 퍼지는 종이 많아서 분포영역이 불분명하고, 산뜻하게 한 곳에 꾸려넣어도 흩어질 것이다. 내가 홍콩의 신계에서 들른 해변이 아마 그런 시간 피난처일 것이다. 진주앵무조개가 뒤뚱거리면서 바다나리와 고대 해면동물이 자라는 해저 위를 돌아다니는 퀸즐랜드 해대도 그렇다. 퀸즐랜드의 데인트리 삼림보호 구역에는 원시적인 식물들이 함께 살아가는 곳이 있다. 오래된 조개류인 네오트리고니아가 번성하는 곳도 그 근처이다. 파리 분지(Paris Basin)의 에오세 지층에서 화석으로 발견되기도 한, 당신의 팔만큼 긴 커다란 고둥인 캄파닐레(*Campanile*)도 근처에서 산다. 조개류인 솔레미아가 훨씬 더 옛날, 4억7,500만 년 전 오르도비스기까지 거슬러올라가는 역사를 가지고 있음에도 여전히 스트래드브로크 섬에서 바닥을 파헤치며 잘살고 있다는 점을 생각해보라. 다섯 차례의 대량멸종을 어떻게든 살아서 헤쳐나온 동물이다. 그런 지역은 모든 생물을 어쩌다 보니 구한 방주가 아니다. 오히려 노스 퀸즐랜드는 유서 깊은 족보를 가진 생물들이 모인 집합소이다.

시간 피난처에 보전된 종들의 역사는 화석을 통해서만 파악할 수 있다. 오래된 생물들의 운명은 지질시대에 비슷한 경로를 거쳤다. 연체동물인 네오트리고니아, 캄파닐레, 앵무조개의 고대 친척들 중에는 지질학자들이 테티스 해(Tethys)라고 부르는 사라진 따뜻한 바다의 거의 전역에서 살았던 유럽 종들도 많다. 중생대와 제3기에 테티스 해는 대체로 현재의 알프스 산맥이 있는 곳에 놓여 있었으며, 중동에서 히말라야에 이르기까지 뻗어 있었다. 테티스 해는 초대륙 판게아가 쪼개진 뒤에 남쪽의 대륙들이 북쪽의 유럽과 아시아를 향해 이동하면서 결국 사라졌다. 이 불운한 바다는 사라지고 니스에서 카트만두까지 북반구를 구불구불 가로지르는 현재의 산맥이 솟아올랐다. 이 이야기는 복잡하며, 현재 꽤 자세히 밝혀져 있다. 사실 테티스 해는 몇 개의 작은 바다로 나뉘었다가 하나씩 사라졌지만, 여기서 그 이야기를 자세히 할 필요는 없을 것이다. 그러나 가장 흥미로운 점은 테티스 해의 많은 잔재들이 극동과 오스트레일리아에서 발견된다는 것이다. 해면동물인 바켈레티아는 따뜻한 테티스 해에서 편안히 살았을 것이다. 바다나리류와 유공충인 알베올리넬라(Alveolinella)라는 단세포 생물도 그 목록에 들어갈 수 있다. 나의 동료인 브라이언 로젠은 현재 오스트레일리아 북쪽 인도-서태평양구의 생물 다양성이 가장 풍부한 해역에서 산호초를 만드는 다양한 산호동물들이 2,000만 년 전 마이오세에는 훨씬 더 서쪽의 중동에 있었음을 밝혀냈다. 해양동물상이 통째로 동쪽으로 옮겨간 듯하다. 황산도 같은 이야기의 일부일지 모른다. 산기슭에서 번성하고 있는 그 나무들은 한때 유럽 전역에 퍼져 있었으니 말이다. 뉴칼레도니아는 퀸즐랜드 시간 피난처의 태평양 반대편, 이 이동경로의 동쪽 끝에 놓여 있다. 가장 원시적인 개화식물인 암보렐라와 남양삼나무속의 종 대부분이 살고 있는 곳이다. 이 해역은 한때 진주앵무조개 집단의 분포 중심지였으며, 알로나우틸루스가 사는 유일한 곳이다. 그러니 세계의 이 지역에 유달리 중생대의 유령들이 출몰하는 듯이 보이기 시작한다.

런던의 큐 왕립 식물원장인 스티브 호퍼와 동료들은 최근 들어 식물 다양성의 "열점(hot spot)"에 관심을 가지자고 호소해왔다. 여기서 열점은 대단히 다양한 아름다운 개화식물 종들이 가득한 서식지를 말한다. 그중에는 비교적 최근에 기원한 종도 많다(그러나 전부는 아니다). 남아프리카의 케이프 주, 오스트레일리아 남서부의 퍼스 주변이 그런 곳으로 유명하다. 그런 생물학적 풍요의 뿔을 방문할 기회가 주어지면 식물학자들은 기뻐서 날뛴다. 이런 서식지에서는 지금도 거의 메트로놈에 따르듯이, 정기적으로 새로운 종이 발견되고 있다. 이런 서식지는 보전이 우선순위에 놓이며, 마땅히 그래야 한다. 비록 지역 부동산 개발업자들은 고유종 보호보다 자신의 이익이 우선이라며 큰소리를 질러대고 있지만 말이다. 오스트레일리아의 한 사업가는 내게 이런 말을 했다. "잡초 따위에 대체 누가 관심을 가지냐고요." 이런 태도를 볼 때, 어느 지역이 시급히 법적 보호를 받아야 하는지를 판단할 어떤 기준이 필요하다. 나는 시간 피난처도 그 목록에 넣어야 한다고 생각한다. 비록 진화적 열점과 다르기는 하지만 — 정반대의 개념은 아니라고 해도 — 말이다. 갈라파고스 제도를 보호하는 것은 찰스 다윈이 깨달았다시피, 지질학적으로 젊은 이 제도가 최근에 진화가 작용했음을 입증하는 토대임을 인정하기 때문이다. 그곳의 종들은 대부분 생명의 나무의 꼭대기에 난 잔가지이다. 시간 스펙트럼의 반대쪽 끝에 놓인 시간 피난처에는 옛 사건들의 이야기를 자세히 들려줄 종들이 포함되어 있다. 그들은 보호를 받을 자격이 있다. 특히 진정한 영속성에 비추어보면, 인류의 역사가 대단히 짧다는 것을 알려주는 비유로서 말이다.

이제 마침내 우리는 이 장을 시작할 때 물었던 질문으로 돌아갈 수 있다. 영속하는 데에 도움을 주었을 만한 어떤 특성이 과연 그들에게 있는 것일까? 지리적 특징이나 서식지 외에, 지구의 기나긴 역사 내내 동식물이 멸종의 장애물을 넘도록 도운 자질이 있을까? 지역신문에 실린 100세 노인들의 인터뷰를 떠올리자면, 답은 "채식만을 해서"는 아닐 것이 분명하다. 그렇다면 기나긴 세월을 견딘 악어의 평판도 위태로워질 테니 말이다. 가시두더지와 투아타라도 규모는 다르지만 동물 단백질을 먹는다. 그러나 지금까지 살펴본 고등한 동식물들 중 일부는 어려운 시기에 살아남도록 도움을 주었을 법한 특징들을 공통으로 가진다. 이 종들 중에는 수명이 긴 것이 많은 듯하다. 악어는 좋은 먹이를 잡기 위해서 하염없이 기다리고 또 기다릴 수 있다. 투아타라는 느릿느릿 살아간다. 거북과 왕도롱뇽도 지역신문에 실릴 자격이 될 만큼 오래 산다. 투구게는 성숙하는 데에 10년이 넘게 걸리며, 절지동물로서는 매우 긴 세월이다.

가시두더지는 두더지보다 5배 더 오래 산다. 폐어의 삶은 서행차선을 타고 느릿느릿 나아간다. 솔레미아와 앵무조개 같은 연체동물도 느리게 성장하고 오래 산다. 식물들 중에서는 기이한 웰위치아가 진정으로 식물계의 므두셀라이며, 올레미아와 은행나무도 서둘러 생활사를 완결할 기색을 전혀 보이지 않는다. 장수만이 위기 때 생물이 살아남도록 기여할 수 있다. 오스트레일리아의 가뭄이 절정에 달했을 때 올레미아가 숨은 피신처에서 얼마나 긴 시간을 참고 견뎌야 했을지 생각해보라. 어떤 나무는 원시적인 곤충을 짐처럼 지니고 있다. 그런 곤충은 장수하는 숙주에 몸을 숨김으로써 위기의 충격을 완화시키는 것인지도 모른다. 카우리삼나무(*Agathis*)는 가장 원시적인 작은 나방 중 하나(*Agathiphaga*)

의 먹이식물이며, 이 나방은 백악기 말에 자신의 숙주식물에 무임승차하여 멸종의 관문을 무사통과했을 것이다. 대형 공룡도 아마 오래 살았겠지만, 목숨을 구하지는 못했다.

　오랜 세월을 견뎌온 일부 몸집이 큰 동물들은 또 한 가지 특징을 공유한다. 그들은 비교적 큰 알을 낳거나 자손을 적게 낳는 경향이 있다. 그것은 각 새끼의 생존을 위해서 더 많은 투자를 하는 방식이다. 정반대 전략은 알, 씨, 포자를 엄청나게 많이 만들어서 바닷물이나 바람에 흩뿌림으로써 운 좋게 알맞은 조건을 만나서 번식할 수 있는 성체단계까지 자랄 기회를 높이는 방법이다. 이 방법이 잘 먹혔기 때문에 양치류와 우산이끼는 수억 년을 존속해왔다. 지금도 그들은 화산이 폭발하거나 홍수가 휩쓴 뒤에 맨 처음으로 들어가서 정착하는 식물이다. 그들은 바람을 타고 돌아다닌다. 반면에 폐어와 실러캔스, 투구게는 모두 동족에 비해서 상대적으로 노른자위가 있는 큰 알을 낳는다. 덕분에 새끼는 좀 더 일찍부터 스스로 세상을 헤쳐나갈 수 있다. 앨리게이터는 심지어 새끼를 얼마간 돌본 뒤에야 독립시킨다. 몸집이 큰 주금류는 알을 적게 낳는다. 가시두더지도 적은 수의 새끼를 기른다. 이 동물들은 모두 성적으로 성숙하기까지 비교적 긴 시간이 걸린다. 그러나 일단 성숙하면 오랫동안 번식능력을 유지한다. 올해에 번식을 하지 못해도 다음 해에는 성공할 수 있다. 이 생존전략이 그들의 존속에 어떤 의미가 있는지는 명백하다. 서두르지 않는다는 것이다. 이런 생활방식의 긍정적인 면들이 비범한 영속성을 낳았다는 이론은 끌리기는 하지만, 흡족하지 못하다. 그에 상응하는 번식체계를 가지고 있지만 영속성이 아직 검증되지 않은 동물들도 있다. 인간과 코끼리가 그렇다. 코끼리의 가까운 친척인 털매머드는 다른 어떤 동물보다도 기후변화에 얽매여 있었다(인류의 개입도 멸종에 한몫을 했겠지만). 가상의 예를 들면, 그것은 100세 장수자들 중에 파란 눈인 사람이 많은 경향이 있음을 발견하는 것과 다소 비슷하다. 그것이 유전자와 어떤 관련이 있을지도 모르지만, 눈이 파란 사람들 중에는 100세까지 살지 못하는 이가 훨씬 더 많다. 오래 견디는 씨를 가진 식물은 환경위기 때 살아남을 가능성이 더 높겠지만, 그것은 최악의 상황이 지난 뒤에 발아에 알맞은 조건이 형성되었을 때에만 그렇다. 아주 신기하게도 대량멸종 사건 이후의 지층에서 맨 처음으로 나타나는 화석은 극소수의 종에 속한 엄청난 양의 껍데기 화석일 때가 많다. 그 종들은 단기간에 급속히 번식한다. 그러나 해양 생태계가 정상을 회복하면 이 동물들은 곧 사라진다. 기회주의는 항구적인 전략이 아니다. 생명의 마라톤 경주에서 살아남는 일은 몸과 생활사를 비롯하여 많은 요소들로 이루어진 꾸러미 전체에 달려 있지만, 우리는 알맞은 시간에 알맞은 장소에 있어야 한다는 것도 있지 말아야 한다.

오래된 생물들의 운도 언젠가는 다한다는 것은 외면할 수 없는 진리이다. 늘 그래왔으니까. 장기적으로 보면 우리는 모두 죽는다. 투구게도 마찬가지이다. 발톱벌레도 그럴 것이다.

맺음말

긴 해외답사 여행에서 돌아오면 늘 기분이 좋지만, 집에 들어오는 순간 나는 뭔가 잘못되었다는 것을 즉시 알아차린다. 공기에 달착지근하면서 불쾌한 냄새가 섞여 있다. 새가 집 안에서 죽어서 완전히 썩어 사라지고 부패의 기억이라고 할 냄새만 남았구나 하는 생각이 언뜻 든다. 그 냄새에는 왠지 거슬리는, 뭐라 말하기 어려운 역겨움이 배어 있다. 나는 창문을 왈칵 연 뒤 부엌으로 간다. 전등을 켜면서 부엌이 환해질 때, 쏴 하며 황급히 달아나는 소리, 다급하게 긁어대는 기이하고 메마른 소음이 쏟아진다. 나는 실상을 알아차린다. 으, 바퀴벌레들! 찬장 사이와 개수대 아래의 어두컴컴한 틈새로, 걸레받이에 난 쥐구멍(얼마 전에 하나 막았건만) 속으로 달아나는 광경이 보인다. 이 곤충은 빛을 싫어한다. 그들이 내 집에 우글거리리라고는 상상도 하지 못했다. 내가 없는 사이에 불어난 것이 분명하다. 나는 뻣뻣한 털 같은 긴 꼬리가 달린 날지 못한 작은 좀(Thysanura) 같은 곤충 손님들은 무해한 작은 동물이라고 그냥 받아들이는 편이다. 그리고 어쨌든 그들은 곤충이 날개가 없던 시절을 떠올리게 하는 살아 있는 기념물 역할을 한다. 그들은 또다른 오래된 생물이다. 그러나 유달리 살지고 즙이 많은 바퀴벌레는 보기만 해도 왠지 혐오감이 일어난다. 절지동물 연구자조차도 그런 기분을 느낀다. 바퀴의 더듬이는 유달리 긴 듯하고, 절지는 불필요할 정도로 가시가 많은 듯하다. 색깔도 마음에 들지 않는다. 신발 한 짝으로 내리치려고 할 때, 마루 구석에 있던 통통한 녀석 하나가 내게 쉿 소리를 낸다. 덕분에 녀석은 목숨을 잃는다. 그런 뒤 찬장 문을 여니, 소름끼치게도 부모의 축소판인 날개 없이 씰룩거리는 다양한 크기의 바퀴 유충들이 병 하나를 온통 뒤덮고 있다. 이 대식가는 구더기나 모충의 단계를 거치지 않는다. 개수대 밑의 틈새를 들여다보니, 수십 쌍의 더듬이가 움직이면서 공기 냄새를 맡고 있다. 다음날 아침 일어나 보니, 죽은 바퀴가 사라지고 없다. 생쥐가 먹어치웠다. 생태란 그런 것이다.

바퀴벌레는 딱정벌레와 비슷하게 생겼을지 몰라도, 유연관계는 가깝지는 않다. 내 혐오감은 깊이 따지고 들어가면 비합리적이다. 어쨌거나 바퀴는 그저 자신의 일을 아주 잘하고 있을 뿐이며, 그들은 놀라울 만큼 오래된 존재이다. 그들의 친척은 석탄기까지 거슬러올라간다. 따라서 그들은 거의 모든 유기물을 먹어치우는 생존기술을 이미 3억 년 전에 완벽하게 다듬은 셈이다. 또 그들은 페름기 말의 가장 극심한 사건을 비롯하여 두 차례의 대규모 멸종사건에서 살아남았다. 학생 때, 한 선생님은 "최고의 끈기"라고 말했다. 과거에 바퀴는 훗날 전 세계에서 석탄으로 채굴될 나무들이 자라는 습한 숲 바닥을 기어다녔다. 대부분의 사람들에게는 초기 바퀴가 현생 바퀴와 거의 흡사해 보이지만, 바퀴목(Blattaria)에 열정을 쏟는 연구자들 — 어느 동물집단이든 헌신적으로 연구하는 이들이 있다 — 은 초기 바퀴가 나의 잼 단지 속으로 들어간 바퀴와 많이 다르다고 본다. 바퀴는 나방과 나비가 처음 등장하기 2억 년 전에 출현했다. 날개 달린 곤충 가운데 그만큼 오래된 것은 잠자리뿐이다.* 그러니 바퀴를 존중하여 커다란 녀석을 신발짝으로 내리치지 말아야 했을까? 그들이 잘살아가도록 도와야 했을까?

바퀴는 추운 위도를 제외하고 전 세계에 분포한다. 그러니 그들은 결

---

* 석탄기 잠자리(Protodonata)를 현생 잠자리와 한 집단으로 분류하면 그렇다. 일부 곤충학자들은 최초의 잠자리가 현생 종들과 유연관계가 그리 가깝지 않으며, 둘의 공통조상은 페름기에 살았다고 본다.

코 잔존 생물이 아니다. 그들은 2억5,000만 년 전 생명이 거의 전멸했을 때에도 판게아 위를 쪼르르 기어다녔을 것이 분명하며, 그 거대한 대륙이 쪼개지자 세계의 모든 곳으로 실려갔다. 오스트레일리아에도 우글거린다. 그곳에서 나는 해질녘에 아주 커다란 바퀴들이 유칼립투스 줄기를 기어오르는 광경을 보았다. 말레이시아에서는 침실 벽마다 달라붙은 바퀴들을 보고 소스라치게 놀랐다. 6개의 다리를 가지고 있지만, 그들도 나름대로 다른 몇몇 생존자들과 공통점을 가진다. 그들은 오래 살며, 통 안에 갇힌 채 몇 년 동안 버틸 수 있다. 그와는 달리, 다른 많은 곤충들은 나무 속이나 연못에서 여러 해 동안 애벌레로 지내다가, 번식할 때가 되면 탈바꿈을 하여 성체가 된 뒤에 잠시 살다가 죽는다. 그리고 악어처럼, 바퀴도 먹지 않고 오래 견딜 수 있다. 여기서 오래란 한 달 정도를 뜻한다. 작은 동물에게 한 달은 긴 시간이다. 일부 종은 비교적 적은 수의 알을 낳으며, 심지어 알이 아니라 새끼를 낳는 종도 하나 있다. 그러나 대다수의 바퀴종은 여느 곤충처럼 많은 알을 낳는다. 바퀴는 고선량의 방사선에도 견딜 수 있다. 바퀴를 매우 좋아하는 사람은 아무도 없는 듯하지만, 그들의 끈질김과 부산스럽지 않은 점은 마지못해 인정을 한다. 바퀴는 먹이가 있으면 마지막 한 조각까지 게걸스럽게 먹어치울 것이며, 먹이가 다 떨어지면 서로를 먹어치울 것이라고 한다. 어쩐 일인지 나는 바퀴를 볼 때면, 마찬가지로 수가 많고 닥치는 대로 먹어치우는 듯하고, 결국은 동료에게 시선을 돌릴지도 모를 또다른 동물이 떠오른다. D. H. 로런스는 그 동물을 이렇게 규정지었다(비록 바퀴벌레가 아니라 토끼에게 영감을 받았지만).

지구에는 사람이 너무 많아.

지루하고, 싱겁고, 토끼 같고, 쉴 새 없이 뛰어다니는,

그들은 지구 표면이 사막이 될 때까지 뜯어 먹지.

이 책에 실린 모든 동식물을 알게 된 것은 특권이었다. 우리 행성의 수백만 종들 가운데 그들이 선택된 것은 진화에 관해서 그들이 뭔가 할 말을 가지고 있기 때문이었다. 오래된 존재들은 먼 과거에 낯선 세계에서 일어난 기원 문제를 설명하는 데에 도움을 준다. 나는 이 책에 실릴 생물들을 다르게 선택했을지라도, 그들의 전기 역시 마찬가지로 모든 면에서 흥미로웠을 것임을 결코 의심하지 않는다. 인간은 지구 생물권의 엄청나게 많은 생물들 중 한 종에 불과하지만, 그럼에도 어디에서든 인간 중심주의가 지배한다. 나는 야생생물이 두 발로 걷는 한 인류 종만을 위한 식량 공급원이자 위락거리로 창조되었으며, 그러니 인류가 전권을 휘두를 자격이 있다고 굳게 믿는 광신자까지도 만나보았다. 나는 과학을 도덕체계와 결부시키는 것을 좋아하지 않지만, 폐어처럼 오래된 존재를 필사적으로 보호하지 않는다면, 10년 뒤에는 내가 했던 것과 같은 여행은 불가능해질 것이다. 옳고 그름은 수억 년이 흐른 뒤에야 드러난다. 나는 공룡을 이기고 살아남았던 앵무조개가 관광기념품 산업 때문에 쇠퇴하고 있다는 사실이 서글프다. "쉴 새 없이 뛰어다니는" 우리 종은 모든 것을 쥐어짜고 있다. 현재 일어나고 있는 멸종사건은 멸종의 책임이 한 종에게 있는 역사상 유일한 사례이다. 운석도, 거대한 화산폭발도, "눈덩이 지구"도 없다. 그저 다른 종을 희생시키면서 번성하는 우리 종뿐이다. 우리는 아직 지표면을 사막이 될 때까지 뜯어 먹지는 않았지만, 인구가 계속 늘어난다면 그것은 설득력 있는 종말처럼 보인다. 시간이 얼마 남지 않았다. 당장 멈추어야 한다. 우리는 행동을 취할 수 있다. 어쨌거나 우리는 바퀴벌레가 아니다.

나는 세균의 생존 문제는 걱정하지 않는다. 그들은 살아남아서 마지막 인간의 마지막 시신까지 썩게 할 것이며, 그 뒤에 생명의 바퀴는 다시 굴러갈 것이다.

용어 설명

나는 전문용어를 최소한으로 줄이려고 애썼고, 처음 나올 때 정의를 내리려고 했지만, 두 차례 이상 언급했거나 좀더 설명이 필요한 용어는 정의를 제시하는 것이 도움이 될 듯하다.

갑각류(Crustacea) 게, 새우, 쥐며느리와 그 친척들로 이루어진 절지동물의 한 집단.

곤드와나(Gondwana) 갈라져서 현재의 남아메리카, 아프리카, 남인도, 오스트레일리아, 남극대륙(그밖의 더 작은 조각들)을 형성한 고대 초대륙. 곤드와나가 오늘날 우리가 보는 대륙으로 쪼개진 것은 중생대 때였다.

공생(Symbiosis) "함께 사는 것"으로, 두 생물이 상호혜택을 보는 관계. 나무의 뿌리에 붙은 균류와 그들의 숙주인 나무의 관계가 대표적이다. 균류는 흙에서 양분을 뽑아서 나무에게 주고, 그 보답으로 자신이 자라는 데에 필요한 당분을 얻는다.

극피동물(Echinoderm) 탄산칼슘으로 이루어진 단단한 판으로 몸을 감싼 "가시로 덮인" 해양동물 집단으로, 성게, 불가사리, 바다나리가 가장 친숙하다. 극피동물문.

극한생물(Extremophile) 뜨거운 물이나 강한 산처럼 다른 생물들이 극도로 불쾌해할 만한 조건을 선호하는 미생물.

남세균(Cyanobacteria) 엽록소 때문에 독특한 남색을 띠는 세균. 빛과 이산화탄소를 이용하여 성장한(그리고 산소를 방출한) 최초의 광합성 생물.

내생공생(Endosymbiosis) 말 그대로 "세포 안에서 함께 사는 것." 단세포 생물이 더 작은 다른 생물을 세포 안으로 받아들여 함께 살아가는 것을 가리킨다. 안에 갇힌 "포로"는 자신을 품은 세포에게 새로운 기능을 제공함으로써 숙주

379

안에서 번성하고, 이 새로운 동반자 관계는 더 진화한 종을 낳는다.

눈덩이 지구(Snowball Earth) 선캄브리아대 말에 빙상이 엄청난 규모로 자라서, 심지어 적도까지도 뒤덮었던 상태. 이 사건은 생명의 진화경로에 심각한 영향을 끼쳤을 것이 분명하다.

대량멸종 사건(Mass extinction event) 생명의 역사에 위기가 닥친 시기를 말한다. 많은 종이 동시에 사라짐으로써 특수한 상황이 벌어졌음을 입증하는 시기이다. 이 이야기에 나온 가장 중요한 대량멸종 사건들은 다음과 같다.

1. 선캄브리아대 말의 "눈덩이 지구."(6억1,000-5억9,000만 년 전의 마리노아 빙하기) 지구의 대부분이 얼어붙었다.
2. 오르도비스기 말(4억4,400만 년 전). 또 한 번의 큰 빙하기.
3. 데본기 말 무렵(3억7,800만 년 전)
4. 페름기 말의 "대절멸."(2억5,100만 년 전)
5. 트라이아스기 말(2억100만 년 전)
6. 백악기-제3기(K-T) 사건. 6,500만 년 전

플라이스토세 빙하기 말의 LGM 1만9,000년 전 마지막 최대 빙하기도 주목해야 한다.

대산소화 사건(Great Oxygenation Event) 약 24억 년 전에 일어났으며, 대기에 산소가 상당한 비율로 불어난 사건. 이 사건으로 무산소 조건을 선호한 생물들의 지배가 끝났다.

딱지조개(Chiton) 나란히 늘어선 여러 개의 판으로 위쪽이 덮여 있는 오래된 연체동물 집단.

마지막 최대 빙하기(Last Glacial Maximum, LGM) 마지막(플라이스토세) 빙하기 동안 2만6,500년 전부터 약 1만9,000년 전까지 빙상이 최대로 늘어났던 시기. 모든 빙상이 동시에 늘어나고 줄어든 것은 아니다.

무산소성(Anoxic) 산소가 부족한 서식지를 가리키는 말.

미토콘드리아(Mitochondrion) 흔히 세포의 "발전소"라고 말하는 진핵생물의 세포소기관. 세포호흡을 통해서 양분을 에너지로 바꾸는 곳이다. 미토콘드리아

RNA는 분자생물학자들이 생물 사이의 진화관계를 파악하기 위해서 가장 자주 서열 분석을 하는 분자에 속한다.

방사성 연대(Radiometric age) 연대 측정법 참조.

벤도비온트(Vendobiont) 선캄브리아대 말 에디아카라기에 번성한 수수께끼의 커다란 생물들을 가리키는 용어.

변형세포(Amoebocyte) 독립생활을 하는 단세포 생물인 아메바와 다소 비슷해 보이는 세포. 많은 무척추동물의 피에서 "미생물"을 집어삼킴으로써 몸을 방어하는 역할을 한다.

부생균(Saprobe) 목재나 잎 같은 식물이 만든 유기 화합물을 분해하여 성장에 필요한 에너지를 얻는 곰팡이 같은 생물들. 자연의 재순환에서 핵심적인 역할을 한다.

분기도(Cladogram) 생물들 사이의 관계를 그린 그림. 서로 얼마나 유사한지를 요약한 나무 형태로 표현한다. 분기분석은 자연계를 과학적으로 분류할 때 쓰이는 일반적인 방법이며, 원래는 깃털, 발가락, 파리 날개의 털 같은 형태적 특징을 토대로 했다. 현재 신세대 과학자들은 분자 수준의 유사성을 보여주는 새로운 엄청난 자료를 토대로 분기분석을 하고 있으며, 그 결과 분류체계가 바뀌고는 한다.

사지류(Tetrapod) 네 발 달린 동물. 양서류, 파충류, 포유류, 그들의 공통 조상을 포함하여 육지생활을 택한 척추동물들을 말한다. 호모 사피엔스는 두 발로 걷지만, 사지류에 속한다.

삼엽충(Trilobite) 캄브리아기부터 페름기까지 살았던 절지동물 집단. 공룡보다 더 매력적이다. 물론 나는 생애의 상당 기간을 이 동물을 연구하는 데에 바쳤기 때문에, 이 평가는 지극히 주관적이다.

생물막(Biofilm) 세균과 단순한 조류 같은 살아 있는 미생물들이 만드는 얇은 매트.

세균(Bacteria) 이분법으로 번식하는 작은 단세포 생물. 고세균, 진핵생물과 함께 생물을 세 범주(영역)로 나눈다.

세포소기관(Organelle) 진핵생물의 세포 안에 있는 작은 구조물들을 말하며, 세포가 성장하고 번식할 때 나름의 기능을 한다. 대개 막으로 둘러싸여 있다. 내생공생 이론은 세포소기관이 원래 독립생활을 하는 존재였다가 더 큰 세포에 "포획되어" 상호혜택을 얻는 방향으로 진화했다고 본다.

암모나이트(Ammonite) 백악기 멸종사건 때 살아남지 못한 연체동물 집단. 우아한 "숫양 뿔" 모양의 화석으로 잘 알려져 있다.

연대 측정법(Dating technique) 특정한 방사성 동위원소는 일정한 속도로 붕괴하며, 지금은 이 천연 정밀시계를 이용하여 암석의 연대를 측정하는 방법이 일상적으로 쓰인다. 방사성 원소마다 붕괴속도가 다르기 때문에, 대개 표본에서 측정하려는 시간대에 따라서 적당한 동위원소를 골라 쓴다. 우라늄 - 납, 칼륨 - 아르곤, 토륨, 탄소 "시계"는 지질시대를 이해하는 데에 큰 도움을 주었다. 이런 방법을 통해서 얻은 연대를 방사성 연대 또는 절대 연대라고 한다.

연체동물(Mollusc) 고둥, 조개, 오징어, 앵무조개를 비롯하여 주로 단단한 껍데기를 가진 대규모 무척추동물 집단. 연체동물문.

염색체(Chromosome) 우리 세포에서 DNA 안에 유전정보를 가진 구조물. 유전자는 모든 생물의 청사진인 DNA 이중나선에 담겨 있다.

엽록체(Chloroplast) 광합성 생물의 세포 안에 들어 있는 소기관으로서, 녹색 색소인 엽록소의 작용으로 탄소를 "고정하는" 일을 한다.

엽족동물(Lobopod) 유조동물과 그 친척들을 가리키는 일반적인 용어. 끝에 작은 발톱이 달린 짤막한 다리와 고리로 이어진 몸이 특징이다.

완족동물(Brachiopod) 껍데기가 두 개이지만 연체동물과는 유연관계가 적은 무척추동물. 바닷물에서 미세한 알갱이를 걸러 먹는다. 완족동물문.

원핵생물(Prokaryotic organism) 세포핵이 없고, 단순히 "이분법"으로 번식하는 미세한 단세포 생물. 고세균(archaea, 예전에는 archaebacteria)과 세균으로 나뉘며, 이것이 생명의 나무에서 가장 깊이 갈라진 부분에 속한다. 겉모습은 단순하지만(주로 공 모양이나 소시지 모양), 내부의 화학은 대단히 복잡하다.

유조동물문(Onychophora) 발톱벌레를 포함한 현생 엽족동물들로 이루어진 문.

절지동물(Arthropod) 절지(마디가 있는 다리)를 가진 무척추동물로 이루어진 큰 집단(절지동물문). 거미, 전갈, 곤충, 게, 새우, 삼엽충이 여기에 속한다.

주금류(Ratite) 에뮤, 타조, 레아, 멸종한 모아를 포함하여 날지 못하는 큰 새들로 이루어진 집단으로, 일반적으로 원시적이라고 간주된다.

지층(Strata) 암석이 쌓인 층. 특히 바다, 강, 호수의 바닥에 쌓인 퇴적암을 가리킨다.

진핵생물(Eukaryote) 유전정보가 들어 있는 세포핵(막으로 둘러싸여 있다)을 가진 생물. 모든 "고등한" 동식물이 여기에 속한다.

척삭(Notochord) 우리 자신을 포함한 척삭동물문 구성원들의 공통 특징. 고등한 척추동물은 배아에서 유연한 막대 모양의 척삭(주요 신경줄기를 가진)이 나타나며, 원시적인 칠성장어와 창고기에서는 척삭이 더 뚜렷하다. 라트비아의 한 요리사는 칠성장어의 척삭을 별미요리로 내놓는다.

척삭동물(Chordate) 등줄기를 따라서 신경계를 감싸는 척삭이 뻗어 있는 동물. 등뼈를 가진 모든 척추동물과 창고기처럼 뼈가 없는 더 원시적인 동물집단이 여기에 포함된다. 척삭동물문.

초호열성 생물(Hyperthermophile) 극도로 뜨거운(사실상 거의 끓는) 조건에서 번성하는 미생물.

초화산(Supervolcano) 15만 년 전의 옐로스톤과 7만4,000년 전 수마트라의 토바 화산처럼 엄청난 양의 화산재를 내뿜는 거대 화산. 그런 분출은 세계의 기후에 영향을 미쳐서 멸종을 일으킨다.

키트리드(Chytrid) 항아리곰팡이. 균류의 일종으로서 습한 곳에 사는 단세포 생물의 일종이다.

파지(Phage, 혹은 박테리오파지[bacteriophage]) 세균세포에 감염되는 바이러스. 아마 지구에서 가장 개체수가 많을 것이다.

판게아(Pangaea) 약 2억5,000만 년 전에 있던 거대한 초대륙. 현재의 대륙들이 모두 합쳐진 땅덩어리였다. 현생 동식물 중 일부는 이 고대의 지리를 드러내는 분포양상을 띤다. 판게아는 갈라지고 그 사이로 바다가 서서히 열리면서 오늘날 우리가 아는 대륙들이 형성되었다. 대륙들은 지금도 움직이고 있다.

판구조론(Plate tectonic) 대륙들이 어떻게 이동하며 대륙충돌로 어떻게 산맥이 형성되는지를 설명하는 지질이론. 세계는 여러 지각판으로 나뉘어 있고, 지각판들은 서서히 이동하거나 변화하면서 그 위에 사는 동식물과 그들이 맞닥뜨리는 기후를 근본적으로 통제한다.

협각류(Chelicerata) 거미, 전갈, 투구게를 포함하는 절지동물의 한 집단. 머리에 협각이라는 부속지가 한 쌍 있어서 협각류라고 한다.

호미닌(Hominin) "인류와 그 가까운 친척들"의 줄임말(최근의 책들은 호미닌 대신에 "호미니드[Hominid]"라는 용어를 쓴다).

호열성 생물(Thermophile) "열을 사랑하는"생물, 특히 원시적인 미생물을 가리킨다.

후기 운석 대충돌기(Late Heavy Bombardment) 41-38억 년 전, 많은 운석들이 심하게 지구에 떨어진 시기로, 이 시기에는 통상적인 의미의 생명의 진화는 일어나지 않았을 것이다.

더 읽을 만한 책들

Benton, Michael J., *When Life Nearly Died* (Thames & Hudson, 2008)

Brasier, Martin, *Darwin's Lost World* (Oxford University Press, 2009)

Braune, Wolfram, and Guiry, M. D., *Seaweeds* (Koeltz Books, 2011)

Briggs, Derek E. G., Erwin, D. H., and Collier, F. J., *The Fossils of the Burgess Shale* (Smithsonian Institution Press, 1994)

Carroll, Sean B., *Remarkable Creatures* (Quercus, Houghton Miffl in Harcourt (US) 2009)

Curtis, Gregory, *The Cave Painters: Probing the Mysteries of the World's First Artists* (Knopf, 2006)

Dawkins, Richard, *The Greatest Show on Earth: The Evidence for Evolution* (Bantam, 2009).

Erwin, Douglas H., *Extinction: How Life on Earth Nearly Ended 250 Million Years Ago* (Princeton University Press, 2006)

Fedonkin, M. A., Gehling, J. G., Grey, K., Narbonne, G. M., and VickersRich, P., *The Rise of Animals: Evolution and Diversification in the Animal Kingdom* (Johns Hopkins University Press, 2008)

Flannery, Tim, *The Future Eaters* (Grove Press, 1994)

——, *The Eternal Frontier* (Heinemann, 2001)

Forey, P. L., *Coelacanth, Portrait of a Living Fossil* (Forrest Press, 2009)

Fortey, Richard, *Trilobite! Eyewitness to Evolution* (Harper Perennial, 2000)

——, *The Earth: An Intimate History* (Harper Perennial, 2004)

Gould, Stephen J., *Wonderful Life* (W.W. Norton & Co, 1989)

Hou Xian-guang, Aldridge, R. J., Bergström, J., Siveter, Derek J., Siveter, David J. and Feng, Xiang-Hong, *The Cambrian Fossils of Chengjiang, China*

(Blackwell Publishing, 2004)

Jørgensen, Jordan, and Joss, Jean (eds), *The Biology of Lungfi shes* (CRC Press, 2011)

Knoll, Andrew H., *Life on a Young Planet: The First Three Billion Years of Evolution on Earth* (Princeton University Press, 2004)

Lengeler, Joseph W., Drews, G., and Schlegel, H. G. (eds), *Biology of the Prokaryotes* (Wiley-Blackwell, Oxford, 1999)

Lott, Dale F., *The American Bison: A Natural History* (University of California Press, 2003)

Lutz, Dick, *Tuatara: A Living Fossil* (DIMI Press, Salem, Oregon, 2005)

Margulis, Lynn, *The Symbiotic Planet* (Basic Books, 1998)

Moran, Robbin C., *A Natural History of Ferns* (Timber Press, 2004)

Morton, Oliver, *Eating the Sun* (Fourth Estate, 2007)

Nield, Ted, *Incoming! Or, Why We Should Stop Worrying and Learn to Love the Meteorite* (Granta Books, 2011)

Parker, Andrew, *In the Blink of an Eye* (Perseus, 2003)

Raff, R. A., *The Shape of Life: Genes, Development and the Evolution of Animal Form* (University of Chicago Press, 1996)

Rismiller, Peggy, *The Echidna, Australia's Enigma* (Hugh Lauter Levin Associates, 1999)

Saunders, W. Bruce, and Landman, N. H.,'Nautilus: The Biology and Paleobiology of a Living Fossil', *Topics in Geobiology* 6 (Springer, 2010)

Schopf, William J., *The Cradle of Life: The Discovery of Earth's Earliest Fossils* (Princeton University Press, 2001)

Sheehan, Kathy B., Patterson, D. J., Dicks, B. L., and Henson, J. M., *Seen and Unseen: Discovering the Microbes of Yellowstone* (Falcon Publishers, Globe Pequot Press, 2005)

Shipman, Pat, *Taking Wing* (Weidenfeld & Nicolson, Simon and Schuster (US) 1998)

Shubin, Neil, *Your Inner Fish* (Pantheon Books, 2008)

Shuster, Carl N., Barlow, R. B., and Brockmann, H. J. (eds), *The American Horseshoe Crab* (Harvard University Press, 2003)

Taylor, Thomas N., Taylor, E. L., and Krings, M., *Paleobotany: The Biology and Evolution of Fossil Plants* (Prentice Hall, 2009)

Thompson, Keith, *The Legacy of the Mastodon* (Yale University Press, 2008)

Tudge, Colin, *Consider the Birds* (Allen Lane, 2008)

Tudge, Colin, and Young, J., *The Link, Uncovering our Earliest Ancestor* (Little Brown, 2009)

Valentine, James W., *On the Origin of Phyla* (University of Chicago Press, 2004)

Vermeij, Geerat J., *A Natural History of Shells* (Princeton University Press, 1993)

Walker, Gabrielle, *Snowball Earth* (Bloomsbury, 2003)

Ward, Peter D., *The Call of Distant Mammoths* (Wiley-Blackwell, 1998)

——, *Rivers In Time: The Search for Clues to Earth's Mass Extinctions* (Columbia University Press, 2000)

Weinberg, Samantha, *A Fish Caught in Time: The Search for the Coelacanth* (Fourth Estate, 1999)

White, Mary E., *The Greening of Gondwana* (Reed Publishing, 1986)

Willis, K. J., and McElwain, J. C., *The Evolution of Plants* (Oxford University Press, 2002)

Woodford, James, *The Wollemi Pine* (Text Publishing, Melbourne, 2005)

역자 후기

생명을 오래 연구한 과학자라면 유구한 생명의 역사를 책으로 써보고 싶은 유혹을 느낄 법하다. 자신이 주로 연구하는 대상을 중심으로 하거나 그 연구를 통해서 얻은 깨달음을 토대로, 난해하게 뒤얽힌 생명의 실들을 풀어내는 것은 해볼 만한 일이 아닐까? 그러나 의욕만 앞서서 될 일은 아닐 터. 온갖 다양한 생물들의 흐름을 독자들에게 일목요연하게 알려줄 수 있는 책을 실제로 쓰는 것은 참으로 지난한 일이 되지 않을까?

그러나 이 책 『위대한 생존자들(SURVIVORS : The Animals and Plants that Time has Left Behind)』의 저자인 리처드 포티는 이미 그런 책을 쓴 적이 있다. 화석을 중심으로 생명의 역사를 이야기한 책『생명 : 40억 년의 비밀』이다. 그것은 돌에 새겨진 생명의 역사였다. 저자는 그 책에서 화석 생물들을 마치 눈앞에 살아 움직이는 듯한 모습으로 생생하게 부활시켜서 흥미진진한 이야기를 들려주었다.

그래도 화석 이야기만으로는 조금 아쉬움이 많았나 보다. 포티는 이번에는 살아 있는 화석들을 중심으로 생명의 역사를 썼다. 포티 자신은 살아 있는 화석이라는 용어를 아껴서, 화석으로 먼저 발견된 뒤에 살아 있는 개체가 발견된 생물만을 살아 있는 화석이라고 부른다. 그러나 사실 그가 이 책에서 선택한 생물들은 일반적인 의미로 볼 때, 살아 있는 화석들이니 그 용어를 넓게 쓴다고 해도 상관이 없을 듯하다. 따라서 이 책은 진짜 화석을 토대로 한 역사 이야기의 후속편인 셈이다. 살아 있는 화석을 통해서 들려주는 역사 이야기이니까.

저자는 이 책을 쓰기 위해서 세계 곳곳을 여행했다. 거대한 은행나무를 보기 위해서 중국의 산을 오르기도 하고, 자그마한 발톱벌레를 찾아서 뉴질랜드의 숲속으로 들어가기도 하며, 스트로마톨라이트를 보기 위해서 오스트레일리아의 오지를 찾아가기도 한다. 생물을 연구하는 사람이라면 꼭 함께 다니고 싶은 곳들이니, 일단 부러운 마음이 든다. 실러캔스를 찾아서 잠수정을 타고 내려갔다는 내용까지 있었다면, 질투심이 앞설 뻔했다. 비용 등의 문제로 불가능했다는 저자의 말에 아쉬움보다는 오히려 마음이 편해진다.

이 책은 독자의 떠나고 싶은 욕구를 자극하는 그런 여행담과, 문외한에게는 보잘것없이 보일지라도 생명의 역사에 대단히 큰 의미를 가진 생물들의 이야기를 잘 버무렸다. 저자의 말처럼, 살아 있는 화석들을 찾아가는 여행은 거대한 유적지나 멋진 경관을 찾아가는 여행에 비하면 볼품이 없을지도 모르겠다. 내버린 넝마처럼 축 늘어져 있는 이파리 두 개 뿐인 식물을 찾아서 사막을 찾아가는 여행에는 따라가고 싶은 마음이 그다지 들지 않을 수도 있다.

그러나 이 여행에서, 비록 눈은 호사를 덜할 수 있어도, 마음은 그렇지 않다. 이 책에서는 수백만 년, 아니 수억 년, 수십억 년이라는 기나긴 세월을 견디고 살아남은 생물들이 저마다의 이야기를 들려준다. 그중에는 우리가 먹는 해산물인 개맛도 있다. 쫄깃쫄깃한 개맛이 수많은 생물들을 전멸시킨 여러 차례의 대량 멸종을 겪고도 살아남은 역전의 용사라니, 미처 생각하지 못했던 점이다. 이런 생물들은 우리에게 지구가 진화한 지 얼마 되지 않는 우리 인류 같은 신참자들만의 것이 아님을 말해준다. 그리고 인류가 감조차 잡기 힘든 기나긴 세월을 살아온 생물들이 우리 곁에 많이 있다는 사실도 새삼스럽게 실감하게 해준다. 이런 감동적인 여행을 언제쯤 직접 해볼 수 있을까?

2012년 10월

이한음

인명 색인

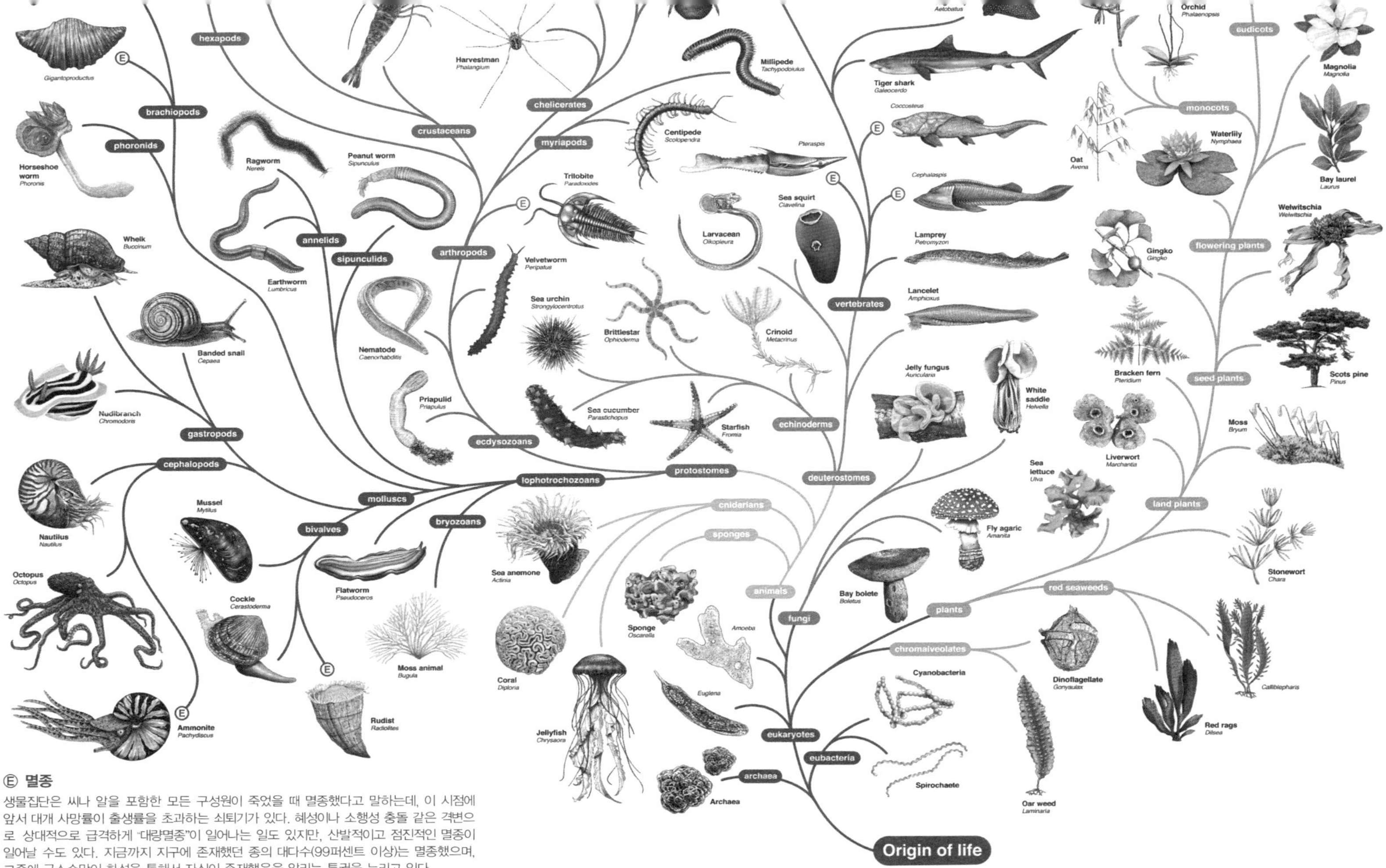
Origin of life
eukaryotes
eubacteria
archaea
Archaea
Spirochaete
Cyanobacteria
chromalveolates
Oar weed
Laminaria
Dinoflagellate
Gonyaulax
plants
red seaweeds
Red rags
Dilsea
Calliblepharis
land plants
Stonewort
Chara
Sea lettuce
Ulva
Liverwort
Marchantia
Moss
Bryum
seed plants
Bracken fern
Pteridium
Scots pine
Pinus
Gingko
Gingko
flowering plants
Welwitschia
Welwitschia
monocots
Oat
Avena
Waterlily
Nymphaea
Orchid
Phalaenopsis
eudicots
Bay laurel
Laurus
Magnolia
Magnolia
fungi
Bay bolete
Boletus
Fly agaric
Amanita
Jelly fungus
Auricularia
White saddle
Helvella
animals
Amoeba
Euglena
sponges
Sponge
Oscarella
cnidarians
Coral
Diploria
Jellyfish
Chrysaora
Sea anemone
Actinia
deuterostomes
echinoderms
Starfish
Fromia
Sea cucumber
Parastichopus
Crinoid
Metacrinus
Brittlestar
Ophioderma
Sea urchin
Strongylocentrotus
vertebrates
Lancelet
Amphioxus
Lamprey
Petromyzon
Cephalaspis
Coccosteus
Tiger shark
Galeocerdo
Aetobatus
Sea squirt
Clavelina
Larvacean
Oikopleura
Pteraspis
protostomes
lophotrochozoans
ecdysozoans
Priapulid
Priapulus
Nematode
Caenorhabditis
arthropods
Velvetworm
Peripatus
Trilobite
Paradoxides
myriapods
Centipede
Scolopendra
Millipede
Tachypodoiulus
chelicerates
Harvestman
Phalangium
crustaceans
hexapods
sipunculids
Peanut worm
Sipunculus
annelids
Ragworm
Nereis
Earthworm
Lumbricus
bryozoans
Moss animal
Bugula
Flatworm
Pseudoceros
molluscs
bivalves
Rudist
Radiolites
Cockle
Cerastoderma
Mussel
Mytilus
cephalopods
Ammonite
Pachydiscus
Octopus
Octopus
Nautilus
Nautilus
gastropods
Nudibranch
Chromodoris
Banded snail
Cepaea
Whelk
Buccinum
phoronids
Horseshoe worm
Phoronis
brachiopods
Gigantoproductus
Ⓔ

Ⓔ 멸종

생물집단은 씨나 알을 포함한 모든 구성원이 죽었을 때 멸종했다고 말하는데, 이 시점에 앞서 대개 사망률이 출생률을 초과하는 쇠퇴기가 있다. 혜성이나 소행성 충돌 같은 격변으로 상대적으로 급격하게 "대량멸종"이 일어나는 일도 있지만, 산발적이고 점진적인 멸종이 일어날 수도 있다. 지금까지 지구에 존재했던 종의 대다수(99퍼센트 이상)는 멸종했으며, 그중에 극소수만이 화석을 통해서 자신이 존재했음을 알리는 특권을 누리고 있다.